高等院校网络教育系列教材

工程制图

（附二维码扫描学习资料）

林大钧　编著

華東理工大學出版社
EAST CHINA UNIVERSITY OF SCIENCE AND TECHNOLOGY PRESS
·上海·

图书在版编目(CIP)数据

工程制图(附二维码扫描学习资料)/林大钧编著. —上海：华东理工大学出版社，2016.1

高等院校网络教育系列教材

ISBN 978-7-5628-4479-2

Ⅰ.①工… Ⅱ.①林… Ⅲ.①工程制图—高等学校—教材 Ⅳ.①TB23

中国版本图书馆 CIP 数据核字(2015)第 287323 号

内 容 提 要

本书分为机械制图基础、计算机绘图、零件图、装配图四方面内容。机械制图基础包括形体形成分析、典型机器及零件的分析、投影和基本视图、剖视图、断面图、尺寸标注等内容；计算机绘图主要介绍应用AutoCAD绘图软件进行二维图形绘制和编辑、三维造型、三维形体生成二维工程图样、图样上文字注写和尺寸标注等内容；零件图包括零件图的主要内容、表达方法、技术要求、绘制和阅读方法等内容；装配图包括装配图的主要内容、表达方法、技术要求、绘制和阅读方法、标准件、常用件等内容。

本书可作为高等院校网络教育本、专科的教材，并作为高等工科学校机械类专业的教学用书，也可作为机械设计、制造和使用部门的工程技术人员的参考用书。

策划编辑 / 徐知今
责任编辑 / 徐知今
装帧设计 / 戚亮轩
出版发行 / 华东理工大学出版社有限公司
地址：上海市梅陇路 130 号，200237
电话：021-64250306
网址：press.ecust.edu.cn
邮箱：press_zbb@ecust.edu.cn
印　　刷 / 江苏省句容市排印厂
开　　本 / 787 mm×1092 mm　1/16
印　　张 / 19.75
字　　数 / 478 千字
版　　次 / 2016 年 1 月第 1 版
印　　次 / 2016 年 1 月第 1 次
定　　价 / 58.00 元

序

网络教育是依托现代信息技术进行教育资源传播、组织教学的一种崭新形式，它突破了传统教育传递媒介上的局限性，实现了时空有限分离条件下的教与学，拓展了教育活动发生的时空范围。从 1998 年 9 月教育部正式批准清华大学等 4 所高校为国家现代远程教育第一批试点学校以来，我国网络教育历经了若干年发展期，目前全国已有 68 所普通高等学校和中央广播电视大学开展现代远程教育。网络教育的实施大大加快了我国高等教育的大众化进程，使之成为高等教育的一个重要组成部分。随着网络教育的不断发展，也必将对我国终身教育体系的形成和学习型社会的构建起到极其重要的作用。

华东理工大学是国家“211 工程”重点建设高校之一，是教育部批准成立的现代远程教育试点院校之一。华东理工大学网络教育学院自创建以来，凭借着自身的优质教育教学资源、良好的师资条件和社会声望，得到了迅速发展。但网络教育作为一种不同于传统教育的新型教育组织形式，如何有效地实现教育资源的传递，进一步提高教育教学效果，认真探索其内在的规律，是摆在我们面前的一个新的、亟待解决的课题。为此，我们与华东理工大学出版社合作，组织了一批多年来从事网络教育课程教学的教师，结合网络教育学习方式，陆续编撰出版了一批包括图书、课件光盘等在内的远程教育系列教材，以期逐步建立以学科为先导的、适合网络教育学生使用的教材结构体系。

掌握学科领域的基本知识和技能，把握学科的基本知识结构，培养学生在实践中独立地发现问题和解决问题的能力，是我们组织教材编写的一个主要目的。系列教材既包括计算机应用基础、大学英语等全国统考科目，也涉及了管理、法学、国际贸易、机械、化工等多学科领域。

根据网络教育学习方式的特点编写教材，既是网络教育得以持续健康发展的基础，也是一次全新的尝试。本套教材的编写凝聚了华东理工大学众多在学科研究和网络教育领域中具有丰富实践经验的教师、教学策划人员的心血，希望它的出版能对广大网络教育学习者进一步提高学习效率予以帮助和启迪。

涂善东

前　　言

图样是人类借以表达、构思、分析和交流思想的基本工具之一，在工程技术中的应用尤其广泛。任何工程项目或设备的施工制作以及检验、维修等必须以图样为依据。在生产与科研领域，工程师与生产技术人员也会经常接触有关的图样，因而要求他们能看懂机器和零件的图样并具备绘制零件图及装配图的能力。本书就是为了适应这一需要，根据教育部工程图学教学指导委员会最新制定的《普通高等院校工程图学课程教学基本要求》，以及近年来发布的与机械制图有关的国家标准，吸收近几年的教学改革经验编著而成的。

本书从教学实际出发，注重图示原理和方法等内容的优化组合，并以使用为目的介绍草图、轴测图、构形想象等内容，力求使这些内容能成为养成较强形象思维能力和较强绘图表达能力的有效辅助性方法。在工程设计中，计算机绘图已作为辅助设计的重要手段，而且计算机绘图也出现了从三维开始的趋势，本书相应介绍了 AutoCAD 绘图软件的使用，以及三维造型的一般方法和步骤。还介绍了由三维造型生成工程图样的基本方法。

在编写过程中，力求选图的典型性和实用性，文字叙述简明扼要，内容安排上，除突出图样表达的通用性和典型性外，还注意机械制图基本原理与计算机三维造型的有机结合和融会贯通。同时，书中引用了最新的国家标准。

本书的编写以“实用、适用、先进”为原则，并体现“通俗、精练、可操作”的编写风格，以期解决多年来在教材中存在的过深、过高且偏离实际的问题。

实用——本书重点讲述了投影与形体生成的关系，使学生学习后能形成较强的空间思维能力和计算机三维造型的分析能力。书中包含了三十讲课程视频课件和一百余个动画视频的二维码号，读者可使用智能手机或平板电脑扫描二维码（目录及各章首页）后选择二维码号，上网观看相关内容的演示。

适用——本书是以工程图样为主的教材，它适用于培养机械类人才的高校，既符合此类学生的培养目标，又便于教师因材施教。

先进——本书所选内容是当今的新技术、新方法、新标准，以便于学生在掌握经典的技术和方法之后，可用教材中的新技术、新方法、新标准去解决工程设计中的图示表达问题，为学生毕业后进入机械领域工作打下坚实的基础。

通俗——本书语言流畅、深入浅出、简明易懂。以实例说明问题，在应用实例中掌握理论，易使学生掌握所学知识技能，达到事半功倍的效果。

精练——本书选材精练。详细而不冗长，详略得当。对学生必须掌握的新技术、新方法，详细讲、讲透、讲到位。既为教师提供良好的教学内容，又为教师根据教学对象调整教学内容留出了一定的空间。

可操作——本书所有的计算机绘图或造型实例均是容易操作的，且是有实际意义的案例。学生若能举一反三，灵活运用，便能够在更高层次上创造性地应用教材中的新思想、新技术、新方法去解决问题。

本书可作为高等院校机械类各专业的教材，亦可供其他相近专业的师生参考。

书中如有不足，欢迎读者提出宝贵建议。

作　者

2015 年 12 月

目　　录

 三维造型与形体分析

本章导读

工程中常用正投影方法获得正投影图来表达三维物体，也常由平面的图形通过计算机造型获得三维物体。正投影方法将三维物体降为二维投影图，三维造型方法将二维的平面图形升为三维物体，它们之间有一定的内在联系。

物体的形状是多种多样的。为了准确、完整、清晰、合理地表达物体，应对物体的形成规律、形状特征、相对位置特征等加以分析。用正投影原理获得的二维投影图形表达物体是重要基础，而形体分析、构形想象、计算机三维造型等方法则是由二维图形理解空间形体的基本方法。本章主要阐述简单形体的形成、组合形体的形成、机器与零件的形成过程分析、机器初始表达方案等内容。

1.1 简单形体的形成

1.1.1 扫描体

扫描体是一条线，一个面沿某一路径运动而产生的形体。扫描体包含两个要素，一个是被运动的元素，称为基体，它可以是曲线、表面、立体；另一个是基体运动的路径，路径可以是扫描方向、旋转轴等。常见的扫描体有拉伸形体、回转形体等。

1.1.1.1 拉伸形体

具有一定边界形状的平面沿其法线方向平移一段距离，该平面称为基面，具有物体的形状特征，它所扫过的空间称为拉伸形体。如图 1-1 所示的物体均为拉伸形体。通过选择[1-1]，[1-2]，[1-3]二维码号可以观看。

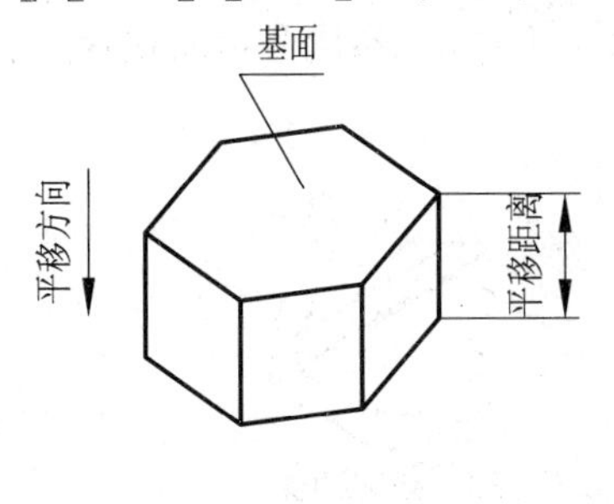

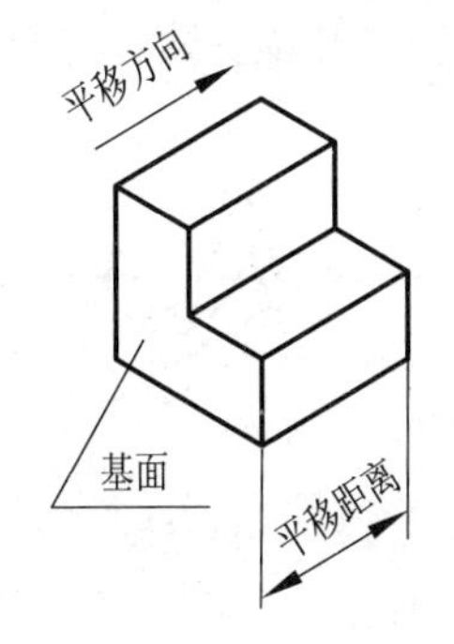

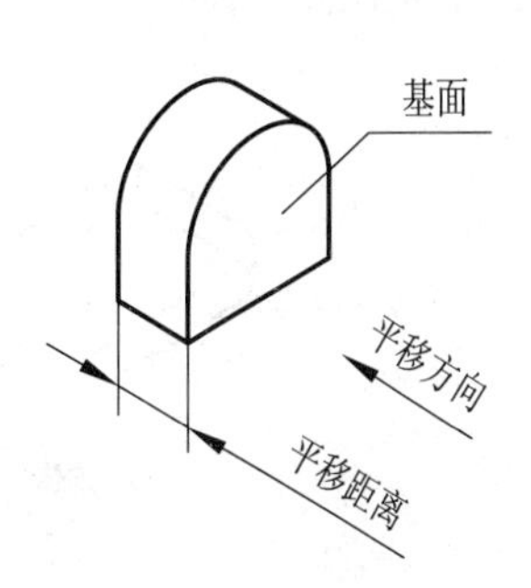

图 1-1 拉伸形体的形成

1.1.1.2 回转形体

常见的回转形体有圆柱、圆锥、圆球、圆环。回转形体是一个平面图形绕与其共面的轴

旋转半周或一周扫过的空间，该平面图形及旋转轴具有回转形体的形状特征。圆柱是包含轴的矩形平面绕轴旋转半周扫过的空间，见图 1 - 2(a)。圆锥是包含轴的等腰三角形平面绕轴旋转半周扫过的空间，见图 1 - 2(b)。球是包含轴的圆平面绕轴旋转半周扫过的空间，见图 1 - 2(c)。圆环是一圆平面绕轴旋转一周扫过的空间，该轴位于圆所在平面上，但与圆不相交，见图 1 - 2(d)。通过选择[1 - 4]，[1 - 5]，[1 - 6]，[1 - 7]二维码号可以观看。在视频中，根据旋转面关于旋转轴的对称性，圆柱、圆锥、圆球均由对称图形绕轴旋转一周形成。显然，其结果与完整的旋转面绕轴旋转半周是一致的。拉伸形体、旋转形体都是三维软件具有的基本造型功能。

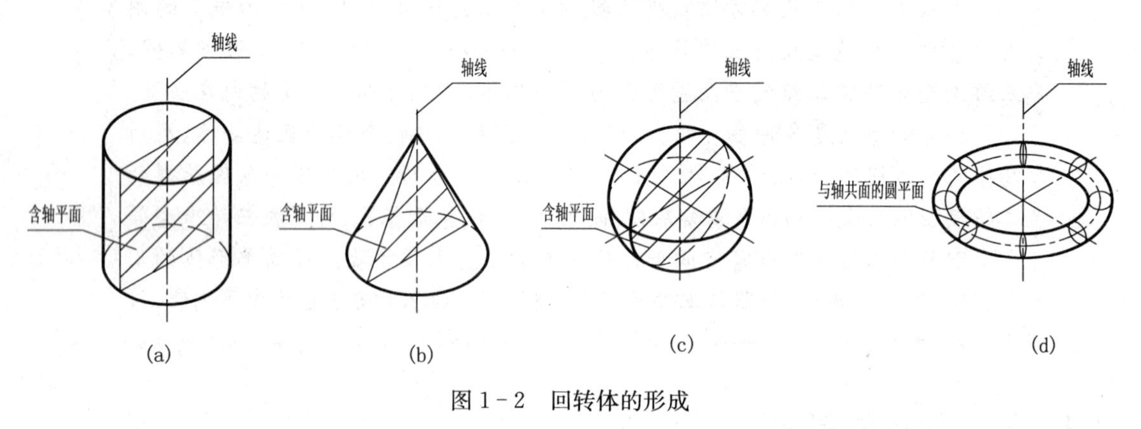

图 1 - 2　回转体的形成

1.2　组合形体的形成

应用布尔运算可以获得由各种简单形体组成的组合形体，称为组合体。布尔运算是一种实心体的逻辑运算。在拉伸形体、旋转形体的基础上，可以运用并集、差集、交集三种布尔运算方法对这些形体进行组合，通过增添或去除形体的材料来建立组合体的模型。布尔运算也是三维软件所具有的基本功能。

1.2.1　并集运算

并集运算是将两个或多个实心体合并成一个实心体。如图 1 - 3(a)(b)是底板、竖板造型，它们都是拉伸形体，(c)是底板、竖板的并集。通过选择[1 - 8]，[1 - 9]二维码号可以观看。

图 1 - 3　底板、竖板的并集

1.2.2　差集运算

差集运算是两个实体做减法运算，就像用去除材料的方法对零件进行机械加工。例如，当需要在底板上设计两个孔时，可以造型两个圆柱，如图 1－4(a)所示，然后将底板与圆柱作差集运算即可得到带孔的底板，如图 1－4(b)所示。

根据上述分析，可知图 1－5 所示的轴承座的实体是图 1－6 中的带孔底板、竖板、支承板、圆管三通等部分的并集，而该圆管三通可以认为是由两个外圆柱的并集与两个内圆柱的并集作差运算而形成的，如图 1－7 所示。通过选择[1－10]～[1－14]二维码号可以观看。

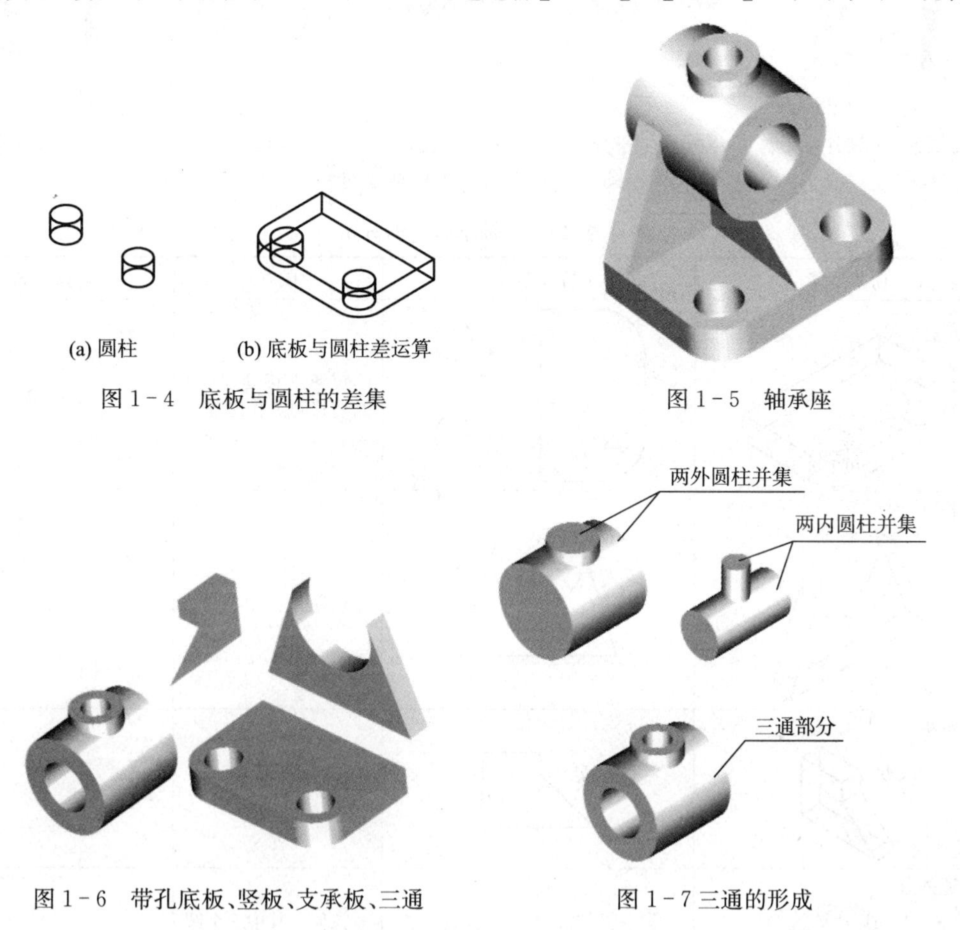

图 1－4　底板与圆柱的差集

图 1－5　轴承座

图 1－6　带孔底板、竖板、支承板、三通

图 1－7 三通的形成

1.2.3　交集运算

交集运算可以获得两个实心体的公共部分。如图 1－8(e)所示的螺母上、下端部形状，可以看作是由圆锥与六棱柱求交集获得其公共部分，经过复制翻转得到的。之后再与六棱柱作并集后得到螺母外形，其过程如图 1－8(a)(b)(c)(d)(e)所示。通过选择[1－15]二维码号可以观看。

应用布尔运算可以获得各种组合体的造型。因此，对组合体的理解实际上是要弄清楚形成组合体的各种简单形体的造型方法和组合简单形体所用的布尔运算方法。图 1－5 轴承座的造型分析见表 1－1。

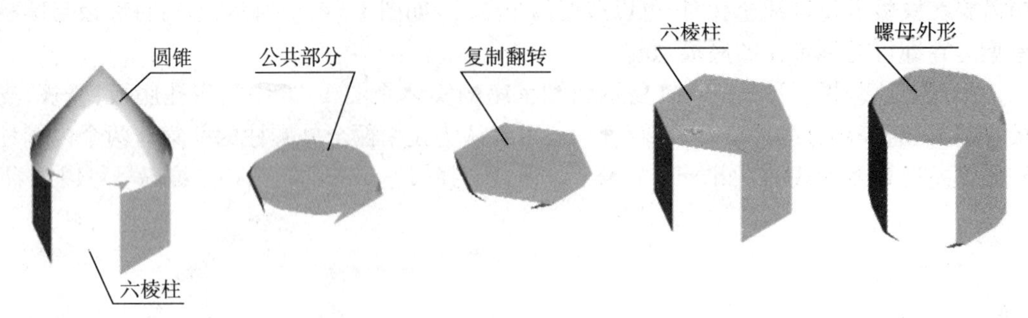

(a) 圆锥与六棱柱求交集　(b) 公共部分　(c) 复制翻转　(d) 六棱柱　(e) 螺母外形

图 1－8　螺母外形的造型过程

表 1－1　轴承座造型分析

简单形体	特征形状	形成方式	运算方式
底板		拉伸＋移动，将两圆柱移到圆孔位置	差运算
竖板		拉伸	
支承板		拉伸	
三通外形		拉伸＋其中一个圆柱旋转 90°，并通过移动使两个圆柱轴线垂直相交	并集运算
三通内形		拉伸＋其中一个圆柱旋转 90°，并通过移动使两个圆柱轴线垂直相交	并集运算
三通部分	内、外两部分	通过移动使三通内外形两部分的圆柱轴线重合	差运算

表 1－1 把形状比较复杂的物体分析成是由几个简单几何形体组合构成的，同时指出了每一个简单形体的形成方式，以及简单形体之间的相对位置和简单形体的组合方式，这有利于将问题化繁为简，化难为易，便于对物体的仔细观察和深刻理解。

1.2.4　三维操作

在组合体造型过程中，对各简单形体造型时可先不考虑其位置，在形体造出之后，再通过三维操作将它们安置到各自应在的位置上，然后进行布尔运算形成组合体。常用的三维操作方法有三维移动、三维旋转、三维对齐、三维镜像、三维阵列等。与简单形体造型、布尔运算一样，三维操作也是三维软件的一个功能，这些内容都将在第 4 章中予以介绍。

1.3　机器与零件的形成过程分析

机器是由若干机构及零部件组成的，机器的功能及总体形状取决于机构类型及零部件的功能及形状。因此对机器与零件的形成过程的分析是一个相互关联的问题。

1.3.1　机器的形成过程分析

图 1－9 是减速器三维图形，通过选择[1－16]二维码号可以观看。减速器是安装在原动机(如电动机)和工作机械(如搅拌机)之间，用来降低转速和改变扭矩的独立传动部件。减速器由封闭在箱体内的圆柱齿轮或锥齿轮、蜗轮蜗杆等多种传动形式来实现减速。

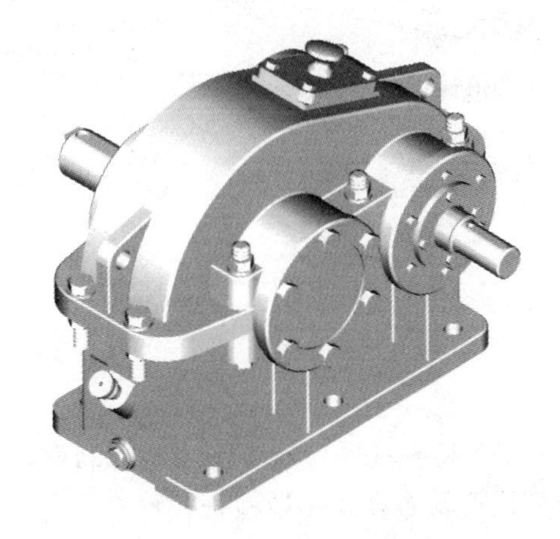

图 1－9　减速器三维图形

图 1－10 中所示的减速器是单级圆柱齿轮减速器。通过选择[1－17]二维码号可以观看。其基本结构有三大部分：

1. 齿轮、轴及轴承组合

小齿轮与高速轴制成一体，称齿轮轴。这种结构用于齿轮直径与轴的直径相差不大的情况下，如果轴的直径为 d，齿轮的根圆直径为 d_1，则当 $d_1-d\leqslant6\sim7$mm 时，应采用这种结构。否则，采用齿轮与轴分开为两个零件的结构，如低速轴与大齿轮。此时齿轮与轴的周向固定采用平键联结，轴上零件利用轴肩、轴套和轴承盖做轴向固定。图中两轴均采用了单列向心球轴承。

2. 箱体

箱体是减速器的重要组成部件，它是传动零件的基座，应具有足够的强度和刚度。箱体通常用灰铸铁制造，灰铸铁具有很好的铸造性能和减振性能。对于重载或有冲击载荷的减速器也可以采用铸钢箱体。单件生产的减速器，为了简化工艺、降低成本，可采用钢板焊接的箱体。

为了便于轴系部件的安装和拆卸，箱体制成沿轴心线水平剖分式。上箱盖和下箱体用螺栓联结成一体，轴承座的联结螺栓应尽量靠近轴承座孔，而轴承座旁的凸台，应具有足够的承托面，以便放置联结螺栓，并保证旋紧螺栓时需要的扳手空间。为保证箱体具有足够的刚度，在轴承孔附近加支撑筋。为保证减速器安置在基础上的稳定性并尽可能减少箱体底座平面的机械加工面积，箱体底部一般不采用完整的平面。图中减速器下箱座底面是采用两纵向长条形加工基面。

3. 减速器附件

为了保证减速器的正常工作，除了对齿轮、轴、轴承组合的箱体的结构设计给予足够的重视外，还应考虑到减速器润滑油池注油、排油、检查油面高度、加工及拆装检修时箱盖与箱座的精确定位、吊装等辅助工作，零件和部件的合理选择和设计。减速器附件主要有以下几种：

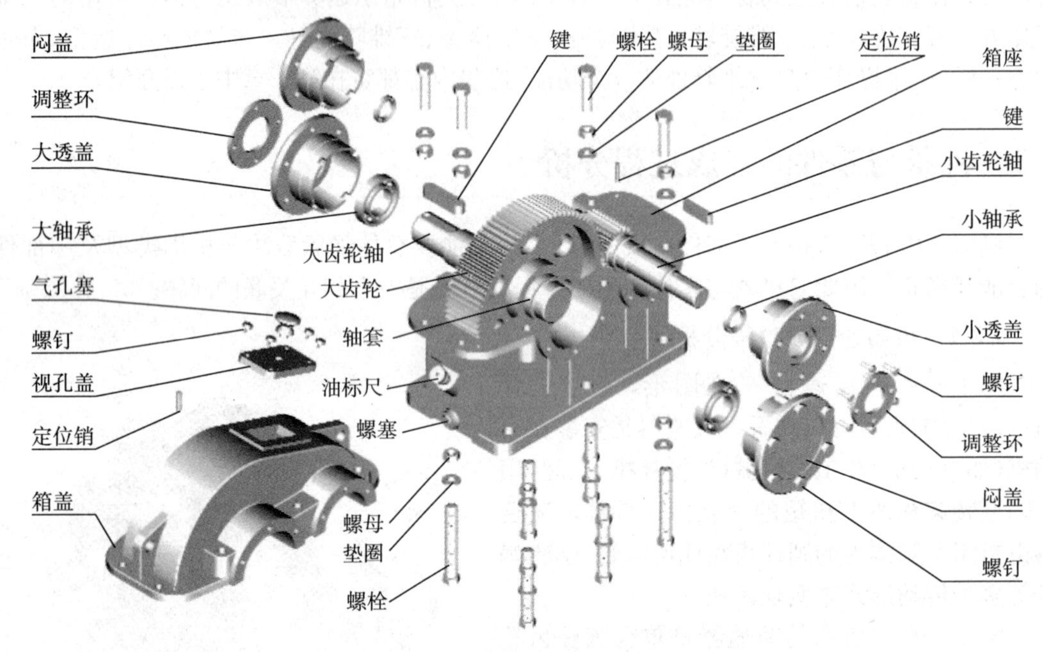

图 1－10　减速器三维分解图

(1) 检查孔　为检查传动零件的啮合情况，并方便向箱内注入润滑油，应在箱体的适当位置设置检查孔。图中检查孔设在上箱盖顶部能直接观察到齿轮啮合部位处。平时，检查孔的盖板用螺钉固定在箱盖上。

(2) 通气孔　减速器工作时，箱内气温升高，气体膨胀，压力增大。为使箱内热涨空气能自由排出，以保持箱内外压力平衡，不致润滑油沿分箱面或密封件等其他缝隙渗漏，通常在箱体顶部装设通气器。

(3) 轴承盖　为固定轴系部件的轴向位置并承受轴向载荷，轴承座孔两端用轴承盖封闭。轴承盖有凸缘式轴承盖，利用六角螺栓固定在箱体上，外伸轴处的轴承盖是通孔，其中装有密封装置，凸缘式轴承盖的优点是拆装、调整轴承方便，但和嵌入式轴承盖相比，零件数目较多、尺寸较大、外观不平整。

(4) 定位销　为保证每次拆装箱盖时，仍保持轴承座孔制造加工时的精度，应在精加工轴承孔前，在箱盖与箱座的联结凸缘上配装定位销，安置在箱体纵向两侧联结凸缘上，对称箱体应呈非对称布置，以免错装。

(5) 油面指示器　检查减速器内油池油面的高度，经常保持油池内有适量的油，一般在箱体便于观察和油面较稳定的部位装设油面指示器，图中采用的油面指示器是油标尺。

(6) 放油塞　换油时，排放污油和清洗剂，应在箱座底部，油池的最低位置处开设放油孔，平时用螺塞将放油孔堵住。放油螺塞和箱体接合面间应加防漏用的垫圈。

(7) 启箱螺钉　为加强密封效果，通常在装配时于箱体剖分面上涂以水玻璃密封胶，因而在拆卸时往往因胶结紧密难以开盖。为此常在箱盖联结凸缘的适当位置，加工出1～2个螺孔，旋入启箱用的圆柱端或平端的启箱螺钉。旋动启箱螺钉便可将上箱顶起。启箱螺钉的大小可同于凸缘联结螺栓。

(8) 起吊装置　当减速器的质量超过25kg时，为了便于搬运，在箱体设置起吊装置，如在箱体上铸出吊耳或吊钩等。

1.3.2　机械零件三维模型造型过程分析

对组合体模型进行三维造型设计时，要遵循先分析组合体模型各部分的特征形状，以及由这些特征形状生成各简单形体后再进行布尔运算的先后次序。

机械零件造型设计和一般组合体模型设计的主要区别是：在造型设计过程中需要考虑零件的工艺特征和实用功能，为了有效地形成零件造型经验，将零件分为轴类、盘盖类、箱体类、支架类和常用件等分别加以介绍。

1.3.2.1　轴类零件的造型

轴类零件的基本形状是同轴回转体，如图1-11所示。轴类零件主要在车床上加工。因此，它的轴线呈水平位置。轴类零件主要由同轴回转体和其他结构如孔、槽等(螺纹退刀槽、砂轮越程槽)等组成。根据轴的结构形状，设计轴的基础特征形状如图1-12所示(注意，右端螺纹其空间形状应该是螺旋体，此处是用近似的表达方法，即将锯齿形平面图形旋转所得形体代替螺纹)。将基础特征绕轴线旋转，即可得到轴零件的毛坯，再在毛坯轴上加工其他结构。这一过程在几何造型上可以先造出毛坯轴，再造出键、销钉、螺钉、顶针圆柱等实体，如图1-13所示，最后将毛坯轴与键、销钉、螺钉、顶针圆柱等做差运算，生成图1-11所示的轴。通过选择[1-18]，[1-19]二维码号可以观看。

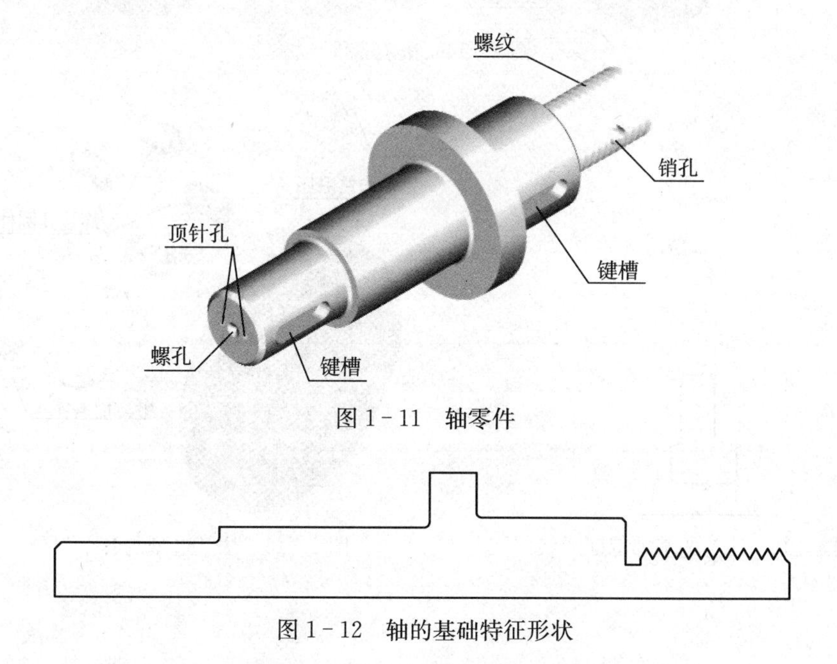

图1-11　轴零件

图1-12　轴的基础特征形状

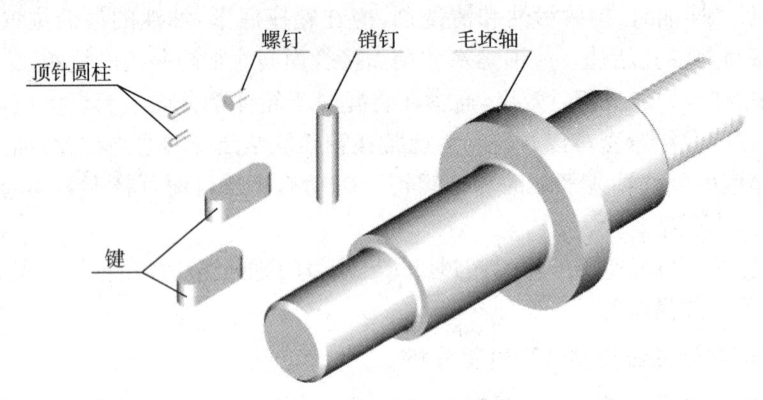

图 1 - 13　轴造型的各个部分

1.3.2.2　盘类零件的造型

盘类零件的基本形状是扁平的盘状。这类零件一般有法兰、端盖、阀盖、齿轮等，它们的主要形状大体上是回转体，通常还带有各种形状的凸缘，均布的圆孔和肋等局部结构。图 1 - 14是一个法兰零件。由法兰零件的结构形状可知其基础特征形状如图 1 - 15 所示。当基础特征绕轴旋转时，就生成法兰零件的毛坯，再造出螺孔圆柱、密封槽等实体，然后用法兰毛坯减去螺孔圆柱、密封槽实体，就完成了法兰零件的造型，如图 1 - 16 所示。通过选择[1 - 20]，[1 - 21]二维码号可以观看。

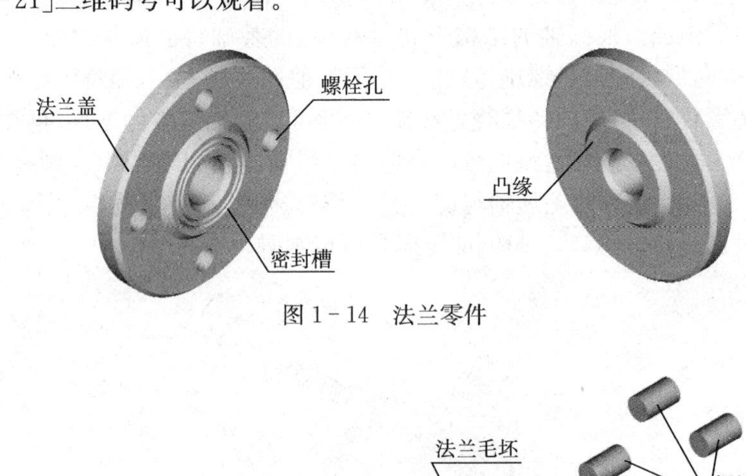

图 1 - 14　法兰零件

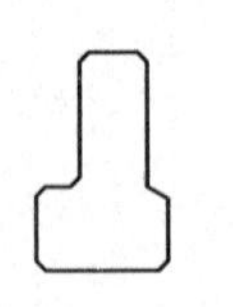

图 1 - 15　法兰的基础特征形状

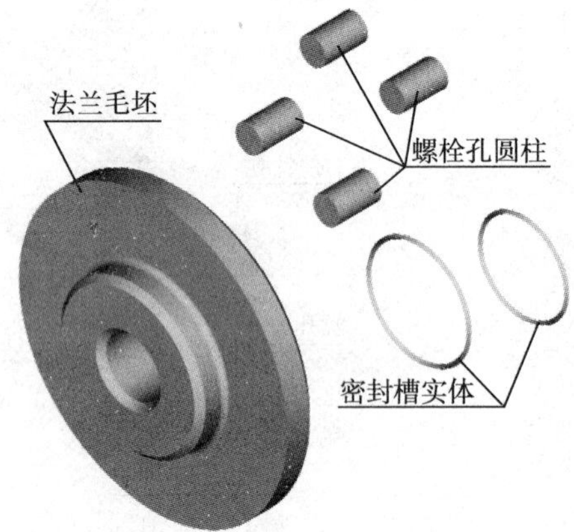

图 1 - 16　法兰造型的各个部分

1.3.2.3　支架类零件的造型

支架类零件结构形状较复杂，常有倾斜、弯曲的结构。图 1－17(a)为一支架零件，分析支架结构形状，可知支架的基础特征有上、下两部分，如图 1－17(b)(c)所示。根据基础特征分别造出支架的上、下两部分形状，将下部形状与上部大圆柱作并运算后与上部小圆柱作差运算，即得支架零件的毛坯。再做出底部竖板圆孔的柱体和上部圆筒上的圆孔柱体，如图 1－18所示。

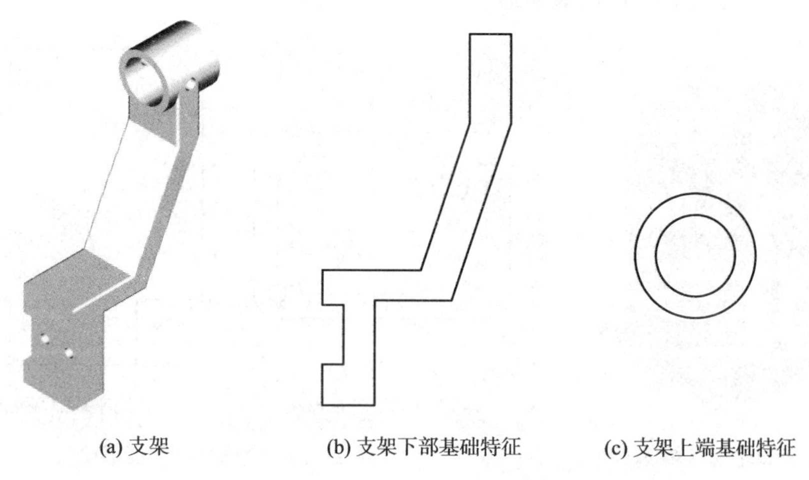

图 1－17　支架零件与其基础特征

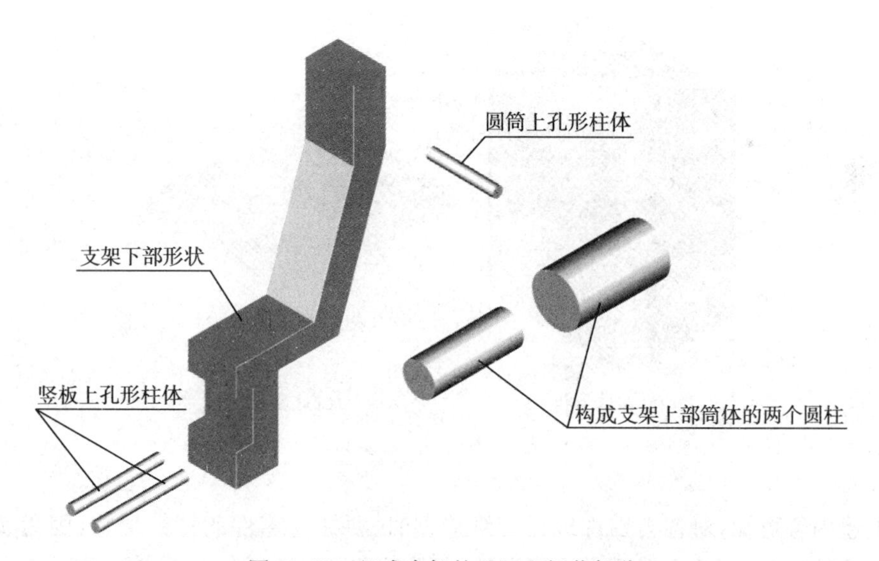

图 1－18　组成支架的毛坯和细节部分

然后用支架零件毛坯减去这些柱体，最后对支架中间连接板的边缘进行倒圆角加工，即完成支架的造型。通过选择[1－22]二维码号可以观看。

1.3.2.4　箱体类零件造型

箱体类零件主要用来支承、包容、保护运动零件或其他零件，其结构特点如下：

(1) 根据其作用常有内腔、轴承孔、凸台和肋等结构；

(2) 为了安装零件后再将箱体安装到机座上，箱体上常有安装底板、安装孔、螺孔和销孔等；

(3) 箱壁部分常有安装箱盖、轴承盖等零件的凸台、凹坑、螺孔等结构。

图 1－19 是蜗轮蜗杆箱体零件，分析该零件的结构形状，蜗轮蜗杆箱由箱体和底座组成，另外再加上两个圆柱形凸台和一个 8 字形突台。箱体和底座基础特征形状分别见图 1－20(a)(b)。应用拉伸造型和差、并运算即可得到对应的形体，如图 1－21(a)(b)所示。通过选择[1－23]二维码号可以观看。

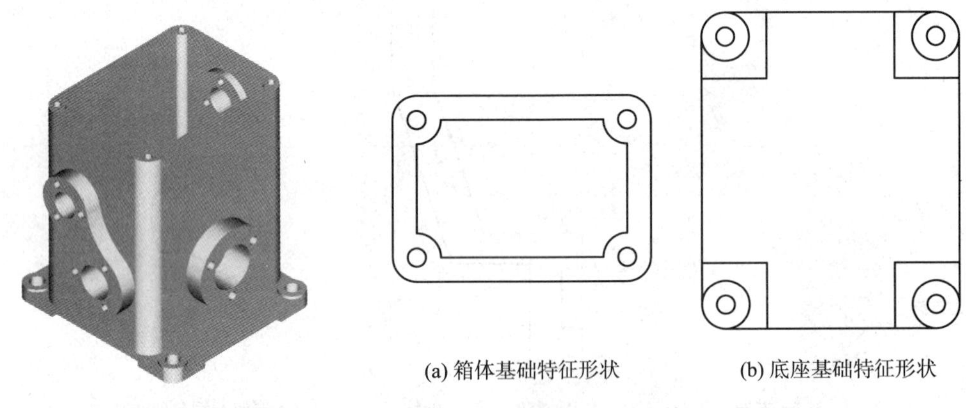

(a) 箱体基础特征形状　(b) 底座基础特征形状

图 1－19　蜗轮蜗杆箱体零件　图 1－20　主体基础特征形状

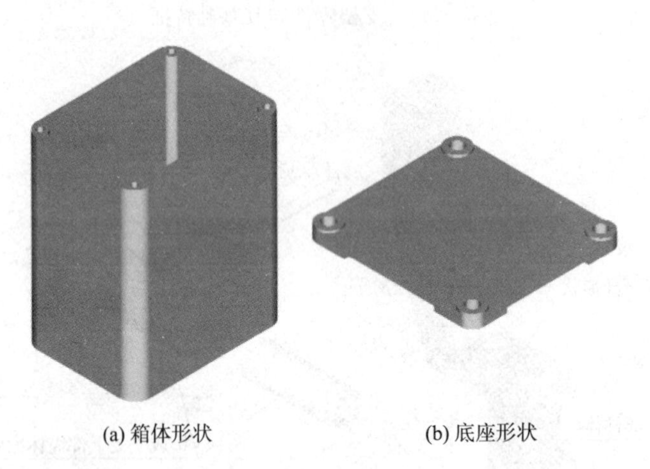

(a) 箱体形状　(b) 底座形状

图 1－21　主体形状

从上述内容可知，对各类零件进行三维造型时，要抓住零件的特征形状，因为实体造型是特征形状的集合，用什么特征来构成零件，以及这些特征生成简单形体后进行布尔运算的先后次序都很重要。所以在用特征形状生成零件前，先要构思零件的生成方案，方案构思得好，生成零件既简单又方便，还便于修改。考虑不当生成就复杂，甚至无法生成。构思方案一般以模块化、简单化为原则。构思方案的一般步骤如下：

(1) 分析零件，分析零件由哪几部分组成，进一步分析每部分又由哪些几何形体组成。

对某些复杂零件先把它分解成一些简单形体，分别生成各简单形体后，通过移动、旋转等三维操作及布尔运算，将各简单形体合并成一个零件。例如，对复杂的对称零件，只生成一半,镜像生成与它对称的部分,然后将两部分通过布尔运算合并成一个零件。大多数的零件要分析其由哪些几何体组成,然后思考用哪些特征来生成,以及生成特征的次序,构思一个优化的生成方案。

(2) 寻找合适的基础特征,作为创建零件时生成的第一个特征,以后生成的特征可以基础特征展开。选择基础特征有两条原则,即尽可能简单或者它能形成零件具有代表性的特征。选择好基础特征就选好了生成零件的基础。

(3) 在基础特征的基础上先粗略地生成零件,即先生成一个零件的毛坯。

(4) 最后细致处理零件,相当于在毛坯上做精加工以生成零件的细节,一般打孔、倒圆、倒角在最后做。

1.4 机器初始表达方案

图 1 - 22 是一个柱塞泵,图 1 - 23 是其装配分解图。通过选择[1 - 24],[1 - 25]二维码号可以观看。

图 1 - 22 柱塞泵

图 1 - 24 是柱塞泵装配示意图,表 1 - 2 是其零件明细表。柱塞泵是用来输送流体的设备,在生产中经常需要将流体从一处输送至另一处,或从低压力处输送到高压力处。柱塞泵共分两部分,一是输送流体部分,主要由泵体、柱塞、曲轴等组成,由装配示意图并结合装配分解图、装配部件图可知,在柱塞泵中动力靠齿轮传输,齿轮旋转带动曲轴旋转,由于曲轴的大小轴轴线有偏心距,导致装在曲轴小轴上的柱塞一方面要上下移动,另一方面要前后摆动,柱塞上部装在圆盘孔内,因此柱塞的运动导致圆盘孔内容积大小的变化,同时圆盘孔的方位也在变化。流体从前面的导管进入,经管接头内孔道,随着柱塞下移,圆盘随柱塞前后摆动,当圆盘孔口对着泵体上与管接头孔道轴线一致的内孔时,流体就流入了圆盘孔内腔,当柱塞运动到最下端的位置时流体就充满了内腔。由于运动的连续性,柱塞运动到最下位置后要向上移动同时向后摆动,这一运动就使充满内腔的流体被推出后面的管接头经导管流向其他地方。二是防漏装置,由于曲轴一端伸出泵体外,为了防止泵内流体沿轴、孔间隙泄漏,必须有防漏装置,在伸出端用填料塞满曲轴周围的空隙,然后用填料压盖和压盖螺母

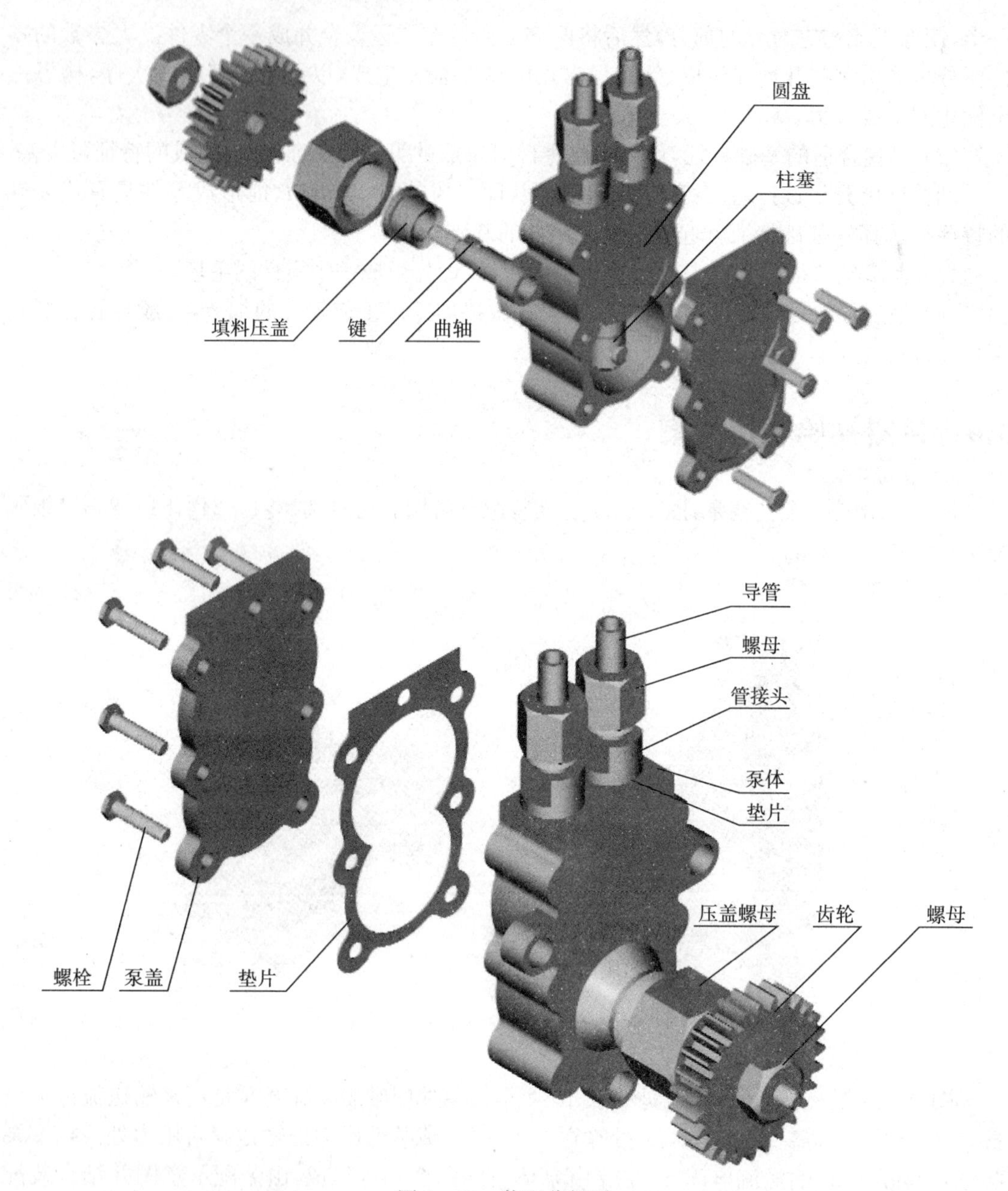

图 1-23 装配分解图

压紧填料，达到防漏的目的。设计柱塞泵除了要考虑功率、流量、流体黏度、各零件所用的材料等物理因素外，还因根据柱塞泵的功能设计各零件的形状及零件之间的装配连接关系。如对泵体形状的设计，由于泵体内要包容圆盘、柱塞、曲轴这些零件，因此就设计了 8 字形内腔及装配曲轴的圆孔，如图 1-25 所示。通过选择[1-26]二维码号可以观看。泵体上部前后两个孔是为流体通过管接头进入圆盘内孔而设计的。该孔上端设计了一段螺纹可用于连接管接头。为了防止流体沿曲轴轴向泄漏，泵体内装配曲轴大轴的内孔设计成阶梯形状，以使曲轴装入泵体后在孔内剩余的空间内可填充填料。泵体后端的螺纹结构则是为了连接压盖螺母，通过旋紧压盖螺母产生的轴向力由填料压盖传递给填料，使填料在轴向力作用下而径向膨胀从而起到阻止流体沿填料与曲轴的间隙泄漏。泵体端面上的七个螺孔则是为连接泵盖而设计的螺栓孔。为了使柱塞泵整体能安装在支架上，所以泵体上设计了三个安装凸台，凸台上的圆孔是连接柱塞泵与支架的螺栓连接孔。根据上述分析按照轴承座造型分析的方法将泵体零件各部分造型分析列于表 1－3 中。设计并完成柱塞泵。其他零件的造型分析表请读者参照泵体零件的形体设计自行分析完成。

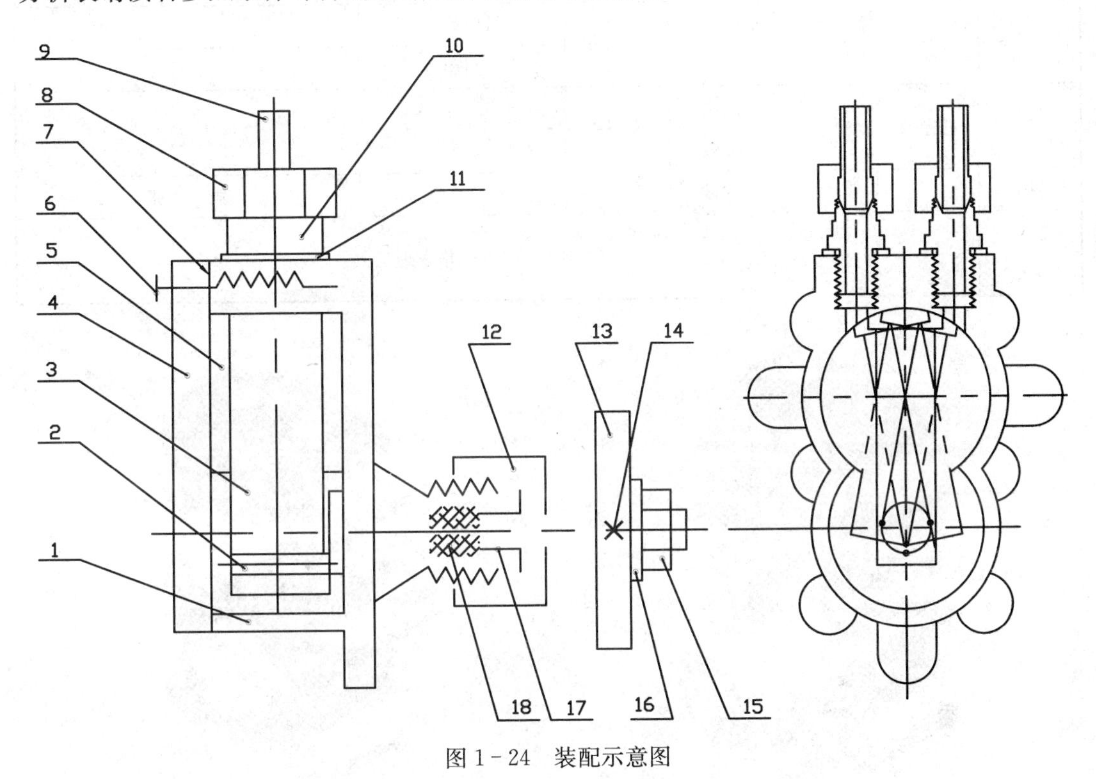

图 1－24　装配示意图

表 1－2　柱塞泵明细

18	填料	1	油麻绳	
17	填料压盖	1	Q235A	
16	垫圈	1	Q235A	GB/T 97.1－10
15	螺母	2	Q235A	GB/T 6170 M10
14	键 5X12	1	Q235A	GB/T 1096－2003
13	齿轮	1	Q235A	$Z=27\ m=3$
12	压盖螺母	1	Q235A	
11	垫片	2	Q235A	
10	管接头	2	Q235A	
9	导管	2	工业用纸	
8	螺母	2	Q235A	
7	垫片	1	Q235A	

续表

<table>
<tr><td>6</td><td colspan="2">螺栓</td><td colspan="2">7</td><td>Q235A</td><td>GB/T 578 M8X35</td></tr>
<tr><td>5</td><td colspan="2">圆盘</td><td colspan="2">1</td><td>HT150</td><td></td></tr>
<tr><td>4</td><td colspan="2">泵盖</td><td colspan="2">1</td><td>HT150</td><td></td></tr>
<tr><td>3</td><td colspan="2">柱塞</td><td colspan="2">1</td><td>45</td><td></td></tr>
<tr><td>2</td><td colspan="2">曲轴</td><td colspan="2">1</td><td>45</td><td></td></tr>
<tr><td>1</td><td colspan="2">泵体</td><td colspan="2">1</td><td>HT150</td><td></td></tr>
<tr><td>序号</td><td colspan="2">名称</td><td colspan="2">数量</td><td>材料</td><td>备注</td></tr>
<tr><td colspan="3" rowspan="2">柱塞泵</td><td>比例</td><td></td><td colspan="2" rowspan="2"></td></tr>
<tr><td>件数</td><td></td></tr>
<tr><td>制图</td><td></td><td></td><td>重量</td><td></td><td>共　张</td><td>第　张</td></tr>
<tr><td>校对</td><td></td><td></td><td colspan="4" rowspan="2">华东理工大学</td></tr>
<tr><td>审核</td><td></td><td></td></tr>
</table>

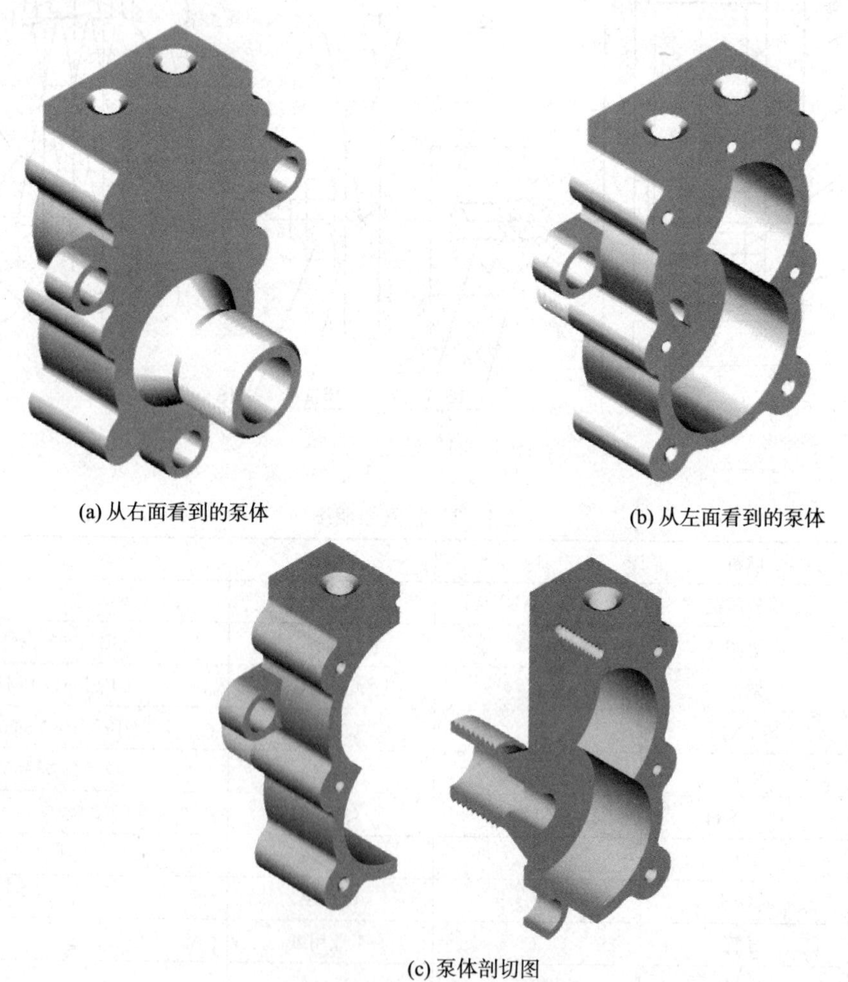

(a) 从右面看到的泵体

(b) 从左面看到的泵体

(c) 泵体剖切图

图 1-25　泵体

表 1-3　柱塞泵泵体的造型

基本形体	基础特征形状	造型与运算方式
泵体主体形状		拉伸
泵体主体内 8 字孔形状	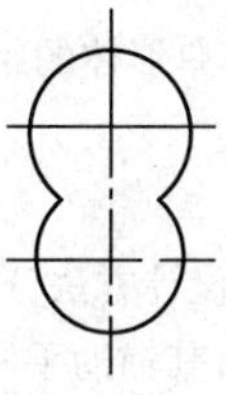	拉伸后与泵主体作差运算
带锥体的圆柱外螺纹	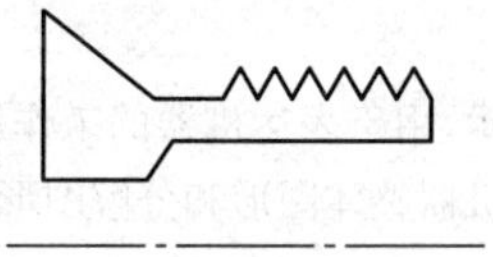	旋转后与泵主体作并运算
凸台		拉伸＋差运算
六角螺栓连接螺孔		旋转后与泵主体作差运算
导管连接螺孔		旋转后与泵主体作差运算
安装曲轴处的光孔	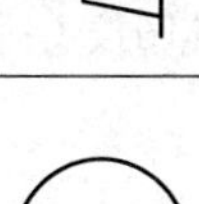	拉伸后与泵主体作差运算

注:表中带锥体的圆柱外螺纹、六角柱连接螺孔、导管连接螺孔中的螺纹部分均为近似造型。

本章小结

本章主要由简单形体的形成，组合形体的形成，机器与零件的形成过程分析，机器初始表达方案等内容组成。

1. 简单形体的形成

(1) 拉伸形体　基本要素有封闭的平面图形、拉伸方向、拉伸距离；

(2) 回转形体　基本要素有封闭的平面图形、旋转轴、旋转角度。

2. 组合形体的形成

(1) 平移或旋转各简单形体到达指定位置，形成简单形体的组合；

(2) 运用并、交、差运算获得组合体。

3. 机器与零件的形成过程分析

根据机器要完成的功能，按照机械设计原理、机械设计方法分析机器的形成过程，包括该机器由哪些零件组成，每一个零件起什么作用，零件之间如何连接等，其辅助手段是通过对组成机器的各个零件进行三维造型。

4. 机器初始表达方案

机器的初始表达方案常由装配示意图来表示，用于表达机器的工作原理、零件的种类等内容。其辅助手段是将各零件的三维造型进行三维组装获得机器整体图形和分解图形。

自　测　题

1. 分析图示物体可由哪些拉伸形体组成，画出各拉伸形体的基面图形，注写拉伸方向和拉伸距离(尺寸由立体图按 1∶1 量取)。

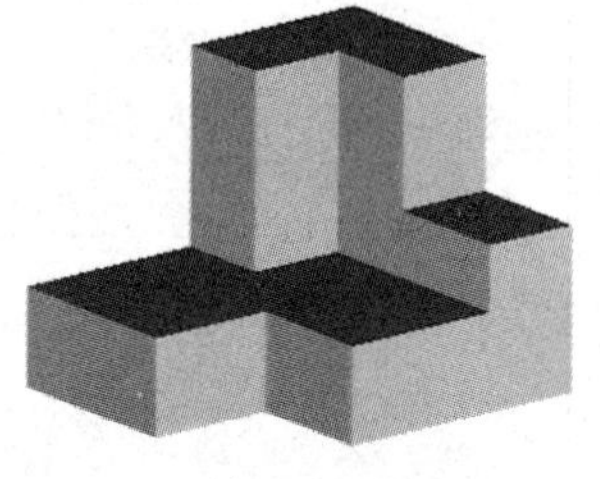

第 1 题图

2. 分析图示物体可由哪些形体组成，若是拉伸形体画出其基面图形并注写拉伸方向和拉伸距离；若是回转形体，则画出回转轴与回转平面的形状(尺寸由立体图按 1∶1 量取)。

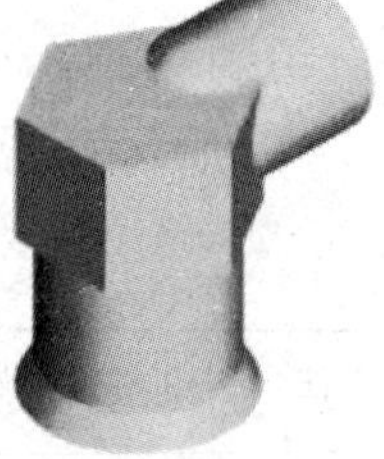

第 2 题图

3. 根据球阀模型的立体图分析其由哪些形体组成。若是拉伸形体画出其基面图形，并注写拉伸方向和拉伸距离；若是回转形体，则画出回转轴与回转平面的形状（尺寸由立体图按 1∶1 量取）。

第 3 题图

2 投影体系和基本视图

本章导读

在制造机器及加工机械零件时，需要用工程图表达它们的形状结构、大小及加工要求。工程图是按一定的投影方法和技术规定将物体表达在图纸上的一种技术文件，它是表达设计思想和进行技术交流的媒体，也是工程施工、零件加工的依据。工程图的主要内容是图形，这种图形必须能够全面、清晰、准确地反映物体的形状结构及大小，且绘制简便。为了达到这样的要求，工程图中的图形是用“正投影法”绘制而得到的正投影图。本章主要阐述投影的基本知识，视图的基本概念，视图的形成，视图的投影规律以及视图与三维造型的联系等内容。

2.1 投影的基本概念

投影是日常生活中最常见的现象。如图 2-1 所示，在光线照射下，物体在墙面上会产生一个影子，这个影子的图形在某些方面反映出该物体的形状特征，这种现象称为投影。通过选择[2-1]二维码号可以观看。此现象中有四个要素：光源(灯)、支架、光线和墙面。现将此四个要素抽象为投射中心、物体、投射线和投影面，它们构成中心投影系统。中心投影的投射线集中于一点，投影的大小将随着物体与投射中心(或投影面)的距离变动而改变。因此，这种投影图形不能直接反映物体的真实形状和大小，并且也不易绘制。如果假想将投射中心移到无穷远处，使投射线相互平行并垂直于投影面，得到的投影就不会随物体到投影面的距离变化而变化，如图 2-2(a)所示。而且当物体的表面平行于投影面时，其投影能反映这些表面的真实形状和大小，这样绘制就较简单，如图 2-2(b)所示。这种以一束相互平行并且垂直于投影面的投射线将物体向投影面进行投射的方法称为正投影法。通过选择[2-2]，[2-3]二维码号可以观看。用正投影获得的投影图形称为正投影图。它能满足工程图的有关要求。

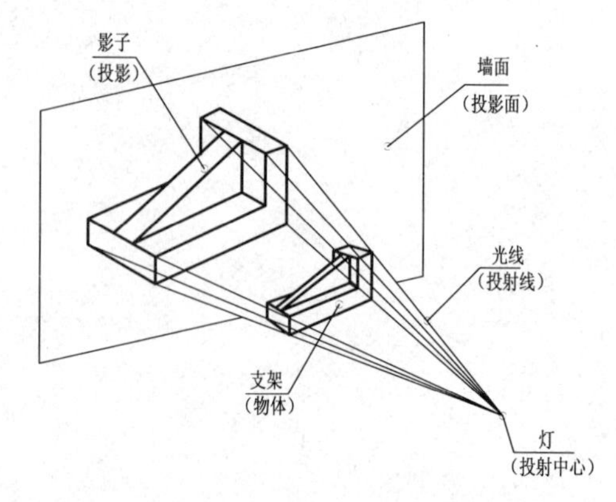

图 2-1　中心投影法

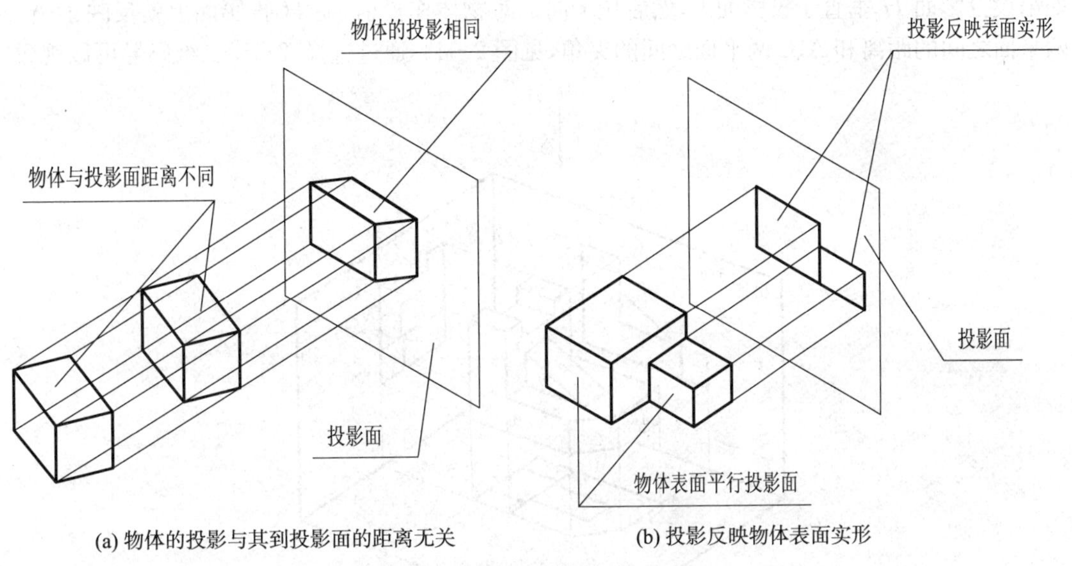

(a) 物体的投影与其到投影面的距离无关　　(b) 投影反映物体表面实形

图 2-2　物体与投影的相关性

2.2　投影体系与基本视图的形成

在图 2-3 中，物体的表面 A、B 平行于投影面 V，所以其投影反映 A、B 表面的实形。D 表面垂直于投影面，其投影积聚成为一条直线段。而 C 表面倾斜于投影面，其投影边数不变，但面积变小了。对物体上其他表面的投影可做类似的分析。通过选择[2-4]二维码号可以观看。根据上述分析可知平面的正投影有如下特性：(1)平面平行投影面，投影反映平面实形——真实性；(2)平面垂直投影面，投影积聚为直线——积聚性；(3)平面倾斜投影面，投影边数不变但面积变小——类似性。由观察可知 A、B 两平面之间的距离，A、C 两平面之间的夹角，D、F 平面的大小等在投影图上均未得到反映。这些信息可用与 S 垂直的方向对物体作正投影加以确定，但与 S 垂直的方向有无数个，应根据表达需要及作图方便进行选择。

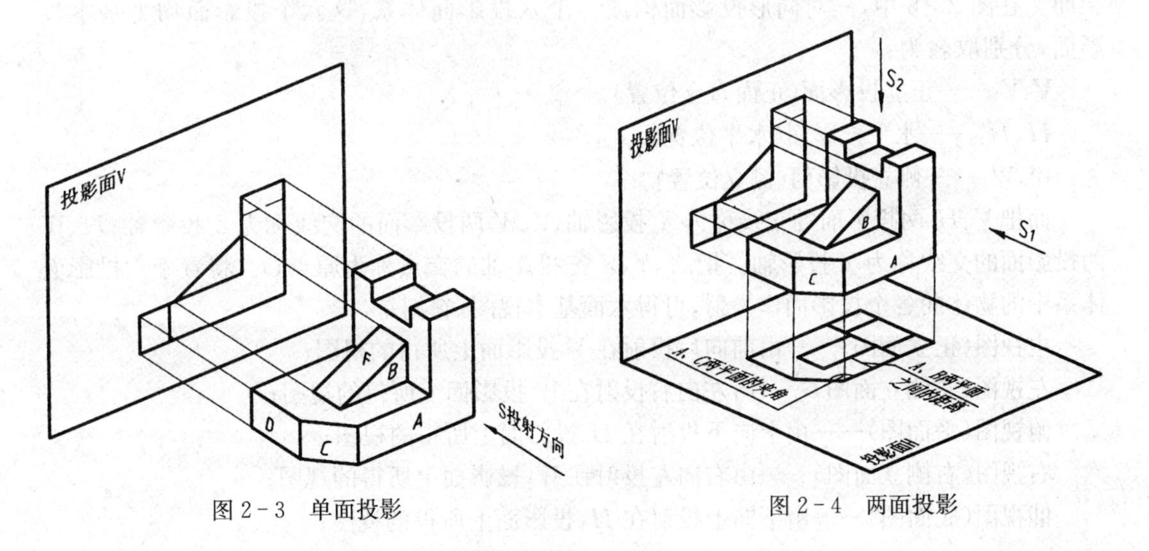

图 2-3　单面投影　　图 2-4　两面投影

如增设投影面 H 垂直于投影面 V，然后从上向下对物体作投射，在 H 投影面上就反映了 A、B 两平面之间的距离和 A、C 两平面之间的夹角，见图 2－4。通过选择[2－5]二维码号可以观看。

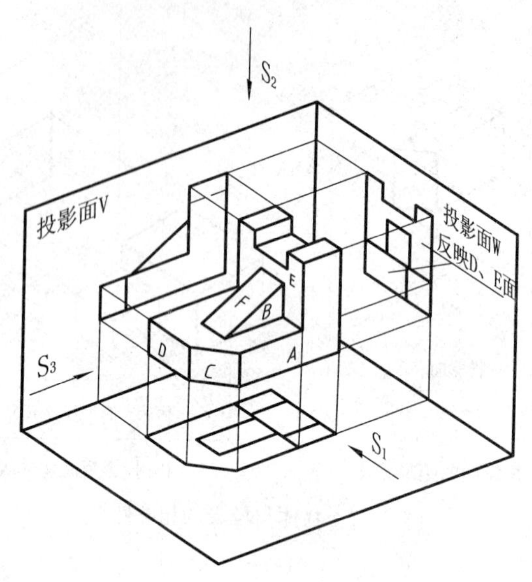

图 2－5　三面投影

同样道理，为了表达 D、F 面的实形，可再增设一投影面 W 使其与 V、H 投影面两两垂直，然后从左向右对物体作投射，在 W 投影面上就反映出 D、F 两平面的真实形状与大小，见图 2－5。通过选择[2－6]二维码号可以观看。当然，也可选用 V_1，H_1，W_1 投影面来获得物体另外三个方向的正投影，见图 2－6。在投影过程中，若将投射线当作观察者的视线，则可将物体的正投影称为视图。观察者、物体、视图三者的位置关系是物体处于观察者与视图之间。由图 2－6 可知 V 与 V_1，H 与 H_1，W 与 W_1 是三对相互平行的投影面，对应的投射方向也相互平行但方向相反。通过选择[2－7]二维码号可以观看。按照国家制图标准规定，图样上可见轮廓线用粗实线表示，不可见轮廓线用虚线表示。因此，每一对投影面上的视图除部分图线有虚实区别外，图形完全一致，把这样两个投影面称为同形投影面。在图 2－6 中，三对同形投影面构成一个六投影面体系，这六个投影面均为基本投影面，分别取名为：

V，V_1——正立投影面(正面直立位置)。

H，H_1——水平投影面(水平位置)。

W，W_1——侧立投影面(侧立位置)。

而把 V、H 两投影面的交线称为 X 投影轴，V、W 两投影面的交线称为 Z 投影轴；H、W 两投影面的交线称为 Y 投影轴。把 X，Y，Z 三投影轴的交点称为原点 O。将置于六投影面体系中的物体向各个投影面作投射，可得六面基本视图，它们是：

主视图(正立面图)——由前向后投射在 V 投影面上所得的视图；

左视图(左侧立面图)——由左向右投射在 W 投影面上所得的视图；

俯视图(平面图)——由上向下投射在 H 投影面上所得的视图；

右视图(右侧立面图)——由右向左投射在 W_1 投影面上所得的视图；

仰视图(底面图)——由下向上投射在 H_1 投影面上所得的视图；

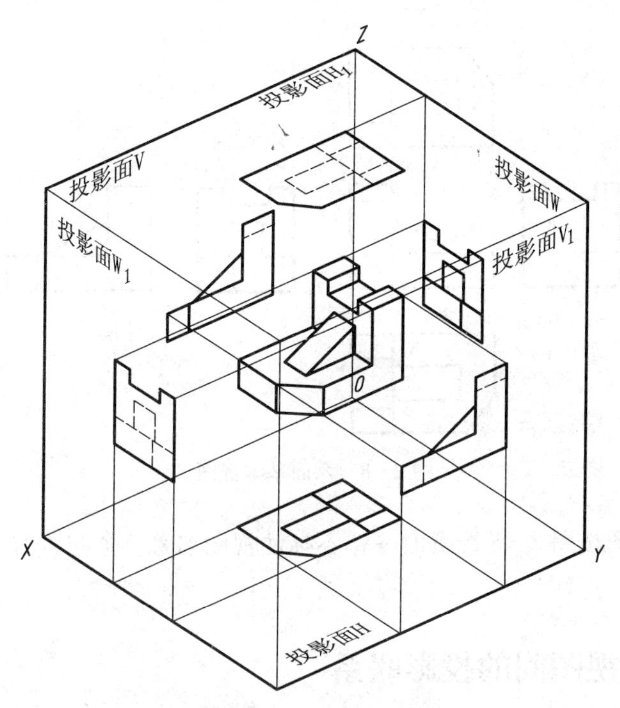

图 2-6 六投影面体系

后视图(背立面图)——由后向前投射在 V_1 投影面上所得的视图。

为了能在同一张图纸上画出六面视图,规定 V 投影面不动,H 投影面绕 X 轴向下旋转 90°,V_1 投影面绕其与 W 投影面的交线向前旋转 90°再与 W 投影面一起绕 Z 轴向右旋转 90°,H_1 投影面绕其与 V 投影面交线向上旋转 90°,W_1 投影面绕其与 V 投影面交线向左旋转 90°,见图 2-7。通过上述各项旋转即可在同一平面上获得六面基本视图。通过选择[2-8]二维码号可以观看。

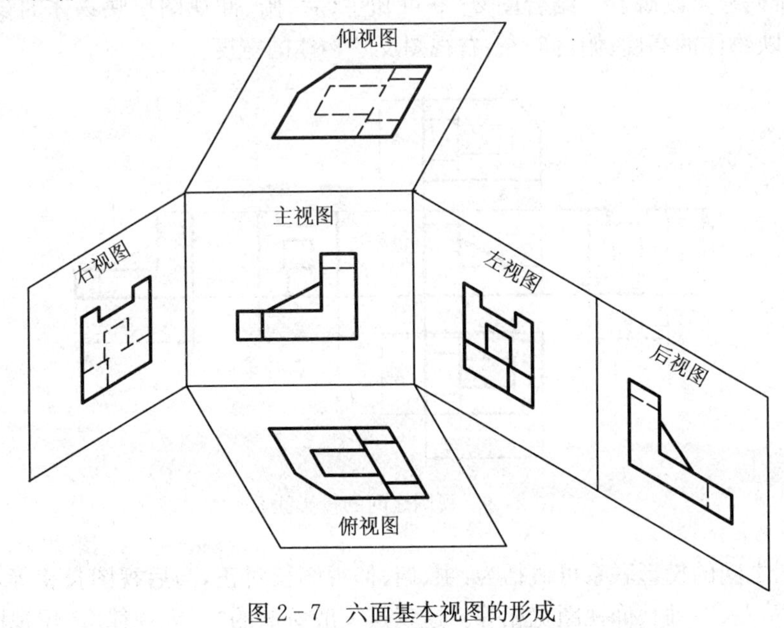

图 2-7 六面基本视图的形成

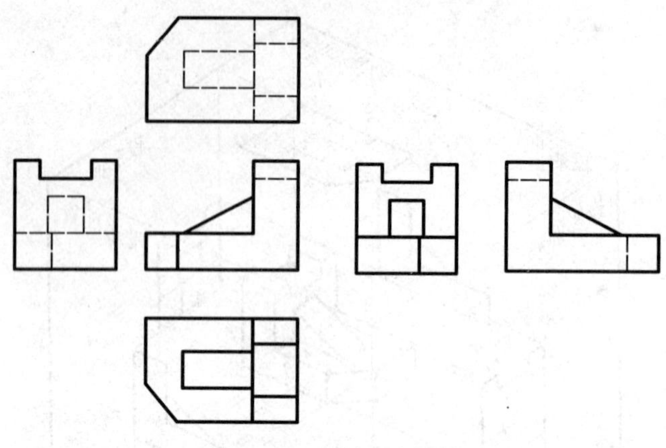

图 2-8 六面基本视图

当六个基本视图按图 2-8 配置时一律不标注视图名称。通过选择[2-8]二维码号可以观看。

2.3 六面基本视图间的投影联系

由六面基本视图的形成和六个投影面的展开过程可以理解六面基本视图是怎样反映物体的长、宽、高三个尺寸,从而明确六个视图间的投影联系。

若将前述 V,H,W 三个投影面的交线 x,y,z 三条投影轴的方向依次规定为长度、宽度和高度方向,当置于投影体系中的物体其长、宽、高尺寸方向与 x,y,z 轴一致时,从图 2-9 可以看出:主、后视图反映了物体的长和高;俯、仰视图反映了物体的长和宽;左、右视图反映了物体的高和宽。也就是六个视图中有四个视图共同反映物体的同一个尺度方向。通过选择[2-9]二维码号可以观看。结合图 2-9 可知主、后、俯、仰视图反映物体的长度;主、后、左、右视图反映物体的高度;俯、仰、左、右视图反映物体的宽度。

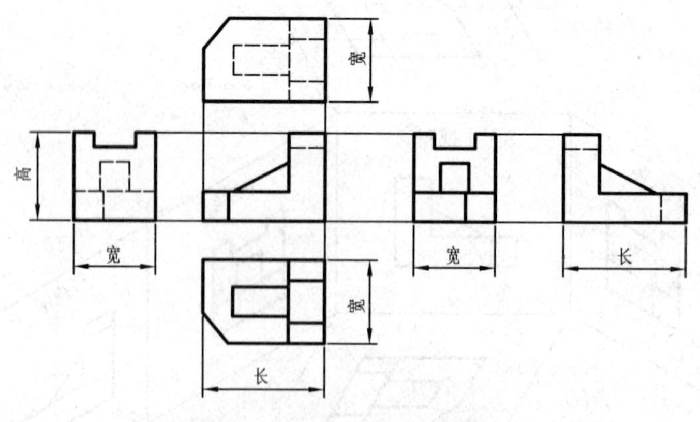

图 2-9 视图之间的投影联系

六个视图之间的投影联系可概括为:主、俯、仰视图长对正,与后视图长相等,主、左、右、后视图高平齐,左、右、俯、仰视图宽相等。这就是一般所谓的“三等规律”。用视图表达物体时，从局部到整体都必须遵循这一规律。物体除有长、宽、高尺度外，还有同尺度紧密相关的上、下、左、右、前、后方位。一般认为，高是物体上下之间的尺度，长为物体左右之间的尺度，宽是物体前后之间的尺度。对照上述六个视图的“三等规律”，并参照图 2－10 可知：“等长”说明主、俯、仰、后视图共同反映物体的左、右方位，而后视图远离主视图一侧是物体的左边，靠近主视图一侧是物体的右边。通过选择[2－10]二维码号可以观看。

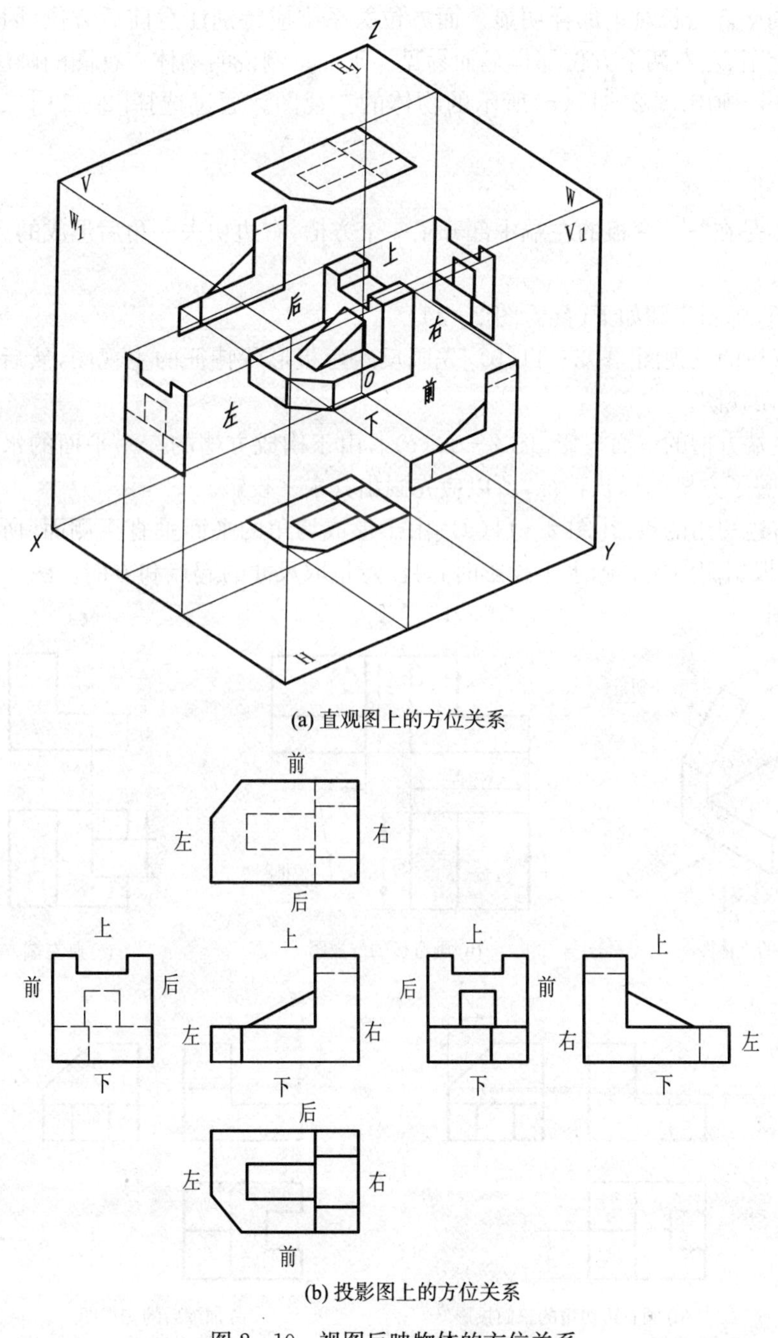

(a) 直观图上的方位关系

(b) 投影图上的方位关系

图 2－10　视图反映物体的方位关系

“等高”说明主、后、左、右视图共同反映物体的上下方位。

“等宽”说明左、右、俯、仰视图共同反映物体的前后方位，并且各视图远离主视图的一侧是物体的前边，靠近主视图的一侧是物体的后边。以上就是六个视图反映物体的方位关系，它可以看成是“三等规律”的补充说明。

“三等规律”中尤其要注意左、右、俯、仰视图宽相等及主、后、视图长相等，因为这两条在视图上不像高平齐与长对正那样明显。而方位关系中应特别注意前后方位，因为这个方位关系也不像上下、左右两个方位那样显而易见。下面举例说明物体三视图的画法。

[例 2－1]　画出图 2－11(a)所示的物体的三视图。通过选择[2－11]二维码号可以观看。

解:1. 分析

这个物体是在“┘”弯板的左端中部开了一个方槽，右边切去一角后形成的。

2. 作图

根据分析，画图步骤如下(参看图 2－11)

(1) 画弯板的三视图[图 2－11(b)]先画反映弯板形状特征的主视图，然后根据投影规律画出俯、左两视图。

(2) 画左端方槽的三面投影[图 2－11(c)]，由于构成方槽的三个平面的水平投影都积聚成直线，反映了方槽的形状特征，所以应先画出其水平投影。

(3) 画右边切角的投影[图 2－11(d)]由于形成切角的平面垂直于侧面，所以应先画出其侧面投影，根据侧面投影画水平投影时，要注意量取尺寸的起点和方向。图 2－11(e)是加深后的三视图。

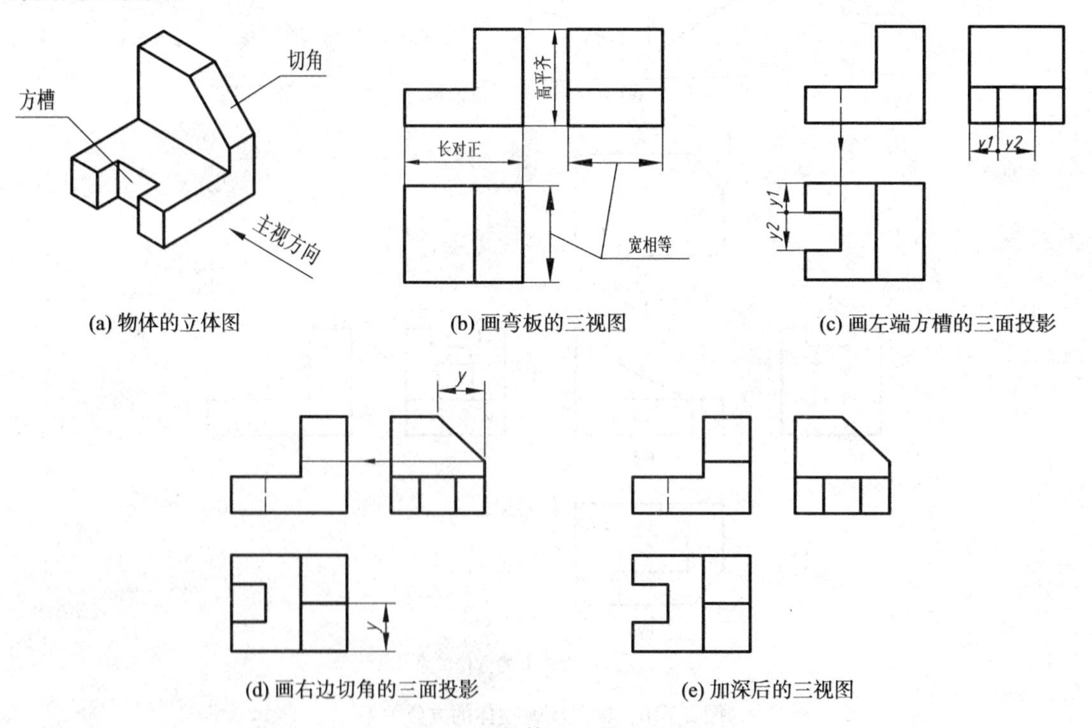

(a) 物体的立体图　(b) 画弯板的三视图　(c) 画左端方槽的三面投影

(d) 画右边切角的三面投影　(e) 加深后的三视图

图 2－11　物体三视图的画法

上例是为了说明视图的画法，究竟如何选主视图投影方向，如何确定最佳视图方案等均未及考虑。为了使所画图样准确、表达方案合理，应掌握有关形体表达的基础知识。

上面介绍的是平面立体三视图的画法，当物体为回转体时，根据回转体的形成方式，在画回转体视图时，要画出轴线的投影，其投影在反映轴线实长的视图上用点画线表示，在与轴线垂直的投影面上用互相垂直的点画线的交点表示。

图 2－12 是常见回转体圆柱、圆锥、圆球、圆环的视图。通过选择[2－12]二维码号可以观看。

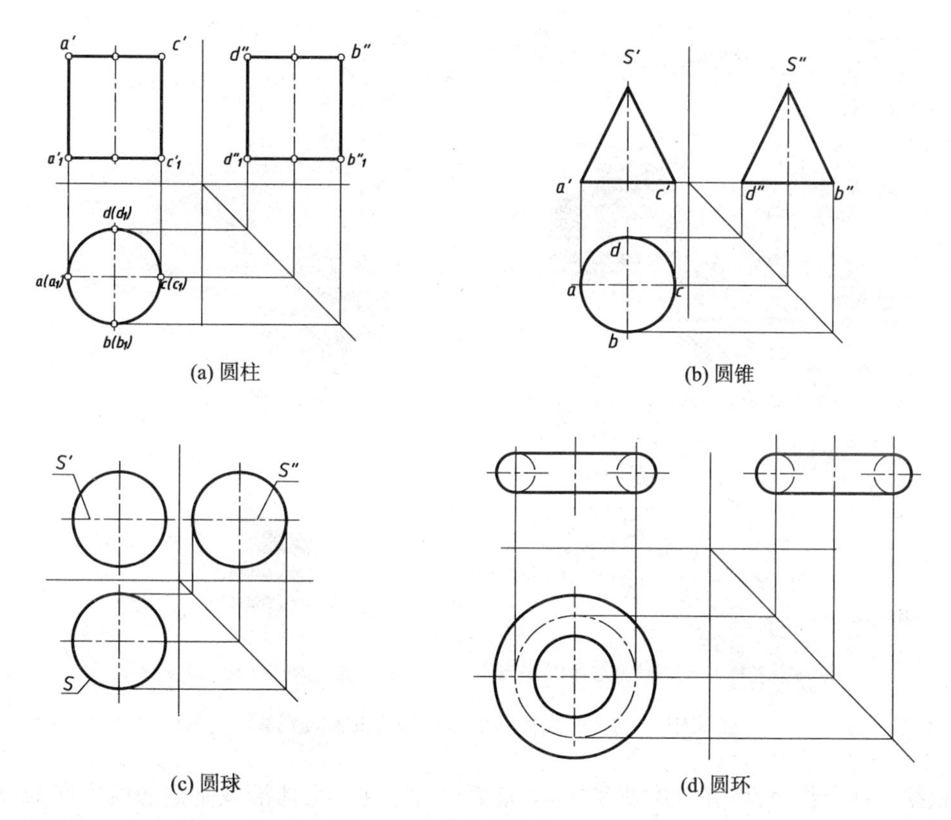

图 2－12　常见回转体三视图

2.4　视图与三维造型的联系

根据物体基本视图的形成原理，在二投影面体系中，将图 2－13(a)中的主视图、左视图的外轮廓作为基面，如图 2－13(b)所示，分别对它们进行拉伸。其中，主视图拉伸距离为左视图总宽 120mm，左视图拉伸距离为主视图总长 140mm，如图 2－14(a)所示。由于左视图是物体向 W 投影面投射后随投影面一起旋转 90°后到 V 投影面上的，因此将由左视图拉伸的形体逆旋转 90°，如图 2－14(b)所示。并平移该形体与由主视图拉伸形成的形体重叠如图 2－14(c)所示，求交运算形成图 2－14(d)所示的物体。通过选择[2－13]二维码号可以观看。

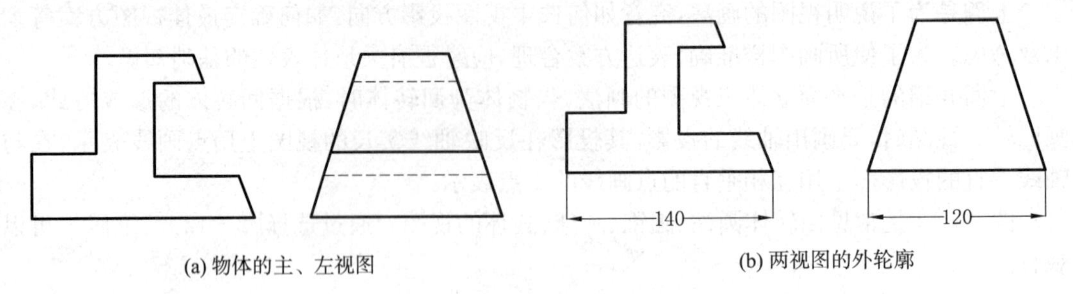

(a) 物体的主、左视图　　(b) 两视图的外轮廓

图 2 - 13　物体的视图与视图外轮廓

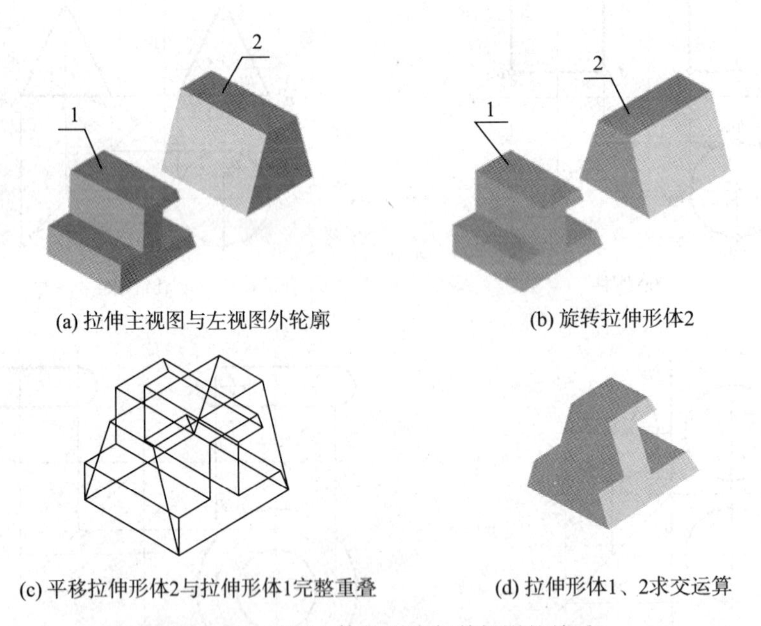

(a) 拉伸主视图与左视图外轮廓　　(b) 旋转拉伸形体2

(c) 平移拉伸形体2与拉伸形体1完整重叠　　(d) 拉伸形体1、2求交运算

图 2 - 14　平面立体的形成与其投影的关系

根据上述分析可知，在三维造型中，对基面进行拉伸与实体沿该基面法线方向的投射是一个逆向过程。所以，基面可以看作是拉伸形体沿该基面法线方向投射得到的一个视图。一般而言，物体的两个视图包含了其三维尺度，所以主视图拉伸的距离就是左视图的宽度，而左视图拉伸的距离就是主视图的长度。另外，主、左视图共同反映物体的高度，因此两个拉伸形体的公共部分就包含了物体的三维尺度，从而确定了物体的形状。这一原理不仅适用于平面立体，也适用于曲面立体。如图 2 - 15 为一曲面立体的主、左视图，按上述原理将主视图拉伸左视图的宽度，将左视图的外轮廓拉伸主视图的长度如图 2 - 16(a)所示，将由左视图拉伸的形体旋转 90°，如图 2 - 16(b)所示。并平移该形体与由主视图拉伸形成的形体重叠如图 2 - 16(c)所示。求交运算形成的结果即为由物体主、左视图重建的模型，如图 2 - 16(d)所示。通过选择[2 - 14]二维码号可以观看。上述形体形成过程中，左视图拉伸后需旋转 90°，是因为左视图是由物体向侧立投影面投射后，再旋转侧立投影面与主视图所在投影面共面得到的，所以由左视图拉伸出来的简单形体需绕 Z 轴反方向旋转 90°才符合立体的空间位置。同理，如果利用主、俯视图重建物体，则需将拉伸俯视图形成的简单形体绕 X 轴

反方向旋转 90°后再作平移、重叠、求交处理。如图 2－17(a)所示为一物体的主、俯视图，其形体的重建过程如图 2－17(b)～图 2－17(g)所示，通过选择[2－15]二维码号可以观看。

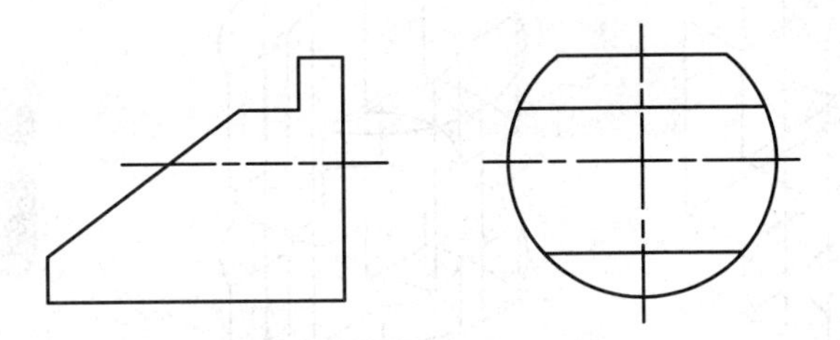

图 2－15 曲面立体的主、左视图

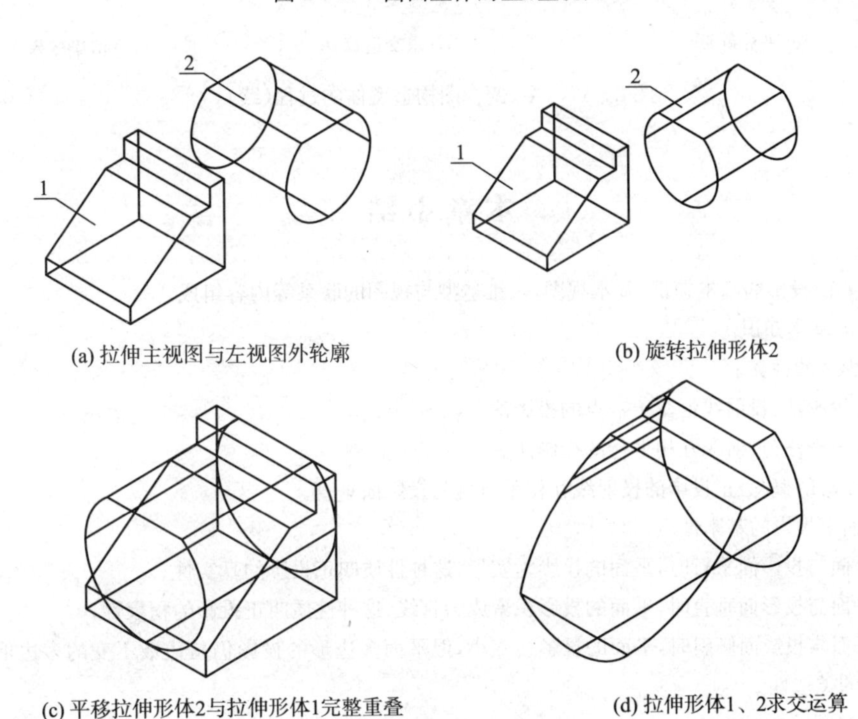

(a) 拉伸主视图与左视图外轮廓　(b) 旋转拉伸形体2

(c) 平移拉伸形体2与拉伸形体1完整重叠　(d) 拉伸形体1、2求交运算

图 2－16 曲面立体的形成与其投影的关系

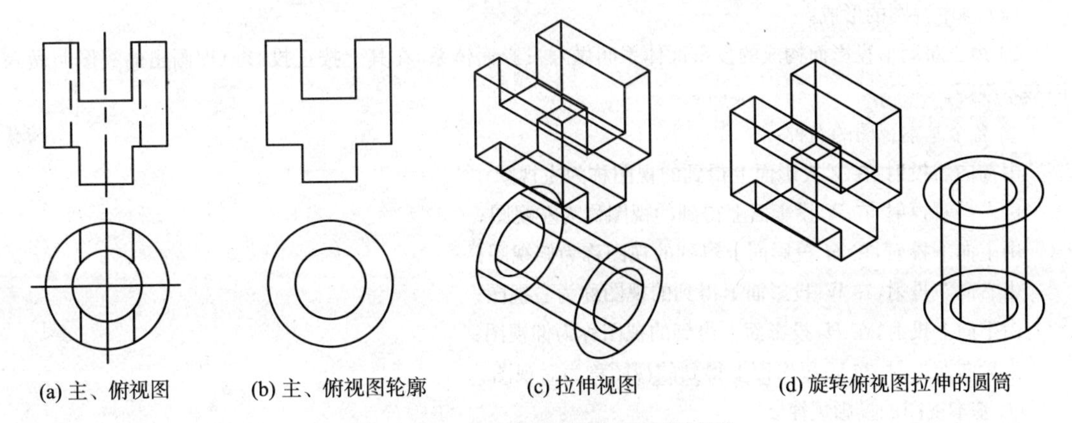

(a) 主、俯视图　(b) 主、俯视图轮廓　(c) 拉伸视图　(d) 旋转俯视图拉伸的圆筒

图 2－17 主、俯视图构造型体的过程

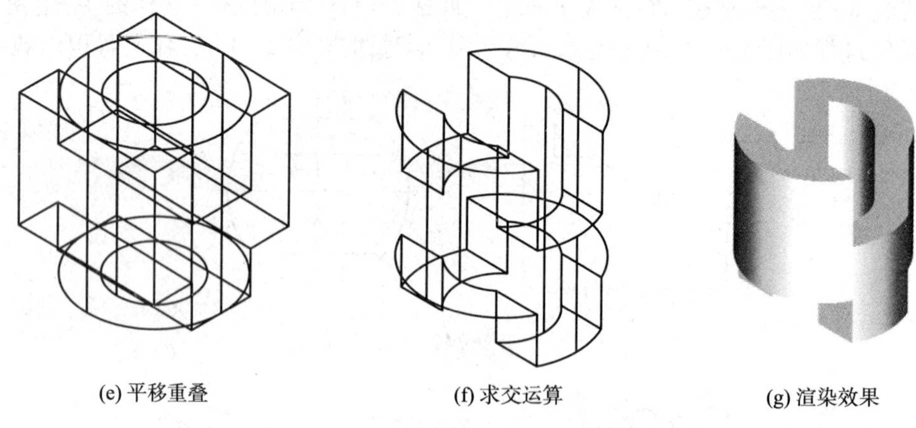

(e) 平移重叠　(f) 求交运算　(g) 渲染效果

图 2-17　主、俯视图构造型体的过程(续)

本章小结

本章主要由投影的基本知识、基本视图、三维造型与视图的联系等内容组成。

1. 投影的基本知识

(1) 投影法的种类。

① 中心投影法:投射线汇交于一点的投影法;

② 平行投影法:投射线互相平行的投影法。

(2) 正投影的概念:正投影的投射线互相平行且与投影面垂直。

(3) 平面正投影的基本性质。

① 当平面与投影面平行时,平面的投影为实形,这种性质叫正投影的真实性;

② 当平面与投影面垂直时,平面的投影积聚成为直线,这种性质叫正投影的积聚性;

③ 当平面与投影面倾斜时,平面的投影会变小,但平面多边形的投影仍是边数不变的多边形,这种性质叫正投影的类似性。

2. 基本视图

(1) 视图的基本概念:用正投影法所绘制的物体投影图叫做视图。

(2) 基本视图的形成。

① 由三对同形投影面构成的投影面体系叫做六投影面体系,在其上按正投影原理画出的视图叫做六面基本视图。

② 各个基本视图的名称:

由前向后投射,在 V 投影面上得到的视图称为主视图;

由左向右投射,在 W 投影面上得到的视图称为左视图;

由上向下投射,在 H 投影面上得到的视图称为俯视图;

由右向左投射,在 W_1 投影面上得到的视图称为右视图;

由下向上投射,在 H_1 投影面上得到的视图称为仰视图;

由后向前投射,在 V_1 投影面上得到的视图称为后视图。

③ 基本视图的投影规律

主、俯、仰、后视图长对正,与后视图长相等;

主、左、右、后视图高平齐；

左、右、俯、仰视图宽相等。

3. 三维造型与视图的联系

在六面基本视图中，非同形的两个视图(如主视图、左视图)总是包含了物体的三维尺度，将每一视图可见的外轮廓作为基面，沿着与该视图相反的投射方向进行拉伸，拉伸的距离由另一个视图确定(如主视图的外轮廓沿 Y 方向拉伸，拉伸的距离由左视图上宽度尺寸确定。左视图的外轮廓沿前 X 方向拉伸，拉伸的距离由主视图上长度尺寸确定)。将其中一个拉伸形体绕两个视图所在的投影面交线 Z 轴逆旋转 90°，并平行移动到与另一个拉伸形体重合，然后作交运算即可获得这两个视图所表达的三维形状体。

自　测　题

1. 对照下列形体的立体图，将对应的视图编号填入表中。

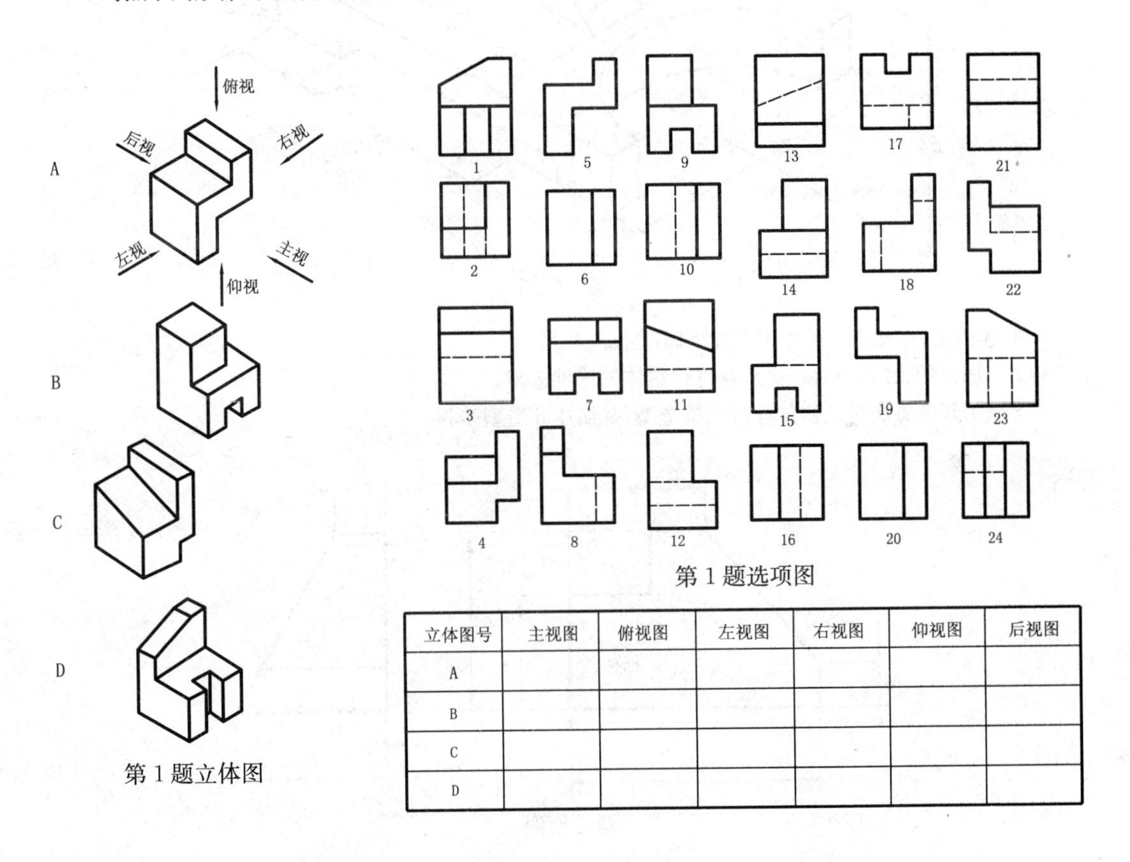

第 1 题立体图

第 1 题选项图

立体图号	主视图	俯视图	左视图	右视图	仰视图	后视图
A						
B						
C						
D						

2. 根据已知尺寸，按 1∶1 画出物体的主、俯、左三个视图。

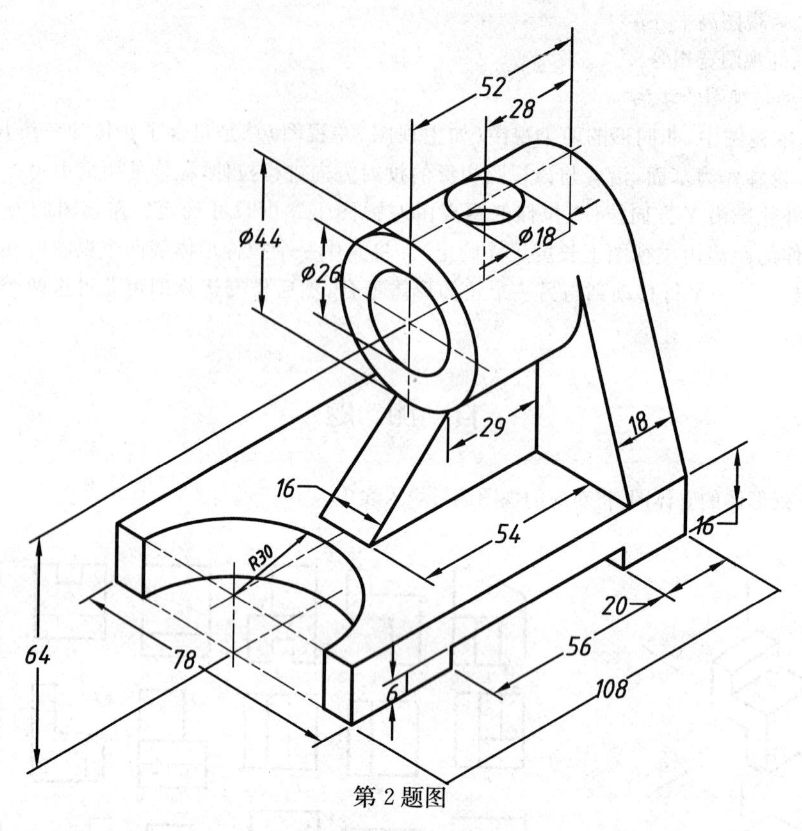

第 2 题图

3. 物体的主、左视图及尺寸大小如下图所示。

(1) 应用拉伸、旋转、平移、交运算进行物体的三维造型。

(2) 试用其他方法对该物体进行三维造型，并简述其造型步骤。

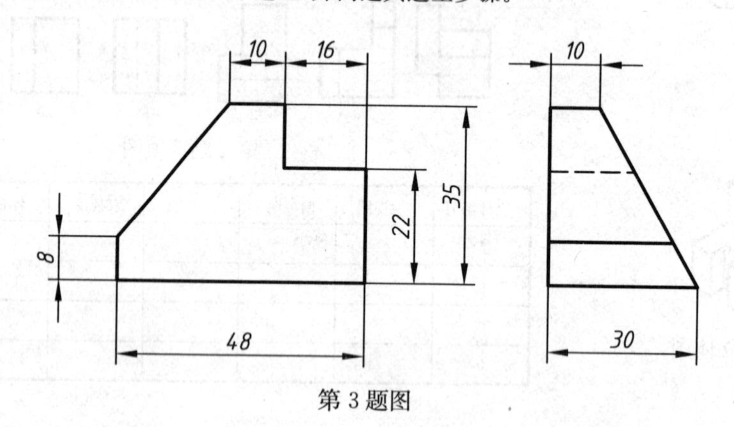

第 3 题图

3 组合体绘制与视图阅读

本章导读

由两个或两个以上的基本形体所组成的形体称为组合体。从几何形体的角度来看,组合体的视图是基本形体视图的组合。因此,用视图表达组合体时,应先对组合体作形体分析,以便获得优化的视图表达方案。机械零件的形体也可认为是组合体,但其增添了工艺结构。本章主要阐述组合体绘制与阅读、组合体尺寸标注、组合体视图与三维造型的关系等内容。

3.1 视图中线框及图线的含义

3.1.1 表面连接关系

组合体由简单形体组合而成,分析简单形体之间的表面连接关系有利于组合体的绘制和阅读。在组合体中,相互结合的两个简单形体表面之间有不平齐、平齐、相交和相切等关系,如图 3-1 所示,通过选择[3-1]二维码号可以观看。

在图样上画出交线的投影能帮助我们分清各形体之间的界限。有助于看懂视图。图 3-1(d)所示的交线可以看作是由平面截切圆柱表面所产生的交线,这些截平面与立体表面的交线称为截交线,截交线的投影由截平面与圆柱面的相对位置而定。图 3-1(e)所示的交线是两圆柱表面相交而产生的交线,这种两立体表面的交线称为相贯线,相贯线的投影由两圆柱面的大小及其相对位置确定。图中两圆柱相对位置为轴线垂直相交,其相贯线的近似画法是以圆弧代替,圆弧半径是大圆柱的半径。

结合图 3-1 可以看出:

(1) 视图上每一条线可以是物体上的下列要素的投影。

① 两表面交线的投影;

② 垂直面的投影;

③ 曲面转向轮廓线的投影。

(2) 视图上每一封闭线框(由图线围成的封闭图形)可以是物体上不同位置的平面、曲面或孔的投影。

(3) 视图上相邻的封闭线框必定是物体上相交的或有相对层次关系的两个面(或其中一个是孔)的投影。请读者结合图例自行分析上述性质。掌握好这些性质将有助于准确地画图、看图。

3.1.2 表面交线的性质与画法

如图 3-2 所示,尖劈和阀芯表面上箭头所指的线段可以看成是由平面截切圆锥和球表面所产生的交线,这些截平面与立体表面的交线称为截交线,通过选择[3-2]二维码号可以观看。图 3-3 所示的三通管和容器端盖表面上箭头所指的线段是两曲面表面相交而产生的交线，这种两立体表面的交线称为相贯线，通过选择[3-3]二维码号可以观看。

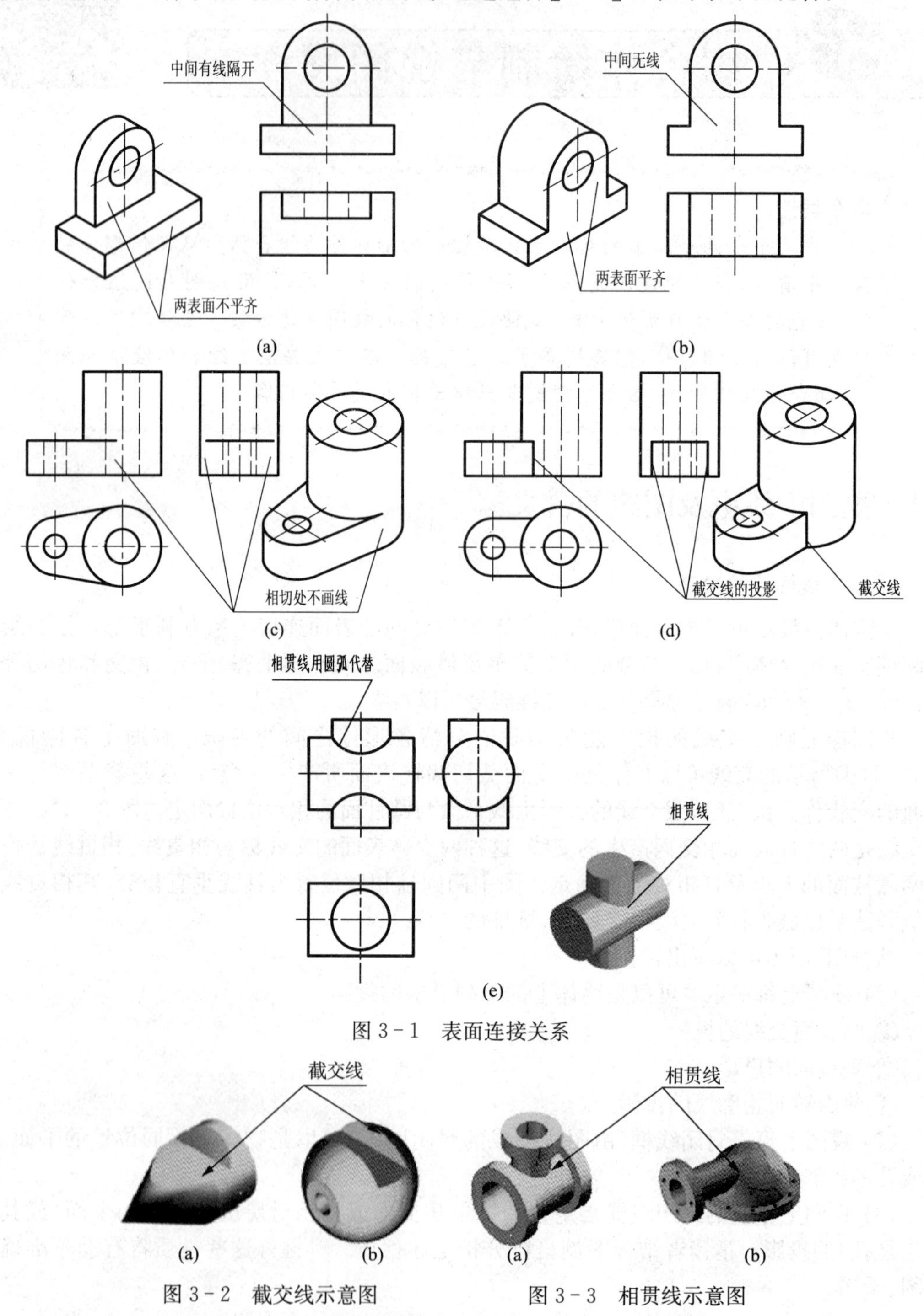

图 3-1 表面连接关系

图 3-2 截交线示意图

图 3-3 相贯线示意图

显然，截交线的形状与曲面立体形状及截平面与曲面立体相对位置有关，截交线是平面与曲面立体的共有线，系由截平面与曲面立体表面共有点构成。常见的圆柱表面交线见表3-1。

表 3-1　圆柱的截交线形状

图例	(a)	(b)	(c)
截交线形状	截切平面与轴线平行，截交线为两条平行直线	截切平面与轴线垂直，截交线为圆	截切平面与轴线倾斜，截交线为椭圆

了解圆柱各种截交线形状有利于截交线的求作。

(1) 交线若为直素线，截平面必平行于圆柱轴线、垂直于圆柱的圆端面，见图 3-4 和图 3-5，通过选择[3-4]，[3-5]二维码号可以观看。因此，可先在圆柱投影为圆的视图上确定交线的位置（交线在该投影面上的投影积聚为点），再按“三等规律”画出交线的其他投影。

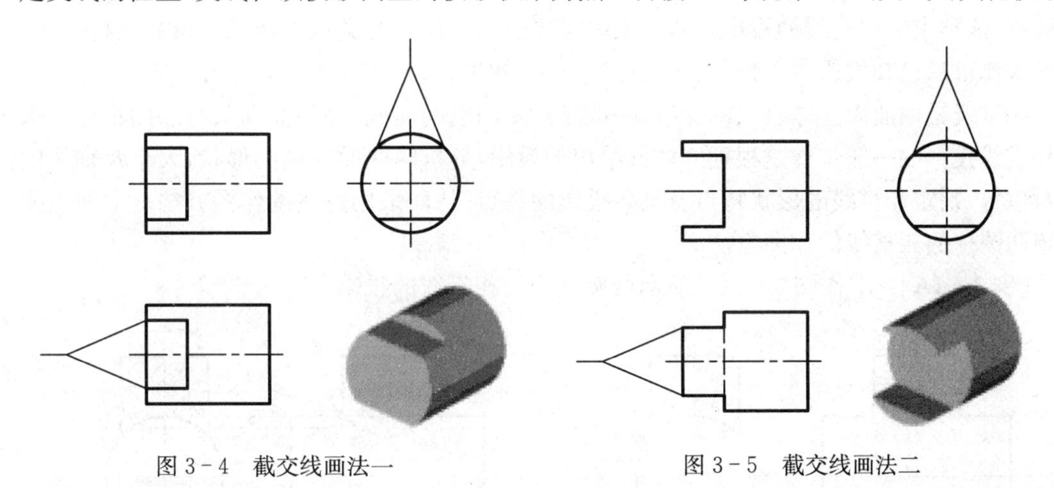

图 3-4　截交线画法一　　　　　　　　图 3-5　截交线画法二

(2) 截平面垂直圆柱轴线，被截后的圆柱（或部分圆柱）其视图与原视图相比仅仅是轴向短了一段，见表 3-1(b)，图 3-6 所示物体的右端。

(3) 截平面倾斜于轴线，交线为椭圆（或部分椭圆），见表 3-1(c)，图 3-6 所示物体的中部，通过选择[3-6]二维码号可以观看。根据交线由截平面与曲面共有点构成这一性质，把交线看作属于截平面，现截平面正面投影积聚为直线段，因此交线正面投影就是此直线段。把交线看作属于圆柱面，与圆柱轴线垂直的投影面上圆柱投影为圆，这个圆有投影积聚性。因此，交线的侧面投影积聚在部分圆周上。于是问题变为已知交线的正面和侧面两个投影求第三投影的问题。可从交线的已知投影着手求出交线上若干个点的未知投影，再用曲线将这些点光滑连起来构成交线的水平投影。

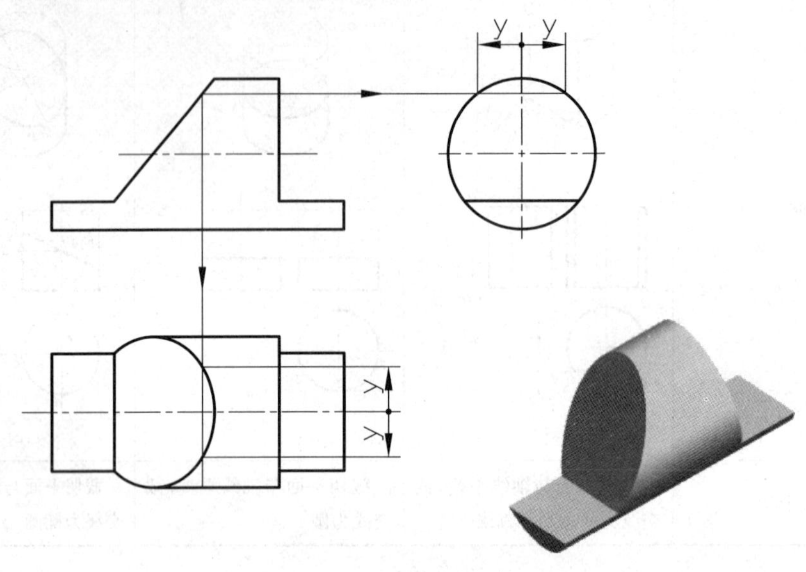

图 3-6　截交线的画法

为了较好地把握交线投影的范围与形状，将待求点分为两类，一类称为特殊点，是指交线上最高、最低、最左、最右、最前、最后点的投影，这是一类决定交线范围的点；另一类称为一般点，这类点决定交线的投影形状可根据需要适当选作。两类点中特殊点重在分析，一般点的求作可从已知投影着手按“三等规律”求出未知投影，如图 3-6 所示。

相贯线是两曲面立体表面的交线，一般是封闭的空间曲线，是两曲面共有点的集合。求作相贯线投影的一般步骤是根据立体或给出的投影，分析两曲面立体的形状，大小及轴线的相对位置，判定相贯线的形状特点及其各投影的特点，从而采用适当的作图方法。下面主要介绍两圆柱的相贯线的作图方法。

［例 3-1A］　求作图 3-7(a)所示两圆柱面的相贯线的投影

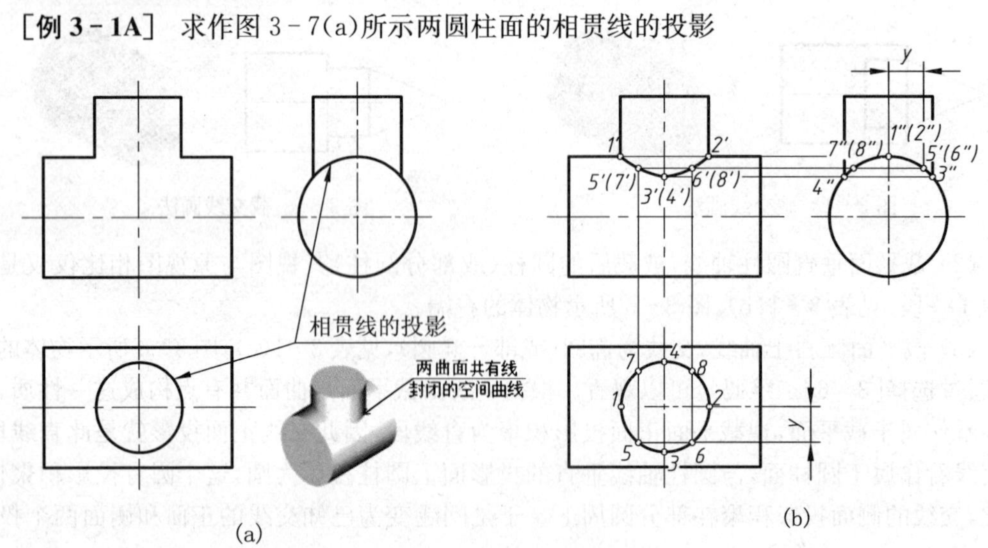

图 3-7　相贯线求法

1. 分析

形体分析。由视图可知这是两个直径不同、轴线垂直相交的两圆柱面相交，相贯线为一封闭的，前后、左右对称的空间曲线，如立体图所示。

投影分析。由于大圆柱的轴线垂直于侧面，小圆柱的轴线垂直于水平面，所以相贯线的侧面投影为圆弧、水平投影为圆，只有其正面投影需要求作。

2. 作图

作特殊点(图 3－7(b))。和截交线类似，相贯线上的特殊点主要是转向轮廓线上的共有点和极限点。本例中，转向轮廓线上的共有点Ⅰ、Ⅱ、Ⅲ、Ⅳ又是极限点。利用线上取点法，由已知投影 1,2,3,4 和 1″2″3″4″，求得 1′2′3′4′。

作一般点(图 3－7(b))。图中表示了作一般点 5′和 6′的方法，即先在相贯线的已知投影(侧面投影)上任取一重影点 5″,6″，找出水平投影 5,6，然后作出 5′,6′。光滑连接各共有点的正面投影，即完成作图，通过选择[3－7]二维码号可以观看。

[例 3－1B]　三种基本形式

相交的曲面可能是立体的外表面，也可能是内表面，因此就会出现如图 3－8 所示的两外表面相交、外表面与内表面相交和两内表面相交三种基本形式，它们的相贯线的形状和作图的方法都是相同的，通过选择[3－8]二维码号可以观看。

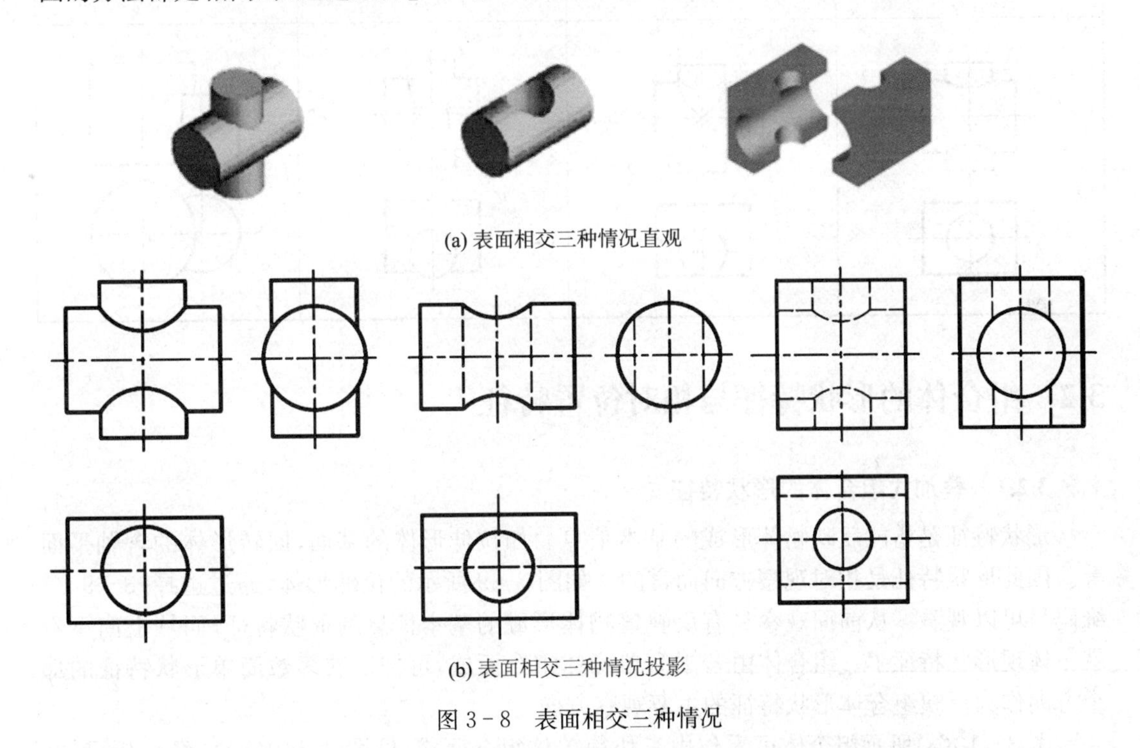

(a) 表面相交三种情况直观

(b) 表面相交三种情况投影

图 3－8　表面相交三种情况

[例 3－1C]　相交两圆柱面的直径大小和相对位置变化对相贯线的影响

两圆柱面相交时，相贯线的形状和位置取决于它们直径的大小和轴线的相对位置。表 3－2 表示两圆柱面的直径大小相对变化时对相贯线的影响，表 3－3 表示两圆柱轴线的位置变化对相贯线的影响，这里特别要指出的是当轴线相交的两圆柱面直径相等，即两圆柱内可容纳一公切球面时，相贯线是椭圆，且椭圆所在的平面垂直于两条轴线所决定的平面。

表 3-2　两圆柱直径大小变化对相贯线的影响

两圆柱直径的关系	水平圆柱较大	两圆柱直径相等	水平圆柱较小
相贯线的特点	上、下两条空间曲线	两个互相垂直的椭圆	左右两条空间曲线
投影图	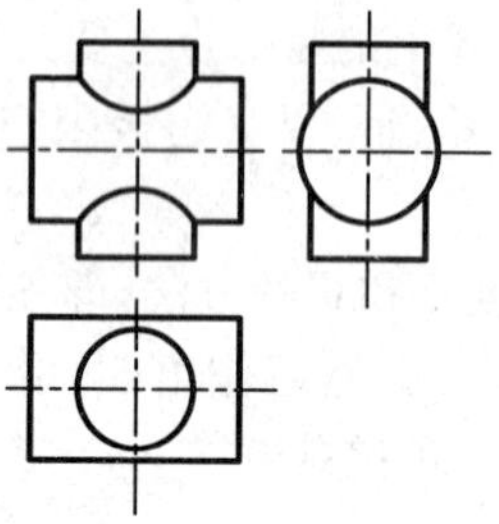	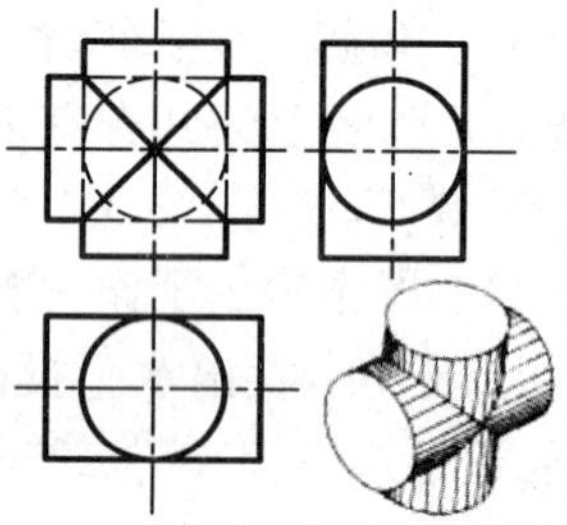	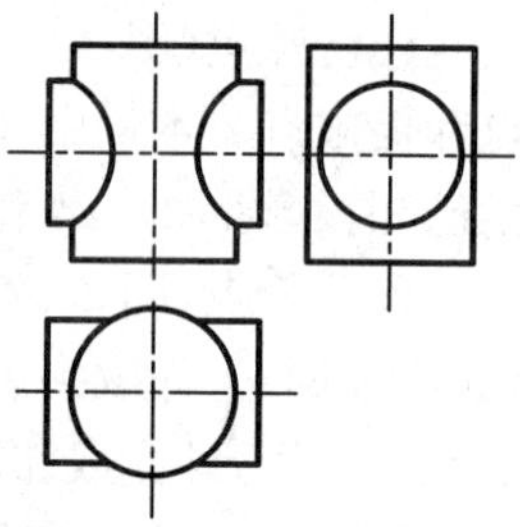

表 3-3　两圆柱轴线相对位置变化对相贯线的影响

两轴线垂直相交	两轴线垂直交叉		两轴线平行
	全贯	互贯	
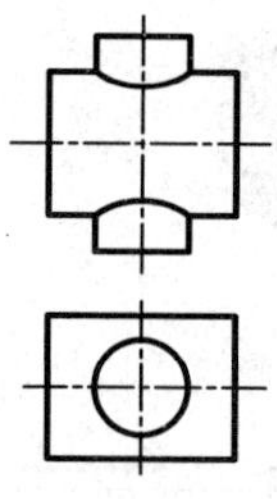	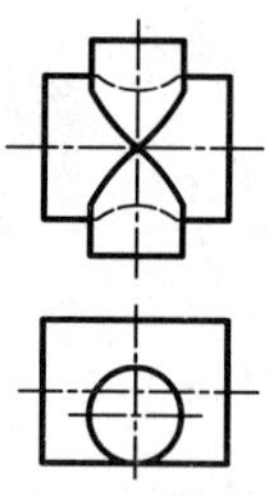	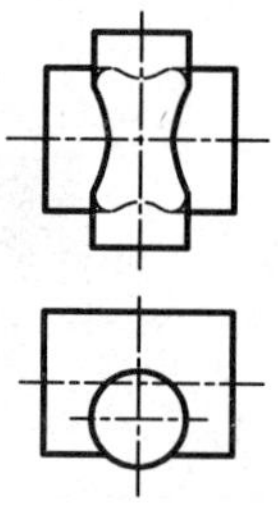	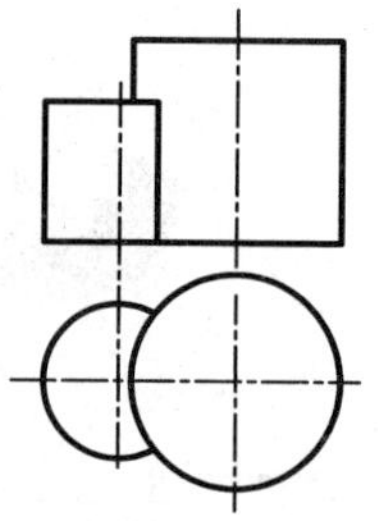

3.2　组合体的形状特征与相对位置特征

3.2.1　叠加式组合体的形状特征

形状特征是指能反映物体形成的基本信息。如拉伸形体的基面，回转形体的含轴平面等。因此形状特征是相对观察方向而言的。如图 3-9 所示的拉伸形体，通过选择[3-9]二维码号可以观看。从前面观察具有反映该物体形成的基本信息的形状特征，而从上向下看就不体现形状特征了。组合体由若干简单形体组合而成，可把反映多数简单形状特征的那个方向作为反映组合体形状特征的主要观察方向。

图 3-10(a)所示组合体可看作由三块简单体组合而成，见图 3-10(b)。经分析可知，S_2方向有两个简单体反映形状特征，而 S_1，S_3方向仅一个简单体反映形状特征，因此应以S_2方向作为组合体形状特征观察方向。为了进行定量分析，把某方向具有形状特征的简单体数与组合体中含有的简单体总数之比称作组合体在该方向下的形状特征系数 S，即

$$S(\text{某方向的形状特征系数})=\frac{\text{具形状特征的简单体数}}{\text{简单体总数}}$$

这样就可以通过比较不同方向下的形状特征系数来选择最能反映组合体形状特征的观察方向。显然，在 $0 \leqslant S \leqslant 1$ 区间内，S 越大越好。按此定义，上述组合体三个方向的形状特征系数分别为 $S_1=\frac{1}{3}$，$S_2=\frac{2}{3}$，$S_3=\frac{1}{3}$，因 S_2 最大，故应取 S_2。

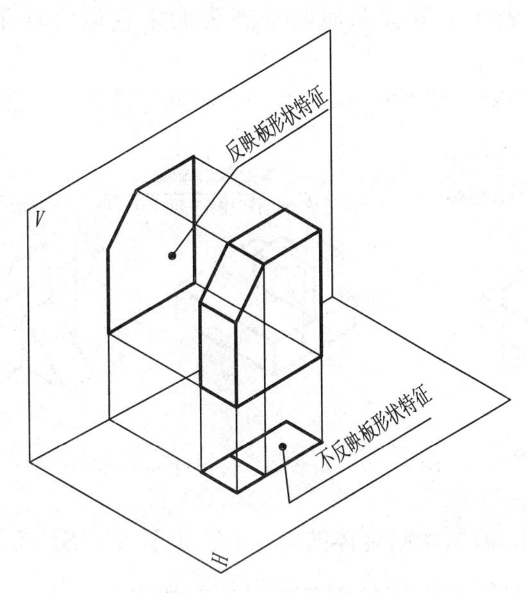

图 3－9　视图反映形状特征与观察方向有关

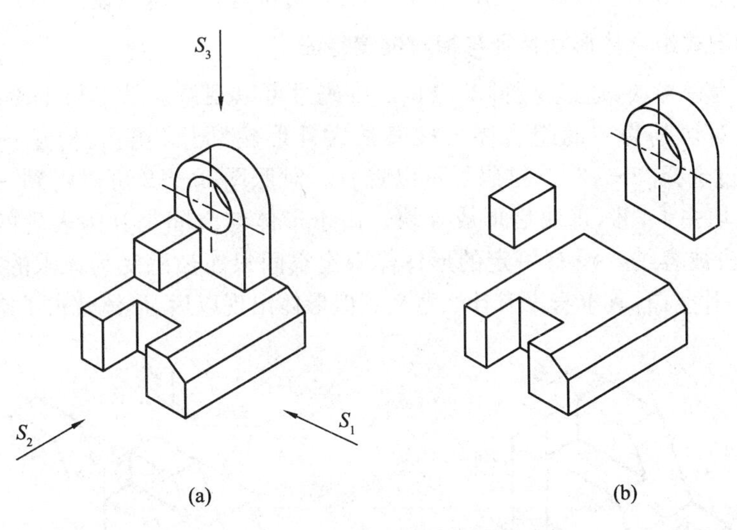

图 3－10　组合体形状特征分析方法

3.2.2　叠加式组合体的相对位置特征

相对位置特征是指两个简单体具有的上下、左右、前后之间的相对位置关系。如从某方向观察，能看到其中两对关系，则对由 n 个简单形体组成的组合体在该方向可看到 $2C_n^2$ 种相对位置关系。把确定每两个简单体在某观察方向下两对位置关系的定位尺寸之和与 $2C_n^2$ 之比称为该方向下组合体相对位置特征系数 L，即

$$L(\text{某方向的相对位置特征系数})=\frac{\text{确定简单体相对位置关系的定位尺寸数}}{2C_n^2}$$

注意：

(1) 当两简单体有对称平面时，与对称平面垂直的方向上不需要定位尺寸，见图 3-11(a)。

(2) 当两简单体有表面平齐关系时与平齐表面垂直的方向上不需要定位尺寸，见图 3-11(b)。

(3) 叠加方向上不需要定位尺寸，见图 3-11(c)通过选择[3-10]二维码号可以观看。

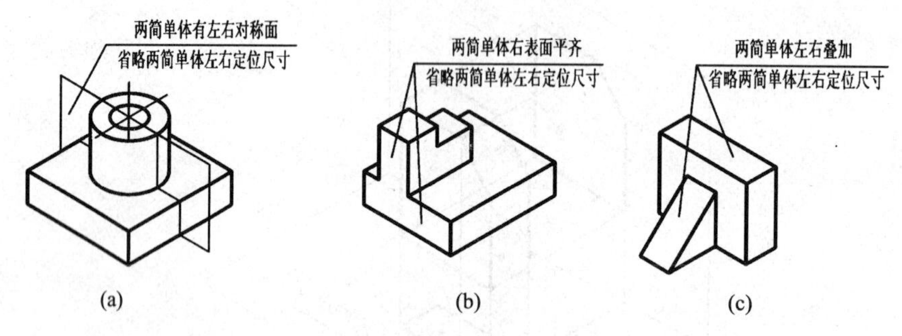

图 3-11　可省略定位尺寸的条件

按上述定义图 3-10(a)所示组合体的 $2C_3^2=6$ 而 S_1，S_2，S_3 三方向下定位尺寸之和分别为 1，0，1，因此可算是各个方向下组合体相对位置特征系数为 $L_1=\frac{1}{6}$，$L_2=0$，$L_3=\frac{1}{6}$。显然，在 $0\leqslant L\leqslant 1$ 区间内，L 越大，对应方向下的相对位置特征越明显。

3.2.3　切割式组合体形状特征与相对位置特征

图 3-12 为一导块，通过选择[3-11]二维码号可以观看。从形体上看导块属于切割式的组合体。对切割为主的组合体可按其最大外形轮廓长、宽、高构建一个长方体，见图 3-13。通过选择[3-12]二维码号可以观看。对照图 3-12 可以得到一个切割顺序。即在长方体上切去Ⅰ，Ⅱ，Ⅲ块后形成导块。由于形体与空间是互为表现的，没有足够的空间，形体无法被容纳。没有一定的形体作限定空间只能被感受为无限的宇宙空间的概念，空间只是一片空白，其本身没有什么意义。但形体出现以后，形体就占了空间，而那些未

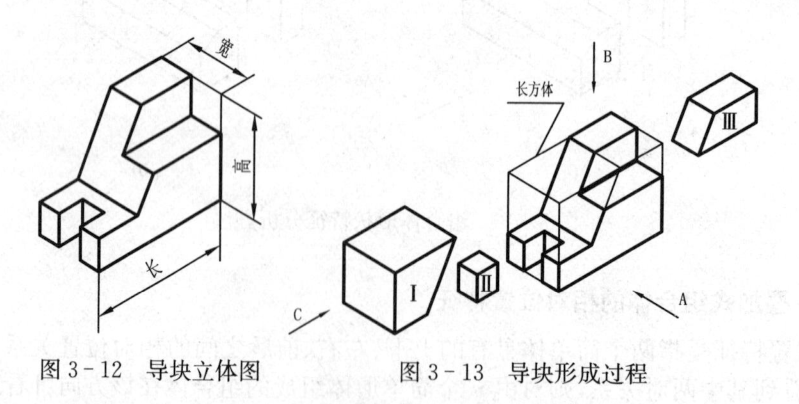

图 3-12　导块立体图　　图 3-13　导块形成过程

占据的空间就影响了形体的实际效果，对导块来讲长方体是空间，被切去的三块是它未占据的空间，称为导块的补形体。因此在长方体空间内导块的形状由其补形体决定。于是，对切割式的组合体，其形状与相对位置特征可由补形体的形状特征和相对位置特征来表示。即从某方向看，有形状特征的补形体数与补形体总数之比称作组合体在该方向的形状特征系数 S。由图 3-13 可知三块补形体均为 A 向拉伸形体，于是可得导块 A 向形状特征系数 $S_A=\frac{3}{3}=1$，同理可分析出 $S_B=\frac{1}{3}=0.33$，$S_C=\frac{1}{3}=0.33$。对导块的相对位置特征系数的确定，应先计算确定补形体与相关形体从某方向看到的两种位置关系的独立尺寸数之和 P。相关形体概念见图 3-14。通过选择[3-13]二维码号可以观看。

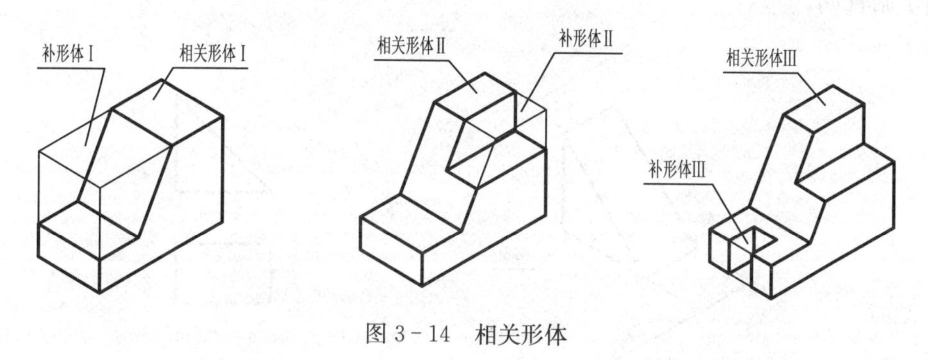

图 3-14　相关形体

将 $L_r=\frac{P}{2C_n^2}$ 定义为相对位置特征系数，其中 n 为补形体总数。而将 $L=1\ L_r$ 作为导块的相对位置特征系数。

对 A 向确定补形体与其相关形体位置的独立尺寸数为：

(Ⅰ)(Ⅰ$_r$)=0，(Ⅱ)(Ⅱ$_r$)=0，(Ⅲ)(Ⅲ$_r$)=0，由此得 $P=0$，$L_A=1$；

对 B 向　(Ⅰ)(Ⅰ$_r$)=0，(Ⅱ)(Ⅱ$_r$)=0，(Ⅲ)(Ⅲ$_r$)=1，由此得 $P=1$，$L_B=\frac{5}{6}$；

对 C 向　(Ⅰ)(Ⅰ$_r$)=0，(Ⅱ)(Ⅱ$_r$)=0，(Ⅲ)(Ⅲ$_r$)=1，由此得 $P=1$，$L_C=\frac{5}{6}$；

由上述分析可知 A 向的形状特征与相对位置特征最为显著。应该指出，形状特征与相对位置特征的计算有时较为烦琐。事实上，当物体比较简单时，凭借经验也可选定好的主视图投影方向，因此可以经验与计算相结合。当经验难以有效判定时，辅以计算可使所选主视图投影方向有理论依据。

3.3　组合体视图的优化表达方法

国家制图标准提供了基本视图、辅助视图等多种表达方法，可供表达物体时选用，用几个视图，用哪几个视图要视具体物体的复杂程度而定，这里有一个表达方案优化的问题。最少视图数是指在不考虑用尺寸标注方法辅助表达物体的条件下完整、唯一地表达物体所需的最少视图数量。从形体形成的角度看，在物体的形成规律确定后，该物体的形状亦随之而定。因此，表达物体所需的最少视图数问题，可以从确定物体形成规律所需的最少视图这一角度来考虑。

3.3.1 拉伸形体最少视图数

拉伸形体由基面形状及拉伸距离两方面决定，由于拉伸方向为基面法向，因此，至少采用两个视图才能确定拉伸形体的形状。由于在物体的表达方案中，主视图必不可少，因此含独立意义的两个视图有主左、主右、主俯、主仰四组。究竟采用哪一组视图？主视图必须反映基面实形，另一视图反映基面的拉伸方向与拉伸距离。

如图 3-15(a)所示物体为拉伸形体，通过选择[3-15]二维码号可以观看。其主视图必须反映物体基面三角形实形，而反映拉伸方向及距离可采用俯、左、右、仰视图。图 3-15(b)中采用了俯视图。

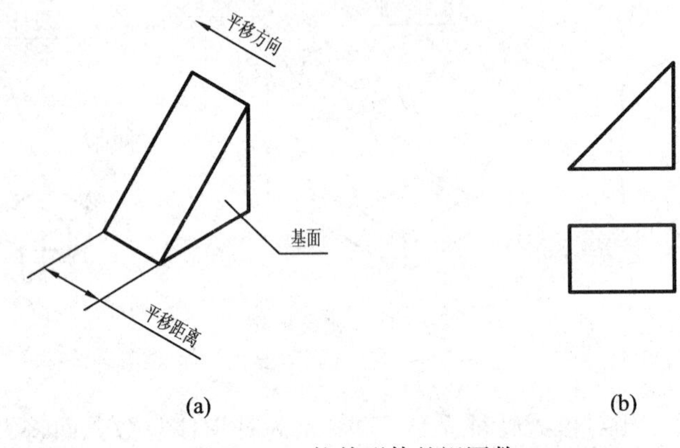

图 3-15 拉伸形体的视图数

3.3.2 回转形体的最少视图数

回转体是一个含轴的平面绕面内的轴旋转半周或一周形成的。因此回转体的最少视图数是指确定平面形状和回转轴的最少视图数。由于圆柱、圆锥、圆环的回转轴与回转平面是唯一的，因此这些回转体的最少视图数是两个，如图 3-16 所示，通过选择二维码号[3-16]可以观看。

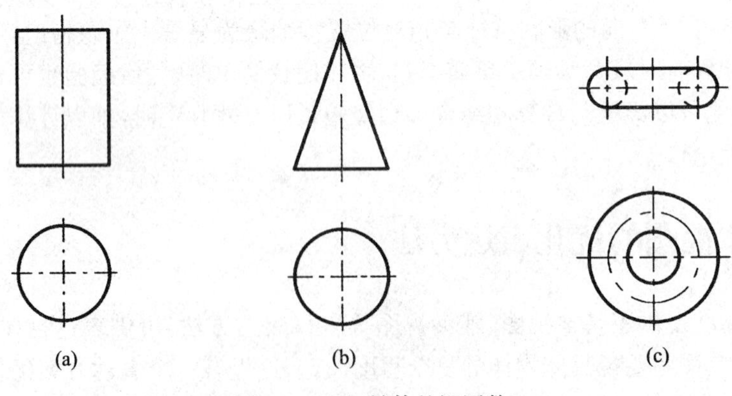

图 3-16 回转体的视图数

3.3.3　由简单拉伸形体构成的组合体的最少视图数

根据简单拉伸形体最少视图数的确定方法可知，由简单拉伸体构成的组合体的最少视图数取决于不同方向的基面个数，如图 3－17(a)所示组合体由两个简单拉伸形体组成，通过选择[3－17]二维码号可以观看。凹槽块由凹形基面沿 A 向拉伸形成，三角板由三角形基面沿 B 向拉伸形成，因此采用 A，B 两个方向下对应的视图可以唯一确定其形状，如图 3－17(b)所示，而图 3－18 所示组合体至少要三个视图才能唯一确定其形状，通过选择[3－17]二维码号可以观看，因为该组合体三部分拉伸体不同向的基面有三个，请读者自行分析。

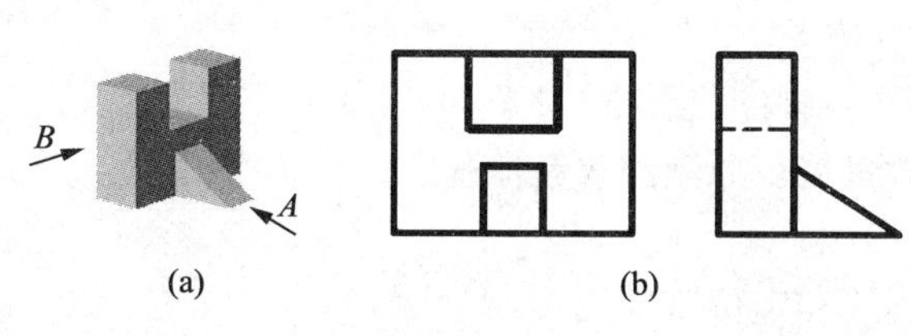

图 3－17　简单拉伸体构成的组合体视图数

图 3－18　组合体视图分析

3.3.4　优化的视图方案

表达物体的视图方案应准确、完整、清晰、合理。优化的视图方案必须遵循以下原则：

(1) 主视图应形状特征、相对位置特征显著。

(2) 信息必须完整，可见信息尽可能多。

(3) 视图数量最少。

其中(2)(3)两点需作比较后加以选择。如用图 3－20 表达图 3－19 所示的物体采用的三种表达方案中，通过选择[3－18]二维码号可以观看。图 3－20(a)所示的第一种方案主视图投影方向不能最好地反映形状和相对位置特征，没有考虑最少视图数；图 3－20(b)所示的第二种方案左视图上不可见信息多，并且也没有考虑最少视图数；而图 3－20(c)所示的第三种方案符合优化的视图方案的原则。

图 3－19　物体的直观图

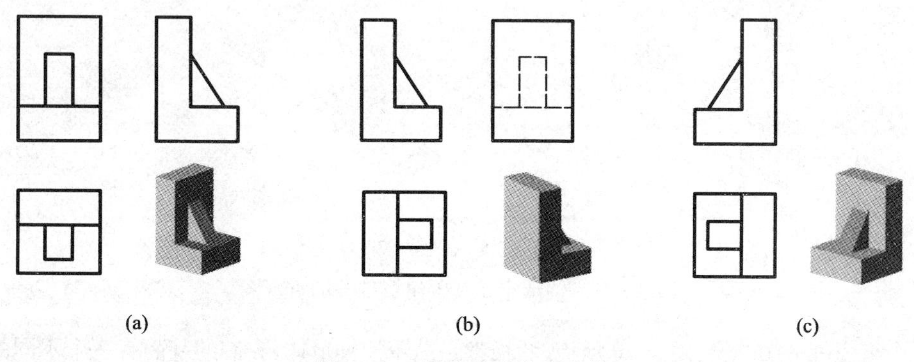

图 3－20　物体表达方案比较

3.4 组合体的视图画法

画组合体视图的基本方法是形体分析法，即将组合体合理地分解成若干基本形体，根据各形体间的相对位置和表面连接关系，逐步地进行作图，现以叠加式和切割式两种组合形式举例说明。

3.4.1 叠加式组合体视图的画法

根据前述优化视图方案的三点要求，组合体的画法步骤一般是：

（1）作形体分析；

（2）分析形状、相对位置特征，选取主视图投影方向；

（3）按可见信息尽可能多、视图数量最少原则配置其他视图；

（4）选择适当的绘图比例和图纸幅面；

（5）布置幅面，画各视图主要中心线和定位基准线；

（6）为提高画图速度，保证视图间的正确投影关系，并使形体分析与作图保持一致，应分清各组合部分，逐一绘制每一部分的视图。

完成底稿后必须仔细检查、修改错误，擦去不必要的线条，再按国标规定加深线型。

图 3－21(a)所示的轴承座是以叠加为主的一个组合体。可理解为由五个部分组成，见图 3－21(b)，通过选择[3－19]二维码号可以观看。

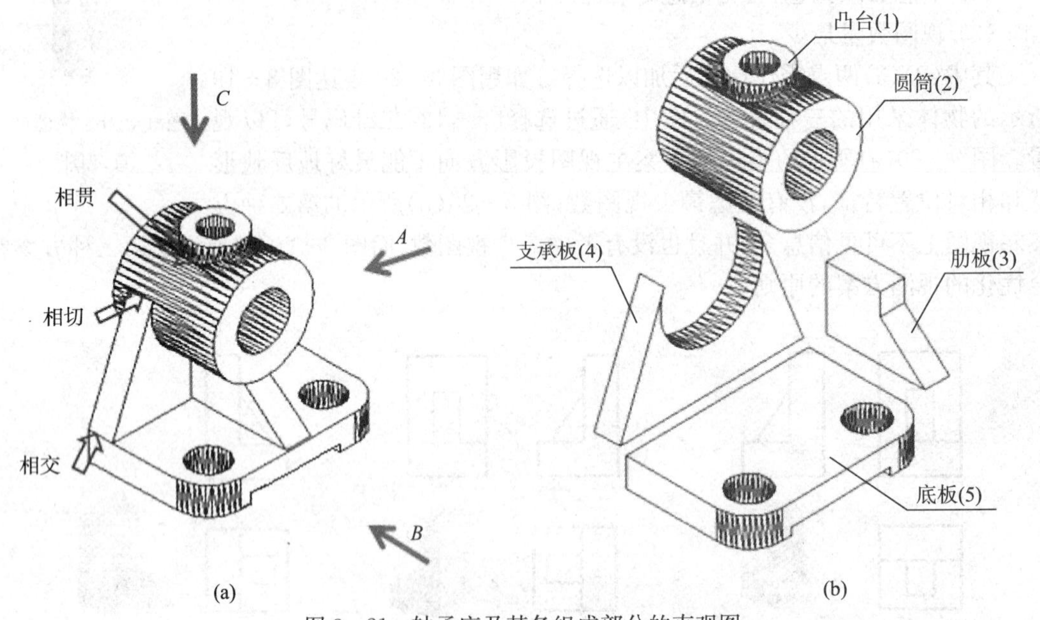

图 3－21 轴承座及其各组成部分的直观图

五个组成部分中凸台、圆筒，支承板、肋板都是简单拉伸形体，它们的基面有三个不同的方向，因此最少视图数为三个。考虑到各视图上可见信息尽可能多，选 A 方向为主视图投射方向，选 B 方向投射得到左视图，选 C 方向投射得到俯视图，故选主、俯、左三视图表达方案。在确定图纸幅面和绘图比例后其具体作图步骤见图 3－22。通过选择[3－20]二维码号可以观看。

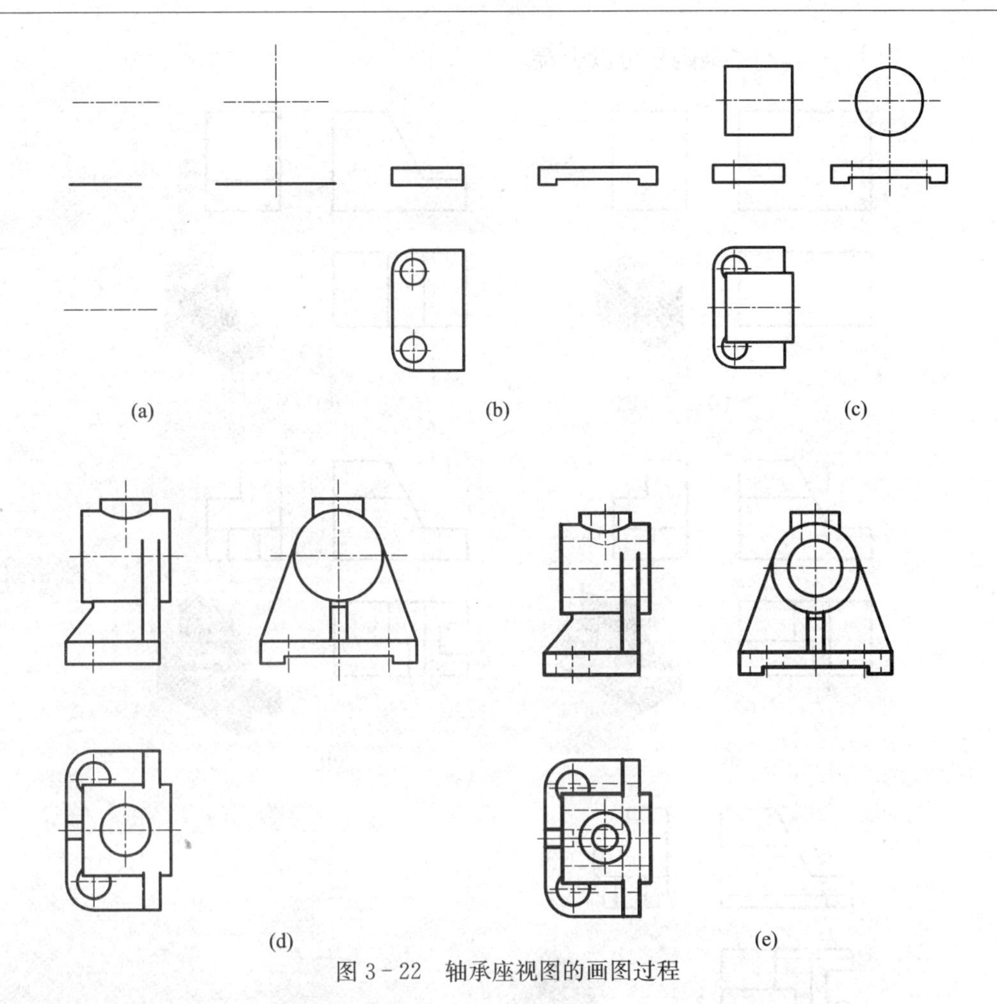

图 3-22　轴承座视图的画图过程

3.4.2　切割式组合体视图的画法

对基本形体进行切割而形成的组合体即为切割式组合体。绘制这类组合体视图时，通常先画出未切割前完整的基本形体的投影；然后画出切割后的形体，各切口部分应从截面具有积聚性的视图画起，再画其他视图。现以导块为例说明其画图方法和步骤。

选 A 方向作为主视图投射方向。导块的形体分析及作图步骤见图 3-23 和图 3-24，通

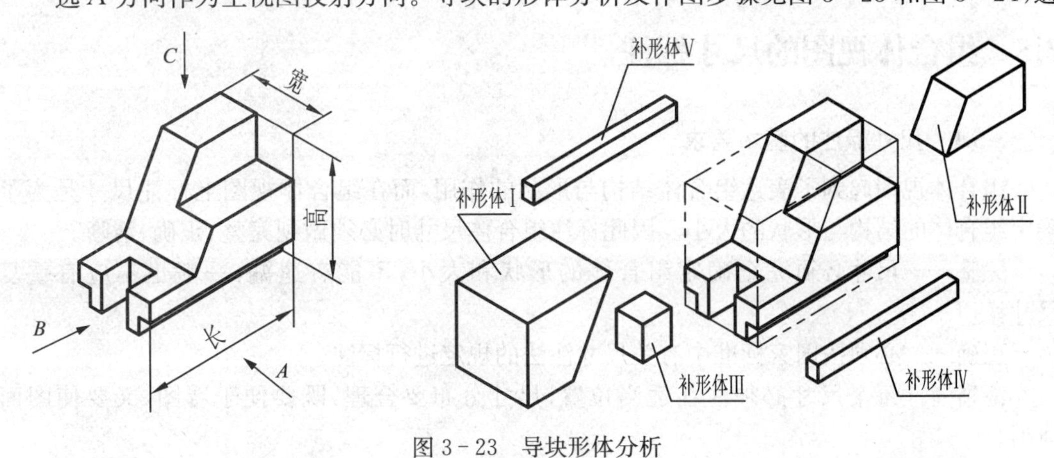

图 3-23　导块形体分析

过选择[3-21],[3-22]二维码号可以观看。

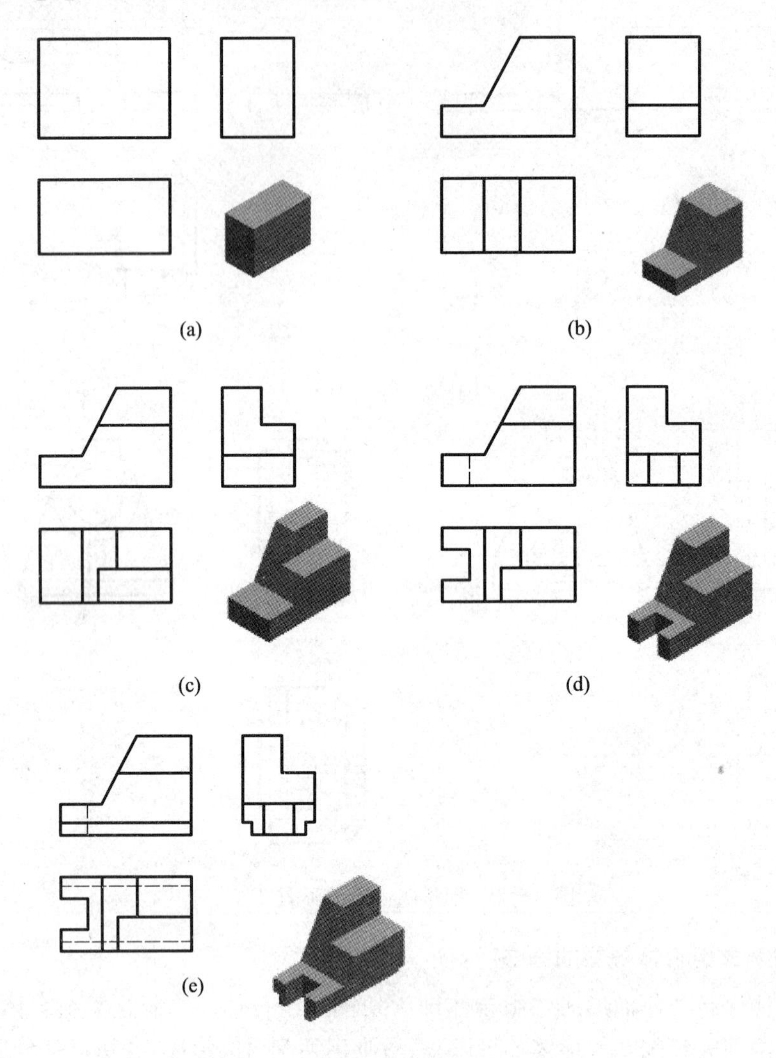

图 3-24　导块画图过程

3.5　组合体视图的尺寸标注

3.5.1　尺寸标注的基本要求

组合体视图起到了表达组合体结构与形状的作用,而在组合体视图上标注尺寸是为了确定组合体的结构与形状的大小。因此标注组合体尺寸时必须做到完整、正确、清晰。

完整——尺寸必须完全确定组合体的形状和大小,不能有遗漏,一般也不应有重复尺寸。

正确——必须按国家标准中有关尺寸注法的规定进行标注。

清晰——每个尺寸必须注在适当位置,尺寸分布要合理,既要便于看图,又要使图面清晰。

3.5.2　组合体视图的尺寸注法

为了有规则地在组合体视图上标注尺寸，必须注意以下几点：

(1) 应先了解基本几何形体的尺寸注法，这种尺寸称为定形尺寸，见表 3 - 4。

(2) 用形体分析法分析组成组合体的各基本几何形体，以便参考表 3 - 4 注出各基本几何体的定型尺寸。

表 3 - 4　常见形体尺寸注法

尺寸数量	一个尺寸	两个尺寸	三个尺寸
回转体尺寸标注	Sϕ	ϕ, l; ϕ, l; ϕ1, ϕ2	ϕ2, ϕ1, l

尺寸数量	两个尺寸	三个尺寸	四个尺寸	五个尺寸
平面立体尺寸标注	l2; l1, l3	l2; l1, l2; l1, l3; l3	l1, l2, l3, l4	l1, l2, l3, l4, l5

表 3 - 5　省略标注定位尺寸的条件

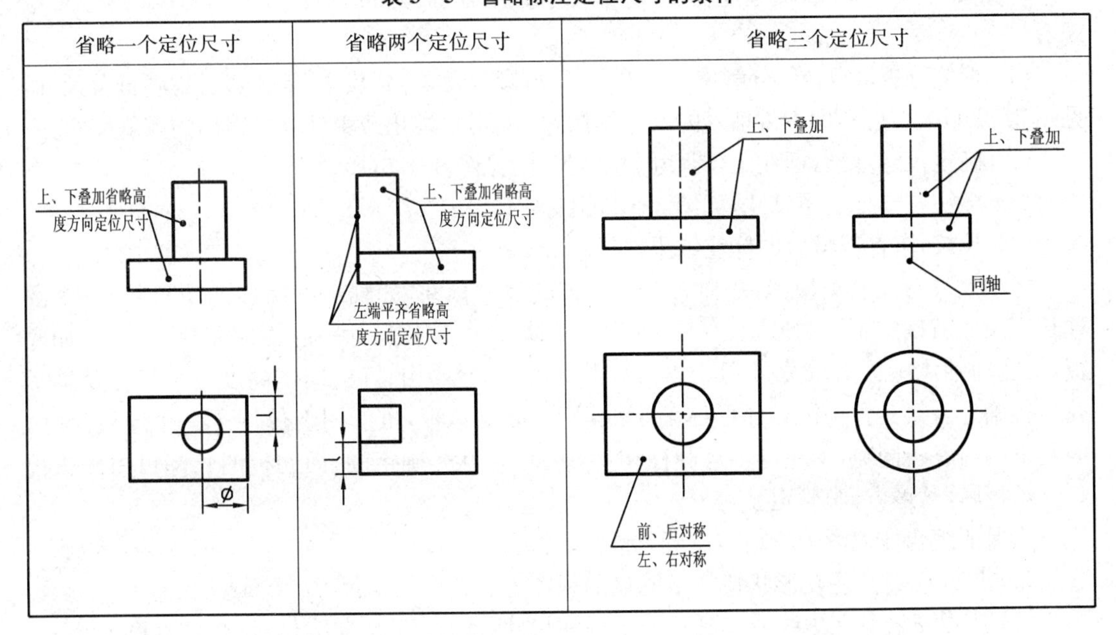

(3) 标注基本几何形体之间的相对位置尺寸，这种尺寸称为定位尺寸。两个基本几何形体一般有上下、左右、前后三个相对位置，因此对应有三个定位尺寸。但当两个基本几何形体在某一方向处于叠加、平齐、对称、同轴等形式时，在相应方向上不需标注定位尺寸，见表 3-5。标注尺寸时，应在长、宽、高三个方向上选好组合体上某一几何要素作为标注尺寸的起点，这个起点就称为尺寸基准。例如组合体上的对称平面、底面、端面、回转体轴线等几何元素常被用作尺寸基准，见图 3-26(c)。通常应标注组合体长、宽、高三个方向的总体尺寸，但当组合体的一端为回转面时，该方向总体尺寸不注，见图 3-25(a)，总高由曲面中心位置尺寸 H 与曲面半径 R_1 确定，总长由两小圆孔中心距 L 与曲面半径 R_2 确定。图 3-25(b)中直接标注总高与总长是错误的，这种注法在作图和制造时都不符合要求，通过选择[3-23]二维码号可以观看。

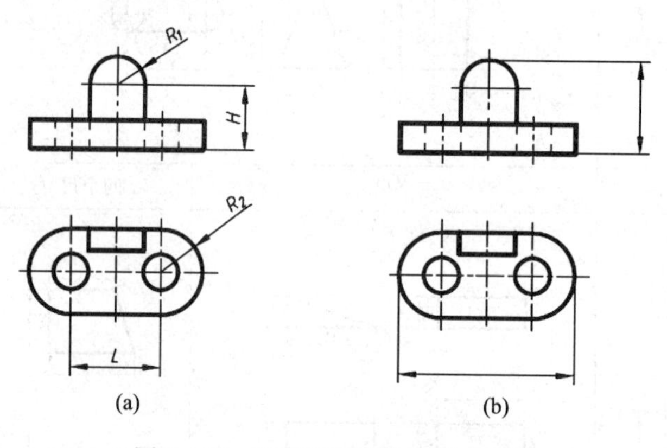

图 3-25 不直接标注总体尺寸示例

3.5.3 尺寸标注举例

以图 3-26(a)所示轴承座为例介绍尺寸标注方法，通过选择[3-24]二维码号可以观看。

(1) 形体分析将组合体分解成 5 个简单部分，参考表 3-4、表 3-5 初步考虑各部分尺寸，见图 3-26(b)。注意，图中带括号的尺寸是在另一部分已注出或由计算可得出的重复尺寸。

(2) 确定尺寸基准，标注定位尺寸，总体尺寸，见图 3-26(c)。

(3) 标注各部分定型尺寸，见图 3-26(d)。

(4) 校核，审查得最后的标注结果，见图 3-26(e)。

定型尺寸有几种类型：第一种为自身完整的尺寸标注，如轴承圆筒体两个直径、一个圆柱长度尺寸就确定了它的形状。第二种为与总体尺寸、定位尺寸一起构成完整的尺寸，如底板，其宽即轴承座总宽，底板上孔有两个定位尺寸；凸台高由总高、筒体高度定位尺寸及轴承孔半径确定。第三种为由相邻形体确定的尺寸，如支承板，虽然图上仅注了一个厚度尺寸，但其下端与底板同宽，上端与轴承圆柱相切，因此，形状是确定的，而肋板的长却可由底板长和支承板厚(长度方向)确定。

为保证组合体视图的清晰与正确，标注尺寸时应注意：

(1) 尺寸应尽量注在形状特征最明显的视图上。如底板上尺寸 90，60。

(2) 应尽量避免在虚线或其延长线上标注尺寸。因此底板的 2×ø18，标注在圆上。

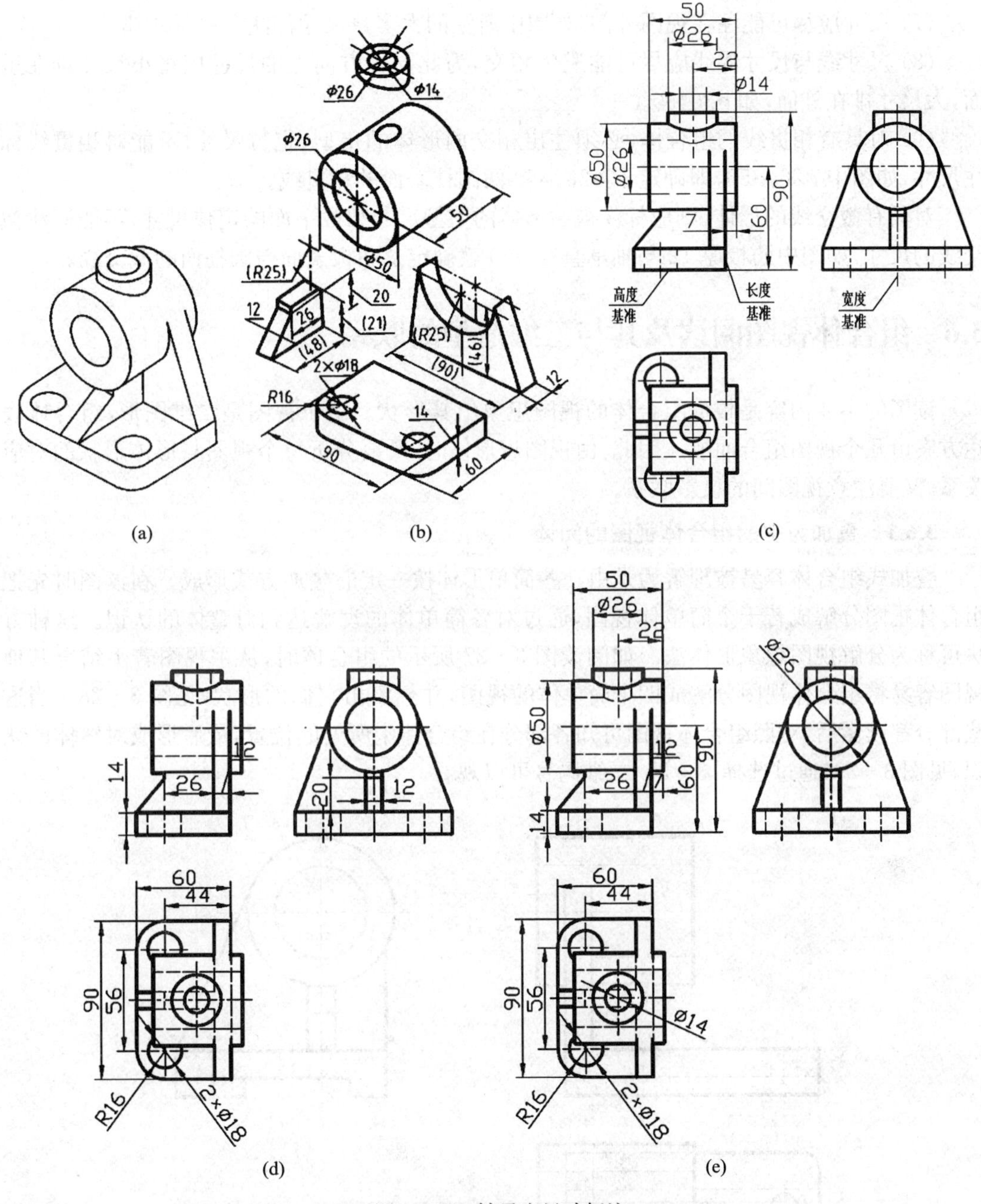

图 3-26　轴承座尺寸标注

(3) 圆弧半径尺寸应注在投影为圆弧实形的视图上，如 $R16$。

(4) 表示同一结构的有关尺寸应尽可能集中标注，如底板上圆孔的定形、定位尺寸 2×ø18，56，44 均注在俯视图上，ø50，ø26 均注在主视图上。

(5) 与两个视图有关的尺寸，应尽可能注在两视图之间，如高度定位尺寸与总高尺寸 60，90。

(6) 同一方向的连续尺寸,应排在一条线上,如 26,12,7。

(7) 尺寸应尽可能注在视图外部,如图中所注的大多数尺寸都注在视图外部。

(8) 尺寸线与尺寸界线应尽可能避免相交,为此同一方向上的尺寸应将小尺寸排在里面,大尺寸排在外面,如 ø26,90。

(9) 对具有相贯线的组合体,必须注出相交两形体的定型、定位尺寸,不能对相贯线标注尺寸,如图中 ø26,ø50,即确定了 ø26,ø50 两圆柱表面的相贯线。

对具有截交线的形体,则应标注被截形体的定型尺寸和截平面的定位尺寸,不能标注截交线的尺寸,如图中肋板厚 12 与轴承直径 ø50 就确定了肋板表面与圆柱面的截交线。

3.6 组合体视图阅读及其与三维造型的联系

读图的主要内容是根据组合体的视图想象出其形状。由于视图是二维图形,组合体表达方案由几个视图组合而成。因此,由视图想形体时,既要分析每个视图与形体形状的对应关系,又要注意视图间的投影联系。

3.6.1 叠加为主的组合体视图的阅读

叠加式组合体容易被理解为是由一些简单形体按一定的叠加方式形成。在读图时先把组合体视图分解成若干个简单体视图,通过对各简单体的理解达到对整体的认识。这种方法可称为分解视图想象形体法。如阅读图 3-27 所示的组合体时,从主视图着手结合其他视图容易将组合体视图分解成四个简单体的视图,并想象出它们的形状,见图 3-28。当这些部分都读懂后,对照组合体视图可知各部分在组合体中所处的位置,最后形成对整体的认识,见图 3-29,通过选择[3-25]二维码号可以观看。

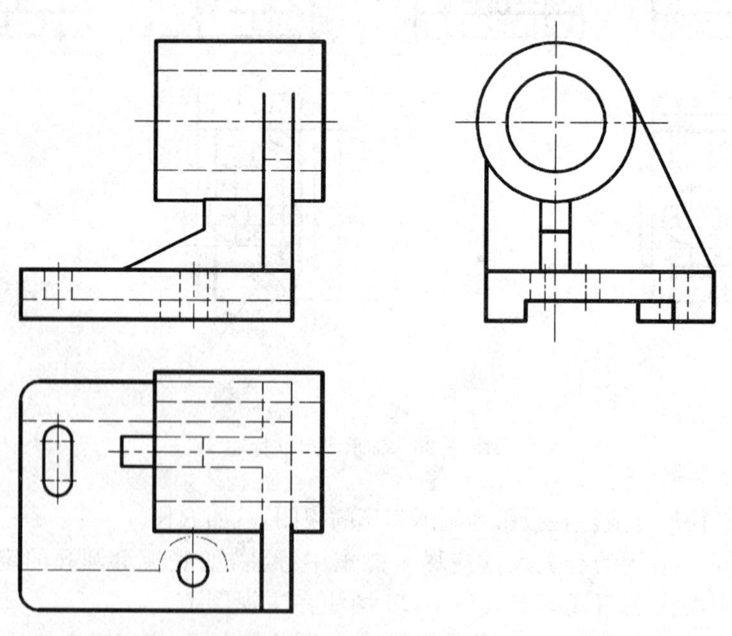

图 3-27 读组合体视图

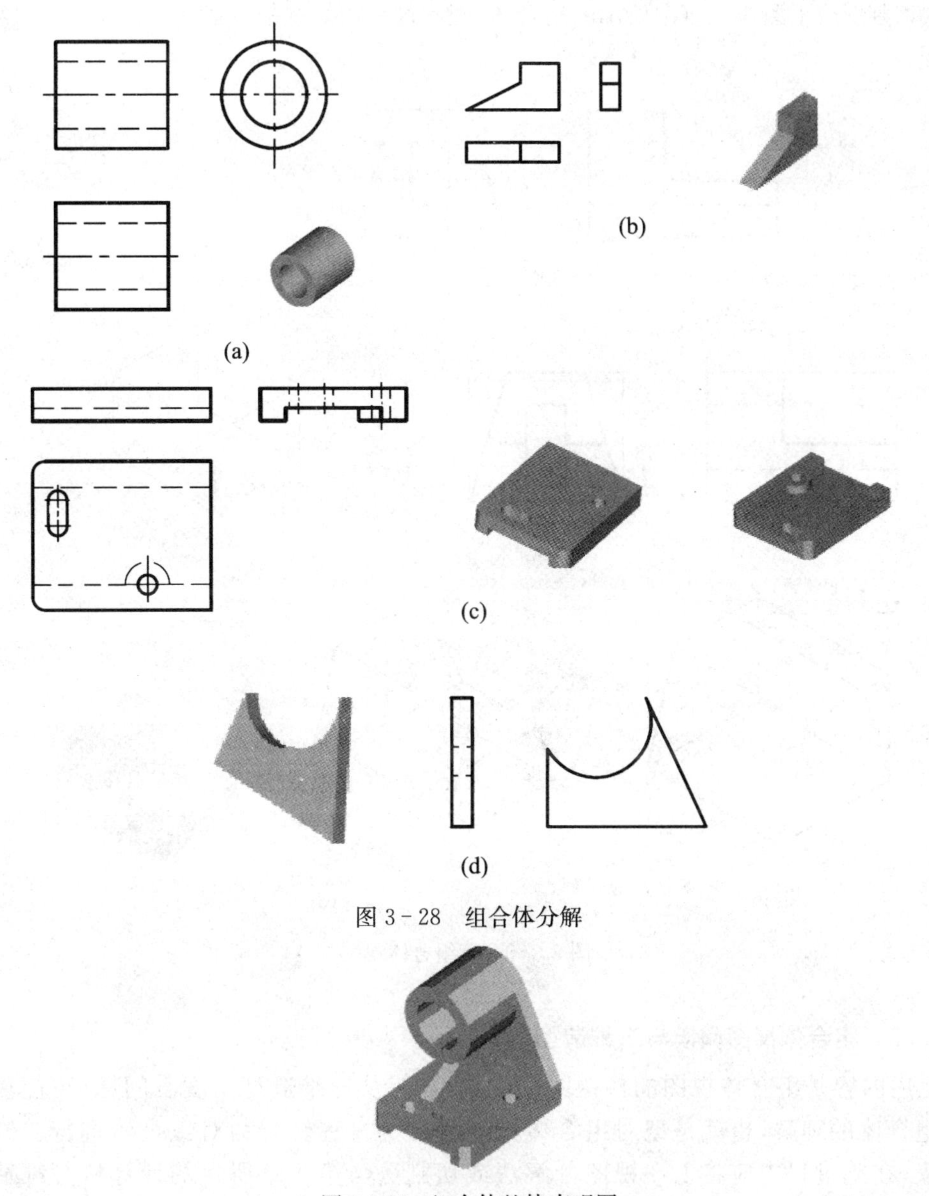

图 3 - 28　组合体分解

图 3 - 29　组合体整体直观图

3.6.2　切割为主的组合体视图的阅读

对外表面主要由平面构成的切割式组合体，可以根据该组合体最大外形轮廓长、宽、高构建一个长方体箱。在此基础上根据已知视图，分析被切割部分的形状来理解组合体的形状。

读图 3 - 30(a)所示两视图，想出组合体形状，通过选择[3 - 26]二维码号可以观看。

(1) 根据组合体总长、宽、高构建长方体箱，见图 3 - 30(b)。

(2) 由左视图外轮廓可以理解在长方体上前后各切割一块，见图 3 - 30(c)。

(3) 由主视图外轮廓可以理解在剩下部分左上角切割一块，见图 3 - 30(d)。

(4) 主视图虚线及左视图上的长方形表明组合体内部切割一个长方体孔，见图 3 - 30(e)。

经三次切割形成了图 3-30(d)所示的组合体，理解这一切割过程也就是通过视图想象组合体的过程。

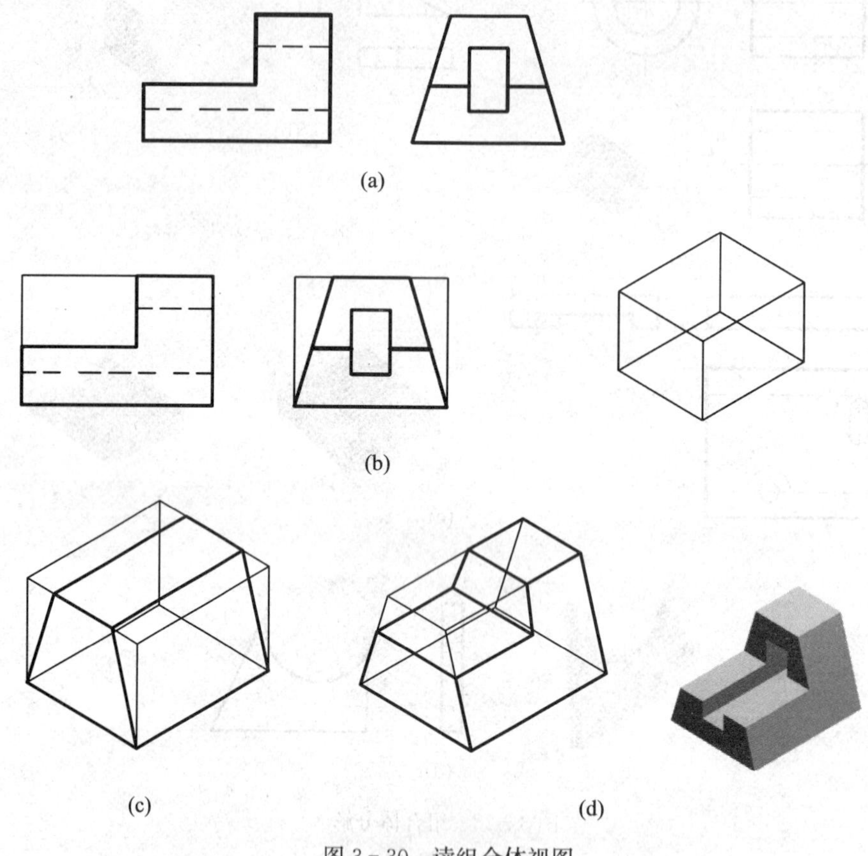

图 3-30 读组合体视图

3.6.3 组合体视图阅读与三维造型的联系

上述内容是组合体视图的传统阅读方法，如果从三维造型角度看问题，可能更有利于对组合体的理解，也就是把对组合体视图阅读的过程转化为对组合体进行三维造型的过程，在此过程中应将上述视图分解法或切割法与第 4 章所述的计算机三维造型与这一节的内容结合起来分析，当在三维软件中将组合体分块造型，然后组合各块形体，一方面可验证对每一块形状的理解，另一方面在利用移动、旋转、镜像等命令进行组合时可以看清楚各部分的相对位置，最终也就自然地读懂了该组合体，可以在此基础上进一步补充其他视图或进行剖切等处理。如图 3-31 所示为一组合体的主、俯视图，先根据主、俯视图可见轮廓，如图 3-32 所示，将视图分解成主筒体、次筒体、半筒体、接管、凸台、耳板、肋板等简单部分，从俯视图可知该组合体前后对称，左侧二个 $R10$ 的凸台形状相同，右侧两块 $R1$ 耳板的形状相同及三块肋板的形状也都相同，对形状相同部分造型时只需造出一个，然后复制即可。在简单部分造型时，应结合视图虚线部分所表达的内部形状一起造出，如图 3-33 所示。

最终将各部分移动到视图所示相对位置，再作并运算，即得到组合体整体造型，如

图 3－34所示，通过选择[3－27]二维码号可以观看。

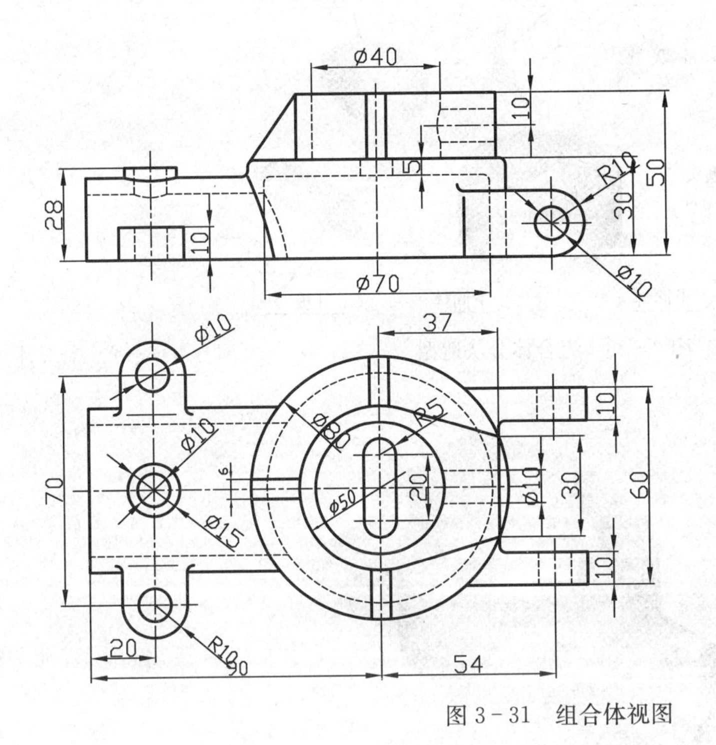

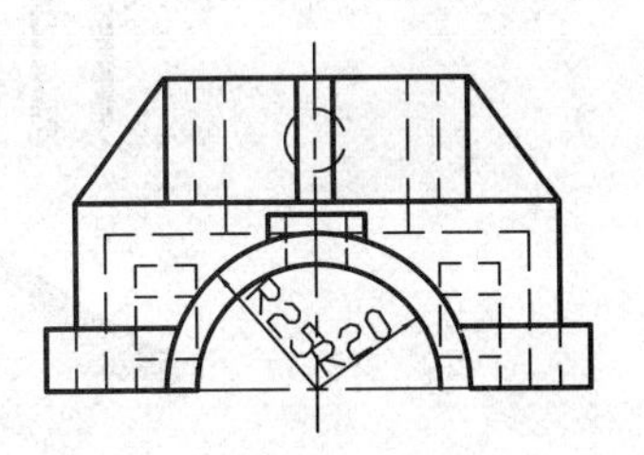

图 3－31 组合体视图

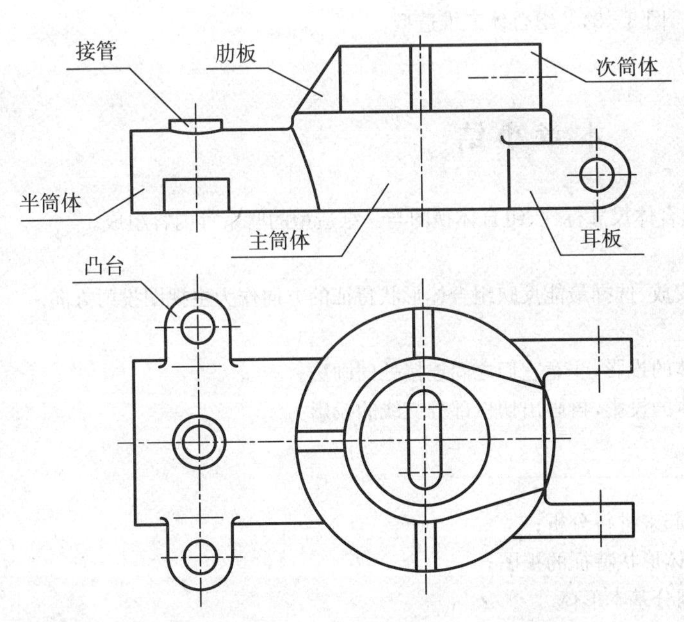

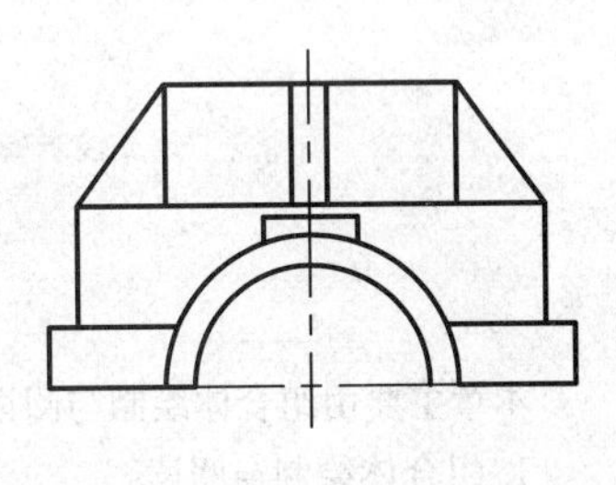

图 3－32 组合体视图划分

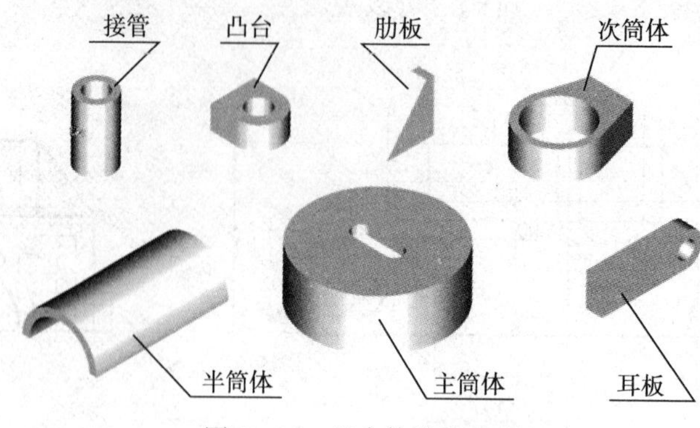

图 3 - 33　组合体分块造型

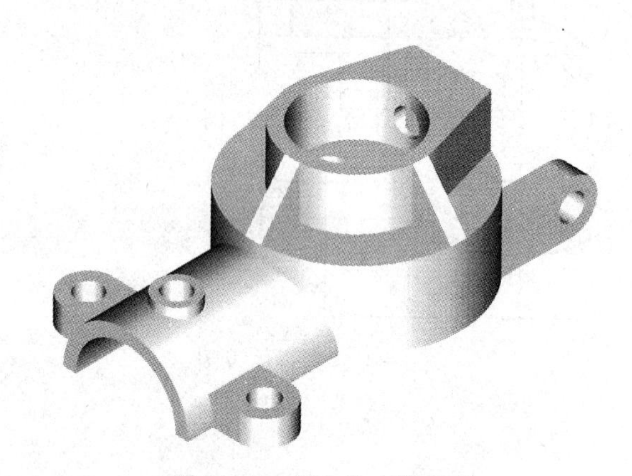

图 3 - 34　组合体三维造型

本章小结

本章主要由组合体绘制与阅读、组合体尺寸标注、组合体视图与三维造型的联系等内容组成。

1. 组合体绘制与阅读

1) 视图选择：主视图按自然位置安放，选择最能反映组合体形状特征的方向作为主视图投射方向。

2) 图样画法：

(1) 叠加式　逐块画出各基本形体的投影，注意它们之间连接处的画法。

(2) 切割式　先画出完整基本形体的投影，再画出切口部分交线的投影。

3) 阅读组合体视图

(1) 读图时注意的问题

① 要把几个视图按投影关系联系起来进行分析；

② 注意找出反应组合体各部分形体形状特征的视图；

③ 分析视图中的封闭线框，合理划分基本形体。

(2) 组合体的投影分析

① 视图与三维组合体的关系；

② 视图上的几何元素与三维组合体上几何元素的对应关系；

③ 视图与视图几何元素的对应关系。

(3) 读图方法

① 形体分析法 通过划分封闭线框把组合体划分为基本形体(或表面)的形状和位置,综合起来想出整体形状。

② 线面分析法 对投影,看懂各基本形体(或表面)的形状和位置,综合起来想出整体形状。

2. 组合体尺寸标注

(1) 基本形体的尺寸标注:标注长、宽、高三个方向的尺寸。

(2) 带缺口的基本形体的尺寸标注:标注形体的定形尺寸和截平面的定位尺寸。不标注交线的定形、定位尺寸。

(3) 组合体的尺寸标注:在形体分析的基础上,首先选定三个方向的尺寸基准,再逐次标注各形体的定形尺寸和定位尺寸。

3. 组合体视图与三维造型的联系

(1) 用视图分解法或切割法将组合体分为若干部分。

(2) 利用三维造型软件将组合体进行分块造型。

(3) 根据组合体视图将各块造型平移到各自所在位置,通过并运算获得组合体三维模型。

(4) 将组合体视图与其三维模型对比分析,理解视图所表示的形体。

自 测 题

1. 根据组合体的主俯视图想象其形状,补画出左视图,并标注尺寸(尺寸数值由图上按 1∶1 的比例直接量取并取整数)。

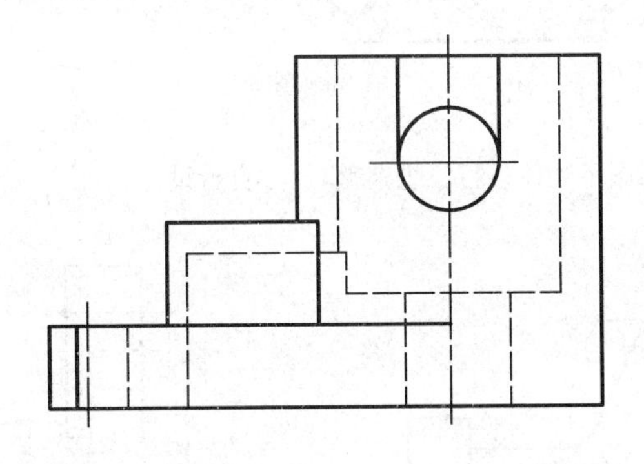

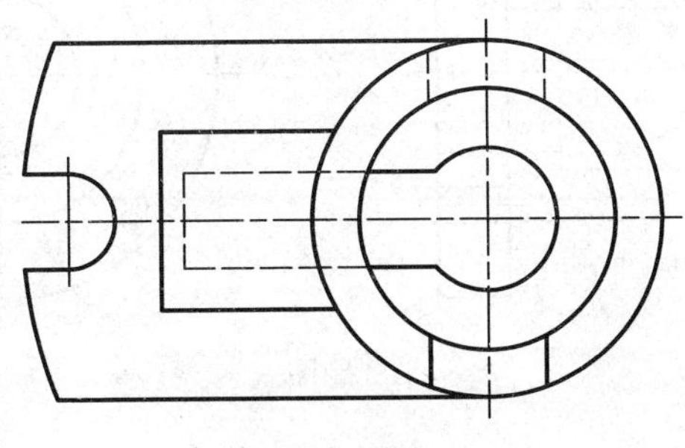

第 1 题图

2. 根据组合体的两个视图想象其形状，补画左视图，并标注尺寸（尺寸数值由图上按 1∶1 的比例直接量取并取整数）。

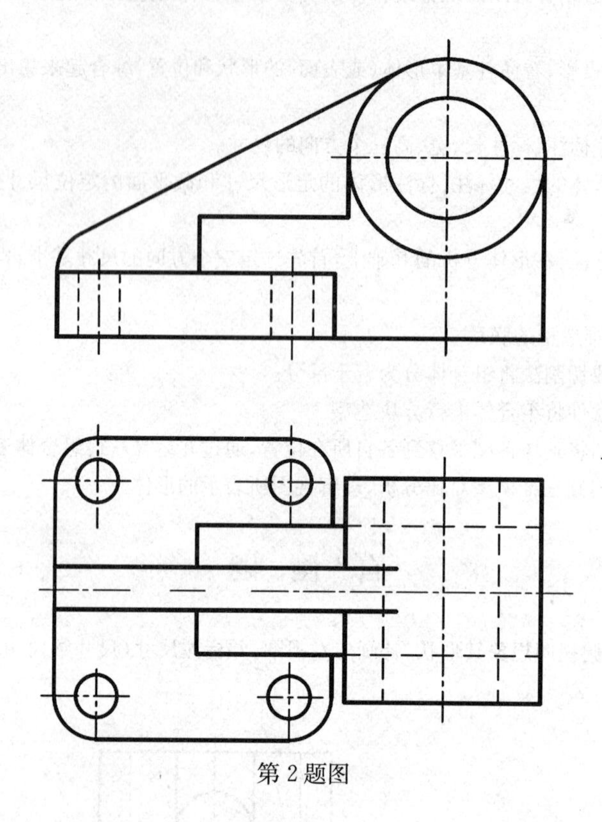

第 2 题图

3. 在 AutoCAD 平台中对图示物体进行三维造型，尺寸自行设计。

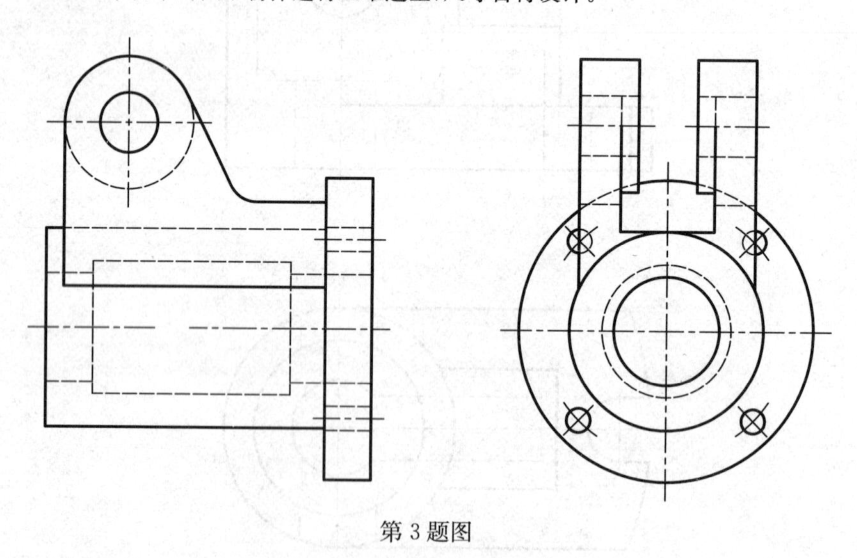

第 3 题图

4 AutoCAD 绘图软件及应用

本章导读

AutoCAD是由美国Autodesk公司开发的绘图软件包，具有易于掌握、使用方便、体系结构开放等特点，深受广大工程技术人员的欢迎。

自Autodesk公司于1982年12月发布的第一个版本AutoCAD 1.0起，AutoCAD已经经历了近20次升级，从而使其功能逐渐强大，且日趋完善。如今，AutoCAD已被广泛应用于机械、建筑、电子、航空、航天、造船、石油化工、土木工程、冶金、地质、农业、气象、纺织、轻工业及广告等领域。

全世界已有2000多所大学和教育机构采用AutoCAD绘图软件进行教学。此外，世界上许多专业设计师、设计单位、科研人员及大型企业也都在使用AutoCAD绘图软件。在中国，AutoCAD已成为工程设计领域广泛应用的计算机辅助绘图软件之一。

本章主要阐述AutoCAD绘图软件的绘图基础、三维实体造型基础等内容。

4.1 AutoCAD基础知识

4.1.1 用户界面

启动AutoCAD即进入用户界面，AutoCAD的用户界面与Windows标准应用程序界面相似，如图4-1所示。用户界面主要包括：标题栏、下拉菜单、工具栏、状态栏、绘图区、命令窗口、光标等。

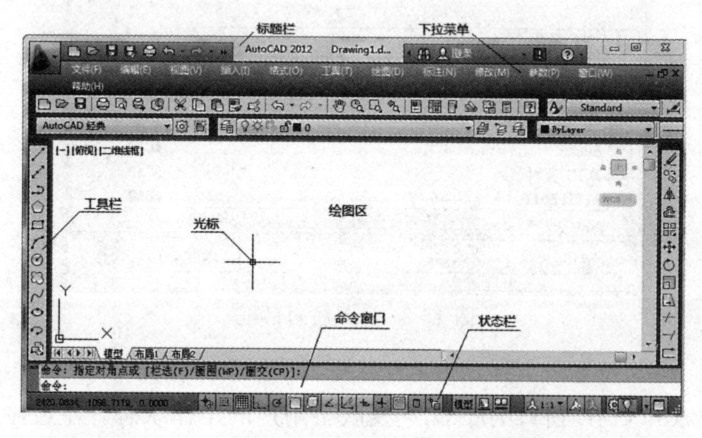

图4-1 AutoCAD界面

1. 标题栏

标题栏位于应用程序主窗口的顶部,显示当前应用程序的名称,及当前文件的名称。标题栏的右上侧为最小化、最大化/还原和关闭按钮。用户可以用鼠标拖动标题栏移动窗口的位置。

2. 下拉菜单

AutoCAD 的标准菜单条包括 12 个主菜单组,它们分别对应了 12 个下拉菜单组,下拉菜单的使用方式有三种:

(1) 将鼠标移到菜单上,单击鼠标左键,打开下拉菜单。在打开的下拉菜单中选择所需要的菜单。

(2) AutoCAD 为菜单栏中的菜单和下拉菜单中的选项均设置了相应的快捷键,这些快捷键用下画线标出,如"视图 V"。要打开某一下拉菜单,用户可以先按住〈Alt〉键,然后按下热键字母即可。下拉菜单打开后,用户可直接键入快捷键字母选中相应的选项。

(3) 有些菜单组提供了快捷方式。这些快捷方式标在菜单组的右侧,如〈Ctrl+2〉对应于"工具"中的"设计中心"。

对于某些菜单项,如果后面跟有省略符号"…",则表明该选项包含一个子菜单,子菜单中有更详细的选项组。

3. 工具栏

尽管下拉式菜单提供了全部选项,但其操作起来并不是最简单。为此 AutoCAD 将一些常用的命令以工具栏的形式提供给用户,它是一种替代命令或下拉式菜单的简便工具。在 AutoCAD 中,有 24 个已命名的工具栏,分别包含着 2~20 个不等的工具。用户可以通过选择"视图 V"下"工具栏(O)…"菜单开关任何工具栏,此时,系统将打开如图 4-2 所示的"自定义用户界面"对话框。也可将光标移到工具栏上,单击鼠标右键弹出"工具栏"菜单。

图 4-2 工具栏对话框

4. 状态条

状态栏位于 AutoCAD 窗口的底部,它反映了用户的工作状态。左边显示当前光标,右边有 13 个按钮,分别是捕捉模式、栅格显示、正交模式、极轴追踪、对象捕捉、三维对象捕捉、允许/禁止动态 UCS、动态输入、显示/隐藏透明度、快捷特性、选择循环等。用鼠标单击任一按钮，均可切换当前的工作状态(凹下为开)。

5. 绘图区与光标

绘图区是用户进行绘图的区域。"＋"字光标用于绘图时点的定位和对象的选择。"＋"字光标由用户的定点设备(如鼠标等)进行控制，它具有定位点和拾取对象两种状态。

6. 命令行及文本窗口

命令行是用户与 AutoCAD 进行交互式对话的地方，它用于显示系统的信息及用户输入的信息。AutoCAD 的文本窗口是记录 AutoCAD 命令的窗口，也可以说是放大的命令窗口。用户可通过选择视图(V)/显示(L)文本窗口(T)菜单打开它，也可按 F2 或执行 TEXTSCR 命令将其打开。如图 4－3 所示。

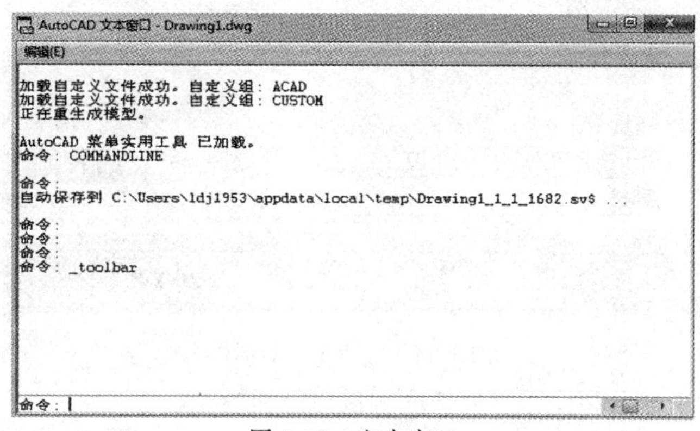

图 4－3　文本窗口

4.1.2　设置绘图环境

1. 设置绘图界限(L)

绘图界限是 AutoCAD 绘图空间中的一个假想绘图区域，相当于用户选择的图纸图幅的大小。设置绘图界限的命令为 LIMITS，该命令可用下列方法实现：

(1) 选择下拉菜单中的"格式"/"图形界限(I)"。

(2) 在命令行输入："LIMITS"。

"LIMITS"命令输入后，系统的提示如下：

重新设置模型空间界限

指定左下角点或[开(ON)/关(OFF)](0.0000,0.0000)：

指定右上角点(420.0000,297.0000)：

然后按〈Enter〉键回到命令状态，至此，一张 A3 图幅的绘图界限就建立了。

2. 设置绘图单位

AutoCAD 提供了适合任何专业绘图的各种绘图单位(如英寸、英尺、毫米等)，而且可供选择的精度范围很广。绘图单位的命令为"UNITS"，该命令可用下列方式实现：

(1) 选择下拉菜单"格式(O)"/"单位(U)"。

(2) 在命令行输入"UNITS"。

执行"Units"命令后，系统将显示"图形单位"对话框，如图 4－4 所示。

"图形单位"对话框各项意义如下：

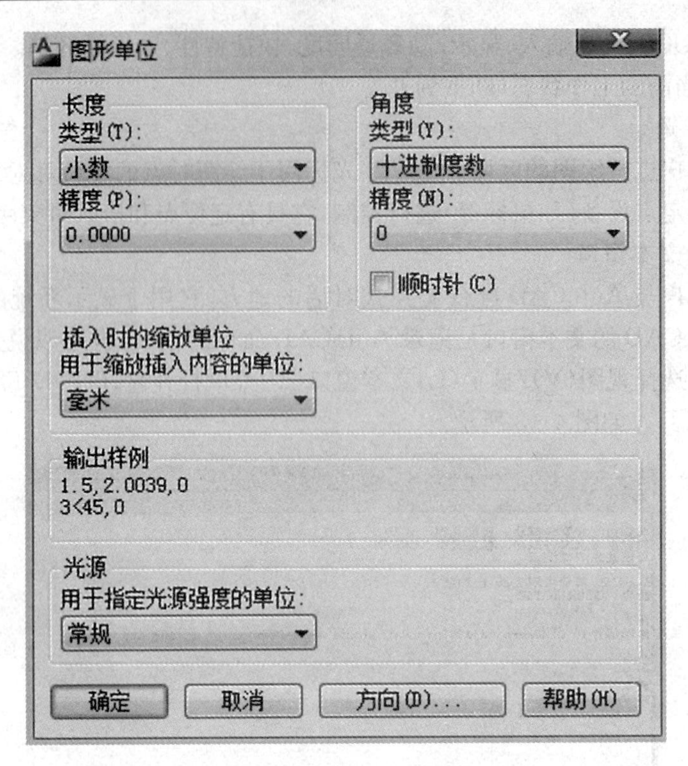

图 4-4 图形单位对话框

“长度”区。用于显示和设置当前长度测量单位和精度。

“角度”区。用于显示当前角度格式、精度和角度计算方向(默认为逆时针,选中“顺时针(C)”复选框为顺时针方向)。

(3) “方向”按钮。单击“方向(D)”按钮可弹出控制方向的“方向控制”对话框,如图 4-5 所示。如选择“其他(O)”,则可通过屏幕上拾取两点或通过“角度(A)”编辑框中输入数值来指定角度方向。

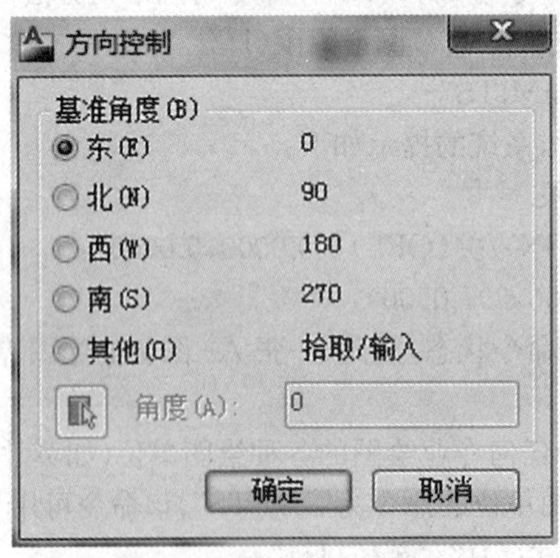

图 4-5 方向控制对话框

4.1.3 图层、颜色、线型和线宽

图层是用户用来组织图形的最为有效的工具之一。AutoCAD 的层是透明的电子纸,一

层叠一层放置，用户可以根据需要增加和删除层，每层均可以拥有任意的 AutoCAD 颜色、线型和线宽。

1. 图层的创建和使用

AutoCAD 提供了以下几种方法供用户创建和使用图层：

(1) 从图层工具条(见图 4－6)，中选择图层工具。

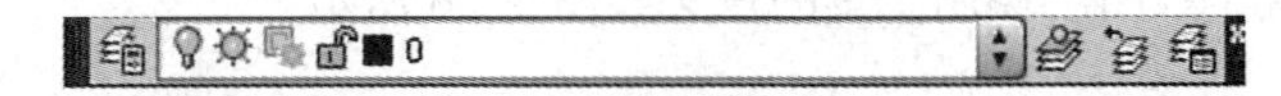

图 4－6 图层工具框

(2) 选择下拉菜单中的“格式(O)”/“图层(L)”。

在命令行输入：“LAYER”。

“LAYER”命令执行后，将显示如图 4－7 所示的“图层特性管理器”对话框，用户可利用该对话框创建新图层，设置或修改层的状态及特性。

“图层特性管理器”对话框中各选项含义如下：

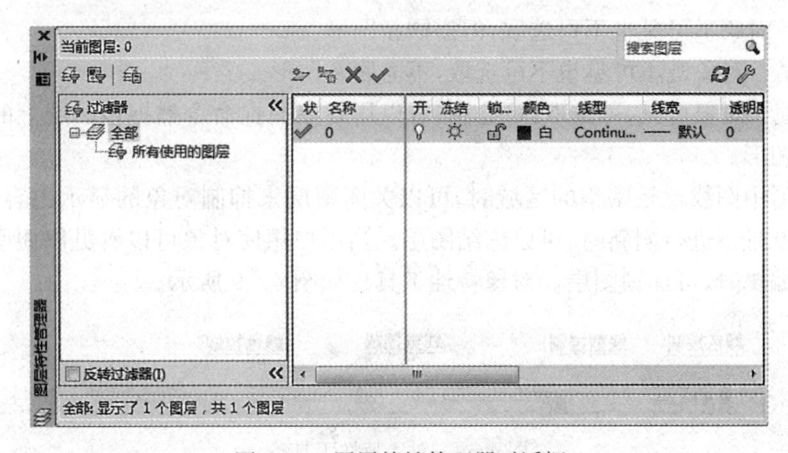

图 4－7 图层特性管理器对话框

(1) 列表框：显示图形中各层的名称、状态、可见性、颜色、线型和线宽等。若用户想打开或关闭图层，可通过单击选定层名称右侧的“开”图标来实现。在所有视口冻结、锁定状态均为“开”时，才可改变其状态。当用户单击“颜色”“线型”或“线宽”时，系统将分别打开“选择颜色”对话框、“选择线型”对话框和“选择线宽”对话框，用户可通过这三个对话框为选定层指定颜色、线型和线宽，“打印样式”列用于显示图层颜色号，“打印”列用于设置是否打印该图层。

(2) “新建(N)”按钮：该按钮用于建立新图层。

(3) “删除”按钮：用于删除选定图层。

(4) “当前(C)”按钮：用于显示和设置当前层，要设置当前图层，可首先在其下方的“层”列表中选定某一层，然后单击该按钮即可。

(5) “显示细节(D)”按钮：用于显示选定图层的详细资料。

在 AutoCAD 中，每层都具有颜色和线型两种特性，AutoCAD 支持 255 种颜色和 40 种预定义线型。不同颜色和线型不但使得区分屏幕上的对象变得容易，而且还携带并传递着重要的绘图输出信息。

2. 图层状态控制和对象特性

AutoCAD 提供了几种方法来控制层的状态。一种是使用前面介绍的"图层特性管理器"对话框,另外一种是使用"图层"工具框中的图层控制工具。单击该工具右侧的"▼"符号,系统将显示图层列表,单击某个图层即可将该图层设置为当前图层。单击列表中的各符号即可修改各层的状态,图层控制工具的意义如图 4-8 所示。

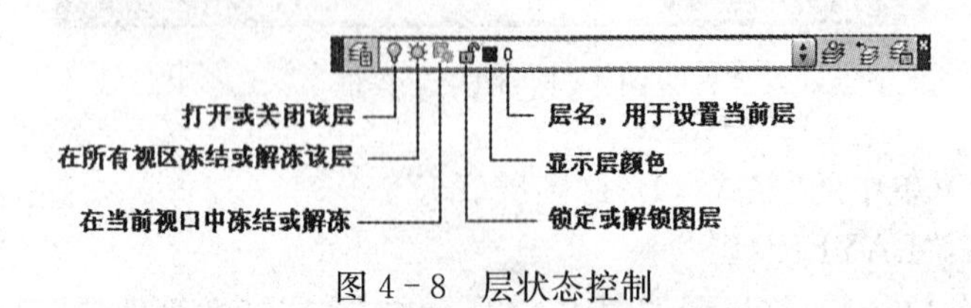

图 4-8 层状态控制

一个图层可以有六种状态和条件表示特征,即开/关、加锁/解锁、冻结/解冻。它们按下面的方式发生作用。

(1) 关 对象不可见也不可选取,但需刷新图形。

(2) 冻结 对象既不可见也不可选取,不需刷新图形。

(3) 加锁 对象可见,可选取,可绘图,可以用对象捕捉命令捕捉该图层上的对象,但不能编辑已有图形。

编辑图形中图线比较密集的区域时,可以关闭图层来抑制对象的显示内容。当用户想使对象不可见且不进行刷新时,可以冻结图层。当用户想使对象可以看见以便引用,但又不想使对象被编辑时,可加锁图层。对象特性工具栏如图 4-9 所示。

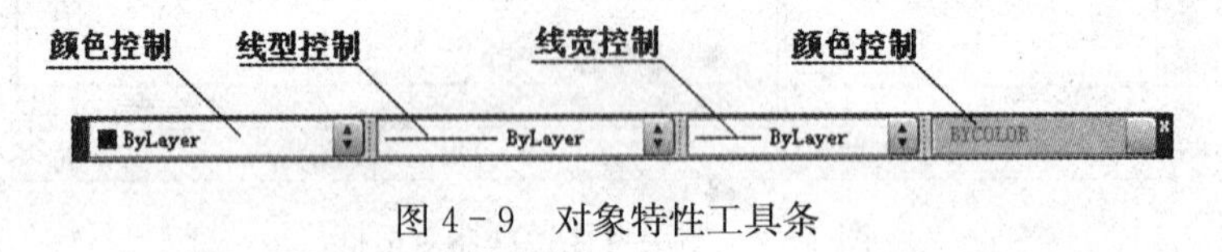

图 4-9 对象特性工具条

4.2 基本图形的绘制和精确定位点

4.2.1 基本图形的绘制

任何一幅图形都是由点、线、圆、椭圆、矩形、多边形等基本对象组成。因此,了解这些基本图形元素的画法是绘图的基础。

AutoCAD 的绘图命令可以用下列方法启动。

(1) 工具栏 如图 4-10 所示,使用绘图工具栏可以完成 AutoCAD 的主要绘图功能。

(2) 下拉菜单 单击"绘图"命令,将弹出绘图下拉菜单

(3) 命令行 输入相应命令后按〈Enter〉键。

1. 绘制直线、射线和构造线

绘制直线只需给定其起点和终点即可。如果直线只有起点没有终点(或终点在无穷远处),则这类直线称为射线。如果直线既没有起点也没有终点,这类直线称为构造线。

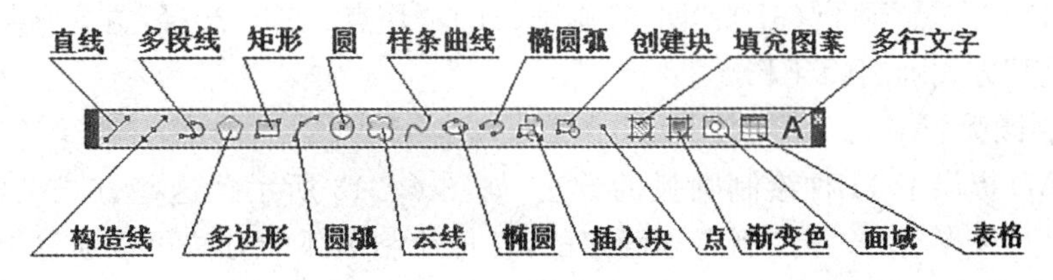

图 4-10 绘图工具条

(1) 绘制直线(LINE)

在 AutoCAD 中,可以通过工具栏的直线工具,也可以选择下拉菜单“绘图(D)/直线(L)”,还可以通过命令“LINE”来绘制直线。使用“LINE”命令绘制直线时,可在“指定点”:提示符下输入 C(Close)形成闭合折线。如图 4-11 所示的绘图步骤如下:

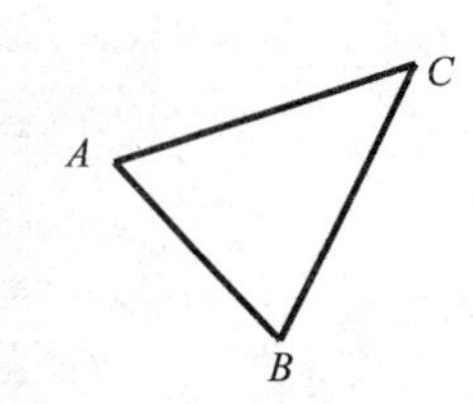

图 4-11 绘制直线示例

命令:单击工具栏绘图中的直线工具

命令:_Line 指定第一点:在 A 点单击 (指定直线起点)

指定下一点或[放弃(U)]:在 B 点单击 (指定直线终点)

指定下一点或[放弃(U)]:在 C 点单击 (指定第二条直线的终点)

指定下一点或[闭合(C)/放弃(U)]:C (连接 C 点和 A 点绘制第三条封闭直线)

(2) 绘制射线(RAY)

射线可以通过“RAY”命令绘制,也可以选择下拉菜单中的“绘图(D)”/“射线(R)”进行绘制。

(3) 绘制构造线(XLINE)

构造线常被用作辅助绘图线,用户可使用“XLINE”命令绘制构造线,也可单击工具栏中的“XLINE”或选择下拉菜单中的“绘图(D)”/“构造线(T)”进行绘制。

2. 绘制圆和圆弧

(1) 绘制圆(CIRCLE)

画圆的命令可以通过键入“CIRCLE”命令,也可通过工具栏中的圆工具或选择下拉菜单中“绘图(D)”/“圆(C)”项并单击下级子菜单来实现,如图 4-12 所示。

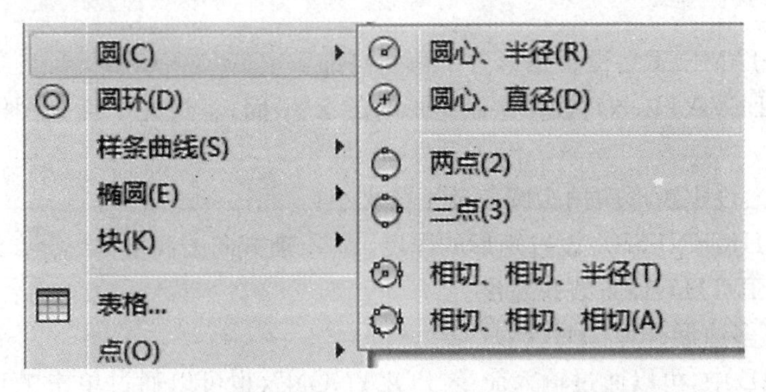

图 4-12 圆(C)下级子菜单

AutoCAD 提供了六种画圆的方法,即“圆心”和“半径”方式画圆(CR);“圆心”和“直径”

方式画圆(CD);“三点”画圆(3P);“两点”画圆(2P);“切点、切点、半径”方式画圆(TTR);“相切、相点、相切”方式画圆(TTT)。

(2) 绘制圆弧(Arc)

AutoCAD 提供了 11 种绘制圆弧的方法,如图 4 - 13 所示。这些方式是根据起点、方向、中点、包角、终点、弦长等控制点来确定的,各种绘制圆弧的方法可以通过选择下拉菜单“绘图(D)”/“圆弧(A)”项,并单击下级子菜单实现。

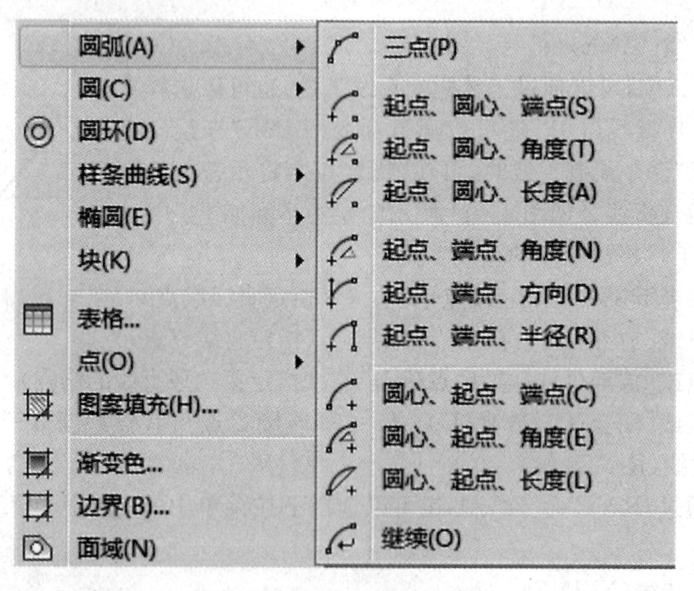

图 4 - 13　圆弧(A)下级子菜单

3. 绘制矩形和正多边形

(1) 绘制矩形(RECTANGLE)

绘制矩形可以通过“RECTANG”命令,也可通过单击工具栏矩形工具或选择下拉菜单中“绘图(D)”/“矩形(G)”菜单来完成。

绘制矩形时仅需提供其两个对角的坐标即可。在 AutoCAD 中,还可设置一些其他选项。

① 倒角 CHAMFER):设置矩形各个角的修饰。

② 标高(ELEVATION):设置绘制矩形时的 Z 平面,不过在平面视图中将无法看出其区别。

③ 圆角(F):设定矩形四角为圆角及半径大小。

④ 厚度(THICKNESS):设置矩形的厚度,即 Z 轴方向的高度。

⑤ 宽度(WIDTH):设置线条宽度。

(2) 绘制正多边形(POLYGON)

在 AutoCAD 中,可以通过输入命令“POLYGON”,也可以通过单击工具栏中的正多边形按钮或选择下拉菜单绘图(D)”/“正多边形(Y)”来绘制正多边形。

正多边形的画法有三种,即内接法、外接法和根据边长画正多边形。

画图步骤如下:

① 在工具栏中选择正多边形按钮,启动“POLYGON”命令;

② 在“输入边的数目〈4〉:提示符下输入边数;

③ 在“指定正多边形的中心点或[边(E)]”:提示符下选择边长或中心点。

④ 在“[内接于圆(I)/外切于圆(C)]〈I〉”:提示符下,选择外切或内接方式,“I”为内接,“C”为外切,内接可直接按〈Enter〉键确定。

⑤ 在“指定圆的半径”:提示符下,输入圆的半径。

4. 绘制椭圆及椭圆弧

(1) 绘制椭圆(Ellipse)

在AutoCAD绘图中,椭圆的形状主要由中心、长轴和短轴三个参数来描述。可以通过输入“ELLIPSE”命令,也可以通过单击工具栏的椭圆按钮或选择下拉菜单“绘图(D)”/“椭圆(E)”项来启动绘制椭圆的命令。

可以通过定义两区的方式、定义长轴以及椭圆转角的方式和定义中心、两轴端点的方式来绘制椭圆。

(2) 绘制椭圆弧

在AutoCAD绘图中,输入绘制椭圆弧的名令,然后确定椭圆弧的起始角和终止角即可绘制椭圆弧。

5. 绘制点(POINT)

AutoCAD画点的命令是“POINT”,也可通过在工具栏中单击点按钮或选择下拉菜单“绘图(D)”/“点(O)”选项来实现。

点的类型可以定制。定制点的类型时,可以选择下拉菜单“格式(O)”/“点样式(P)”选项,也可在“命令”:提示符下输入“DDPTYPE”。AutoCAD屏幕弹出一对话框,如图4-14

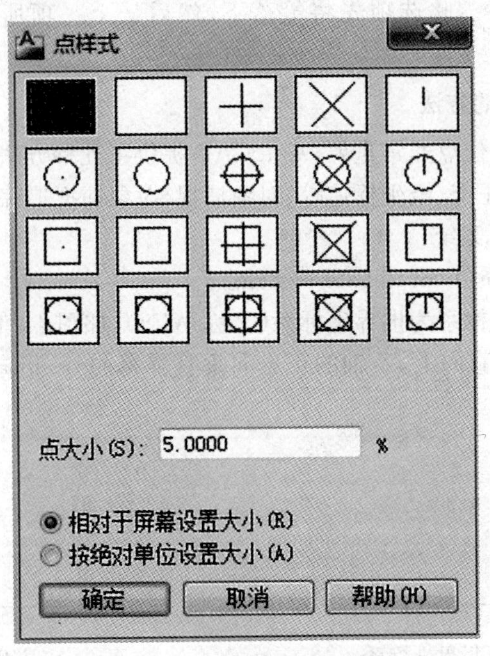

图4-14 点样式对话框

所示，可在对话框中选择点的类型。“绘图(D)”/“点(O)”下拉菜单中，包含有子菜单，子菜单有四个选项：

(1) 单击(SINGLE POINT)：画单个点；

(2) 多点(MULTIPLE POINT)：连续画多个点；

(3) 定数等分(DIVIDE)画等分点；

(4) 定距等分(MEASURE)测定同距点。

6. 徒手画线(SKETCH)

在绘图过程中，有时需要绘制一些无规则的线条，因此 AutoCAD 提供了“Sketch”命令。启动“SKETCH”命令，移动光标在屏幕上可徒手画出任意形状的线条。

用户可通过以下方法徒手画线：在“命令”：提示符下输入“SKETCH”命令按〈Enter〉键，出现如下提示：

记录增量〈1.0000〉：(需要用户输入记录增量，即单元为直线段的长度，1.000 是系统默认值。指定记录增量后，命令行出现下列选项：

徒手画。画笔(P)/退出(X)/结束(Q)/记录(R)/删除(E)/连接(C)。(每个选项中的大写字母均是该选项的快捷输入方式，输入该字母，即选择了该选项)

“SKETCH”命令各选项的含义如下：

(1) 画笔(Pen)　控制抬笔或落笔，是一个切换开关。

(2) 退出(Exit)　结束“SKETCH”命令，并记录刚才所绘图线。

(3) 结束(Quit)　退出“SKETCH”命令，不记录刚才所绘图线。

(4) 记录(Record)　记录所绘图线，不退出“SKETCH”命令。

(5) 删除(Erase)　删除未记录的线段。

(6) 连接(Connect)　此选项先将笔落下，然后从上一项所绘图线的终点开始继续画线。

4.2.2　精确定位点的方法

绘制图样中，精确定位点非常重要，AutoCAD 提供了几种方法来帮助用户精确定位点，它们分别是坐标、捕捉、正交、极坐标追踪、对象捕捉、对象捕捉追踪和点过滤器等。

1. AutoCAD 的坐标系统

(1) 世界坐标系(world coordinate system)

AutoCAD 的默认坐标系为世界坐标系(又称 WCS)，如图 4-15 所示，X 轴的正方向水平向右，Y 轴的正方向垂直向上，Z 轴的正方向垂直屏幕向外，指向用户。坐标原点在绘图区的左下角。

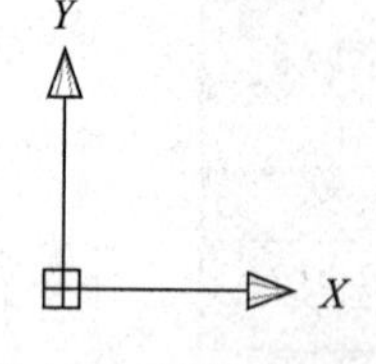

图 4-15　世界坐标系

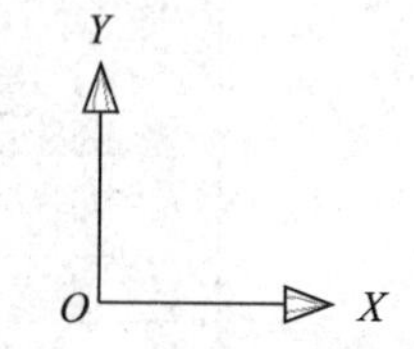

图 4-16　用户坐标系

(2) 用户坐标系

为了更好地辅助绘图,用户经常需要修改坐标系的原点和方向,这就是用户坐标系(UCS)。在 AutoCAD 中,用户可以在"命令":提示符下键入"UCS"来创建用户坐标系,也可以选择"工具"/"新建 UCS"/"原点"菜单来创建,用户坐标系如图 4-16 所示。

建立用户坐标系,可以很方便地确定点的位置,从而提高绘图效率。

2. 利用坐标选取点

为了方便绘制图形,经常需要利用坐标来准确定位。

(1) 绝对坐标

如用户知道点的绝对坐标或它们从(0,0)出发的角度及距离,则可从键盘上以几种方式输入坐标,如直角坐标、极坐标等。

① 直角坐标输入,用户可以用分数、小数等记数形式输入点(X,Y)坐标值,坐标间用逗号隔开,如(5,6),(10,20),(5.6,7.5)等。

② 极坐标输入,极坐标也是把输入看作对(0,0)的位移,只不过给定的是距离和角度。其中,距离和角度用"〈"号隔开,且规定 X 正向为 0°,Y 轴正向为 90°,如 5〈90;8〈180 等,(X,Y)的直角坐标,也可以以极坐标形式输入,如图 4-17 所示。

(2) 相对坐标

使用绝对坐标是有局限性的,更多的情况下是知道一个点相对于另一个点的直角坐标和极坐标。

在 AutoCAD 中,直角坐标和极坐标所表示的相对坐标是在绝对坐标前加一"@"号,如@2,3 和@6〈30 等,如图 4-18 所示。

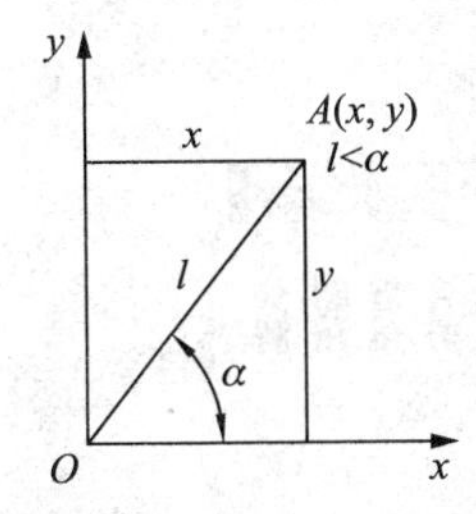

图 4-17 绝对指数坐标和极坐标

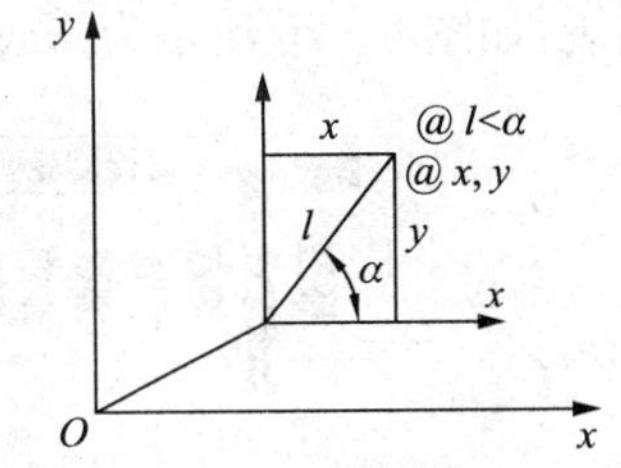

图 4-18 相对指数坐标和极坐标

3. 栅格、捕捉、正交、对象捕捉和追踪

(1) 显示栅格

显示栅格功能可在绘图区显示一些标定位置的小点,以便于定位对象。在 AutoCAD 中,可通过选择"工具"/"草图设置"菜单或执行"DSETTINGS"命令来设置栅格显示和捕捉间距等。此外,还可以双击状态栏中的"栅格"按钮、按〈F7〉键来打开及关闭栅格显示,或执行"CRID"命令设置栅格显示。

(2) 设置捕捉

捕捉用于设定光标移动间距。在 AutoCAD 中,可通过选择"工具"/"草图设置"菜单执行"SNAP"命令设置捕捉参数,或者单击状态条上的"捕捉"按钮打开及关闭捕捉。

(3) 正交模式

打开正交模式,意味着只能画水平线或垂直线。用户可单击状态条上的"正交"按钮,使用“ORTHO”命令、按〈F8〉键或〈Ctrl+O〉打开或关闭正交模式。

(4) 设置极轴追踪

在“草图设置”对话框“极轴追踪”选项中选中“起用极轴追踪”复选框，或者单击状态栏中的“极轴”按钮或按〈F10〉键，均可打开极轴追踪。在极轴追踪模式下，屏幕上显示“极轴”标志。

(5) 对象捕捉

AutoCAD 为用户提供了众多的对象捕捉方式，图 4－19 显示了主要的对象捕捉方法。

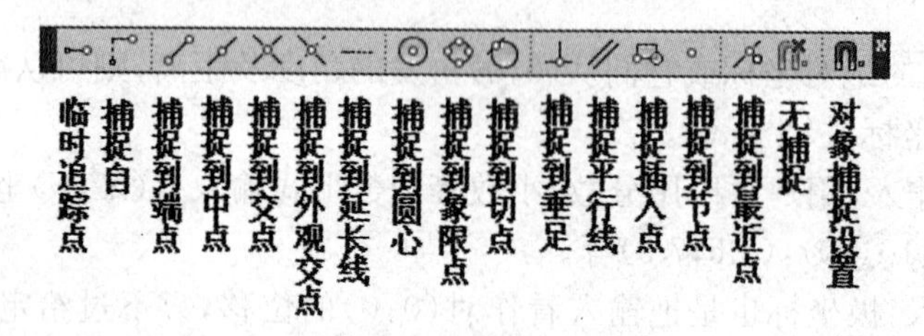

图 4－19　对象捕捉工具栏

4.3　基本编辑命令

AutoCAD 提供了丰富的图形编辑功能，利用这些功能可以实现快速、准确地绘图，熟练掌握编辑命令是提高绘图效率的重要手段。

编辑命令可以在命令行输入，也可以用下拉菜单“修改”(modify)的选项或工具栏中的相应按钮来实现，如图 4－20 所示为修改工具栏。

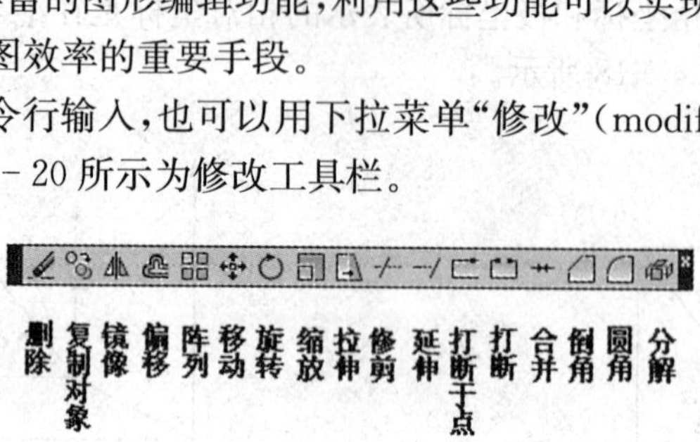

删除　复制对象　镜像　偏移　阵列　移动　旋转　缩放　拉伸　修剪　延伸　打断于点　打断　合并　倒角　圆角　分解

图 4－20　修改工具栏

1. 选择编辑对象(SELECT)

编辑对象前一般要先选取对象，选择对象后，AutoCAD 用虚线显示它们。常用的选择方法如下：

(1) 直接拾取

用鼠标将光标移到要选取的对象上，然后单击鼠标左键选取对象。此种方式为默认方式，可以选择一个或多个对象。

(2) 选择全部对象

在命令行键入“ALL”，该方式可以选择除冻结层以外的全部对象。

(3) 窗口方式

用于在指定的范围内选取对象，在“选择对象”提示下，在指定第一个角点之后，从左向右拖动形成一个矩型窗口，完全被矩形窗口围住的目标被选中。

(4) 窗口交叉方式

该方式不仅选取包含在矩形窗口中的对象，也会选取与窗口边界相交的所有对象，交叉选择是从右向左拖动一矩形窗口。

2. 删除对象(ERASE)

"ERASE"命令用于将选中的对象删除，如图 4－21 所示。操作步骤如下：

命令：ERASE

选择对象：(拾取 A)找到 1 个

选择对象：(拾取 B)指定对角点：(拾取 C)找到 2 个，总计 3 个

选择对象：↙圆、矩形、三角形被删除

使用"OOPS"命令可以恢复最后一次用"ERASE"命令删除的对象

命令：OOPS↙

这时图中被删除的三个图形全部恢复

3. 复制对象(COPY)

"COPY"命令可在当前图形中复制单个或多个对象，如图 4－22 所示。其操作步骤如下：

命令：COPY

选择对象：(拾取 A)找到 1 个

选择对象：↙

指定基点[位移(D)/模式(O)]〈位移〉：(拾取 B)

指定第二个点〈使用第一个点作为位移〉：(拾取 C)

复制结果如图 4－22(b)所示。"基点"(BASE POINT)用作对象的参考点，基点的选择以较为靠近原目标为好，这样便于确定复制的位置。"位移"即要复制对象在 X,Y 和 Z 方向离基点的位置。

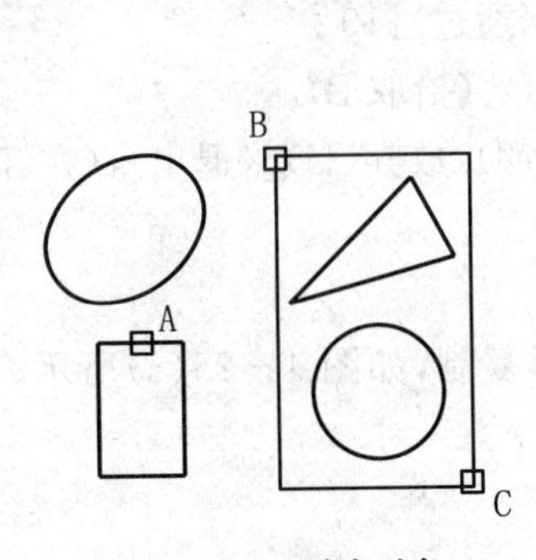

图 4－21　删除对象

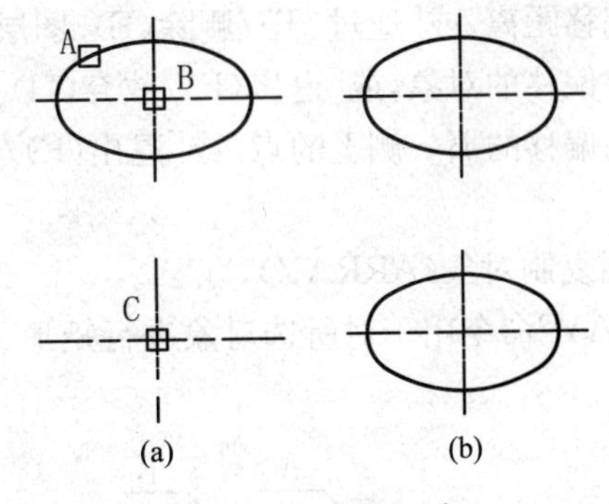

图 4－22　复制对象

4. 镜像复制对象(MIRROR)

"MIRROR"命令用于生成所选对象以临时镜像线为轴的对称图形，原对象可保留也可删除，如图 4－23 所示。其操作步骤如下：

命令：MIRROR

选择对象：(拾取 A)

指定对角点：(拾取 B)找到 5 个

选择对象:↙

指定镜像线的第一个点:(拾取 C)

指定镜像线的第一个点:(拾取 D)

要删除源对象吗?[是(Y)/否(N)]〈N〉:

操作结果如图 4-23(b)所示。

5. 偏移复制对象(OFFSET)

"OFFSET"命令用于绘制在任何方向均与原对象平行的对象,若偏移的对象为封闭图形,则偏移后图形被放大或缩小。将图 4-24(a)中的直线向两边偏移 10,结果如图 4-24(b)所示,操作步骤如下:

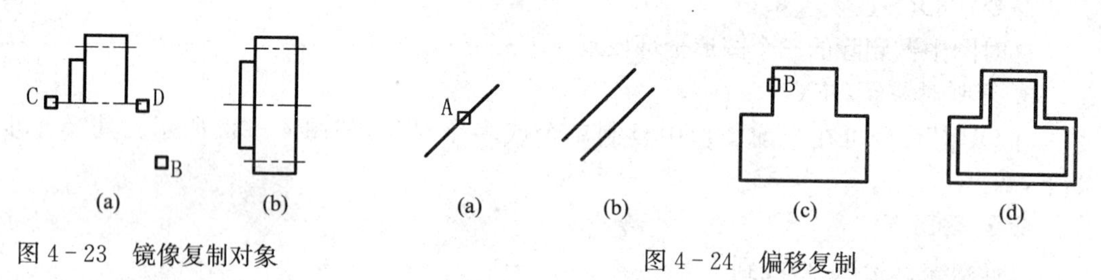

图 4-23　镜像复制对象

图 4-24　偏移复制

命令:OFFSET

指定偏移距离,或[通过(T)/删除(E)/图层(L)]〈通过〉:10↙

选择要偏移的对象,或[退出(E)/放弃(U)]〈退出〉:(拾取 A)

指定要偏移的那一侧上的点,或[退出(E)/多个(M)/放弃(U)]〈退出〉:(在直线的右下侧拾取一点)

图 4-24(d)是将图 4-24(c)的图形向内偏移 10 的结果,其操作步骤如下:

指定偏移距离,或[通过(T)/删除(E)/图层(L)]〈通过〉:10↙

选择要偏移的对象,或[退出(E)/放弃(U)]〈退出〉:(拾取 B)

指定要偏移的那一侧上的点,或[退出(E)/多个(M)/放弃(U)]〈退出〉:(在 T 图形内拾取一点)

6. 阵列复制对象(ARRAY)

"ARRAY"命令用于对所选对象进行矩形或环形复制,如图 4-25(a)所示。其操作步骤如下:

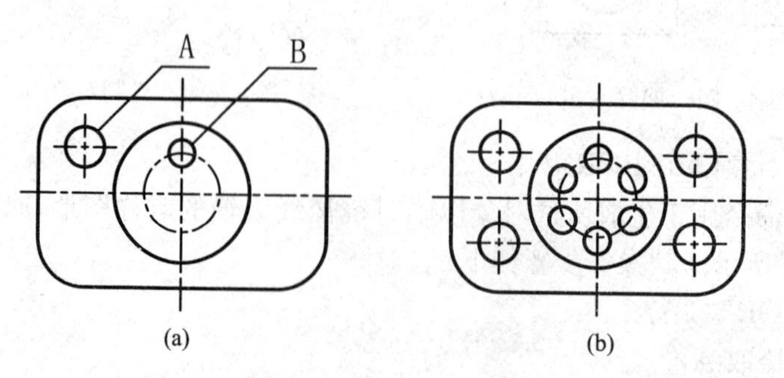

图 4-25　阵列复制对象

命令:ARRAY
选择对象:(选择 A 所指的圆及中心线)找到 3 个
选择对象:↙
输入阵列类型[矩形(R)/路径(PA)/极轴(PO)]〈矩形〉:↙
输入行数或[表达式(E)]〈4〉:2 ↙
输入列数或[表达式(E)]〈4〉:2 ↙
指定行间距之间的距离或[表达式(E)]〈间距〉:50 ↙
指定列间距之间的距离或[表达式(E)]〈间距〉:80 ↙
命令:ARRAY
选择对象:(选择 B 所指的圆及中心线)找到 2 个选择对象:↙
输入阵列类型[矩形(R)/路径(PA)/极轴(PO)]〈矩形〉:P ↙
指定阵列的中心点或[基点(B)/旋转角(A)]:(捕捉大圆心)
输入项目数量[项目间角度(A)/表达式(E)]:6 ↙
填充角度(+为逆时针,—为顺时针)或[表达式(EX)]〈360〉:↙
按"ENTER"键接受或(关联(AS)/基点(B)、项目(I)项目间角度(A)/填充角度(F)/行(ROW)/层(L)/旋转项目(ROT)/退出(X)]〈退出〉:
操作结果如图 4-25(b)所示。

7. 旋转对象(ROTATE)

"Rotate"命令可以使图形对象绕某一基准点旋转,改变其方向,如图 4-26 所示,其操作步骤如下:

命令:ROTATE
UCS 当前的正角方向:
ANGDIR=逆时针
ANGBASE=0
选择对象:(选取图 4-26(a)图形)找到 1 个
选择对象:↙
指定基点:(捕捉 A)
指定旋转角度,或[复制(C)/参考(R)]〈0〉:—45
操作结果如图 4-26(b)所示。

8. 改变对象长度(LENGTHEN)

"LENGTHEN"命令用于改变对象的总长度(变长或变短)或改变圆弧的圆心角,如图 4-27 所示。其操作步骤如下:

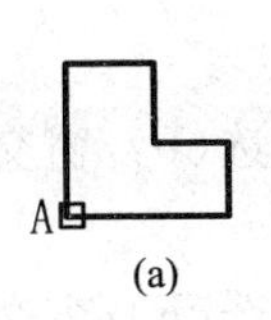

(a)

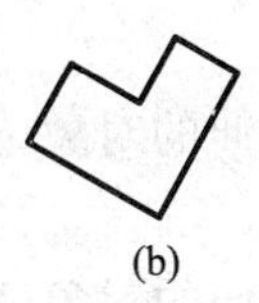
(b)

图 4-26　旋转对象

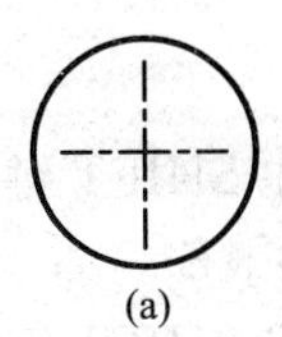
(a)

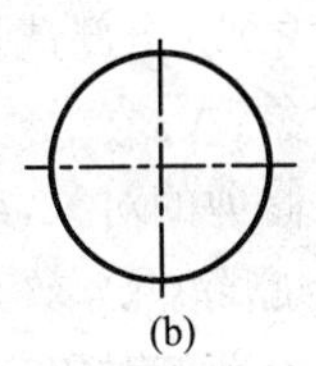
(b)

图 4-27　改变中心线长度

命令:LENGTHEN

选择对象或[增量(DE)/百分数(P)/全部(T)/动态(DY)]:DE↙

输入长度增量或[角度(A)]:15↙

选择要修改的对象或[放弃(U)]:(拾取图 4-27(a)中的水平中心线左端)

选择要修改的对象或[放弃(U)]:(拾取图 4-27(a)中的水平中心线右端)

选择要修改的对象或[放弃(U)]:(拾取图 4-27(a)中的垂直中心线下端)

操作结果如图 4-27(b)所示。该命令中各选项的含义如下:

(1) 增量(Delta)　表示通过指定增量来改变对象,可以输入长度值或角度值,增量从离拾取点最近的对象端点开始量取,正值表示加长,负值表示缩短。

(2) 百分率(percent)　表示通过指定百分率来改变对象。

(3) 全部(total)　表示要指定所选对象的新长度或角度。

(4) 动态(dynamic)　表示可以通过动态拖动来改变对象的长度。

9. 裁剪对象(TRIM)

"TRIM"命令用于指定的剪切边为界修剪选定的图形对象,如图 4-28 所示,其操作步骤如下:

命令:TRIM

当前设置:投影=UCS,边=元

选择剪切边...

选择对象或〈全部选择〉:

选择对象:↙

选择要修剪的对象,或按住 SHIFT 键选择要延伸的对象,或[栏选(F)/窗交(C)/投影(P)/边(E)/删除(R)/放弃(U)]:↙

操作结果如图 4-28(b)所示。

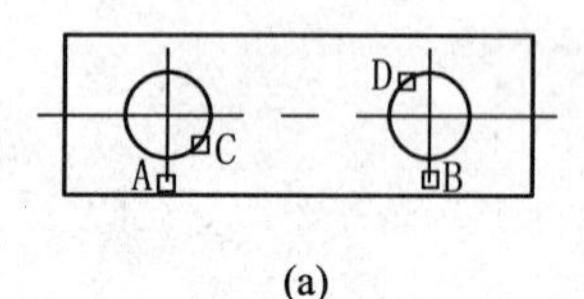

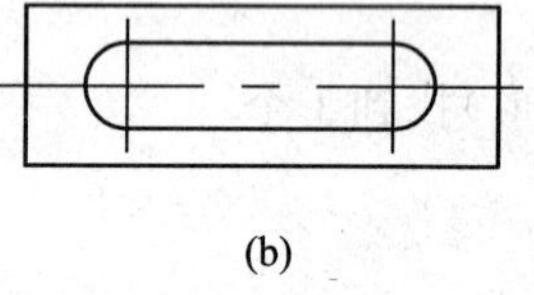

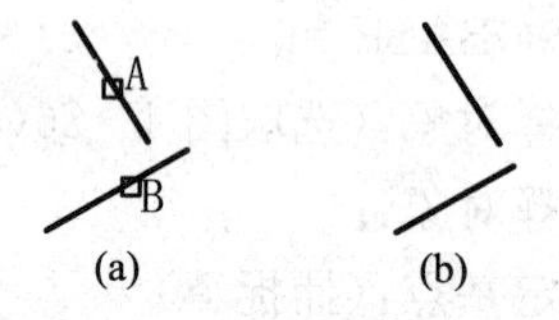

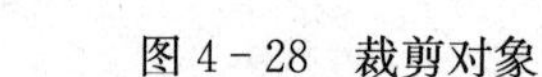

图 4-28　裁剪对象　　　　　　图 4-29　边界延伸后的裁剪

图 4-29(a)所示为选择延伸边界选项进行裁剪,操作步骤如下:

命令:TRIM

当前设置:投影=UCS 边=元

选择剪切边...

选择对象或〈全部选择〉:↙

选择对象:A↙

选择要修剪的对象,或按住 SHIFT 键选择要延伸的对象,或[栏选(F)/窗交(C)/投影(P)/边(E)/删除(R)/放弃(U)]:E

选择要修剪的对象,或按住 SHIFT 键选择要延伸的对象,或[栏选(F)/窗交(C)/投影(P)/边(E)/删除(R)/放弃(U)]:B↙

10. 延伸对象〈EXTEND〉

“EXTEND”命令用于将选定的对象延伸到指定的边界，如图 4－30(a)所示，其操作步骤如下：

命令：

当前设置：投影＝UCS 边＝元

选择剪切边...

选择对象或〈全部选择〉：↙

选择对象：A ↙

选择要延伸的对象，或按住 SHIFT 键选择要延伸的对象，或[栏选(F)/窗交(C)/投影(P)/边(E)/删除(R)/放弃(U)]：E

选择要延伸的对象，或按住 SHIFT 键选择要延伸的对象，或[栏选(F)/窗交(C)/投影(P)/边(E)/删除(R)/放弃(U)]：B ↙

操作结果如图 4－30(b)所示。

11. 切断对象(BREAK)

“BREAK”命令用于删除对象的一部分或将所选对象分解成两部分，如图 4－31(a)所示，其操作步骤如下：

命令：BREAK

选择对象：(拾取 A)

指定第二个打断点或[第一点(F)]：(拾取 B)

操作结果如图 4－31(b)所示。

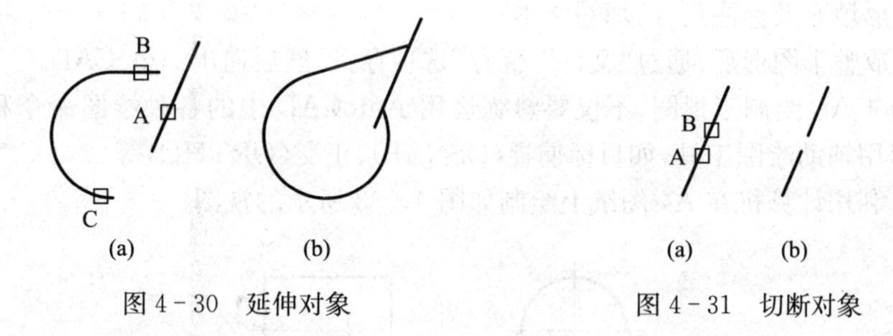

图 4－30 延伸对象　　图 4－31 切断对象

12. 倒角(CHAMFER)

“CHAMFER”用于对两直线或多段线作有斜度的倒角。其操作步骤如下：

命令：CHAMFER

(“修剪”模式)当前倒角距离 1＝15.0000。距离 2＝15.0000

选择第一条直线或[放弃(U)/多段线(P)/距离(D)/角度(A)/修剪(T)/方式(E)/多个(M)]：D

指定第一个倒角距离〈15.0000〉：1.5

指定第二个倒角距离〈15.0000〉：1.5

选择第一条直线或[放弃(U)/多段线(P)/距离(D)/角度(A)/修剪(T)/方式(E)/多个(M)]：(拾取 A，如图 4－32(a)所示)

选择第二条直线，或按住 SHIFT 键选择直线以应用角点或[距离(D)/角度(A)/方法

(M)]:(拾取 B,如图 4-32(a)所示)

用同样方法将右侧和内孔倒角,结果如图 4-32(b)所示。

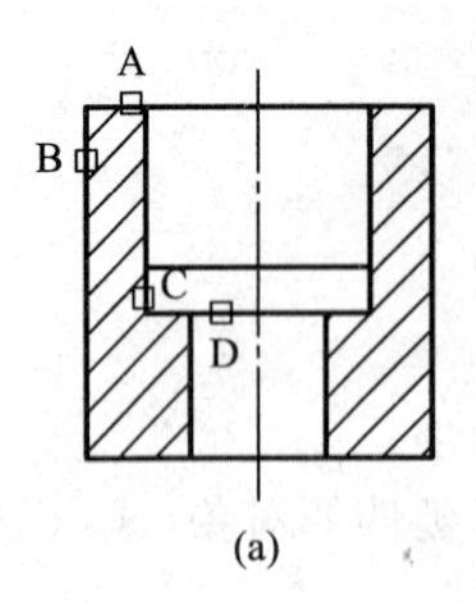

(a)

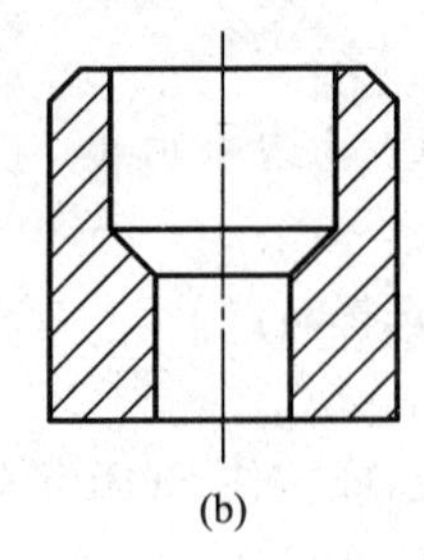

(b)

图 4-32 倒角

4.4 AutoCAD 绘图步骤

一般绘制工程图的步骤如下:

(1) 开机进入 AutoCAD,从"文件"/"新建"下拉菜单给图形文件命名;

(2) 设置绘图环境,如绘图界限、尺寸精度等;

(3) 设置图层、线型、线宽、颜色等;

(4) 使用绘图命令或精确定位点的方法在屏幕上绘图;

(5) 使用编辑命令修改图形;

(6) 图形填充及标注尺寸,填写文本;

(7) 完成整个图形后,通过"文件""保存"选项存盘,然后退出 AutoCAD。

用 AutoCAD 绘制三视图,不仅要熟练运用 AutoCAD 中的各种绘图命令和编辑命令,还要熟练运用辅助绘图工具,如目标捕捉(OSNAP)、正交(ORTHO)等。

[例] 利用计算机在 A4 图纸上绘制如图 4-33 所示的视图。

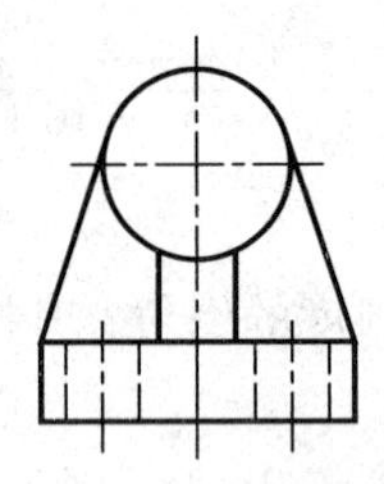

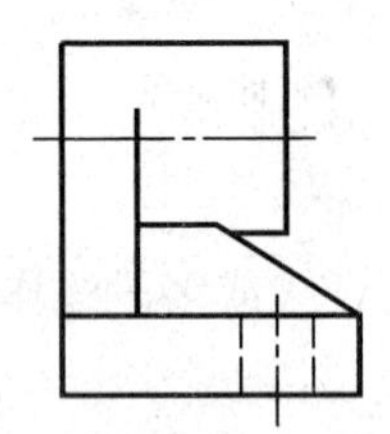

图 4-33 绘制视图

作图步骤如下:

(1) 通过"文件"/"新建"下拉菜单定义图形名:如"plane01"

(2) 设置 A4 图纸幅面

命令:(选择下拉菜单"格式"/"图形界限")重新设置模型空间界限

指定左下角点[开(ON)/关(OFF)]〈0.000,0.0000:0,0(指定绘图区左下角坐标)

指定右下角点[ON/OFF]〈420.0000,297.0000:297,210(指定绘图区右上角坐标)

命令:(再次发出“LIMITS”命令)

指定左下角点[开(ON)/关(OFF)〈0.0000,0.0000:ON(打开界限检查)

命令:(单击状态条上的网络图标,打开网格显示)

命令:

(3) 设置图层及线型:通过图层对话框设置图层名、线型和颜色,如01层为粗实线层,颜色为白色,02层为点画线层,颜色为红色。

(4) 画图:将02层改为当前层,根据尺寸画中心线,如图4-34(a)所示;将01层改为当前层,根据尺寸画已知线段,如图4-34(b)所示,然后画切线,如图4-34(c)所示,最后用剪切命令“TRIM”剪去多余的轮廓线,如图4-34(d)所示。

(5) 存盘后退出。

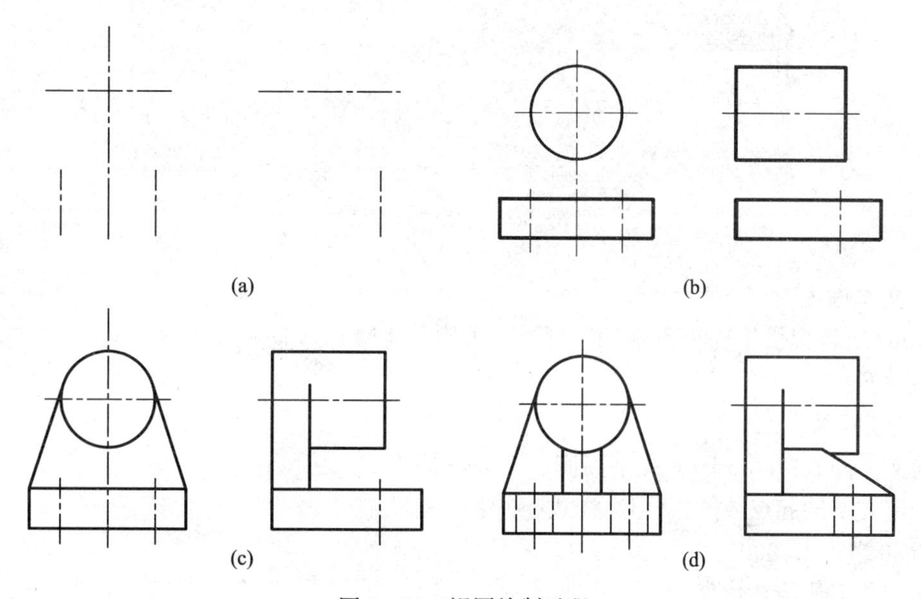

图4-34　视图绘制过程

4.5　AutoCAD文字注写、尺寸标注

4.5.1　文本注写

在实际绘图中,经常需要为图形添加一些注释性的说明,因此,必须掌握在图中添加文字的方法。

1. 文本类型设置

由于AutoCAD用途的多样性,需要多种文本类型,尤其是对我国用户而言,通常还要使用汉字。所以,设置文本类型是进行文字注写的首要任务。文本类型的设置命令为“STYLE”,直接输入该命令或选择菜单“格式”/“文字样式”后,系统将显示如图4-35所示“文字样式”对话框,此时可使用已有类型,也可生成新类型。“文字样式”对话框中各按钮或选项含义如下:

(1)“新建”按钮　用于建立新文本,为已有的式样更名和删除式样。

(2)“字体”区和“大小”区　用于选定字体，指定字体格式及设置字体高度。

(3)“效果”区　用于确定字体特征，包括“颠倒”“反向”“垂直”复选框，以及“宽度因子”和“倾斜角度”文本框。

(4)“应用”按钮　用于确定对字体式样的设置。

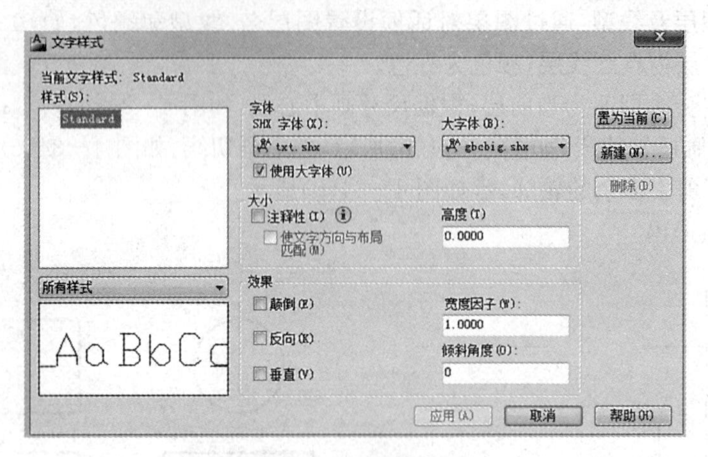

图 4-35　文字样式对话框

2. 文本输入

AutoCAD 提供了三个命令(TEXT、DTEXT 和 MTEXT)用于在图中输入文本。其操作步骤如下：

命令：TEXT

前文字样式：“standard”文字高度：1.5000　注释性：否

指定文字的起点或[对证(J)/样式(S)]：

指定高度〈1.5000〉：10

指定文字的旋转角度〈0〉：

输入文字：

绘图时，有时需要添加一些键盘上没有的特殊字符，AutoCAD 提供了相应控制码。常用的控制码有：%%P——公差符号“±”；%%D——度符号“°”；%%%C——圆的直径符号“ø”。

4.5.2　尺寸标注

AutoCAD 提供了方便、准确的尺寸标注功能。用户通过“标注”下拉菜单，标注工具栏(见图 4-36)或直接在命令行输入命令进行尺寸标注。

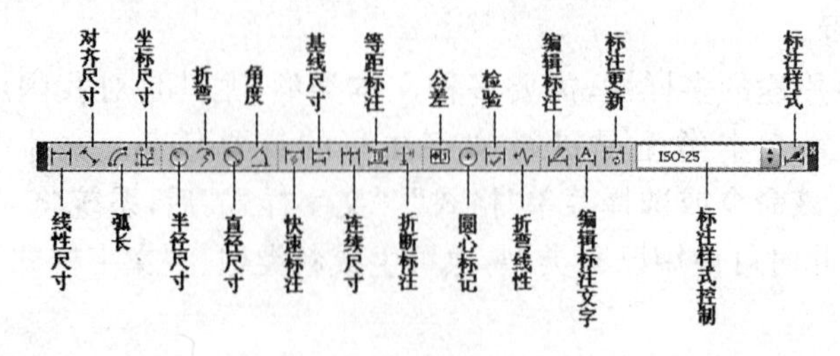

图 4-36　标注工具栏

1. 标注样式

执行标注样式命令的方法如下：

（1）下拉菜单：选择"标注""标注样式"选项。

（2）命令行：输入"DIMSTYLE"命令。

执行上述命令后，AutoCAD 将打开"标注样式管理器"对话框，如图 4－37 所示。单击"新建"按钮，AutoCAD 将弹出"新建标注样式"对话框，如图4－38所示。

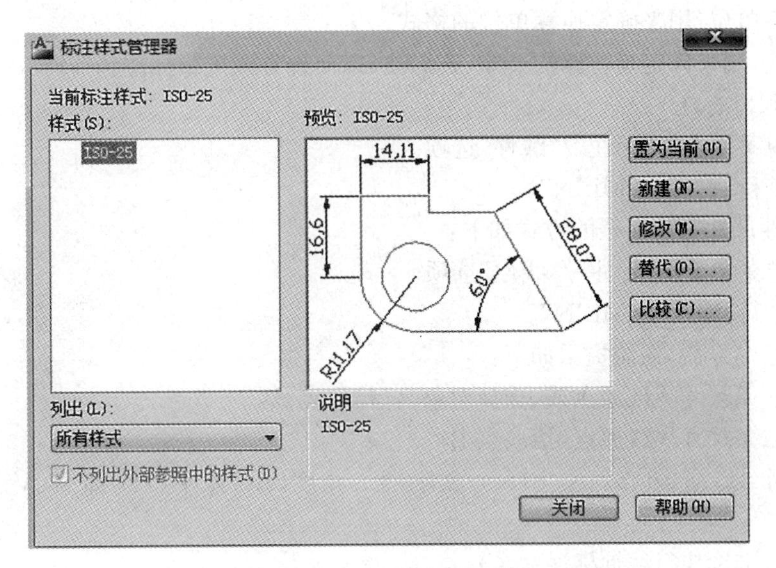

图 4－37　标注样式管理器

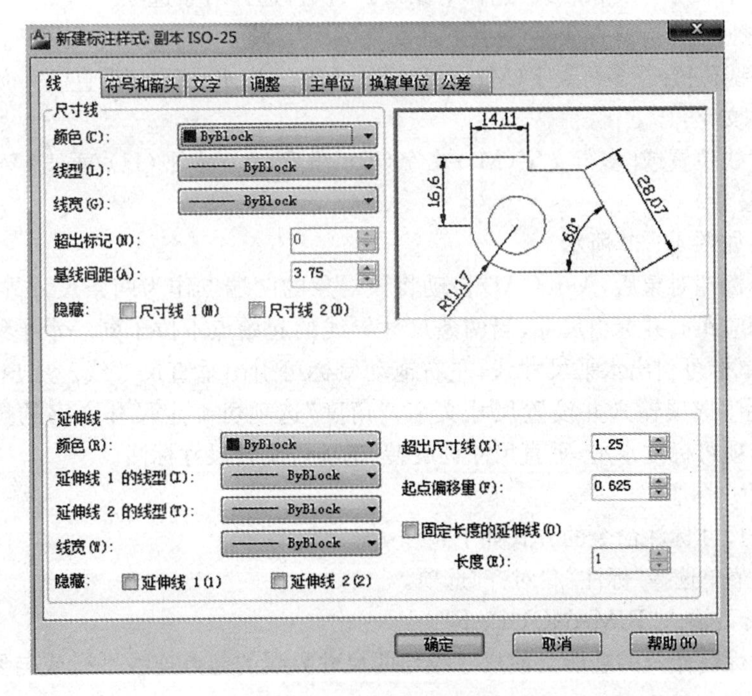

图 4－38　新建标注样式

可对其 7 个选项卡进行设置，建立所需的标注样式。各选项卡的作用如下：

(1) 线：用来设置尺寸线和延伸线的属性。

(2) 符号和箭头：用来设置箭头大小、圆心标记、折断标注等属性。

(3) 文字；用来设置尺寸文字的外观、位置及对齐方式。

(4) 调整：用来控制尺寸文字、尺寸线、尺寸箭头等的位置。

(5) 主单位：用来设置主单位的格式与精度，以及尺寸文字的前缀与后缀。

(6) 换算单位：用来确定换算单位的格式。

(7) 公差：用来确定是否标注公差，若标注，以何种方式进行标注。

2. 线性尺寸标注

(1) 下拉菜单选择“标注”/“线性”选项。

(2) 命令行：输入“DIMLIN”。

启动线性尺寸标注命令的方式如下：

(1) 下拉菜单选择“标注”/“线性”选项。

(2) 命令行：输入“DIMLIN”。

执行上述命令后，系统提示如下：

指定第一条尺寸界线原点或〈选择对象〉：(拾取点 A)

指定第二条尺寸界线原点(拾取点 B)

指定尺寸线位置或[多行文字(M)/文字(T)/角度(A)/水平(H)/垂直(V)/旋转(R)]：(拾取点 E)

命令：↙(继续执行线性标注命令)

指定第一条尺寸界线原点或〈选择对象〉：↙(执行选择对象选项)

选择标注对象：(拾取直线 AD，上下拖动鼠标引出水平尺寸线)

指定尺寸线位置或[多行文字(M)/文字(T)/角度(A)/水平(H)/垂直(V)/旋转(R)]T↙

输入标注文字：15↙

指定尺寸线位置或[多行文字(M)/文字(T)/角度(A)/水平(H)/垂直(V)/旋转(R)]：(选择一适合位置)

执行结果如图 4-39 所示。

用户选择标注对象后，AutoCAD 自动将该对象的两端点作为两条尺寸界线的起始点，自动测量出相应距离并标出尺寸，当两条尺寸界线的起始点不位于同一水平线或垂直线上时，上下拖动鼠标可引出水平尺寸线，左右拖动鼠标可引出垂直尺寸线。用户也可利用“多行文字”/“文字”选项输入并设置尺寸文字，“角度”选项可确定尺寸文字的旋转角度，“水平”/“垂直”选项可标注水平/垂直尺寸，“旋转”选项可旋转尺寸标注。

3. 对齐尺寸标注

启动对齐尺寸标注命令的方式如下：

(1) 下拉菜单选择“标注”/“对齐”选项。

(2) 命令行：输入“DIMANGULAR”。

对齐尺寸标注命令的功能是使尺寸线与两尺寸界线的起点连线平行或与要标注尺寸的对象平行。

其使用方法与线性尺寸标注相同，标注结果如图 4-40 所示。

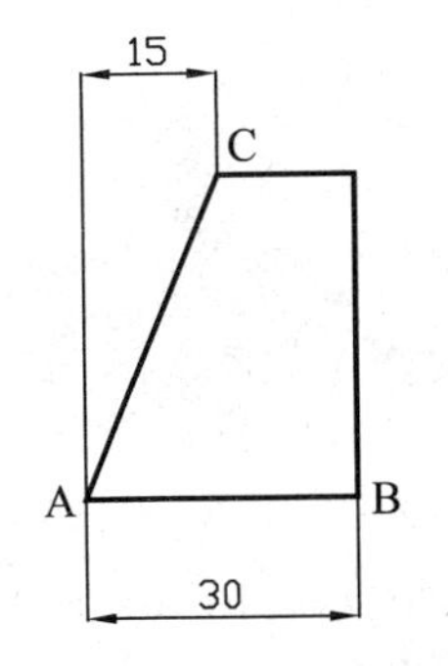

图 4－39　线性尺寸标注

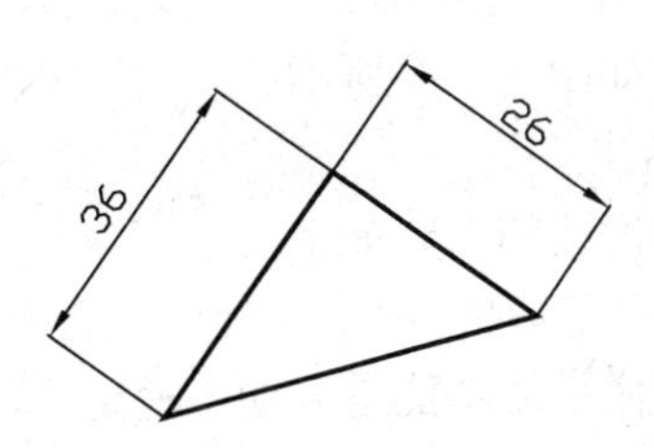

图 4－40　对齐尺寸标注

4. 角度尺寸标注

启动角度尺寸标注的方式如下：

(1) 下拉菜单选择“标注”/“角度”选项。

(2) 命令行：输入“DIMANGULAR”。

执行上述命令后，系统提示如下：

选择圆弧、圆、直线或〈指定顶点〉

各选项的含义如下：

(1) 选择圆。用于标注圆上某段圆弧的包含角。该圆的圆心被置为所注角度的顶点，拾取点为一个端点，系统提示用户拾取第二个端点(该点可在圆上，也可不在圆上)，尺寸界线通过所选取的两个点，如图 4－41(a)所示。

(2) 选择圆弧。用于直线标注圆弧的包含角，如图 4－41(b)所示。

(3) 选择直线。系统提示拾取第二条线段，并以它们的交点为顶点，标注两条不平行直线之间的夹角，如图 4－41(c)所示。

(4) 直接按〈Enter〉键，系统提示输入角的顶点，角的两个端点，Auto CAD 将根据给定的三个点标注角度，如图 4－41(d)所示。

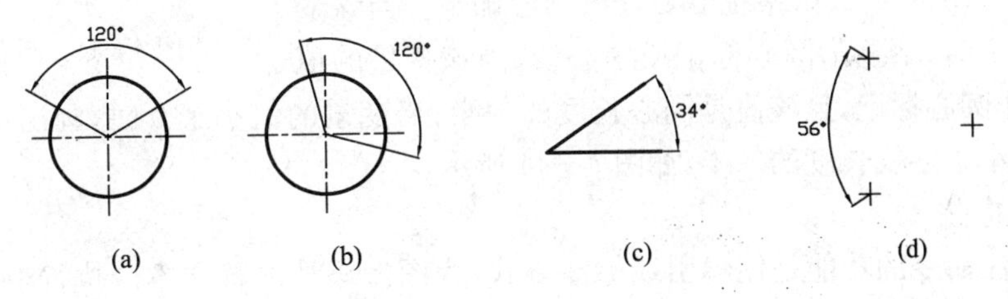

图 4－41　角度尺寸标注

5. 基线标注

(1) 下拉菜单选择“标注”/“基线”选项。

(2) 命令行：输入“DIMBASELINE”。

执行上述命令后，系统提示如下：

指定第二条尺寸界线原点或[放弃(u)/选择(S)]〈选择〉：

该提示中各选项的含义为

① specify a second extension line origin。确定下一个尺寸的第二条尺寸界线的起点

位置。

② 放弃。用于放弃前一次操作。

③ 选择。用于重新确定作为基准的尺寸。

标注结果如图 4－42 所示。

6. 连续标注

启动连续标注的方式如下

(1) 下拉菜单选择“标注”/“连续”选项(2) 命令行　输入:“DIMCONTINUE”

连续标注命令的功能是方便迅速地标注连续的线性或角度尺寸,其标注结果如图 4－43 所示。

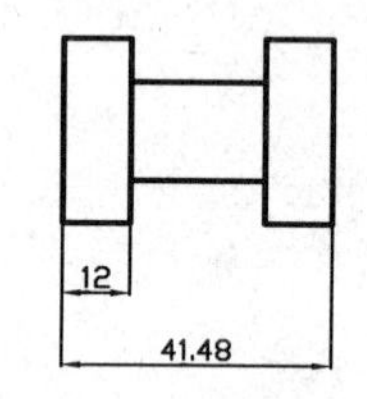

图 4－42　基线标注

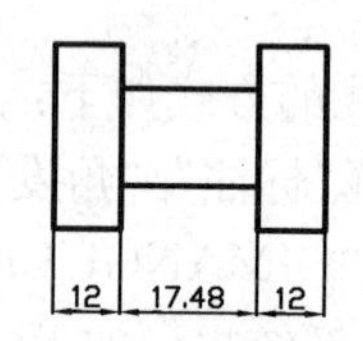

图 4－43　连续标注

7. 半径、直径和圆心标注

启动半径、直径和圆心标注命令的方式如下:

(1) 下拉菜单选择“标注”/“半径”“直径”或“圆心标记”选项。

(2) 命令行　输入:

“DIMRADIUS”“DIMDIAMETER”/“DIMCENTER”。

注意:

① 当通过“多行文字”“文字”选项重新确定尺寸文字时,应在输入的尺寸文字前加前缀“R”或“%%C”这样才能使标出的尺寸带半径符号“R”或直径符号“ø”。

② 圆心标记的形式由系统变量“dimcen”确定。当该变量的值等于 0 时,不显示圆心标记或中心线;当该变量的值大于 0 时,作圆心标记,且该值是圆心长度的一半;当变量的值小于 0 时,画出中心线,且该值是圆心处小十字线长度的一半,如图 4－44 所示。

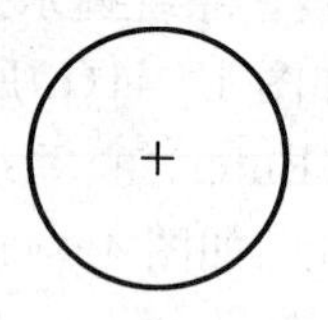
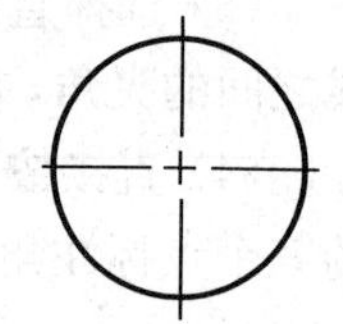

图 4－44　圆心标记

8. 引线标注

引线标注命令的功能是创建引线标注方式,为图形添加注释文本。执行引线标注命令后,系统提示如下:

命令:LEDER↙

指定引线起点:

指定下一点:

指定下一点或[注释(A)/格式(F)/放弃(U)]〈注释〉:

其中主要选项功能如下:

(1) 指定下一点:直接输入一点,根据前面的点画出折线作为引线。

(2) 注释。输入注释或确定注释的类型,执行该选项,AutoCAD 提示:

输入注释文字的第一行或〈选项〉:用户可直接输入注释文本并按〈Enter〉键结束 leader 命令;或者直接按〈Enter〉键执行“选项”选项,此时 AutoCAD 继续提示:

输入注释选项[公差(T)/副体(C)/块(B)/无(N)/多行文字(M)]〈多行文字〉:

在该提示中,“TOLERANCE”选项表示注释内容为几何公差,“COPY”选项表示注释内容将是复制的多行文字、文字、块参照或为几何公差,“BLOCK”选项表示注释内容是插入的块,“NONE”选项表示没有注释。“MTEXT”选项表示注释内容为通过多行文字编辑器输入的多行文字。

(3) 格式:用于确定引线和箭头的格式。执行该选项,AutoCAD 会提示:

输入引线格式选项[样条曲线(S)/直线(ST)/箭头(A)/无(N)]〈退出〉

在该提示中,“SPLINE”和“STRAIGHT”选项分别表示引线为样条曲线和折线,“ARROR”选项表示将在引线的起始位置处画出箭头,“NONE”选项表示在引线的起始位置没有箭头。“EXIT”选项表示将退出当前的格式选项操作,返回上一级提示。

9. 快速引线标注

(1) 下拉菜单:选择“标注”/“引线”选项。

(2) 命令行:输入“QLEADER”。

快速引线标注命的功能是:快速生成引线标注,并通过“引线设置”对话框命令行的提示进行设置。为图形添加注释文本,如图 4 - 45 所示,其中,“注释”选项卡用来设置引线标注的注释类型、多行文字选项、确定是否重复使用注释;“引线和箭头”选项卡用来设置引线和箭头的格式;“附着”选项卡用于确定多行文字注释相对于引线终点的位置。

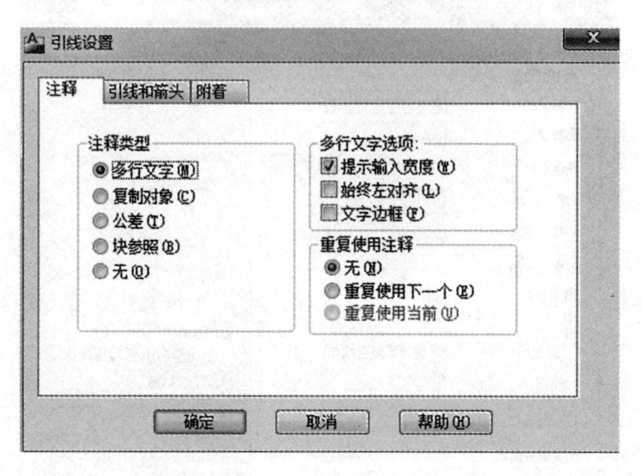

图 4 - 45 引线设置

10. 坐标尺寸标注

启动坐标尺寸标注命令的方式如下:

(1) 下拉菜单:选择“标注”/“坐标”选项。

(2) 命令行 输入“DIMORDINARE”。

执行上述命令后,系统提示:

指定点坐标:

指定引线端点或[X 坐标(X)/Y 坐标(Y)/多行文字(M)/文字(T)/角度(A)]

在确定引线的端点位置之前,应首先确定标注点的坐标,在此提示下相对于标注点上下移动光标,将标注点的 X 坐标,左右移动光标,则标注点的 Y 坐标。

坐标标注用于标注相对于坐标原点的坐标,用户可通过命令“UCS”改变坐标系的原点位置。利用 AutoCAD 的快速标注功能,在不改变用户坐标的情况下改变坐标标注的零点值。

4.6 AutoCAD 区域填充

在图形表达中,为了表示某一区域的意义或用途,通常需要用某种图案填充,如剖视图中截断面的剖面符号。此时就需要使用 AutoCAD 系统提供的图案填充功能。

在 AutoCAD 中,用户可通过单击工具栏中的“二维填充”工具、下拉菜单“绘图”/“填充”或输入“BHATCH”命令来创建填充多边形。

在进行图案填充时,首先要确定填充的边界。定义边界的对象只能是直线、射线、多义线、样条曲线、圆弧、圆、椭圆、面域等,并且构成一封闭区域。另外,作为边界的对象在当前屏幕上全部可见,这样才能正确地进行填充。

4.6.1 图案填充

启动图案填充命令后,系统将弹出如图 4-46 所示的“图案填充和渐变色”对话框,该对话框用以确定图案填充时的填充图案、填充区域及填充方式等内容。

图 4-46 边界图案填充对话框

用户可在“图案填充”选项卡中确定填充图案的类型,AutoCAD 允许用户使用系统提供的各种图案或用户自定义的图案。“图案”和“样例”的右侧反映的是当前图案的形式及名称，用户可分别单击图案右边或样例右侧选择其他图案形式。“角度”和“比例”下拉列表框可确定图案比例、角度等特性。

选择好图案后，就要确定填充区域的边界。用户可单击“拾取点”，回到绘图区，在希望填充的区域内任意点取一下，AutoCAD将自动确定出包围该点的封闭填充边界。如果不能形成一封闭的填充边界，则不能进行填充，AutoCAD会给出提示信息。

用户也可通过“选项”区，以选取对象的方式确定填充区域的边界。

4.6.2　编辑填充图案

通过下拉菜单“修改”/“对象”/“图案”命令，用户可对已填充的图案进行诸如改变填充图案、改变填充比例和旋转角度等修改。

4.7　AutoCAD块操作

块操作的优点是方便快捷，可以减少很多重复性的绘图工作，特别是对于图样已经规范化的标准件常用件。

块操作主要分为两步：

(1) 块的定义。块定义的两个主要命令是“BLOCK”和“WBLOCK”。

(2) 块的插入。块插入的相应命令有“INSERT”及“DDINSERT”。

在定义块的时候还可以定义块的属性，其命令是“ATTDEF”“DDATTDEF”，使用下拉菜单或工具栏也可以实现快捷操作。下面主要以螺纹联结件为例，介绍块定义和块插入操作。

1. 定义块

先画出需要定义为“块”的图形，如图4-47中的螺栓；为方便插入比例的调整和变换，最好画成如图4-47左边所示的图形，将螺栓定义为两个独立的图块，这样的独立图块达到一定数量后就能任意组合。例如，画其他形式的螺钉或螺纹时，外螺纹结束的倒角部分可以通用，操作十分方便快捷。

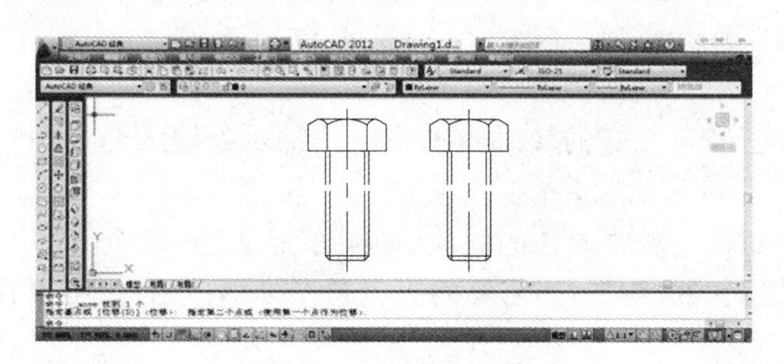

图4-47　画图块图形

画好图样后，在“命令:”提示处输入“BLOCK”或“WBLOCK”命令，输入命令后按〈Enter〉键，将出现如图4-48所示的对话框。

“BLOCK”和“WBLOCK”命的最大区别在于“BLOCK”定义的块只能在当前文件中使用；“WBLOCK”定义的块被独立存储为一个文件，可以用于其他文件的块插入操作。所以，对于常用的块，如一些常用的标准件，最好使用“WBLOCK”命令，这样可以建立一个小型的块库，画装配图等图样时就十分方便。在如图 4-48 所示对话框的名称一栏中输入块的名称，如“螺栓-1”，这样可方便块的检索。

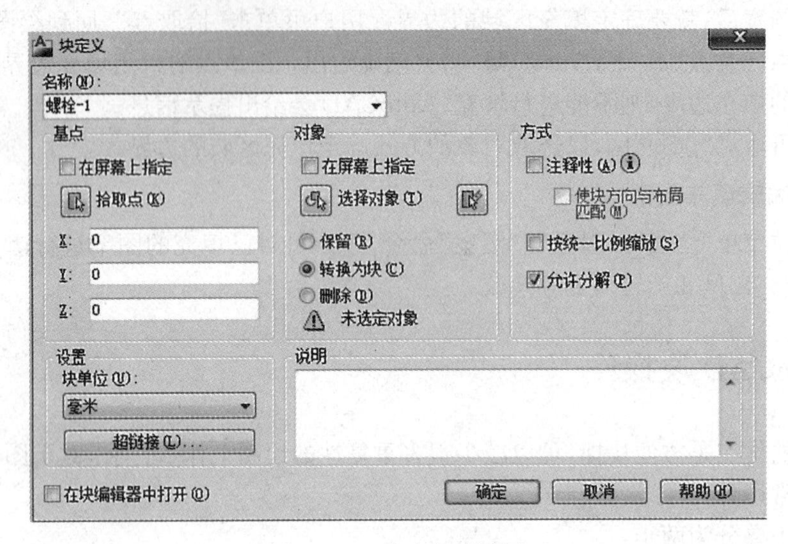

图 4-48　块定义对话框

在“基点”区输入插入基准点的坐标，也可以用鼠标左键单击“拾取点”左边的按钮直接点选。基准点是插入块时作为基准使用的点，一般在轴线上选择一个既方便确定，又可以利用“SNAP”或“OSNAP”工具进行捕捉的点。

选好点后，单击“选择对象”左边的按钮，选择需要作为插入块的线或图形。

选择图样、输入图名、找基准点，实际上并没有严格的次序。而且有时需要在块中固定，但有些不是固定的，如标题栏是固定的，而填写项目就不固定，这时就可以在定义块的同时定义图块的属性。块属性定义命令有“ATTDEF”“DDATTDEF”，也可以在“绘制”下拉菜单中选择“图块属性”选项，块属性操作较复杂，而且和插入命令也有配合问题，限于篇幅，在这里就不深入展开。选择完毕，单击鼠标右键结束，回到对话框，单击“确定”按钮块即定义成功。

2. 插入块

需要插入某个已经定义好的块时，在“命令:”提示处输入命令“INSERT”或“DDINSERT”，将出现图 4-49 所示对话框。

单击“浏览”按钮找出需要插入的图块，如刚才定义的“螺栓-1”。在“比例”区中可以选择不同方向的伸缩比例，例如，当需要的直径是图样的两倍时，可以在相应“X”“Y”“Z”位置。

输入比例因子，这三个比例因子既可以相同也可以不同，根据需要选项。对于使用比例画法的标准件，应保证比例的正确性。

然后单击“确定”按钮，在光标位置将出现块的虚线图形，在需要插入的位置单击左键，即可插入块。

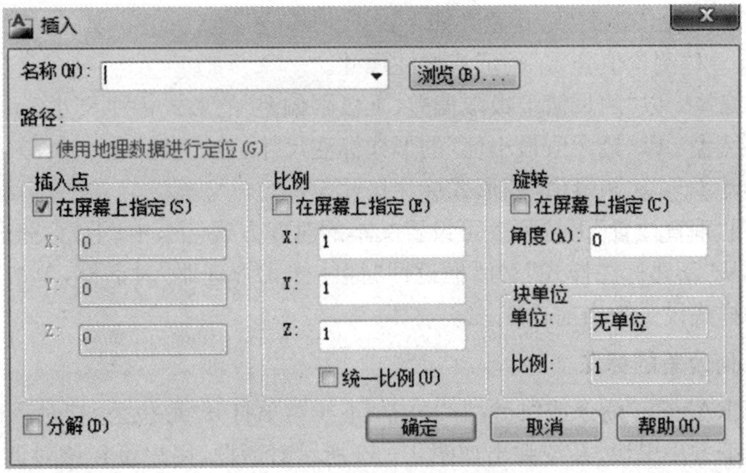

插入
名称(N)：　浏览(B)...
路径：
使用地理数据进行定位(G)
插入点
在屏幕上指定(S)
X：0
Y：0
Z：0
比例
在屏幕上指定(E)
X：1
Y：1
Z：1
统一比例(U)
旋转
在屏幕上指定(C)
角度(A)：0
块单位
单位：无单位
比例：1
分解(D)
确定　取消　帮助(H)

图 4－49　图块插入对话框

4.8　AutoCAD 标注技术要求

4.8.1　尺寸公差的标注

执行“DIMSTYLE”命令，选择下拉菜单“绘图”/“标注样式”，打开“标注样式管理器”对话框，单击“新建”或“修改”按钮，即可创建新尺寸标注类型或修改选定的尺寸标注类型。出现“新建标注样式”对话框时，选择“公差”项，如图 4－50 所示，用户可在此设置选用的公差类型和进行公差的其他设置。

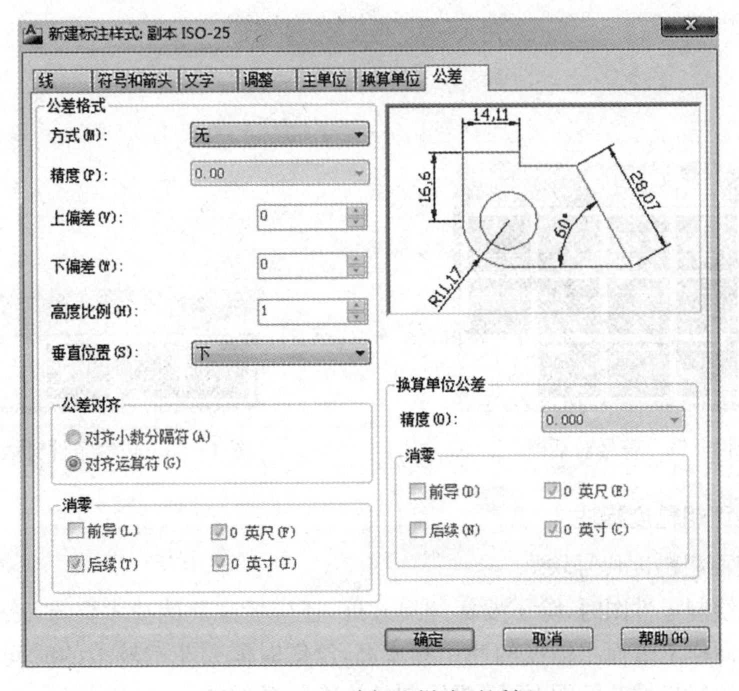

图 4－50　新建标注样式对话框

系统提供了四种公差类型,其意义如下:

(1) 对称　以“测量值公差”的形式标注尺寸。

(2) 极限偏差　以“测量值上极限偏差、下极限偏差”的形式标注尺寸。

(3) 极限尺寸　以“最大值最小值”的形式标注尺寸。

(4) 基本尺寸　以“测量值”的形式标注尺寸。

此外,利用“垂直位置”下拉列表可设置文本的对齐方式(上、中、下)。完成设置后,单击“确定”按钮可从“新建标注样式”对话框返回“标注样式管理器”对话框,单击“置位当前”按钮可将创建的样式设置为当前样式。

4.8.2　几何公差的标注

由“TOLERANCE”命令或“标注”/“公差”下拉菜单打开“形位公差”对话框(图 4-51),单击“符号”列下方小黑块,系统弹出如图 4-52 所示对话框,用户可在该对话框中指定几何公差代号.单击“公差 1”和“公差 2”列下放左侧的小黑块,显示“ø”符号;单击“公差 1”和“公差 2”列下方右侧的小黑块,将弹出图 4-53 所示对话框,用户可从中选择材料标记。

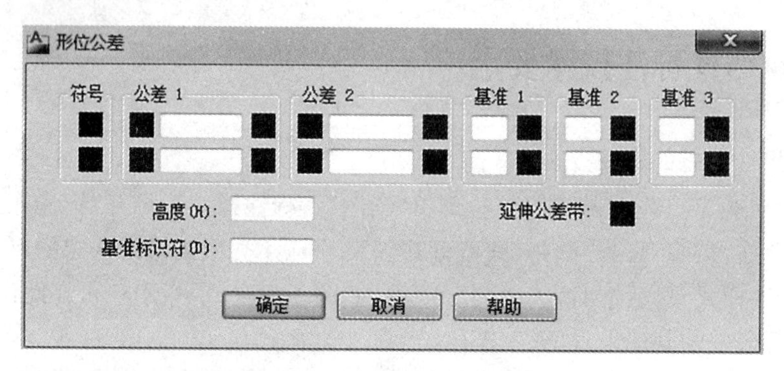

图 4-51　形位公差对话框

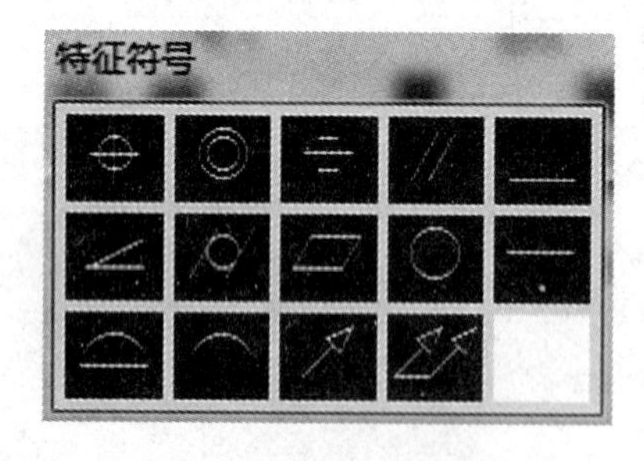

图 4-52　符号对话框

图 4-53　包容条件对话框

4.8.3　表面粗糙度标注

1. 创建表面粗糙度代号块

用计算机绘制零件图时,除了要标注尺寸外,还应标注其他技术要求,表面粗糙度就是其内容之一。图样上表面粗糙度的使用频率高,绘图时需要花费较多的时间和精力进行这一重复劳动。绘制机械装配图时,需要绘制的许多标准结构、标准零件,也存在重复劳动的问题。为了解决以上问题，可以把使用频率较高的图形定义成图块存储起来，需要时，只要给出位置、方向和比例（确定大小），即可画出该图形。

无论多么复杂的图形，一旦成为一个块，AutoCAD 就将它当作一个整体看待，所以用编辑命令处理时就显得更方便。如果用户想编辑一个块中的某个对象，必须首先分解这个块，分解操作可使用分解图标按钮，也可使用“EXPLODE”。把图形定义成图块后，可以在本图形文件中使用，也可以将其单独存为一个文件，供其他图形文件引用。下面以表面粗糙度为例，介绍块的操作步骤。

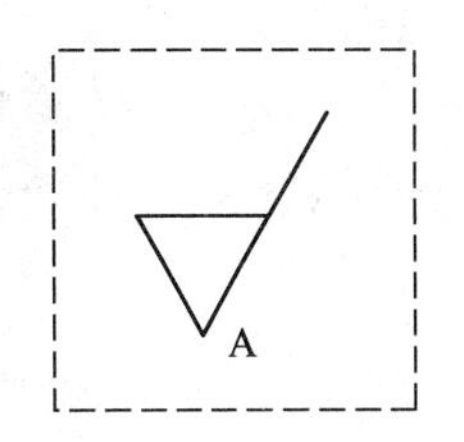

图 4-54 粗糙度符号图形

图 4-54 所示为表面粗糙度的基本图形，该图形可以画在绘图区的任意空白处。单击图标按钮“创建块”或输入“BLOCK”命令，将弹出如图 4-55 所示的“块定义”对话框。“对象”区中按钮的意义如下：

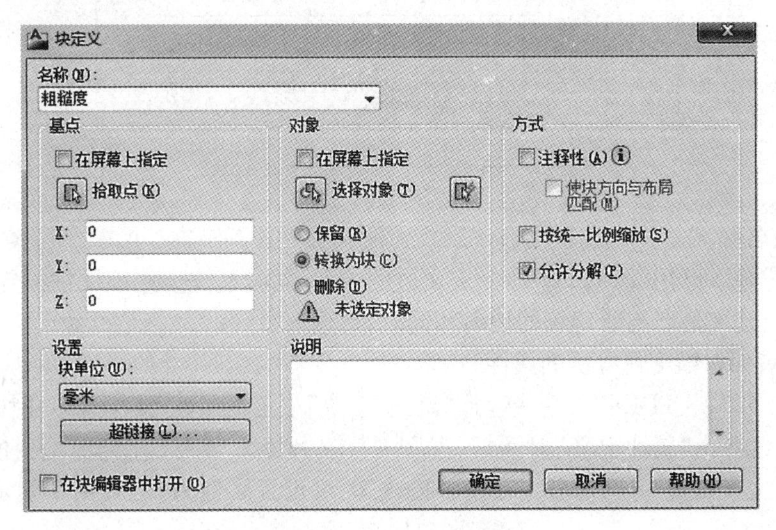

图 4-55 块定义对话框

(1)“保留”单选按钮。定义块后仍保存原对象。

(2)“转换为块”单选按钮。定义块后，将选中对象转换为块。

(3)“删除”：单选按钮。定义块后删除原对象。

定义图块的操作步骤为：

(1) 在“名称”下拉列表框中定义块名为：“粗糙度”。

(2) 点击“拾取点”按钮，选择图 4-54 中的 A 点作为插入基准点。

(3) 点击“选择对象”按钮，选择目标图形（图 4-54 中的虚线框）。

(4) 单击对话框中“确定”按钮。

此时，表面粗糙度图块仅存在建立图块的那个图形文件中，以后也只能在该图形文件中调用该块，如果要在其他文件中调用该图块，则必须使用“WBLOCK”命令把图块定义写入磁盘文件。在命令行输入“WBLOCK”系统将显示图 4-56 所示的对话框。在对话框中输入块文件名，然后选择“保存”，关闭对话框，系统显示：

图 4－56　写块对话框

命令:块名称

要求用户输入已用“BLOCK”命令定义过的块名,此时系统会把该块按给定的文件名进行存盘。当所建文件名与所建块的块名相同时,可输入“＝”。

2. 创建表面粗糙度代号块的属性

用户可使用“ATTDEF”命令或选择“绘图”/“块”/“定义属性”菜单来生成块属性。执行该命令后,系统弹出“属性定义”对话框,如图 4－57 所示。该对话框包括了“模式”“属性”“插入点”和“文字设置”等几部分。其中,“模式”区可设置属性为“不可见”“固定”“验证”或

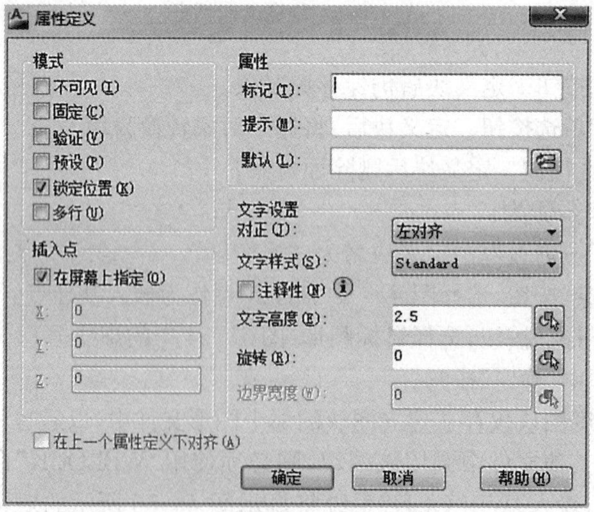

图 4－57　属性定义对话框

“预设等”;ATTRIBUTE“属性”区中可输入属性标记、提示和默认值;“插入点”区用于定义插入点光标;“文字设置”区用于定义文本的对正、文字样式、高度及旋转角等。

3. 标注表面粗糙度代号

将定义成块的表面粗糙度代号标注在图形中,可在命令行输入“INSERT”命令,也可选择“插入”/“块”菜单,系统将打开如图 4-58 所示的“插入”对话框,若插入本图形中的代号块,可从“名称”下拉列表中进行选择;若插入其他文件的代号块,可单击“浏览”按钮,然后从打开的“选择草图文件”对话框中进行选择。在“插入”对话框还可指定插入点、比例和旋转角。

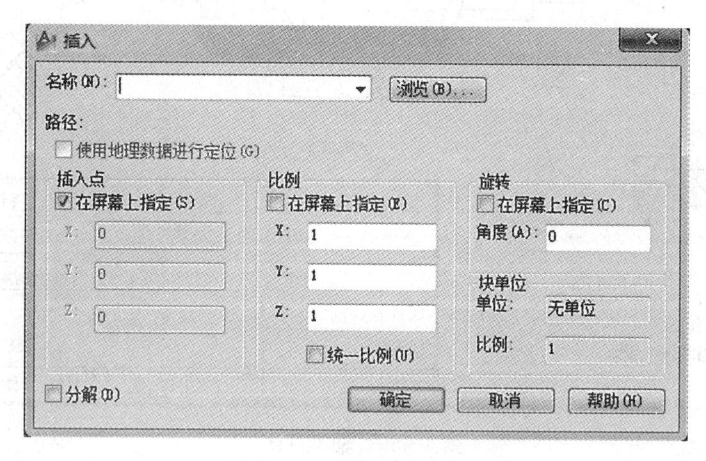

图 4-58　插入对话框

4.9　零件图的绘制

轴、套类零件一般是由同轴线的回转体组成的。其主视图通常按加工位置(即轴线水平)放置。如图 4-59 所示的蜗杆的绘制过程如下。

(1) 绘制图框和标题栏　按所绘对象大小及所选绘图比例确定图幅,然后绘制图框与标题栏.也可选用 AutoCAD 自带的样板,这些样板已有图框与标题栏。如需用模板,只需单击“新建”按钮即可在弹出“选择样板”对话完中选用所需的样板。

(2) 绘制外形轮廓　首先绘制中心轴线,然后绘制外形轮廓,操作步骤如下:

命令:LINE↙

指定第一点:(采用 nearst 捕捉方式,在中心轴线上拾取一点)

指定下一点或[放弃(U)]:(打开 ORTHO 方式)1,1↙

指定下一点或[放弃(U)]:@1.5,1.5↙(由于缩放比例太小,生成零线段,故需调整缩放比例)

生成零线段在(26,4934,124.7319,0.0000)

指定下一点或[闭合(C)/放弃(U)]:ZOOM↙

≫指定第窗口角点,输入一个比例因子(nx or nXP),或[全部/中心/动态/延伸/上一个/比例/窗口]〈实时〉:w↙

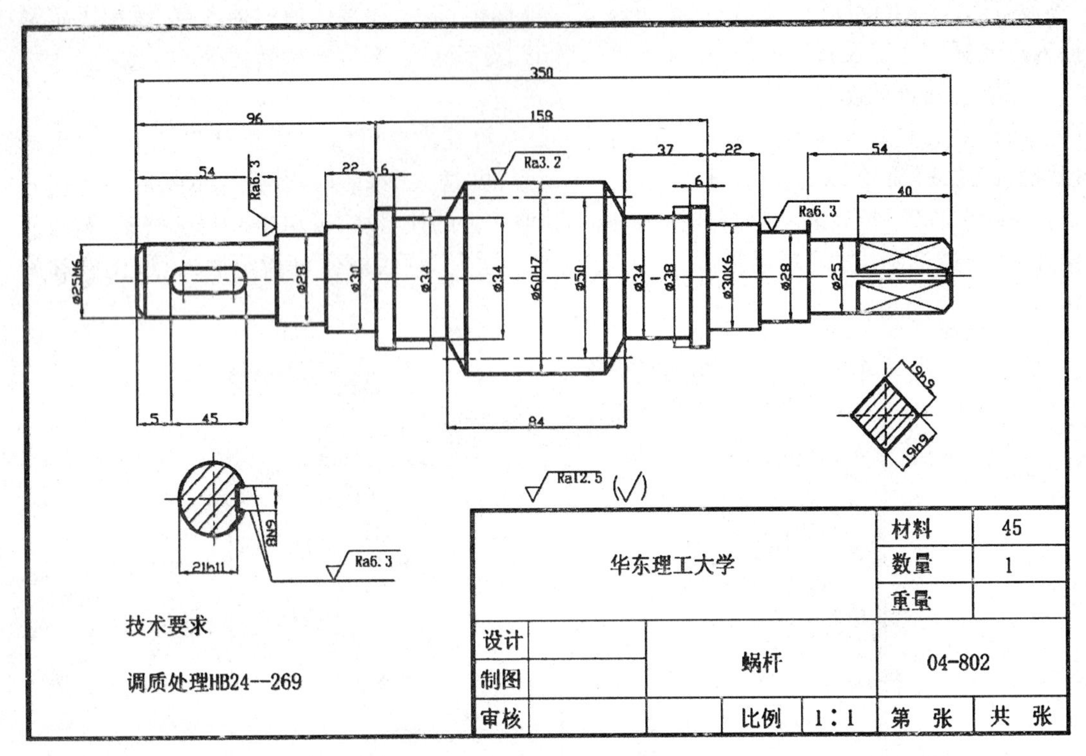

图 4－59　轴零件图

≫指定第一个角点≫指定对角点：

指定下一点或[闭合(C)/放弃(U)]：@1.5，1.5↙

指定下一点或[闭合(C)/放弃(U)]：54↙

指定下一点或[闭合(C)/放弃(U)]：1.5↙

指定下一点或[闭合(C)/放弃(U)]：20↙

指定下一点或[闭合(C)/放弃(U)]：(继续画线操作，直至如图 2－60 所示)

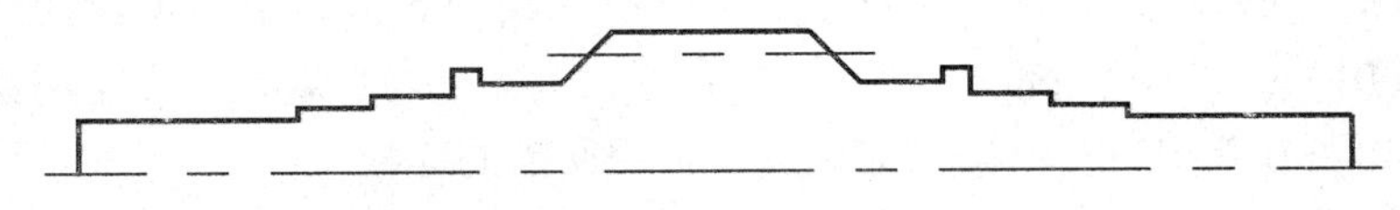

图 4－60　画出轴线上方图形

使用“MIRROR”命令，将轴线上方的轮廓线镜像，并补画各直线段。对于键槽，可使用“RECTANG”命令，利用“从”选项建立基点来确定键槽的位置。其操作步骤如下：

命令：RECTANG↙

指定第一个角点或[倒角(C)/标高(E)/圆角(F)/厚度(T)/宽度(W)]：F↙

指定矩形的圆角半径〈0.0000〉；4↙(键槽的半宽)

指定第一个角点或[倒角(C)/标高(E)/圆角(F)/厚度(T)/宽度(W)]：from↙〈偏移〉：@5，－4↙

指定另一个角点或[面积(A)/尺寸(D)/旋转(R)]:@45,8↙

然后再绘制所有图形,过程略。

(3) 标注技术要求　由于采用的模板文件含有"表面粗糙度"块,输入"INSERT"命令,出现如图 4-58 所示的"插入"对话框,进行相应设置后单击"确定"按钮,系统提示:

指定插入点或[基点(B)/比例(S)/X/Y/Z/旋转(R)]:

(4) 插入图框、标题栏　前面已做好块"A3""BTL",插入块并按属性提示来填写标题栏内容,过程略。完成后的全图如图 4-59 所示。

4.10　AutoCAD 三维造型

用计算机直接绘制三维图形的技术称为三维造型。三维造型就是将物体的形状及其属性(颜色、纹理、材质等)储存在计算机内,形成该物体的三维模型。这种模型是对原物体形状的数学描述,或者是对原物体某种状态的真实模拟。三维造型在工程设计中有着广泛的用途。

AutoCAD 中有两个由轮廓线生成三维实体的命令,轮廓线对象是指闭合的平面对象。"REVOLVE"命令使轮廓线绕某一轴旋转而生成三维实体,"EXTRUDE"命令沿指定的方向或路径将轮廓线拉伸成三维实体,如图 4-61 所示。

轮廓线对象必须是单一的闭合实体,可以一次拾取几个实体,但是由一组首尾相连的直线组成的图形也不能被作为轮廓线对象拾取。轮廓线对象还必须是平面的。如波状盘或螺旋线也不能作为轮廓线对象拾取。图 4-62 所示为合法的与非法的轮廓线对象。

由图可知,面类对象的外廓线,甚至三维平面也可以作为轮廓线对象使用;文字、多边面和多边体不能作为轮廓对象使用,三维多段线也不能作为轮廓线对象使用。生成的实体对象在当前层内,而不是在轮廓线对象的层内。轮廓线对象是否保留,由系统变量"Delobj"决定。当"Delobj"为 0 时,轮廓线对象被保留;当"Delobj"为 1 时,轮廓线对象和实体对象生成后就会被自动删除。

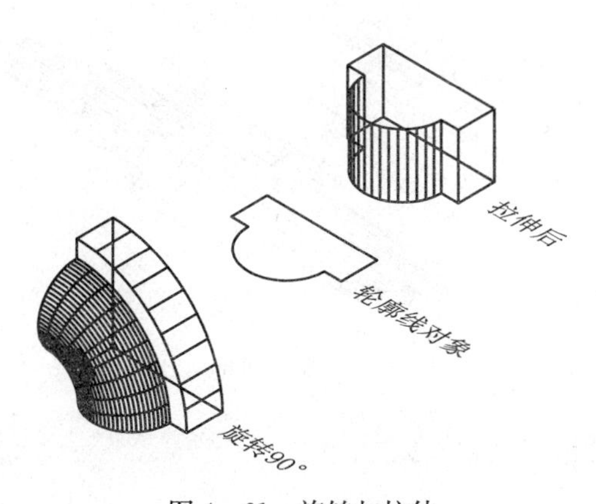

图 4-61　旋转与拉伸

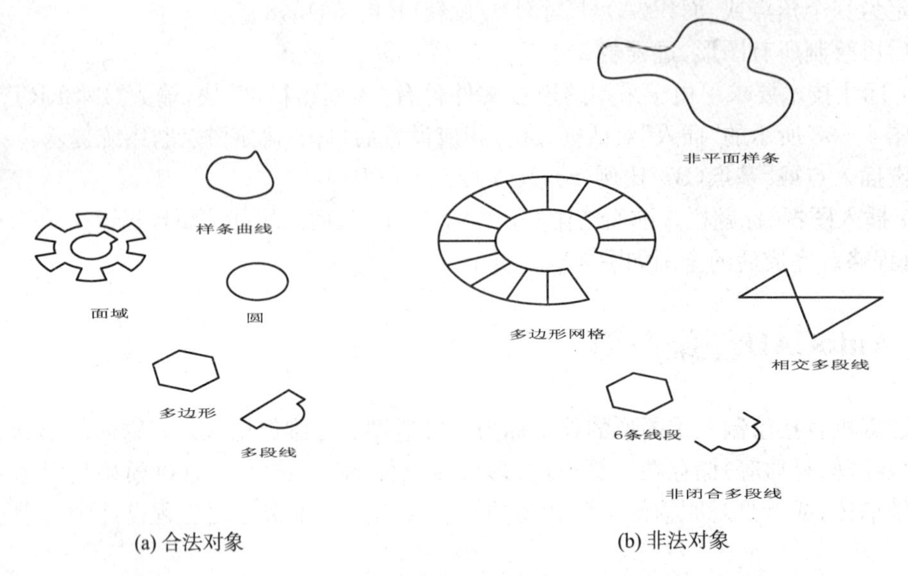

(a) 合法对象 (b) 非法对象

图 4－62 轮廓线的选用

4.10.1 “REVOLVE”命令

当平面轮廓线绕一根轴旋转时，旋转命令将其轨迹转换成一个实体。它与“REVSURF”命令相似，但它生成的是实体对象而不是表面，它使用闭合的面轮廓线而不是边界曲线。

执行“REVOLVE”命令需要三个步骤。首先要拾取一个轮廓线，其次选择一根轴，最后要指定一个轮廓线旋转的角度。

轮廓线对象可以与轴接触，但是不可以与轴相交。轴可以是反方向的，生成不完整的实体时，旋转轴的方向决定旋转的方向如图 4－63 所示。

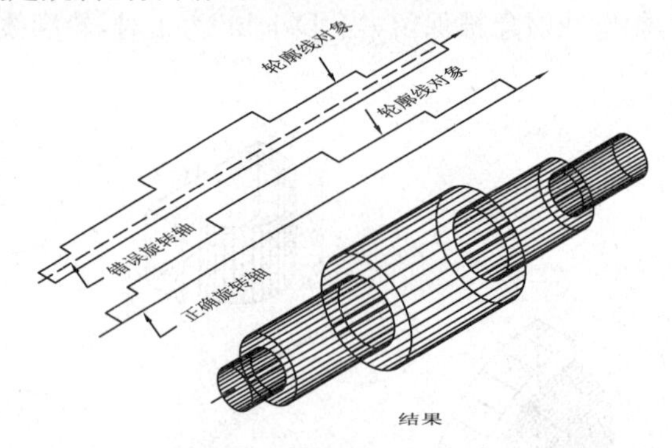

图 4－63 旋转轴的选用

“REVOLVE”命令的格式为：

命令：REVOLVE

当前线框密度：ISOLINES＝(当前)

选择要旋转的对象：(用各种方法选择对象)

指定轴起点或根据以下选项之一[对象(O)/X/Y/X]〈对象〉:

(指定一个点或选项)

用户可以选几个对象,但是 AutoCAD 只会旋转所选的第一个对象。选好轮廓线对象后,AutoCAD 将给出四个选择来定义旋转轴。

1. "指定轴起点"选项

此选项定义了轴的第一个点,AutoCAD 会接着提示输入第二个点。从第一个点到第二个点的方向为轴的正方向,如图 4－64 所示。其命令格式如下:

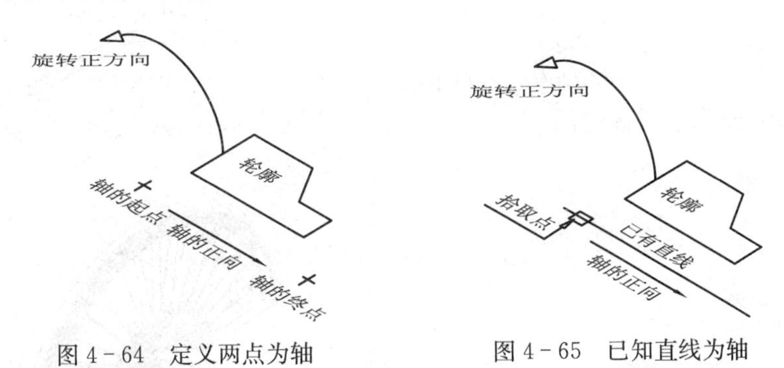

图 4－64　定义两点为轴　　图 4－65　已知直线为轴

指定轴端点:(指定一个点)

指定旋转角度[起点角度(ST)]〈360〉:(指定一个角度或按〈Enter〉键)

对于定义旋转轴的各个选项,旋转角度的提示都是相同的。

2. "对象"选项

"对象"选项可以把现成的直线、单段二维或三维多段线作为旋转轴。多段线必须只有一段并且是直线段。直线的正方向是从线上离拾取点较近的端点到另一个端点,如图 4－65 所示。其命令格式如下:

选择对象:(指定一直线对象)

指定旋转角度〈360〉:(指定一个角度或〈Enter〉键)

3. *X* 选项

这一选项将 *X* 轴作为旋转轴,旋转轴的正方向与 *X* 轴正方向相同。其格式如下:

指定旋转角度〈360〉:(指定一个角度或按〈Enter〉键)

4. *Y* 选项

这一选项将 *Y* 轴作为旋转轴。旋转轴的正方向与 *Y* 轴正方向相同。其格式与 *X* 选项相同。

当指定了一个要旋转的对象和旋转轴后,AutoCAD 会询问旋转角度。旋转实体总是从轮廓线所在位置绕转轴旋转,角度可以是 0°～360°的任何值。旋转方向符合右手法则,也就是说,如果从转轴尾部顺着它的正向看,旋转的正向是顺时针方向。也可以输入负的角度使旋转方向反过来。对"旋转角度"的提示直接按〈Enter〉键,就是取其默认值 360°,如图 4－66 所示。在这种情况下,输入角度就没有意义了。

应用实例

[例]　旋转如图 4－67 所示的轮廓线对象,将其分别绕 *X* 轴和 *Y* 轴旋转,生成两个完

全不同的实体。该轮廓线对象为闭合二维多段线，使其一端与 Y 轴接触，另一端与 X 轴的距离为 1，如图 4－67 所示。旋转后生成的用等值线表示的三维实体图形如图 4－68 和图 4－69所示。

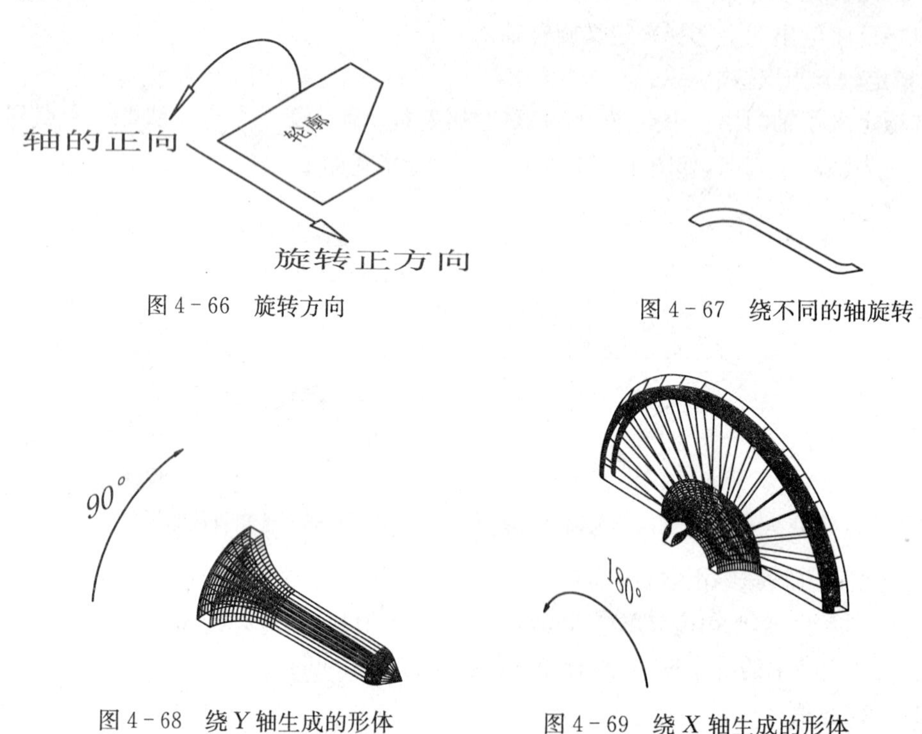

图 4－66　旋转方向

图 4－67　绕不同的轴旋转

图 4－68　绕 Y 轴生成的形体

图 4－69　绕 X 轴生成的形体

(1) 使如图 4－67 所示的轮廓线对象绕 Y 轴转－90°，如图 4－68 所示，命令格式如下：

命令：REVOLVE

当前线框密度：ISOLINES＝4

选择要旋转的对象：(选二维闭合多段线)

指定轴起点或根据以下选项之一定义轴[对象(O)/X/Y/Z]〈对象〉：Y

指定旋转角度〈360〉：－90

(2) 使图 4－67 所示轮廓线对象绕 X 轴转 180°，如图 4－69 所示，命令格式如下：

命令：REVOLVE

当前线框密度：ISOLINES＝4

选择要旋转的对象：选二维闭合多段线

指定轴起点或根据以下选项之一定义轴[对象(O)/X/Y/Z]〈对象〉：X

revolution 指定旋转角度〈360〉：180

4.10.2　EXTRUDE 命令

“EXTRUED”命令可将轮廓线对象在空间移动的轨迹转变成实体对象。AutoCAD 中的拉伸既可以使轮廓线的法向沿指定的对象的路径移动，又可以带有锥度。“EXTRUDE”命令的格式为：

命令:EXTRUDE

当前线框密度:ISOLINES=(当前)

选择要拉伸的对象:(用各种方法拾取对象)

指定拉伸高度或[方向(D)/路径(P)/倾斜角(T)]:(指定一个距离或输入“P”)

执行上述命令后,所选的对象将沿着指定路径拉伸相应的高度。

1. “拉伸高度”选项

选择此选项后,可以用拾取两个点的方法来指定一个距离也可以直接输入一个值。拉伸轮廓线对象所沿的方向不一定是 Z 轴方向,尽管实体的 Z 向经常被作为拉伸方向。创建一个平面闭合对象后,Z 向通常就是 Z 轴方向,它总是与平面闭合对象相垂直。如果输入的高度为负值,则对象将向其相反方向拉伸。输入一个高度后,AutoCAD 会询问锥角。

指定拉伸锥角〈0〉:(指定一个角度或按〈Enter〉键)

锥角的默认值是 0°,它使截面尺寸在整个拉伸路径上保持恒定。若锥角为正值,则拉伸时向内斜,截面尺寸沿整个拉伸路径变小[图 4-70(a)];若锥角为负值,拉伸时向外斜,截面尺寸沿整个拉伸路径变大[图 4-70(b)]。

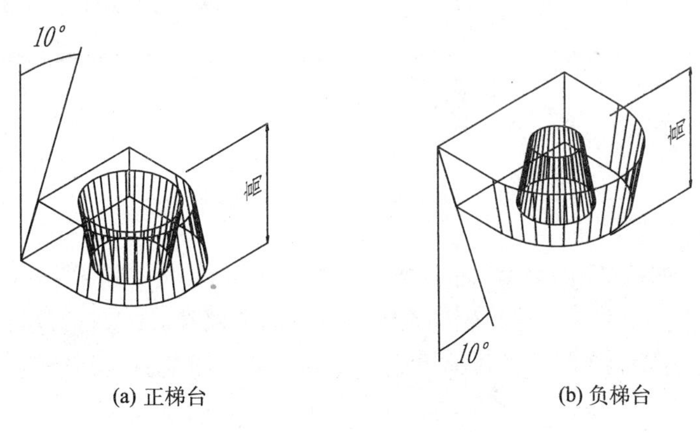

(a) 正梯台　　(b) 负梯台

图 4-70　锥角正、负与内、外斜的关系

锥角是拉伸方向与生成的实体的倾斜面的夹角。虽然除了 -90°和 90°以外,其他角度都是可以的,但实际上,锥角取决于拉伸的高度。锥角不能大到使拉伸的边相交,太大的锥角会引起出错信息,提示拉伸件自身相交,不能生成拉伸件。

2. “路径”选项

这一选项用一独立存在的对象作为拉伸路径,该路径对象决定了拉伸的长度、方向和形状。当选了“路径”选项后,拉伸就不能再有锥角了,其截面尺寸保持不变。可用的路径实体有直线、圆弧、椭圆、二维多段线、二维多边形、三维多段线和样条线。

路径可以不闭合,也可以是非平面的曲线,但还是有限制的。一个限制是,路径的圆弧部分的半径必须大于或等于轮廓对象的宽度。也就是说,如果轮廓对象的宽度是 1,则路径上所有的圆弧部分的半径必须大于等于 1;另一个限制是,路径上允许有角(方向不同的两段直线相交处),甚至可以将直线间的这个角看作是半径为 0 的圆弧。AutoCAD 只是简单地将拉伸的角斜接如图 4 - 71 所示。

三维曲线,包括螺旋线,只要是由三维多段线和直线段组成的,就可以作为路径。样条拟合三维多段线和非平面样条实体不能用作路径。

应注意,即使路径的起点与轮廓不垂直,拉伸也总是从轮廓开始,而在结束点上路径与轮廓垂直,如图 4 - 72 所示。其结果是当路径的起点与轮廓不垂直时实体像是被切掉了一块。虽然起点与轮廓不垂直是可以被接受的,但是拉伸实体的截面是不同于轮廓面的。

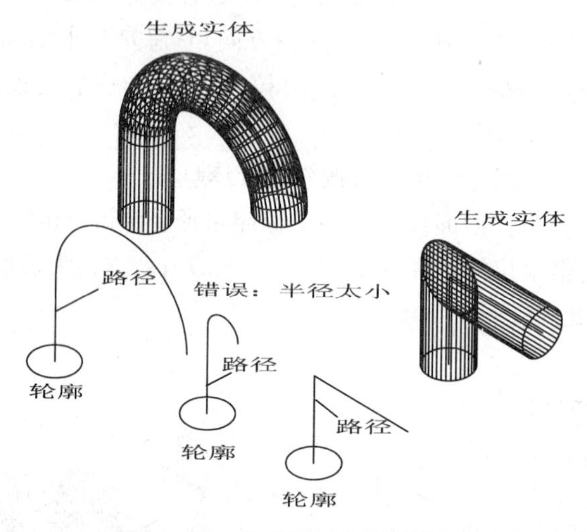

图 4 - 71　路径圆弧半径的限制

当路径为样条曲线(实体类型,而不是样条拟合多段线)时,在路径的起点,拉伸生成的实体的端面总是垂直于路径。如果轮廓在起点不垂直于路径,AutoCAD 将自动旋转轮廓使之与路径垂直,如图 4 - 73 所示。拉伸生成实体的一端与样条曲线路径垂直,这与其他类型的路径相同。

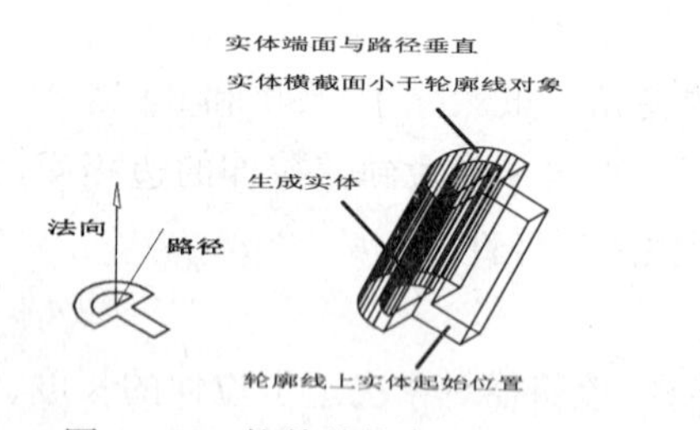

图 4 - 72　拉伸从轮廓线开始

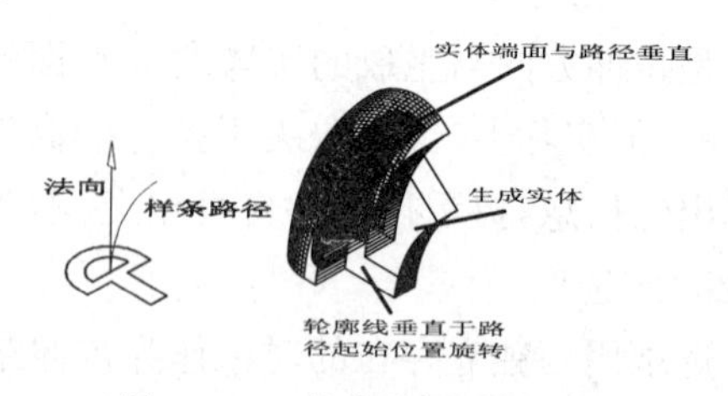

图 4 - 73　轮廓线同路径垂直

图 4 - 74 所示为一个轮廓对象和三个可能的路径,没有一个路径位于轮廓上。路径 2 的方向线位于轮廓两个端点 A、B 的中间,所以它的拉伸长度等于路径的全长。路径 1 就像图中箭头所示的那样向轮廓的中心投影,拉伸长度会变短;路径 3 在向轮廓的中心投影时会变长。同一轮廓对象经三个不同的路径拉伸的实体如图 4 - 75 所示。

这种由于投影而引起的路径尺寸的变化也会发生在闭合路径中。当闭合路径有锐角时，如多边形路径，路径就会移到一个位置，在该位置上轮廓处于两个拉伸体斜接的中点处。

提示：路径应尽量保持简单，最好在与轮廓对象垂直的方向上开始路径。将路径定在每个轮廓对象的中心，也就是路径的方向线位于轮廓两个端点的中间。

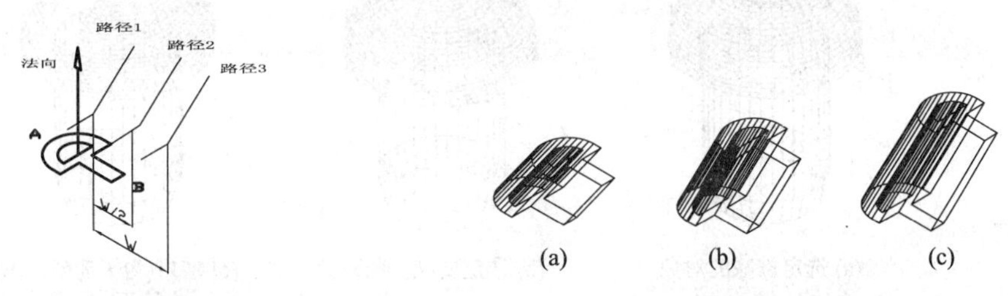

图 4－74　三种可能的路径　　　　图 4－75　不同路径拉伸的实体

3. 创建复合实体

在 AutoCAD 中，用户还可以使用现有实体的并集、差集创建复合实体。

(1) "UNION"命令

"UNION"命令可以合并两个或多个实体(或面域)，构成一个复合实体以图 4－76 为例制作复合实体的步骤如下：

① 从"修改"菜单中选择"实体编辑"\"并集"

② 分别单击 1 和 2，选择要组合的对象。

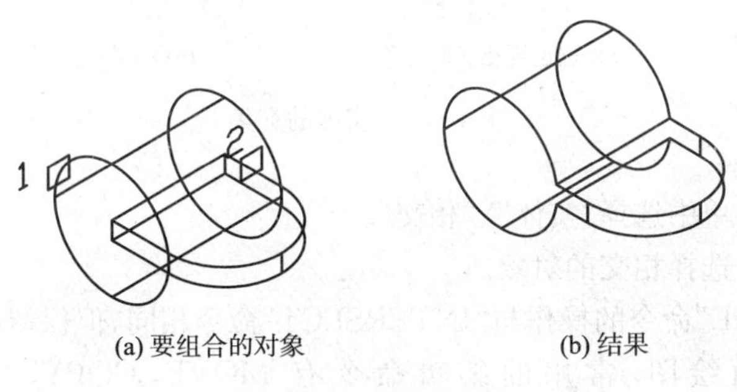

(a) 要组合的对象　　(b) 结果

图 4－76　实体的并集

(2) "SUBTRACT"命令可删除两个实体间的公共部分。例如，可用"SUBTRACT"命令在对象上减去一个圆柱，即可在机械零件上增加孔。以图 4－77 为例，消除两实体间公共部分的步骤为：

① 从"修改"菜单中选择"实体编辑"\"剪切"。

② 单击 1 选择被减的对象。

③ 单击 2 选择减去的对象。

"INTERSECT"命令可以删除两个或多个相交实体的非重叠部分，用这些实体的公共部分创建复合实体。以图 4－78 为例，其操作步骤如下：

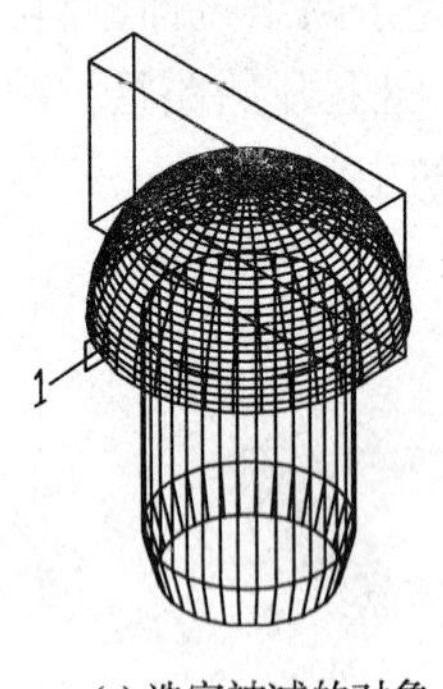

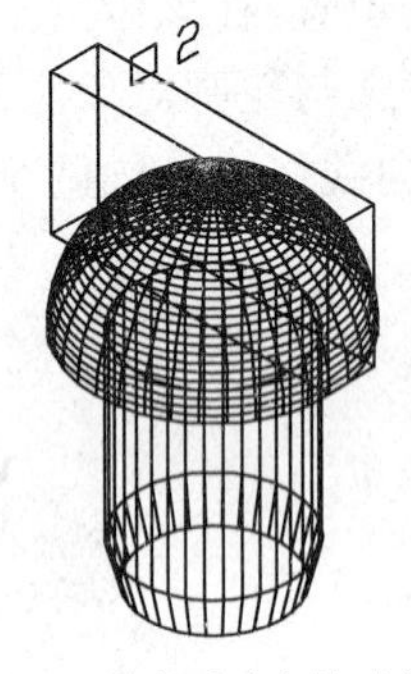

(a) 选定被减的对象　　(b) 选定要减去的对象　　(c) 结果(为了清晰显示，将线进行消隐)

图 4-77　实体的差集

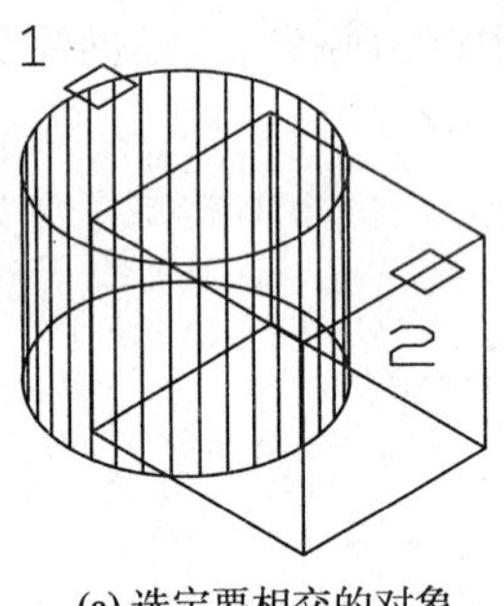

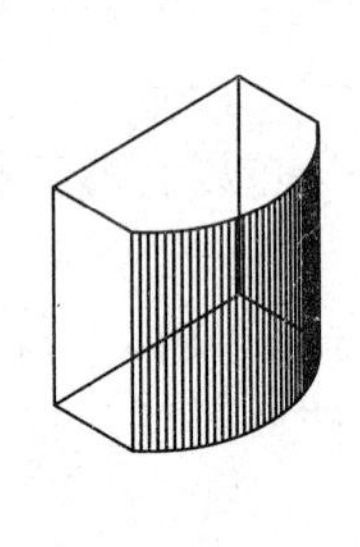

(a) 选定要相交的对象　　(b) 结果

图 4-78　实体的交集

(1) 从“修改”菜单中选择“实体”\“相交”。

(2) 单击 1 和 2 选择相交的对象。

4. “INTERFERE”命令的操作与“INTERSECT”命令相同，但保留两个原始对象。

对于二维平面绘图，常用的编辑命令有 MOVE，COPY，MIRROR，ARRAY，ROTATE，OFFSET，TRIM，FILLET，CHAMFER，LENGTHEN 等。这些命令中有一些适用于所有三维对象，如 MOVE，COPY；而另一些命令则仅限于编辑某种类型的三维模型，如 OFFSET，TRIM 等只能修改三维线框，不能用于实体及表面模型；还有其他一些命令如 MIRROR，ARRAY 等，其编辑结果与当前的 UCS 平面有关系。对于三维建模，AutoCAD 提供了专门用于在三维空间中旋转、镜像、阵列、对齐三维对象的命令（ROTATE3D，MIRROR3D，3DARRAY，ALIGN），这些命令使用户可以灵活地在三维空间中定位及复制图形元素。

在 AutoCAD 中，用户能够编辑实心体模型的面、边、体，例如，用户可以对实体的表面进行拉伸、偏移、锥化等处理，也可对实体本身进行压印、抽壳等操作。利用这些编辑功能，设计人员就能很方便地修改实体及孔、槽等结构特征的位置。

对于网格表面的编辑，经常遇到调整网格节点位置及修改网格表面类型的情况，这时可利用 PEDIT 命令或 DDMODIFY 命令。另外，在变动网格节点位置时，还可利用关键点编辑模式进行编辑。

4.10.3　三维编辑功能

AutoCAD 是一个将二维和三维功能有机地融合在一起的绘图软件，其编辑功能并没有严格的二维和三维之分，大多数编辑命令既可用于二维对象，也可用于三维对象。

在 AutoCAD 中，用户可以方便地编辑三维对象，对其进行旋转、创建阵列或镜像、修剪和延伸、倒角和圆角等操作。对二维和三维对象都可以用“ARRAY”“COPY”“MIRROR”“MOVE”和“ROTATE”等命令。此外，编辑三维对象时，也可使用对象捕捉工具以实现精确绘图。

4.11.3.1　旋转三维对象

用平面的“ROTATE”命令可以绕指定点在当前 UCS 内旋转二维对象。而“ROTATE 3D”命令则可以绕指定的轴旋转三维对象。用户可以输入空间中的两个点来设定旋转轴，或者设定经过空间某点与 X 轴、Y 轴或 Z 轴平行的旋转轴。以图 4－79 为例说明了该命令的一般操作步骤和效果。

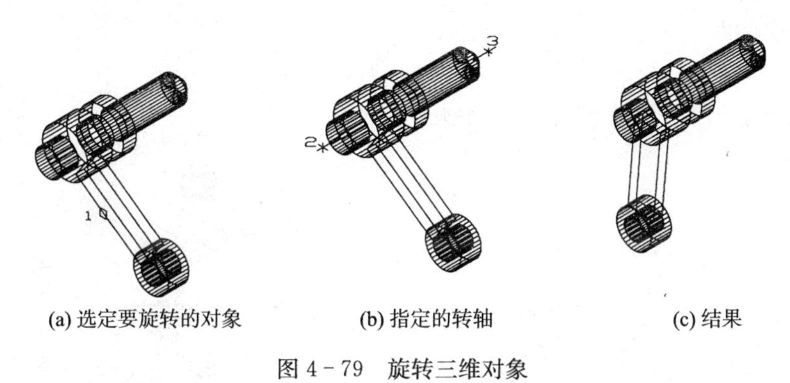

(a) 选定要旋转的对象　(b) 指定的转轴　(c) 结果

图 4－79　旋转三维对象

(1) 从“修改”菜单中选择“三维操作”\“三维旋转”。

(2) 单击 1 选择要旋转的对象。

(3) 单击 2 和 3 指定旋转轴的起点和端点。从起点到端点的方向为正方向，按右手定则确定旋转方向。

(4) 指定旋转角。

4.10.3.2　创建三维对象的阵列

三维阵列“3DARRAY”也是平面命令的扩展。通过这个命令，用户可以在三维空间创建对象的矩形阵列或环形阵列。

(1) 矩形阵列创建对象的矩形阵列的步骤如下(参见图 4－80)：

① 从“修改”菜单中选择“三维操作”\“三维旋转”。

② 单击 1 选择要阵列的对象。

③ 指定“对角点”。

④ 输入行数。

⑤ 输入列数。

⑥ 输入层数。

⑦ 指定行间距。

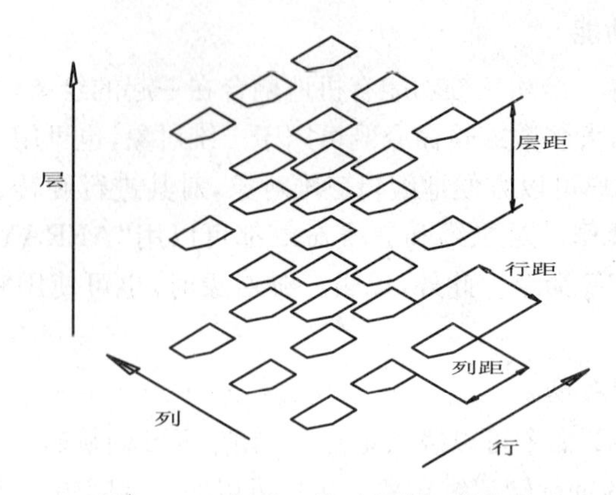

图 4－80　创建三维对象的矩形阵列

⑧ 指定列间距。

⑨ 指定层间距。

(2) 环形阵列

创建对象的环形阵列的步骤如下(参见图 4－81)：

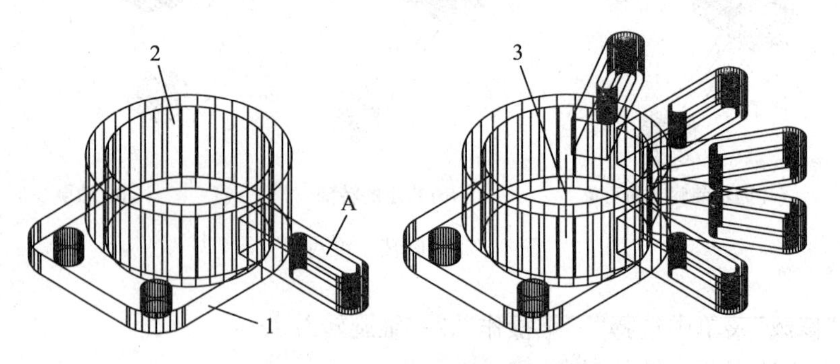

图 4－81　创建对象的环形阵列

① 从“修改”菜单中选择“三维操作”\“三维阵列”。

② 单击 1 选择要阵列的对象。

③ 指定“环形阵列”。

④ 输入要阵列的项目数。

⑤ 指定阵列对象的角度。

⑥ 按〈Enter〉键旋转对象进行阵列，或者输入“n”保留它们的方向。

⑦ 单击 2 和 3 指定对象旋转轴的起点和终点。

4.10.3.3　创建三维对象的镜像

平面“修改”命令可以以平面上的一条直线为对称轴镜像对象，而“MIRROR3D”命令不但可以完成平面“修改”命令的功能，还可以以空间的任意一个平面为对称面镜像对象。对称面有多种设定方法，如输入三点确定对称面，以坐标面的平行平面为对称面等。

以图 4－82 为例，创建三维对象镜像的步骤如下：

(1) 从“修改”菜单中选择“三维操作”\“三维镜像”。

(2) 单击 1 选择要创建镜像的对象。

(3) 单击 2、3 和 4 指定三点定义镜像平面。

(4) 按〈Enter〉键保留原始对象,或输入“y”删除它们。

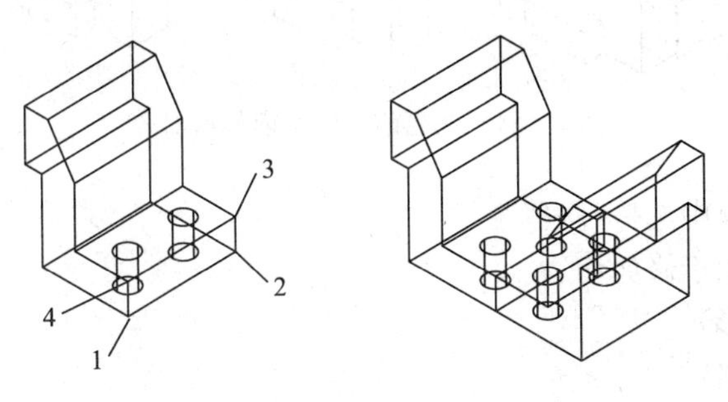

图 4 - 82 创建三维对象镜像

4.10.3.4 修剪和延伸三维对象

使用“TRIM”和“EXTEND”命令可以在三维空间中修剪对象或将对象延伸到其他对象。

且不用考虑被编辑的对象是否在同一个平面内。修剪或延伸空间中的交叉线条时,应先设定投影平面,AutoCAD 将把线条对象投影在此平面内,并根据这些投影来完成操作。用户可以通过“TRIM”或“EXTEND”命令的“投影”选项为修剪和延伸指定某种投影平面,该选项有三个子选项。

(1) 无:修剪或延伸三维空间中实际相交的线条。

(2) 用户坐标系:当前的 UCS 平面是投影平面。

(3) 视区:投影平面为当前视区平面。

1. 在当前 UCS 的 XY 平面延伸对象的步骤如下(参见图 4 - 83):

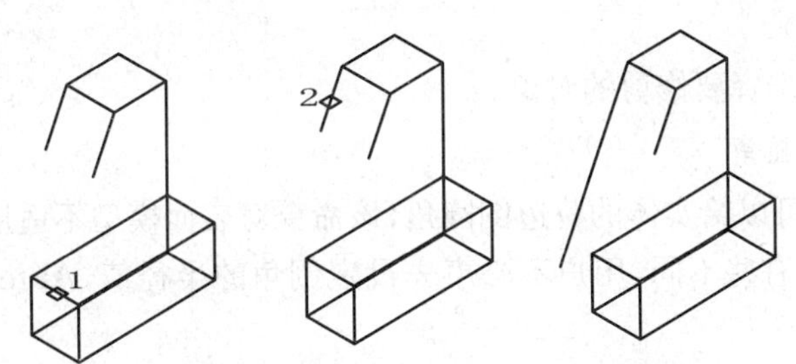

图 4 - 83 在当 UCS 的 XY 平面延伸对象

(1) 从“修改”菜单中选择“延伸”。

(2) 单击 1 选择延伸边界的边

(3) 输入“e”(边)。

(4) 输入“e”(延伸)。

(5) 输入“p”(投影)。

(6) 输入“u”(UCS)。

(7) 单击 2 选择要延伸的对象。

2. 在当前视图平面修剪对象的步骤(参见图 4 - 84):

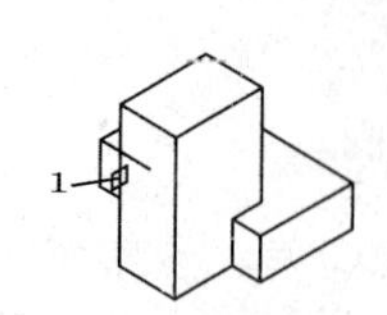

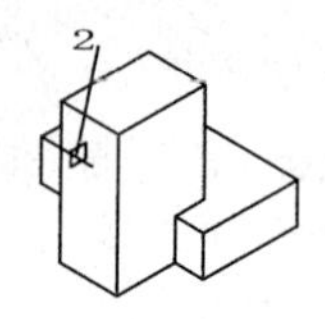

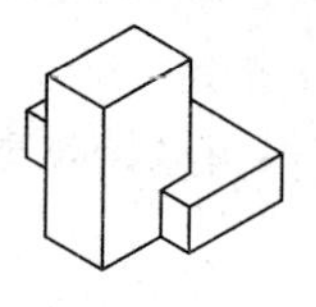

图 4-84　在当前视图平面修剪对象

（1）从“修改”菜单中选择“修剪”。

（2）单击 1 选择用于修剪切边。

（3）输入“p”(投影)。

（4）输入“v”(视图)。

（5）单击 2 选择要修剪的对象。

在真实三维空间修剪对象的步骤(参见图 4-85)：

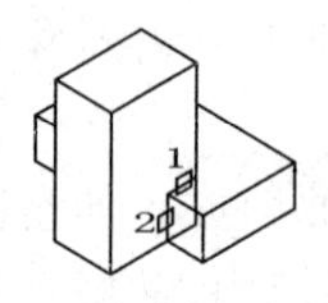

(a) 选择剪切边

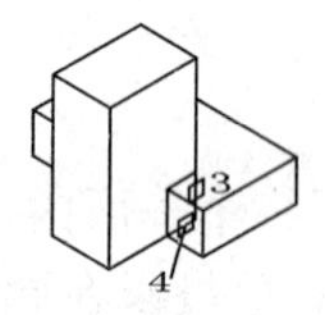

(b) 选择要修剪的边

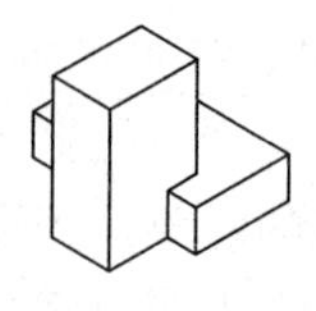
(c) 结果

图 4-85　在真实三维空间修剪对象

（1）从“修改”菜单中选择“修剪”。

（2）单击 1 和 2 选择用于修剪的剪切边。

（3）输入“p”(投影)。

（4）输入“n”(无)。

（5）单击 3 和 4 选择要修剪的对象。

4.11.3.5　3D 倒圆角

“FILLET”命令可以给实体的棱边倒圆角，该命令对表面模型不适用。在三维空间中使用此命令时与在二维有些不同，用户不必事先设定倒角的半径值，AutoCAD 会提示用户进行设定。

键入“FILLET”命令，AutoCAD 提示：

选择第一个对象或[放弃(U)/多段线(P)/半径(R)/修剪(T)/多个(M)]：(选择实体的棱边)

输入圆圆半径〈10.0000〉：(设定倒角的半径值)

指定圆角的半径后，AutoCAD 继续提示：

选择边或[链(C)/半径(R)]：

其中各选项的功能如下：

选择边：可以继续选择其他倒圆角边。

链：如果各棱边是相切的关系，则选择其中一个边，所有这些棱边都将被选中。

半径：该选项使用户可以为随后选择的棱边重新设定倒圆半径。

以图 4－86 为例对实体对象倒圆角的步骤如下：

(1) 从“修改”菜单中选择“倒圆角”。

(2) 单击边 1。

(3) 输入圆角半径。

(4) 单击 2、3、4。

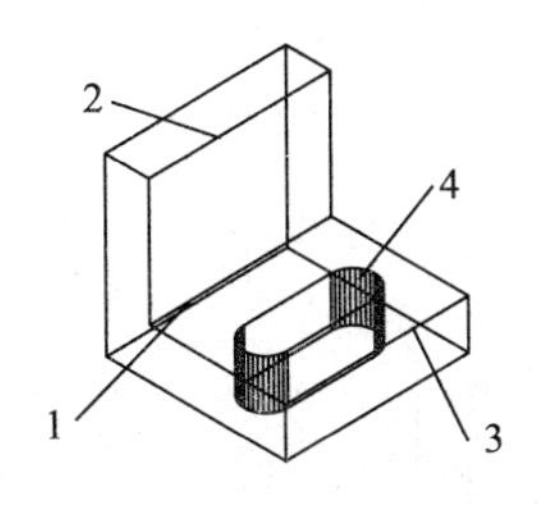

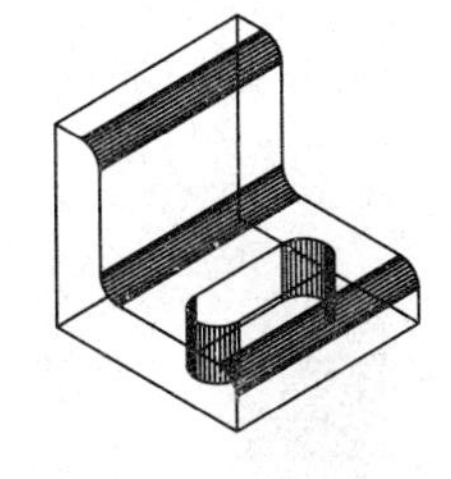

图 4－86　倒圆角

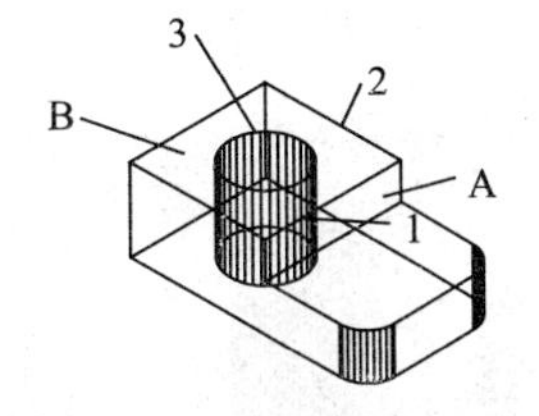

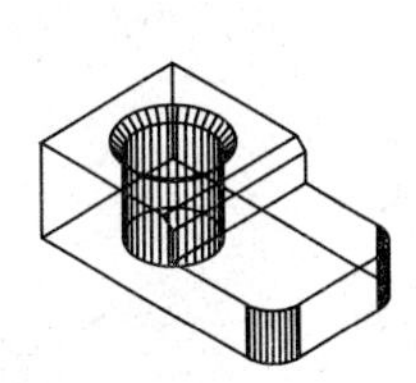

图 4－87　为实体倒角

4.10.3.6　3D 倒斜角

倒斜角“CHAMFER”命令只能用于实体，而且对表面模型不适用。以图 4－87 所示为例，其操作步骤如下：

(1) 从“修改”菜单中选择“倒斜角”。

(2) 选择要倒角的边。单击 1 选择要倒角的基面边；AutoCAD 会亮显选定边所在的两面之一。

(3) 选择用于倒角的基面按〈Enter〉键使用当前面；要选择另一个曲面，可输入“n”(下一个)。

(4) 指定倒角距离。基面倒角距离是指从所选择的边到基面上倒角的距离，其他面倒角距离是指从所选择的边到相邻面上的倒角距离。

(5) 选择边或环。“环”将选择基面的所有边，“选择边”将选择单独的边。

(6) 单击 2 指定要倒角的边。

操作结果如图 4－87 所示

4.10.4　三维编辑命令

4.10.4.1　创建实体的截面

利用“SECTION”命令可以在实体模型的任意位置生成剖切平面，生成的剖切平面可以作为一个面域或一个未命名的图块。

1. 指定剖切平面的位置

用户可以通过以下方法指定剖切平面的位置：(参见图 4－88)

(1) 指定三点确定剖切面的位置，这是默认的选择方式。

(2) 使剖切平面与当前用户坐标系的 XY 面平行，再指定剖切平面通过的一点来确定剖切面的位置。

(3) 使剖切平面与当前用户坐标系的 YX 面平行，再指定剖切平面通过的一点来确定剖切平面的位置。

(4) 使剖切平面与当前用户坐标系的 ZY 面平行，再指定剖切平面通过的一点来确定剖切平面的位置。

2. 操作步骤

(1) 从“绘图”菜单中选择“实体”“剖切”。

(2) 选择要创建相交截面的对象。

(3) 指定三点定义平面。第一点指定剖切平面的原点(0,0,0),第二点定义 X 轴,第三点定义 Y 轴,如图 4-88 所示。

(4) 为了清晰地显示,应将截面[图 4-88(b)]隔离并填充,如图 4-88(c)所示。

注意:如果要对截面的剖切平面进行填充,必须先将截面的剖切平面与 UCS 对齐。

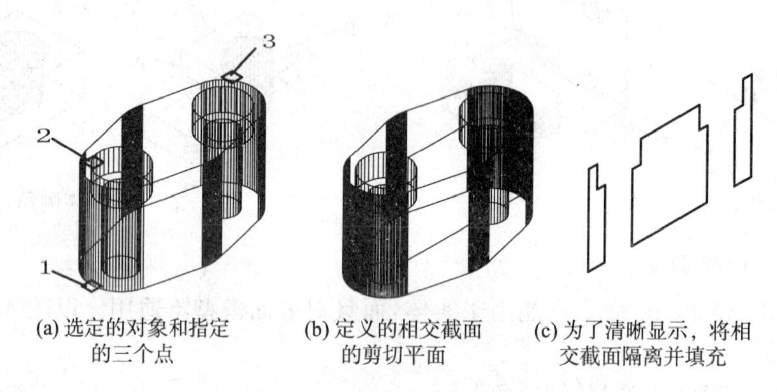

(a) 选定的对象和指定的三个点　(b) 定义的相交截面的剪切平面　(c) 为了清晰显示，将相交截面隔离并填充

图 4-88　创建实体相交截面

4.10.4.2　剖切实体

利用“SLICE”命令可以定义一个平面,将实心体切割成两半。制作零件的效果图时,可用此命令对模型进行剖切,以便更好地观察其内部的结构。默认情况下,系统将提示用户选择要保留的一半,然后除去另一半,也可以两半都予以保留。切割后得到的实心体与原来的实心体将保持一致的图层、颜色等属性。以图 4-89 为例,剖切实体的步骤如下:

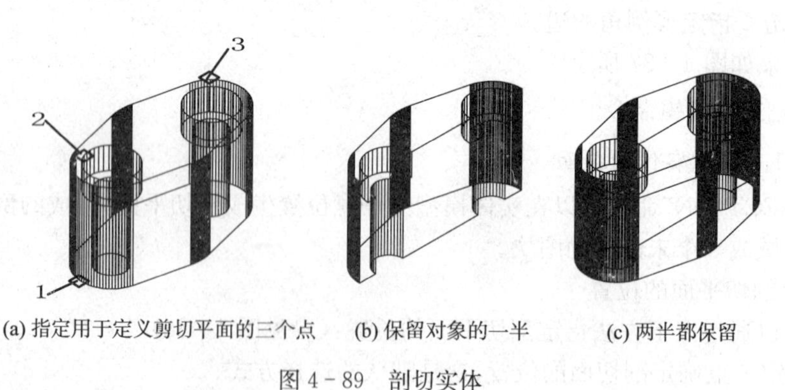

(a) 指定用于定义剪切平面的三个点　(b) 保留对象的一半　(c) 两半都保留

图 4-89　剖切实体

(1) 从“绘图”菜单中选择“实体”/“剖切”。

(2) 选择要剖切的对象。

(3) 指定三点定义剖切平面,如图 4-89(a)所示。

(4) 指定要保留的一半,如图 4-89(b)或者输入“b”将两半都保留[图 4-89(c)]。

4.10.4.3 编辑三维实体的面

用户除了可对实心体进行倒角、阵列、镜像、旋转等操作外，还可以编辑实体模型的表面、棱边及体。AutoCAD的实体编辑功能概括如下：

(1) 面的编辑，提供了拉伸、移动、旋转、锥化、复制和改变颜色等选项。

(2) 边的编辑用户可以改变实体棱边的颜色，或者复制棱边的形成新的线框对象。

(3) 体的编辑用户可以把一个几何对象“压印”在三维实体上，还可以拆分实体或对实体进行抽壳操作。

1. 拉伸面

AutoCAD可以根据指定的距离拉伸面或将面沿某条路径进行拉伸。拉伸时，如果输入的是拉伸距离值，那么还可输入倾斜角度，这样将使拉伸所形成的实体产生一定斜度。

以图4-90所示为例，拉伸实体对象上的面的步骤如下：

(1) 从“修改”菜单在选择“实体编辑”\“拉伸面”。

(2) 单击1选择要拉伸的面，如图4-90(a)所示。

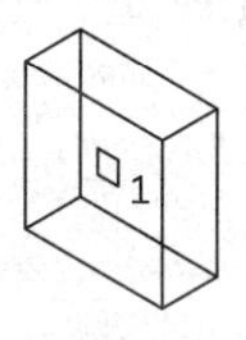

(a) 选定的面

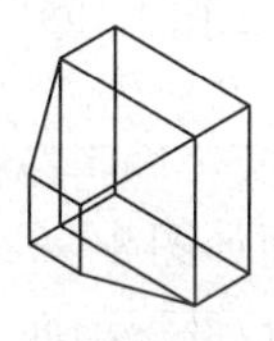

(b) 拉伸后的面

图4-90 拉伸实体对象上的面

(3) 选择其他面或按〈Enter〉键进行拉伸。

(4) 指定倾斜角度。

(5) 按〈Enter〉键结束命令，操作结果如图4-90(b)所示

用户还可以沿指定的直线或曲线拉伸实体对象上的面，选定面上的所有剖面都将沿着指定的路径拉伸。可以选择直线、圆、圆弧、椭圆、椭圆弧、多段线或样条曲线作为路径，路径不能与选定的面位于同一平面，也不能包含大曲率的区域部分。

以图4-91所示为例，沿实体对象上的路径拉伸面的步骤如下：

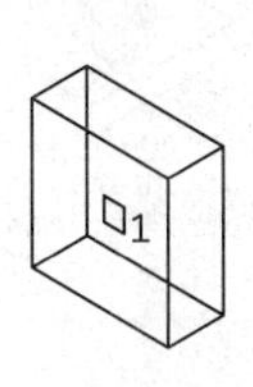

(a) 选定的面

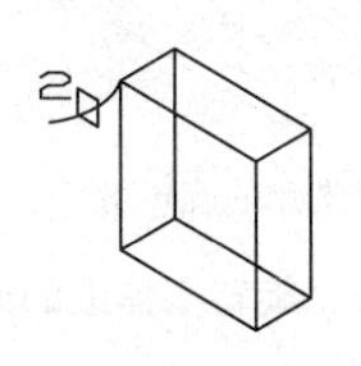

(b) 选定的拉伸路径

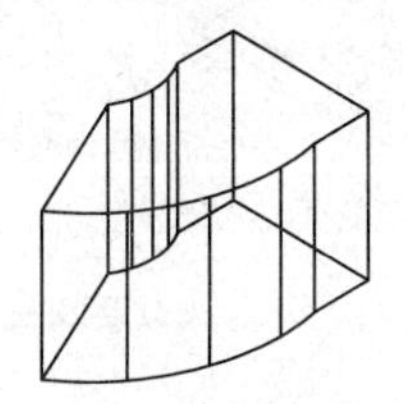

(c) 拉伸后的面

图4-91 沿路径拉伸面

① 从“修改”菜单中选择“实体编辑”\“拉伸面”。

② 单击1选择要拉伸的面，如图4-91(a)所示。

③ 选择其他面或按〈Enter〉键进行拉伸。

④ 输入“p”(路径)。

⑤ 单击 2 选择用作路径的对象,如图 4-91(b)所示。

⑥ 按〈Enter〉键完成命令操作结果如图 4-91(c)所示。

2. 移动面

用户可以通过移动面来修改三维实体的尺寸或改变某些特征,如孔、槽的位置,AutoCAD 只移动选定的面而不改变其方向。使用 AutoCAD 可以非常方便地移动三维实体上的孔,还可以使用“捕捉”模式、坐标和对象捕捉精确地移动选定的面。

以图 4-92 所示为例,移动实体上的面的步骤如下。

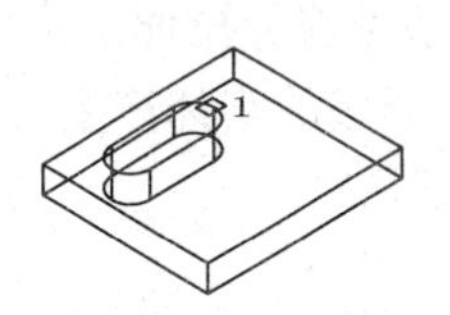

(a) 选定的面

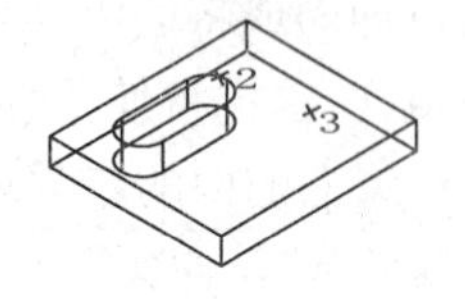

(b) 选定的基点和第二点

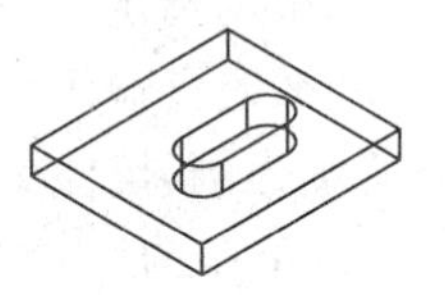
(c) 移动后的面

图 4-92　移动实体上的面

(1) 从“修改”菜单中选择“实体编辑”\“移动面”。

(2) 单击 1 选择要移动的面如图 4-92(a)所示

(3) 选择其他面或按〈Enter〉键移动面。

(4) 单击 2 指定移动的基点。

(5) 单击 3 指定位移的第二点,如图 4-92(b)所示。

(6) 按〈Enter〉键结束命令,结果如图 4-92(c)所示。

3. 旋转面

通过旋转实体的表面就可改变面的倾斜角度,或者将一些结构特征,如孔、槽旋转到新的位置。在旋转面时,用户可通过拾取两点选择某条直线或设定平行于坐标轴的旋转轴等方法来指定旋转轴,另外,应注意旋转轴的正方向。

以图 4-93 所示为例,旋转实体上的面的步骤如下。

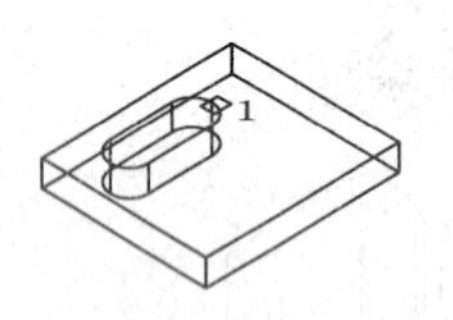

(a) 选定的面

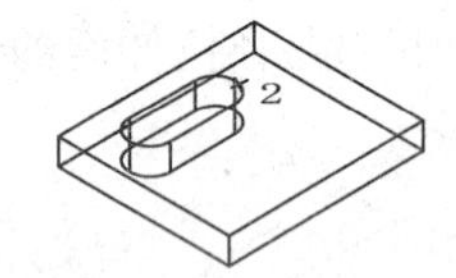

(b) 选定的旋转角

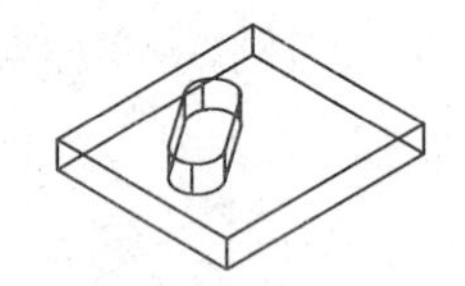
(c) 绕Z轴旋转35°后的面

图 4-93　旋转实体上的面

(1) 从“修改”菜单中选择“实体编辑”\“旋转面”。

(2) 单击 1 选择要旋转的面,如图 4-93(a)所示。

(3) 选择其他面或按〈Enter〉键进行旋转。

(4) 输入“z”表示“z”轴点。也可以指定 X 或 Y 轴、两个点(定义旋转轴),或者通过对象指定轴(将旋转轴与现有对象对齐)从而定义轴点。轴的正方向是从起点到终点,旋转方向遵从右手定则,除非在“ANGDIR”中已经对其进行了设置。

(5) 指定旋转角度(绕 Z 轴旋转 35°),如图 4－93(b)所示。

(6) 按〈Enter〉键结束命令,如图 4－93(c)所示。

4. 偏移面

对于三维实体,可通过偏移面来改变实体及孔、槽等特征的大小。进行偏移操作时,用户可直接输入数值或拾取两点来指定偏移的距离,AutoCAD 将根据偏移距离沿面的法向移动面。输入正的偏移距离,将使面沿法向向其外移动;否则,被编辑的面将向相反的方向移动。

以图 4－94 所示为例,偏移实体上的面的步骤如下:

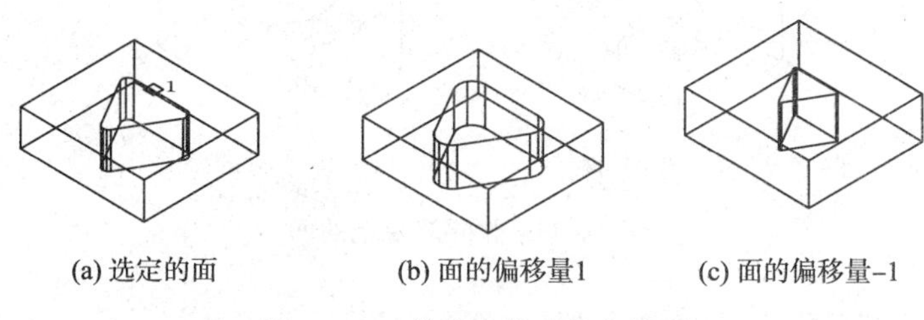

图 4－94　偏移实体对象上的面

(1) 从"修改"菜单中选择"实体编辑"\"偏移面"。

(2) 单击 1 选择要偏移的面,如图 4－94(a)所示。

(3) 选择其他面或按〈Enter〉键进行偏移。

(4) 指定偏移距离,图 4－94(b)(c)中的偏移距离分别为 1 和－1。

(5) 按〈Enter〉键结束命令。

5. 锥化面

锥化面可以沿指定的矢量方向使实体表面产生倾斜角度。进行锥化面操作时,其倾斜方向由倾斜角度的正负号及定义矢量时的基点决定。若输入正的角度值,则将已定义的矢量绕基点向实体内部倾斜,否则,向实体外部倾斜,矢量的倾斜方式说明了被偏移表面的倾斜方式。

图 4－95 所示为使孔从圆柱空变为圆锥孔,其操作步骤如下:

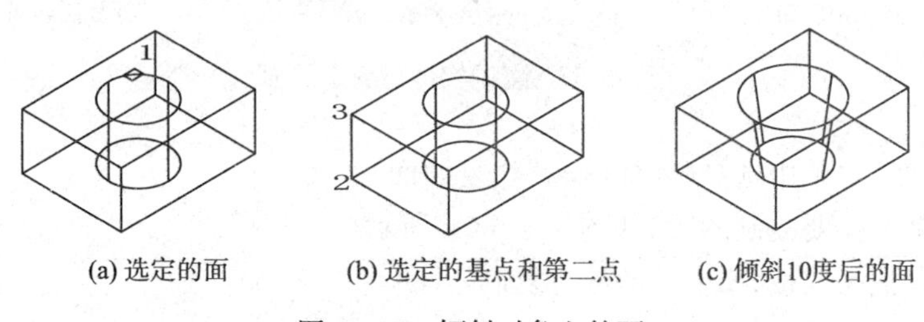

图 4－95　倾斜对象上的面

(1) 从"修改"菜单中选择"实体编辑"\"锥化面"。

(2) 单击 1 选择要倾斜的面,如图 4－95(a)所示。

(3) 选择其他或按〈Enter〉键进行倾斜。

(4) 单击 2 指定倾斜的基点。

(5) 单击 3 指定轴上第二点,如图 4－95(b)所示。

(6) 指定倾斜角度(本例为 10°)。

(7) 按〈Enter〉键结束命令,操作结果如图 4－95(c)所示。

6. 删除面

“Delete”命令可删除实体上的表面,包括倒圆角和倾斜角时形成的面。

如图 4－96 所示为删除实体上的圆角。其操作步骤如下

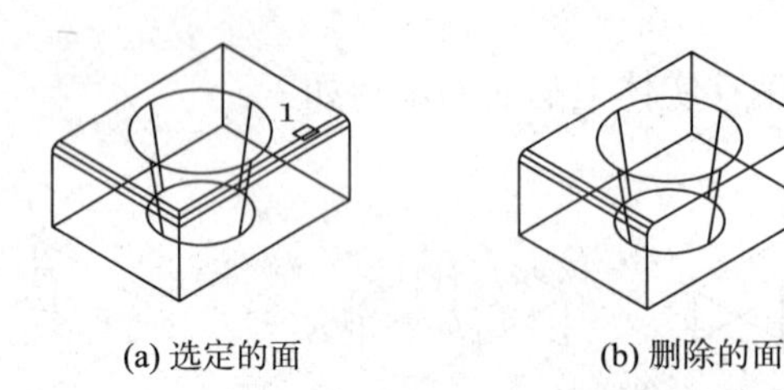

(a) 选定的面　　(b) 删除的面

图 4－96　删除对象上的面

(1) 从“修改”菜单中选择“实体编辑”\“删除面”。

(2) 单击 1 选择要删除的面,如图 4－96(a)所示

(3) 选择其他面或按〈Enter〉键进行删除。

(4) 按〈Enter〉键结束命令,结果如图 4－96(b)所示。

7. 复制面

用户可以将实体的表面复制成新的图形对象,该对象是面或体。图 4－97 所示为复制实体上的面。其操作步骤如下:

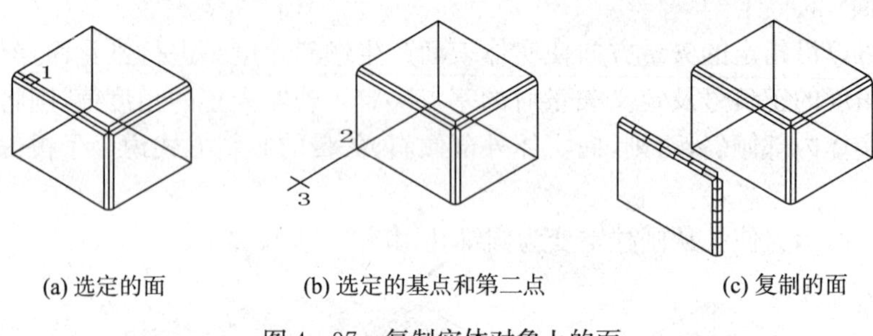

(a) 选定的面　　(b) 选定的基点和第二点　　(c) 复制的面

图 4－97　复制实体对象上的面

(1) 从“修改”菜单中选择“实体编辑”\“复制面”。

(2) 单击 1 选择要复制的面,如图 4－97(a)所示。

(3) 选择其他面或按〈Enter〉键进行复制。

(4) 单击 2 指定移动的基点,如图 4－97(b)所示。

(5) 单击 3 指定位移的第二点。

(6) 按〈Enter〉键结束该命令,结果如图 4－97(c)所示。

4.10.4.4　编辑三维实体的边

用户可以改变边的颜色或复制三维实体的各条边。要改变边颜色,可以在“选择颜色”对话框中选取颜色。三维实体的各条边都可复制为直线、圆弧、圆、椭圆或样条曲线对象。

4.10.4.5 修改边的颜色

用户为三维实体对象的独立边指定颜色，既可以从七种标准颜色中选择，也可以从“选择颜色”对话框中选择。指定颜色时，可以输入颜色名或一个 AutoCAD 颜色索引(ACI)编号，即从 1 到 255 的整数。设置边的颜色将替代实体对象所在图层的颜色设置。

修改实体对象的颜色的步骤如下：

(1) 从“修改”菜单中选择“实体编辑”\“着色边”。

(2) 选择面上要修改颜色的边。

(3) 选择其他边或按〈Enter〉键。

(4) 在“选择颜色”对话框中选择颜色，然后单击“确定”按钮。

(5) 按〈Enter〉键结束命令。

4.10.4.6 复制边

用户可以复制三维实体对象的各条边。所有的边都可复制为直线、圆弧、圆、椭圆或样条曲线对象。如果指定两个点，AutoCAD 将使用第一个点作为基点，并相对于基点放置一个副本。如果指定一个点，然后按〈Enter〉键，AutoCAD 将使用原始选择点作为基点，下一点作为位移点。

图 4-98 所示为复制面上的边。其操作步骤如下：

(1) 从“修改”菜单中选择“实体编辑”\“复制边”。

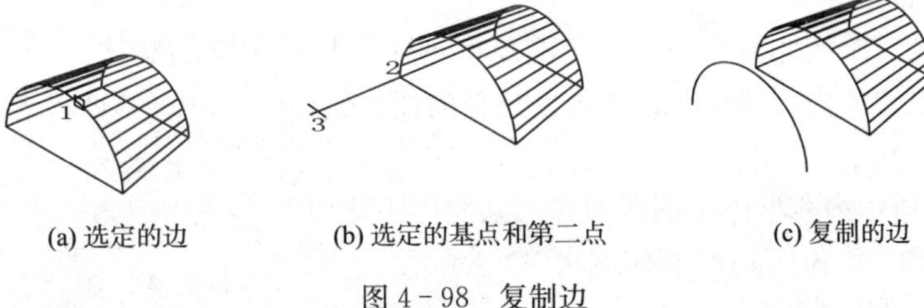

(a) 选定的边 (b) 选定的基点和第二点 (c) 复制的边

图 4-98 复制边

(2) 单击 1 选择面上要复制的边，如图 4-98(a)所示。

(3) 选择其他边或按〈Enter〉键。

(4) 单击 2 指定移动的基点。

(5) 单击 3 指定位移的第二点，如图 4-98(b)所示。

(6) 按〈Enter〉键结束命令，结果如图 4-98(c)所示。

4.10.4.7 压印实体

用户可以把圆弧、圆、直线、二维和三维多段线、椭圆、样条曲线、面域、体和三维实体等对象压印到三维实体上，使其成为实体的一部分。用户必须使被压印的几何对象在实体表面内或与实体表面相交，压印操作才能成功。

以图 4-99 为例，压印三维实体对象的步骤如下：

(1) 从“修改”菜单中选择“实体编辑”\“压印”。

(2) 单击 1 选择三维实体对象。

(3) 单击 2 选择要压印的对象，如图 4-99(a)所示。

(4) 按〈Enter〉键保留原始对象，或者按 y 将其删除[图 4-99(b)]。

(5) 选择要压印的其他对象或按〈Enter〉键。

(6) 按〈Enter〉键完成命令，结果如图 4－99(c)所示。

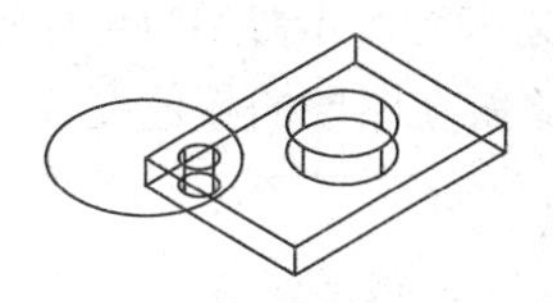

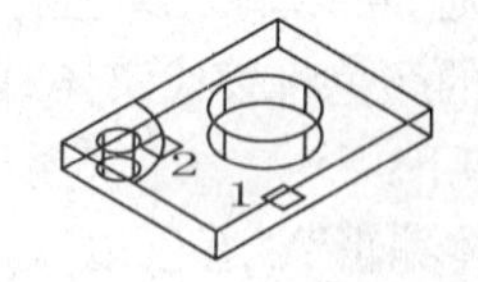

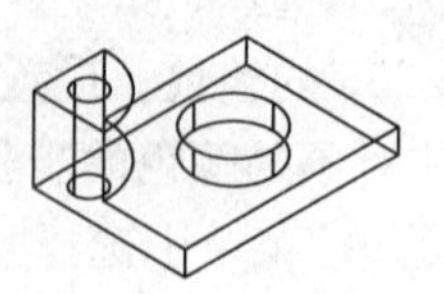

(a) 选定的实体　　(b) 压印并删除原对象　　(c) 拉伸新生成的面

图 4－99　压印三维实体对象

4.10.4.8　分割实体

用户可以将组合体分割成零件。将三维实体分割后，独立的实体将保留其图层和原始颜色，所有嵌套的三维实体对象都将分割成最简单的结构。

将复合实体分割为单独实体的步骤如下：

(1) 从“修改”菜单中选择“实体编辑”\“分割”。

(2) 选择三维实体对象。

(3) 按〈Enter〉键完成命令。

组合三维实对象不能共享公共的面积或体积。

4.10.4.9　抽壳实体

用户可以从三维实体对象中以指定的厚度创建壳体或中空的墙体。AutoCAD 通过将现有的面向原位置的内部或外部偏移来创建新的面。偏移时，AutoCAD 将连续相切的面看作单一的面。

图 4－100 所示为在形体中创建抽壳。其操作步骤如下：

(1) 从“修改”菜单中选择“实体编辑”\“抽壳”。

(2) 选择三维实体对象。

(3) 单击 1 选择不抽壳的面，如图 4－100(a)所示。

(4) 选择其他不抽壳的面或按〈Enter〉键。

(5) 指定抽壳偏移值。正偏移值在正面方向上创建抽壳，负偏移值在负面方向上创建抽壳。

(6) 按〈Enter〉键完成该命令，操作结果如图 4－100(b)所示。

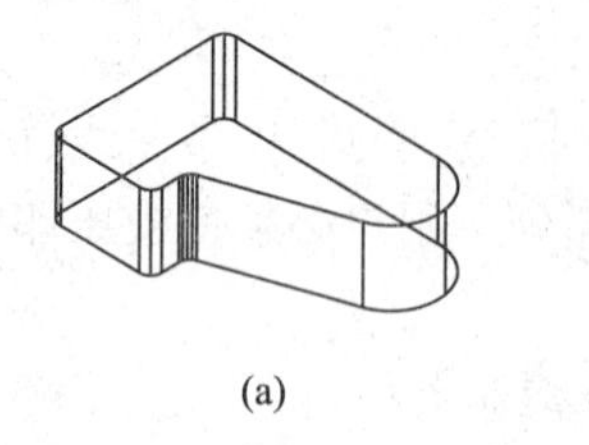

(a)

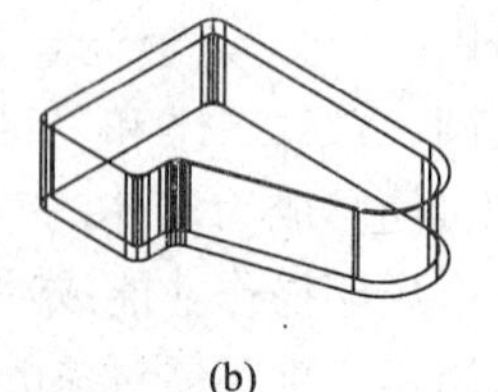

(b)

图 4－100　创建三维实体抽壳

4.10.4.10　清除实体

如果边的两侧或顶点共享相同的曲面或顶点，则可删除这些边或顶点。AutoCAD 将检查实体对象的体、面或边，并合并共享相同曲面的相邻面，三维实体对象所有多余的、压印的及未使用的边都将被删除。

以图 4－101 所示为例，清除三维实体对象的步骤如下：

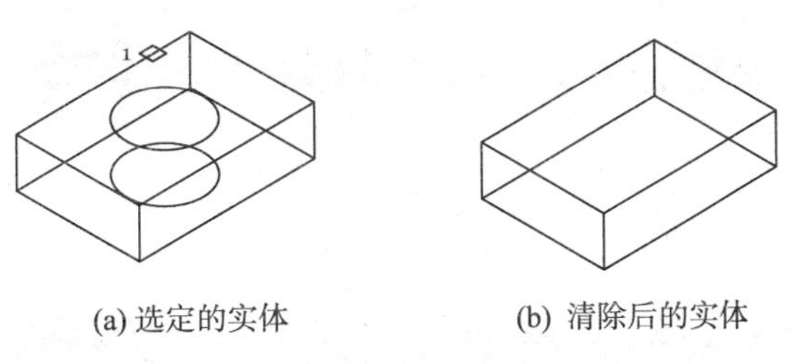

(a) 选定的实体　　(b) 清除后的实体

图 4－101　清除三维实体对象

(1) 从“修改”菜单中选择“编辑实体”\“清楚”。

(2) 单击 1 选择三维实体对象，如图 4－101(a)所示。

(3) 按〈Enter〉键完成该命令，结果如图 4－101(b)所示。

4.11.4.11　检查实体

用户可以检查实体对象是否为有效的三维实体。对于有效的三维实体，对其进行修改时，不会导致系统发出 ACIS 失败错误信息；如果三维实体无效，则不能编辑对象。

检查三维实体对象的步骤如下：

(1) 从“修改”菜单中选择“实体编辑”\“检查”。

(2) 选择三维实体对象。

(3) 按〈Enter〉键完成命令。此时，AutoCAD 将显示一个信息，说明该实体是一个有效的 ACIS 实体。

4.11　零件的三维造型

4.11.1　储槽零件的三维造型

图 4－102 所示为一储罐设备，其各组成零件主要由拉伸与旋转的方式形成。对于拉伸形体，只需确定轮廓线的形状特征与拉伸方向，然后应用拉伸命令“EXTRUDE”即可；对旋转形体，只需确定轮廓线的形状特征与旋转轴，然后应用旋转命令“REVOLVE”即可。为便于造型，将各零件的轮廓线的形状特征与造型命令列表如表 4－1 所示。

在根据表 4－1 造型时应注意以下几点：

(1) 轮廓线的形状与大小均可在标准件、通用件的标准规范中查得。

(2) 轮廓线的形状必须是封闭的轮廓组合线，可用“PEDIT”命令将组成轮廓的各线段组成一组合线。

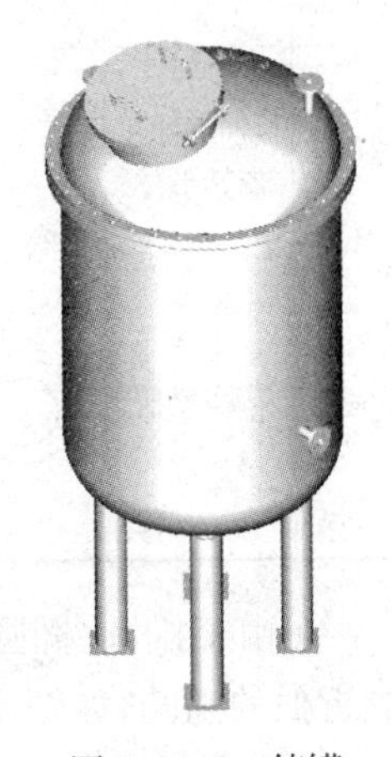

图 4－102　储罐

表 4-1　特征与造型命令

零件名称	基本形体	轮廓线形状特征	造型命令	三维形体	说明
拉管	拉伸形体	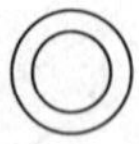	EXTRUDE		外、内圆柱做差运算
法兰	旋转形体+拉伸形体	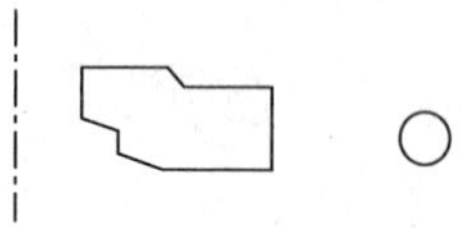	REVOLVE+EXTRUDE		法兰主体与圆柱做差运算，圆周上均匀分布的圆柱由阵列命令 ARRAY 获得
垫圈	拉伸形体	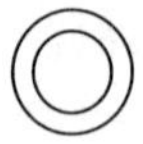	EXTRUDE		外、内圆柱做差运算
垫片	拉伸形体	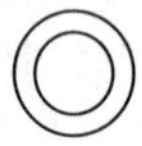	EXTRUDE		外、内圆柱做差运算
封头	旋转形体	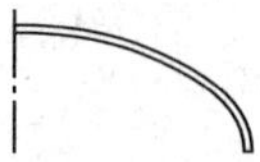	REVOLVE	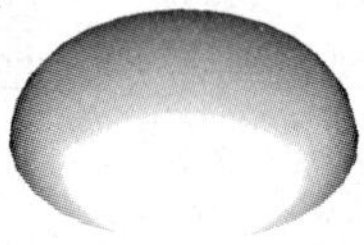	1/4 外椭圆弧画好后内弧可根据壁厚由偏移命令 OFFSET 获得
螺栓	拉伸形体+旋转形体	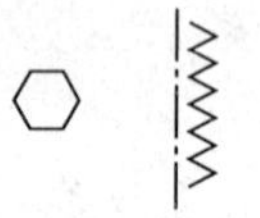	EXTRUDE+REVOLVE		螺栓头与螺柱二部分做并运算；有关螺栓头形状另作说明
螺母	拉伸形体+旋转形体	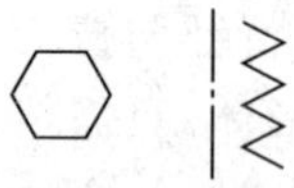	EXTRUDE+REVOLVE		螺母外形与螺柱做差运算；有关螺母外形另作说明
支座	拉伸形体	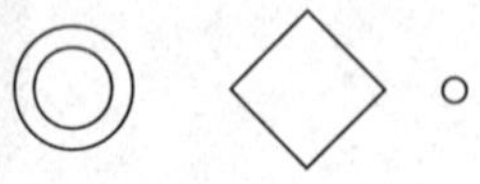	EXTRUDE		外圆柱与内圆柱做差运算成一圆筒体，底板与圆筒体做并运算

(3) 由于椭圆、椭圆弧不是多段线对象，因此，封头的轮廓线的形状特征可用四心圆法绘制近似的椭圆，如图 4-103 所示。其作图步骤如下：

(1) 分别以椭圆长轴 a、短轴 b 为半径画两个同心圆。

(2) 将椭圆长轴与短轴端点用直线 kn 相连。

(3) 在直线 kn 上量取 $km=a-b$，得 m 点，作 mn 线的中垂线分别与椭圆短轴、长轴交于 O_1、O_2 两点。

(4) 以 O_1 为圆心画圆弧 $\widehat{kp}$ 以 O_2 为圆心画圆弧 $\widehat{pn}$，两段圆弧构成 1/4 近似椭圆弧。

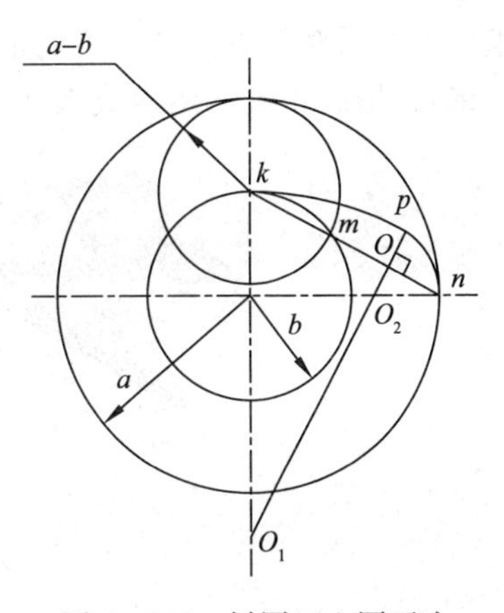

图 4－103　椭圆四心圆画法

(4) 螺栓的螺柱部分与螺母的螺孔部分是近似造型。

(5) 螺栓头部与螺母外形造型方法相同，其步骤如下：

① 画正六边形，如图 4－104(a)所示。

② 将整六边形拉伸成正六棱柱并复制一份，如图 4－104(b)所示。

③ 作一圆锥，此圆锥的底圆直径为六边形的对边距离，其高度为底圆半径；将圆锥与正六棱柱按如图 4－104(c)所示的方法放置。立体图如图 4－104(d)所示。

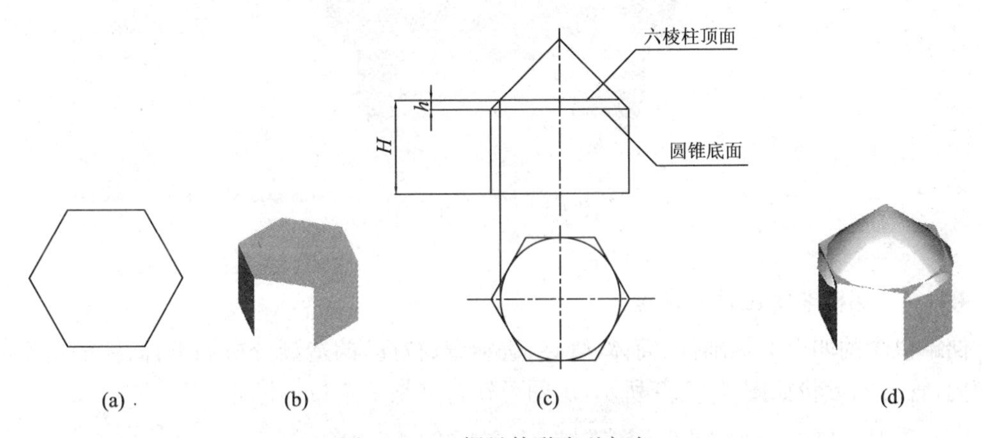

图 4－104　螺母外形造型方法

④ 对如图 4－104 所示的圆锥和正六棱柱作交运算，并将运算结果复制一份，然后将其中一份旋转 180°，如图 4－105 所示，形成螺母、螺栓六角头的上、下两部分。

⑤ 以正六边形为轮廓特征线拉伸出一个正六棱柱，与六角头上、下两部分作并运算完成螺母、螺栓头部、螺母外形，如图 4－106 所示。

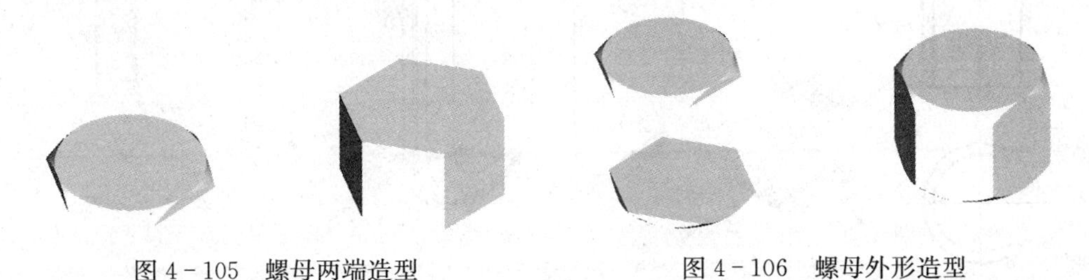

图 4－105　螺母两端造型　　　　图 4－106　螺母外形造型

(6) 补强圈造型

补强圈的形状可以作两个圆柱管，由这两个圆柱管的交运算获得，如图 4－107 所示。

(7) 人孔造型

人孔是由筒节、螺栓、螺母、法兰、垫片、法兰盖把手、轴销、销、垫圈、盖轴耳、法兰轴耳等组成。可像对储罐其他零件的造型分析一样对人孔的各个零件进行造型分析，读者可以自行练习，最后将它们组合成人孔，如图 4－108 所示。

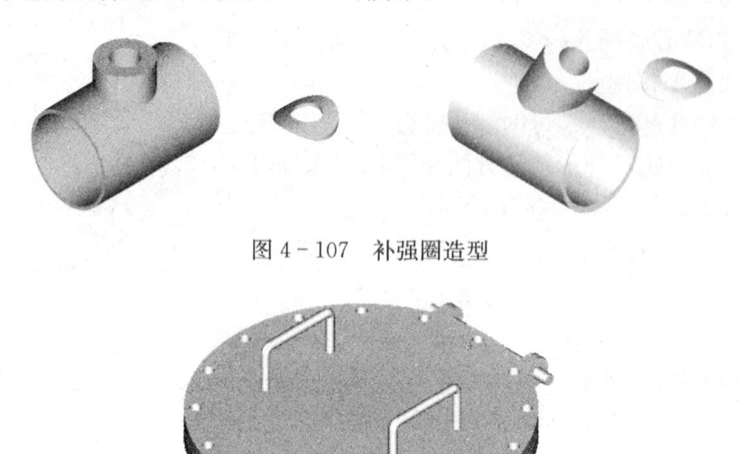

图 4－107　补强圈造型

图 4－108　人孔造型

4.11.2　储槽非标准件的造型

储罐包含的四个非标准件(筒体、管夹、进料管、拉筋)的造型分析如下：筒体的造型与接管相同，管夹的形状如图 4－109 所示，由图可知管夹是一个拉伸形体。

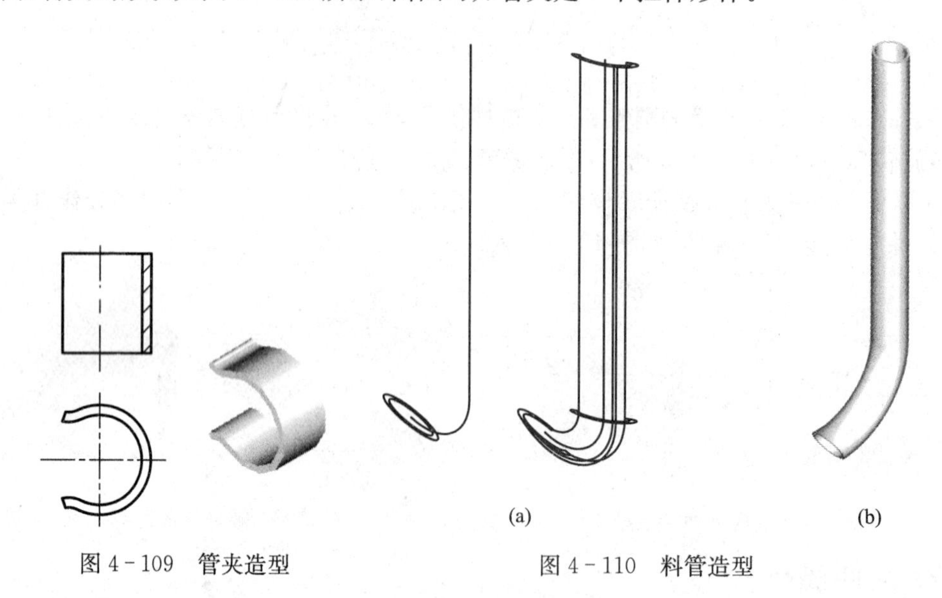

图 4－109　管夹造型　　　　图 4－110　料管造型

进料管的造型也可使用拉伸造型命令，只是拉伸路径应为组合线，如图 4－110(a)所示，其拉伸结果如图 4－110(b)所示。要对拉筋造型，可先用二维图形表达设计方案，然后按所设计的二维图形进行三维造型，如图 4 - 111 所示。

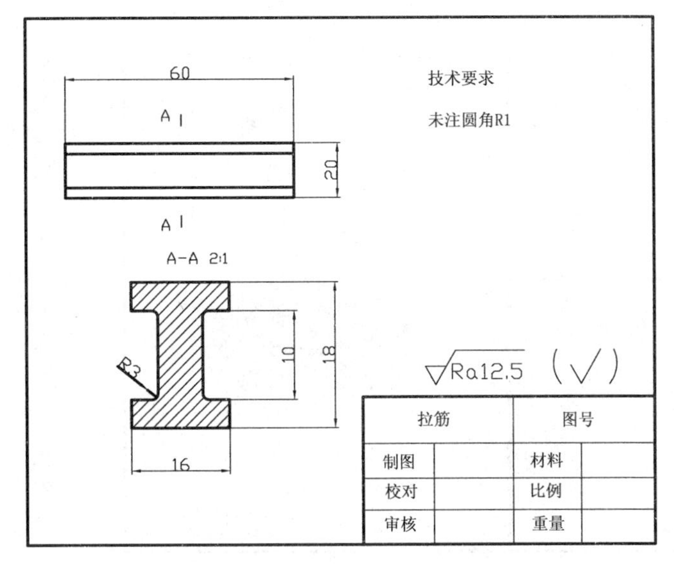

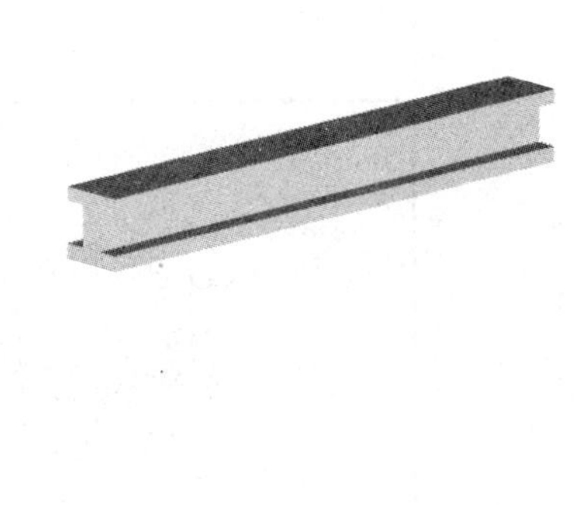

图 4 - 111 拉筋造型

4.11.3 根据三维模型生成二维图形

在 AutoCAD 中，模型空间与图纸空间是两种不同的屏幕显示工具。在模型空间中工作时，可以建立显示不同视图(VIEW)的视口(VIEWPOINT)，并且可以保存视口的配置信息，然后在需要的时候恢复它。完成三维造型后，用户就可以从图形窗口下边缘选择“布局”(LAYOUT)标签准备输出图纸。一个布局就是一个图纸空间，它可以模拟图纸，让用户通过它了解输出图的外观。

4.11.3.1 模型空间和图纸空间

模型空间是一个完全的三维环境，用户可以在其中构造具有长、宽和高的三维模型。并可设置空间中的任一点为视点来观察这一模型，利用“VPOINT”命令可以把屏幕划分成多个视口，进而可从多个不同的视点同时观察这个模型。图 4 - 112 所示为法兰模型的多视点观察效果。

然而，在模型空间中，不管计算机屏幕上有多少个视口，仅能输出当前视口，因而不能同时输出三维模型的多个正投影视图，如主视图，俯视图和侧视图。这时添加注释、标注尺寸和控制实体是否可见等操作都很不方便，也难以根据任意视点输出具有精确比例的视图。

上述问题在 AutoCAD 中可用图纸空间予以解决。在图纸空间中，用户可以进行添加注释、绘制图框、添加标题栏等操作，而且可以借助于图纸空间视口观察模型空间。

图纸空间的作用是对在模型空间中创建的实体进行标注并输出二维图形。即模型空间用来造型、图纸空间用来输出。

由此可见，图纸的设置和输出离不开 AutoCAD 的模型空间和图纸空间。其中，模型空间又分为平铺视口里的模型空间和浮动视口里的模型空间。前面介绍的所有操作都是在平铺视口(TILED VPORT)里进行的，在位于 AutoCAD 图形窗口底边处的选项卡“布局 1”上单击，打开“页面设置—布局 1”对话框，设置图幅后单击“确定”按钮进入图纸空间。

AutoCAD 将在所设图纸上自动创建一个浮动视口，图纸空间为实现其功能而使用了浮动视口。

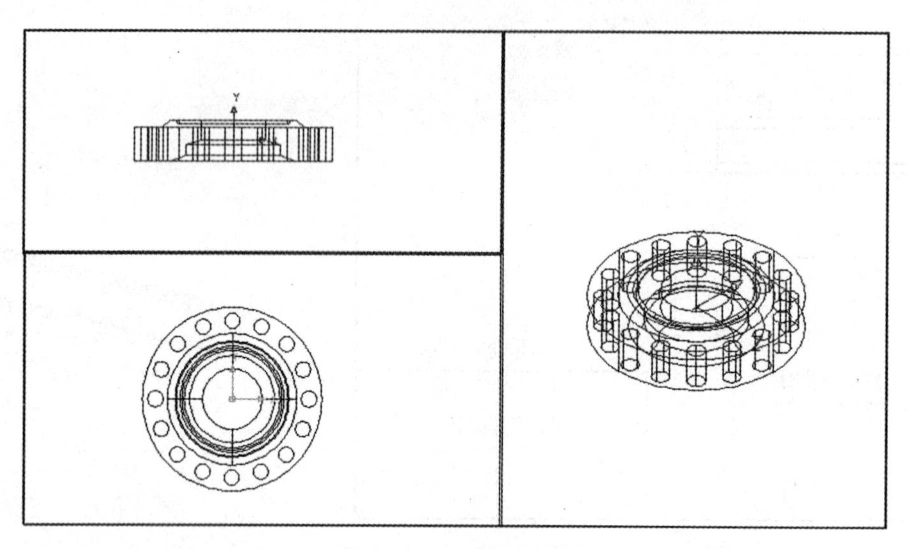

图 4-112 多视点观察

图 4-113 所示为利用图纸空间输出三维模型的例子。在这个例子中，在图纸空间里建立了三个浮动视口来显示模型的三个不同观察角度的视图。注意：建立视口时，应将视口建立在独立的图层，并把该图层冻结，以隐藏视图。因此，在图 4-113 中，用户看不到视口的边框。另外，图纸空间中的 UCS 图标呈直角三角形形状。

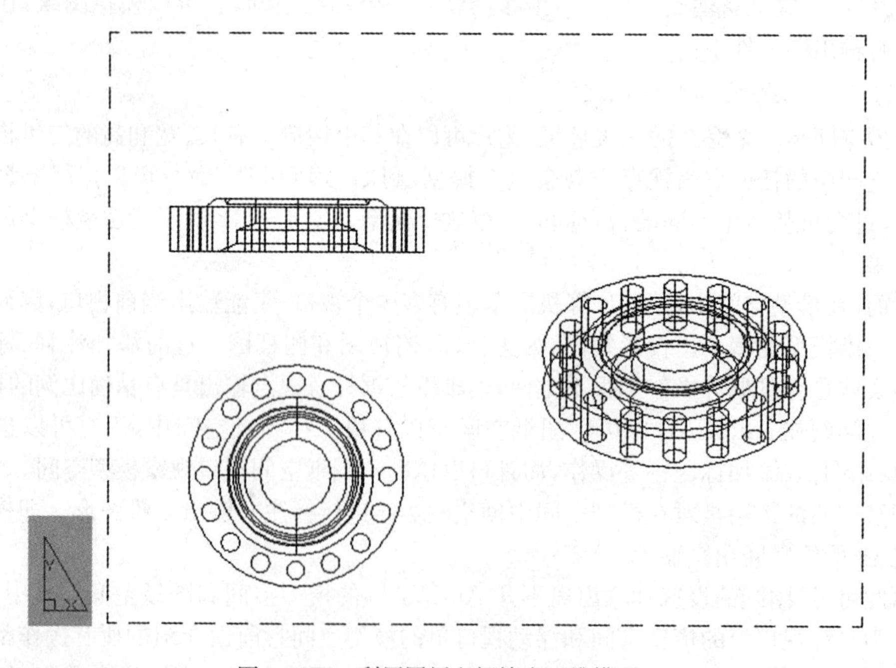

图 4-113 利用图纸空间输出三维模型

利用图纸空间来设置图纸具有以下好处：

(1) 在图纸空间中所作的任何设置对模型空间里的模型都不会产生影响，这样，用户在模型空间里可以专注于模型的建立，而不必受标题栏等的干扰。

(2) 可以在同一张图纸上同时输出三维模型各个方向的视图。在图纸空间里，用户可以设置多个视口，并可以分别设置各个视口的观察方向和视图比例，从而在同一张图中得到三维模型的主视图、俯视图、左视图等。

(3) 可以方便、准确地设置输出比例，而无须使用“SCALE”命令缩放模型。这样，用户在模型空间中建模时就可以一律采用全比例建模，在图纸空间中输出图时再考虑输出的比例。而如果直接从模型空间输出图，则往往要用“SCALE”命令缩放图形或标题栏，这样做会导致尺寸标注也随之改变，虽然可以修改标注的比例系数，但操作非常麻烦。

(4) 可以在同一张图中输出图形的多个副本，而无须使用“COPY”命令复制图形。对于平面图形，用户可以在图纸空间中设置多个视口，不同的视口观察图形的不同区域，并可以分别设置各个视口的图层的可见性。

另外，AutoCAD 的一些命令，如专用于三维实心体的“SOLVIEW”“SOLDRAW”“SOLPROF”命令等必须使用图纸空间。

4.11.3.2　设置图纸空间

在 AutoCAD 中，设置图纸空间的操作比较简单。用户在图形窗口的“模型”标签中绘制好图形后，就可以单击“布局”标签进入图纸空间，并设置此空间环境。设置图纸空间的步骤如下：

(1) 在“模型”中绘制好各投影视图。

(2) 配置好绘图输出设备。

(3) 指定“布局”页面设置。

(4) 插入标题块。

(5) 建立浮动视区。

(6) 设置视图比例。

(7) 绘图输出。

4.11.3.3　在模型空间中绘图

如前所述，模型空间提供了一个绘图环境，所有的几何体都可以在此建立。用户可在模型空间中按 1∶1 的比例，使用真实的尺寸与单位绘制图形，然后于各浮动视口建立一个布局，让 AutoCAD 按指定的比例输出图。

4.11.3.4　建立平铺视区

平铺视区(Tiled Viewports)需要在模型空间中建立，用于建立各投影图，以便于进行绘图与编辑操作。在 AutoCAD 的默认状态下，开始绘图时是在一个视口中进行操作的。如果需要，用户可以建立多个平铺视口，让各视口显示不同的视图。这样进入图纸空间后，各浮动视口就能完整地显示各视图。

建立平铺视口的步骤如下：

(1) 单击“单击”标签，进入模型空间。

(2) 在“视图”下拉菜单中选择“视口”命令，进入“视口”子菜单后，选择“新建视口”命令,如图 4 - 114 所示。

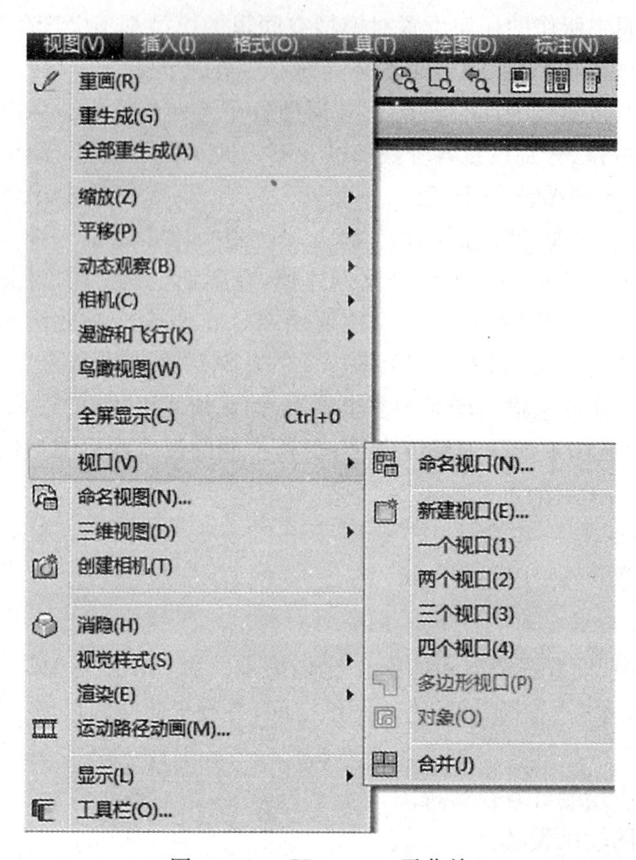

图 4 - 114 Viewports 子菜单

(3) 在“视口”对话框中单击“新建视口”选项卡,如图 4 - 115 所示。

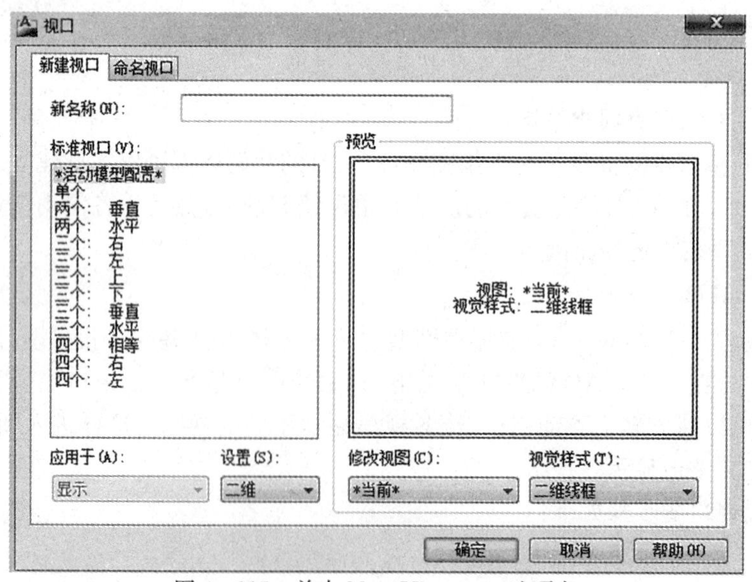

图 4 - 115 单击 New Viewports 选项卡

(4) 在“新名称”文字编辑框中输入新的平铺视区名称，如“T-L-R”。

(5) 在“标准视口”列表中选择一个视口配置标准，如图 4－116 所示。

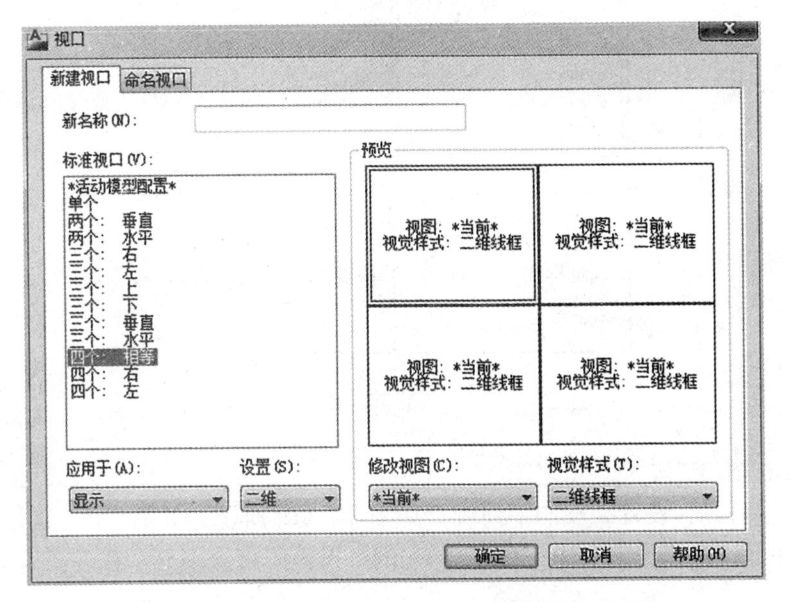

图 4－116　选择视区配置标准

(6) 单击“设置”下拉按钮，在下拉列表中选择“三维”项。

该列表中的“二维”项用于使用当前所有视口中的视图配置，“三维”项则可以设置标准的三维正交视图。

(7) 单击“应用于”下拉按钮，在下拉列表中选择“显示”项，将当前视口配置应用于所有视口，或当前视口。

说明：通过“视口”对话框中的预览窗口可以观察当前配置结果。

(8) 在预览窗口中单击左上角的视口。

(9) 单击“修改视图”按钮，出现如图 4－117 所示的下拉列表。

Current　　当前视图
Top　　俯视图
Bottom　　仰视图
Front　　正视图
Back　　后视图
Left　　左视图
Right　　右视图
Isometric　　等轴视图

图 4－117　Change view to 下拉列表

(10) 从“修改视图”下拉列表中选择“当前”项。

在“设置”下拉列表中选择了“三维”项，就可以在“修改视图”此项列表中指定各视区的视图。AutoCAD 列出了各种视图名，用户可以从中选择各种正投影视图、等轴测图。

(11) 按上述操作步骤设置右视、前视、俯视等视图，如图 4－118 所示。

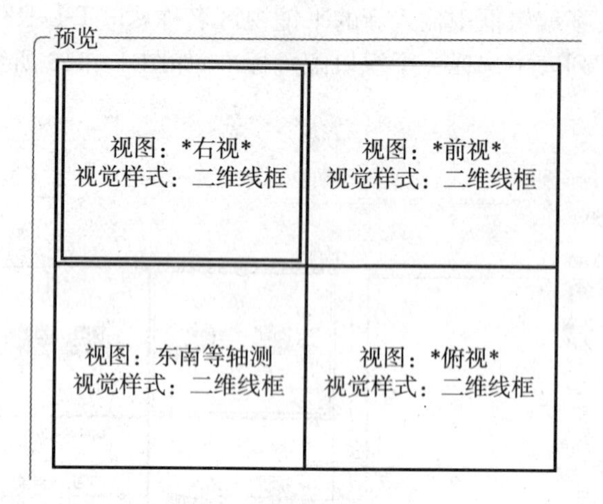

图 4 - 118　设置其他视区的视图

(12) 单击“确定”按钮。

完成上述操作后，设置完成的平铺视口如图 4 - 119 所示。此后，用户就可以在这些视口中绘制图形了。如果绘制一个三维实体，它的各投影图将分别显示在各视口中。

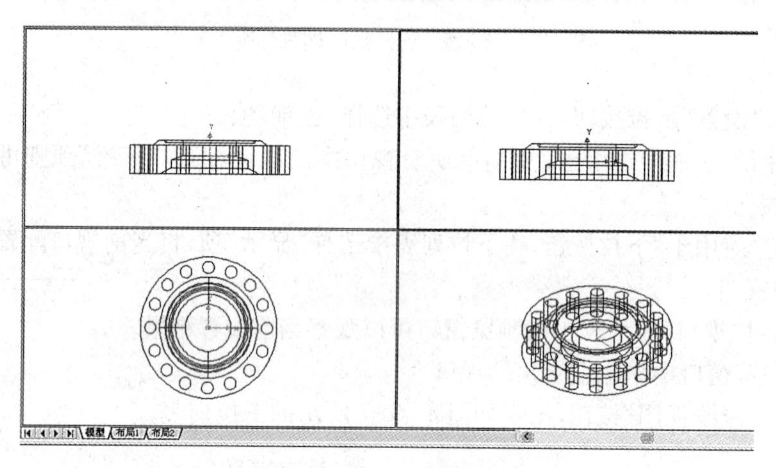

图 4 - 119　设置平铺视区

4.11.3.5　输出模型空间图形

输出模型空间中的图形至图纸上时，AutoCAD 只允许输出某一个视口中的图形(只有通过图纸空间才能全部输出在一张图纸上)。若要输出全部视口中的图形，需要进行多次操作，而且只能分别输出在不同的图纸上。其操作步骤如下：

(1) 选择图形窗口下边缘的“模型”标签。

(2) 从“文件”下拉菜单中选择“打印-模型”命令。

(3) 进入“打印-模型”对话框(图 4 - 120)后，参照前面的内容进行操作。

图 4-120　页面设置对话框

4.11.3.6　使用图纸空间

图纸空间的主要用途是预览与输出图，但是如果用户不会使用三维方式进行设计，那么，使用它的意义就不太大。

4.11.3.7　配置布局页面

从绘图窗口下边缘上选择一个“布局”标签进入图纸空间。在当前图形中，若为第一次进入，则屏幕上将显示“打印设置”对话框的“布局”选项卡，让用户设置页面。其操作步骤如下：

(1) 单击“纸张大小和单位”区域中的表示 mm 单位制式的单选按钮。

(2) 单击“纸张大小”下拉按钮，进入图 4-121 所示的下拉列表，在其中选择一种图纸尺寸。

(3) 参照前面的内容完成“打印设置”对话框中的操作。

(4) 单击“确定”按钮。

完成上述操作后，用户就将进入图纸空间，但此时只有一个浮动视口，如图 4-122 所示。

4.11.3.8　建立浮动视口

建立浮动视口与建立平铺视口的操作方法相同。

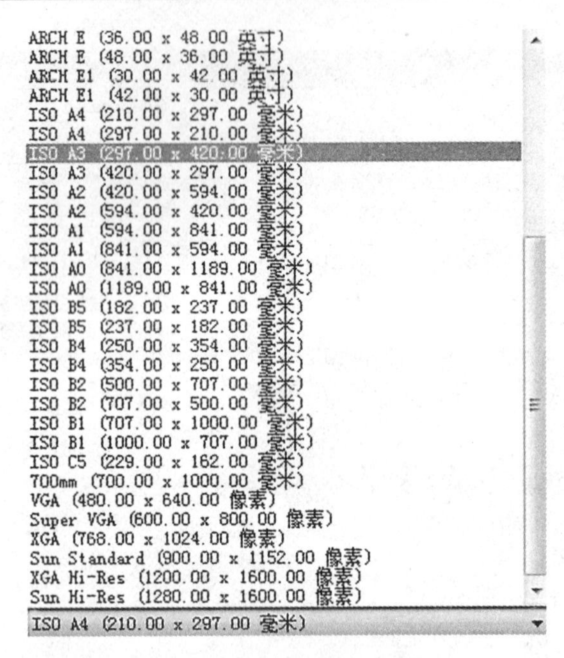

图 4 - 121　图纸尺寸选择

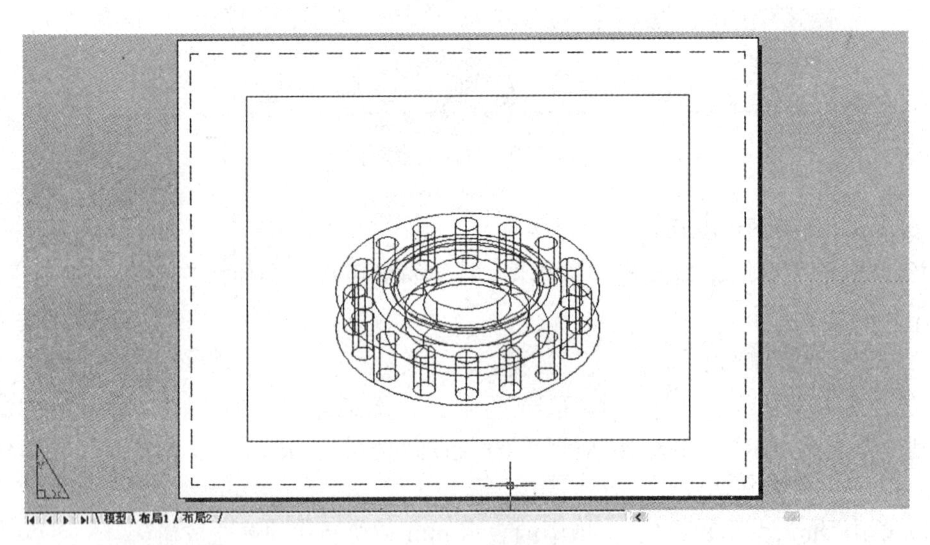

图 4 - 122　图纸空间

为了建立图 4 - 123 中的四个浮动视口，用户可以按下列步骤进行操作：

(1) 选择视口边界线，如图 4 - 124 所示。

(2) 按下键盘上的(Delete)键，删除此视区，结果如图 4 - 125 所示。

(3) 参见前面建立平铺视口的操作，为图纸空间建立四个浮动视口。

4.11.3.9　由三维实体生成二维图形的命令

完成了上述操作后，屏幕上将显示如图 4 - 123 所示的结果。如果用户单击右下角的浮动视口的边界线，然后按下键盘上的〈Delete〉键删除该视口，那么该布局中的图形就将如同第一角投影的"三视图"，如图 4 - 126 所示。

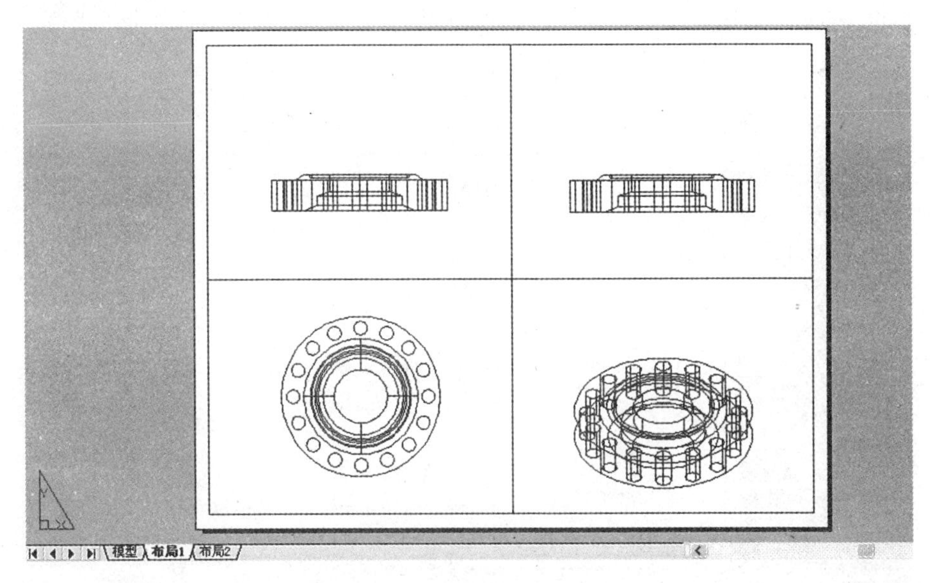

图 4-123　建立四个浮动视区

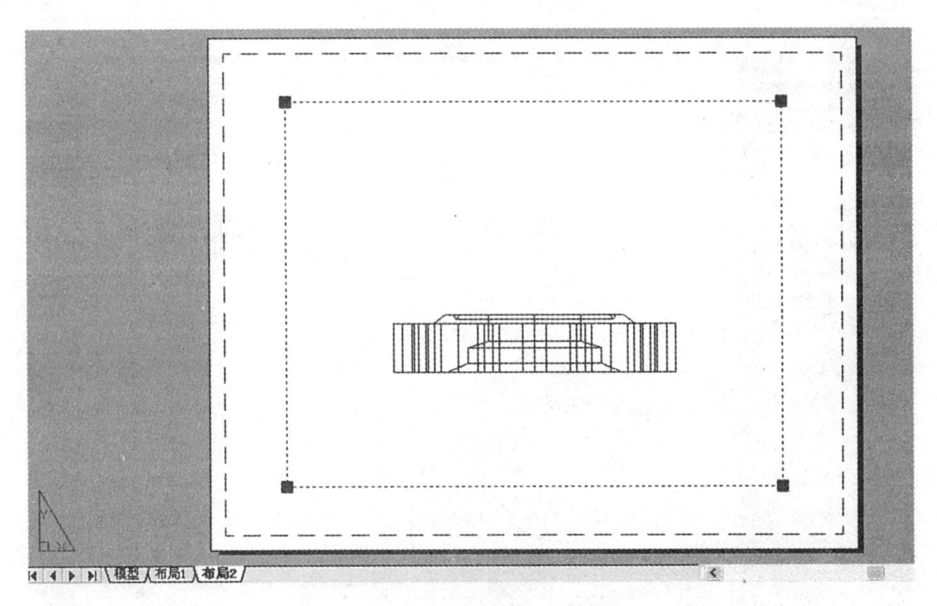

图 4-124　选择视区边界

但是，图 4-126 中的视图与实际投影图是有区别的。比如，主视图中虚线、实线不分，缺轴线，俯视图中缺圆的中心线等。要使所得的视图符合国家制图标准的有关规定，须在将三维模型生成二维视图后再作适当的编辑。而由上述方法得到的视图实际上还是三维图，即图 4-126 中的每个视图还可切换成三维模型。为得到真正的二维视图，AutoCAD 有三条专用命令——“SOLPROF”“SOLVIEW”“SOLDRAW”，用于在图纸空间中处理三维实体，生成各种二维视图。

(1) SOLPROF 命令　用于生成三维实体的轮廓和边的线框对象组成的图块。虽然此图块位于模型空间中，但这个命令须在图纸空间的浮动视口中执行。所有边，不管是可见的或是隐藏的，都包含在此图块中。用户可以把可见的边和隐藏的边放在不同的图块中。

图 4-125 删除视区

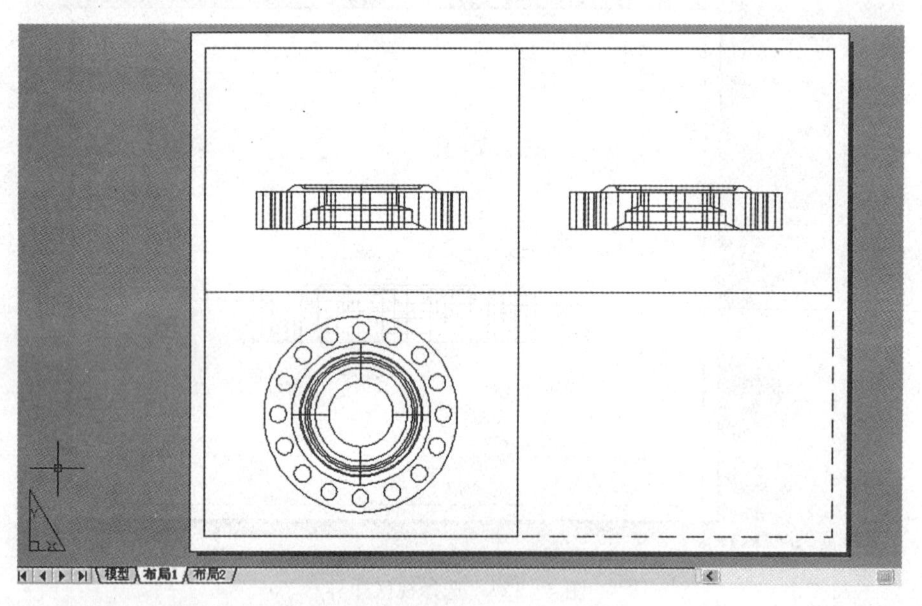

图 4-126 机械设计中的“三视图”

AutoCAD 使用“PV-handle”图层放置实体的可见边，用“PH-handle”图层放置实体的隐藏边。这些图层名中 handle 是浮动视口的描述字。例如，如果浮动视口的描述字是“7A”，则图层名为“PV-7A”和“PH-7A”(浮动视口的描述字是 AutoCAD 分配的十六进制数。通过“LIST”命令可以看到视口的描述字)。

“SOLPROF”命令的格式如下：

命令：SOLPROF

选择对象：是否在单独的图层中显示隐藏的轮廓线？[是(Y)/否(N)]〈是〉：(输入“Y”

或“N”，或按〈Enter〉键）

是否轮廓线投射到平面？[是(Y)/否(N)]〈是〉：(输入“Y”或“N”，或按〈Enter〉键）

是否删除相切的边？[是(Y)/否(N)]〈是〉：(输入“Y”或“N”，或按〈Enter〉键）

(2)“SOLVIEW”命令　“SOLVIEW”命令可为由三维实体模型生成多个视图的工程图纸建立浮动视口，为正投影图、辅助视图和剖视图创建和排列浮动视口；为这些视口中的模型设置合适的视图方向和比例；为可见线、隐藏线、尺寸线和剖面线在每个视口中创建图层。创建的视口被放置在名为“VPORTS”的图层中。如果此图层不存在，AutoCAD会自动生成。

AutoCAD为可见线、隐藏线、尺寸线和剖面线创建的图层由“SOLDRAW”命令来使用，为尺寸线创建的图层是为用户绘图提供方便，它仅在适用的视口中解冻，而在其他视口中都是冻结的。这些图层包括：

View_name-VIS(放置“可见对象的线和边”)

View_name-HID(放置“隐藏对象的线和边”)

View_name-DIM(放置“尺寸对象”)

View_name-HAT(放置“剖面线”)

“SOLVIEW”命令是一条交互式的命令，将提示用户输入位置、尺寸、比例和图名。如果系统变量Tilemode的值不为0，AutoCAD将把它设置为0，然后继续该命令的操作，“SOLVIEW”命令的格式如下：

命令：SOLVIEW

输入选项[Ucs(U)/正交(O)/辅助(A)/截面(S)]：(输入一选项或按〈Enter〉键）

执行完一个选项后重复这一提示，按〈Enter〉键结束本命令。除“Ucs”外的所有选项都需要一个现有的浮动视口，因此，用户选择的第一个选项必须是“Ucs”。

(3)“SOLDRAW”命令　“SOLDRAW”命令是“SOLVIEW”命令的配套命令。“SOLVIEW”命令建立视口，而“SOLDRAW”命令则画出轮廓和各边，以及这些视口中的剖面和剖面线。此命令完成很多操作，用户只需选择在哪个视口操作即可。“SOLDRAW”命令的命令格式如下：

命令：SOLDRAW

选择要绘图的视口：

选择对象(选择用“SOLVIEW”命令建立两个视口)

注意：如果视口不是由“SOLVIEW”命令配置，或者三维实体是一个图块，“SOLDRAW”命令将无法执行。

4.11.3.10　三维模型生成二维视图实例

下面以法兰为例，说明由法兰的三维模型生成二维图形的过程。预期的表达方案为用主、俯两个视图表达法兰，其中主视图采用全剖视图，俯视图表达在圆周方向均匀分布的孔，各视图都应画出轴线或中心线。其操作步骤如下：

(1) 打开法兰的三维模型，单击“模型”标签，进入图纸空间，再单击“布局”标签成为活动的模型空间。

(2) 选择“绘图”\“视口”\“新建视口”菜单，对弹出的“视口”对话框进行设置，如图4-127所示。

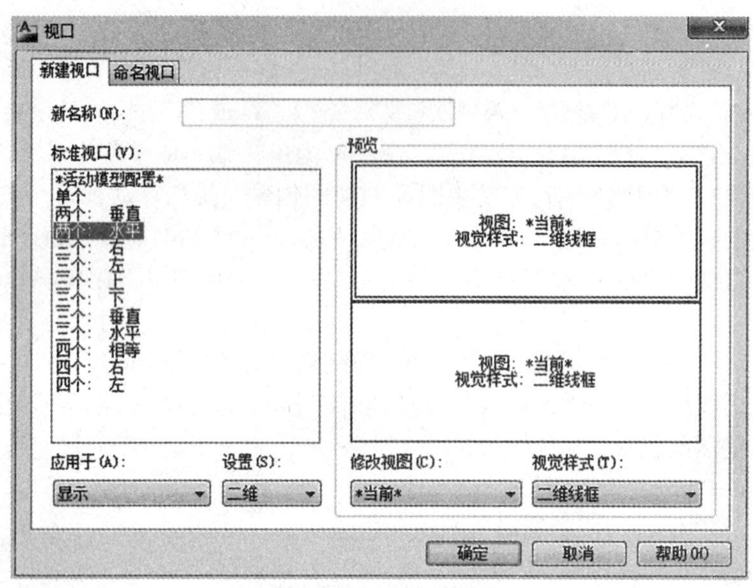

图 4-127　视口设置

按“确定”按钮后得到的结果如图 4-128 所示，单击“模型”标签进入图纸空间后，删除原法兰图形并对主视图作适当移动，如图 4-129 所示。此时已得到主、俯两个视图，但这两个视图仍然是三维图形，为了获得真正的二维图形，再单击“布局”标签进入活动的模型空间，然后应用“SOLPROF”命令来获得每个视图的轮廓。其操作步骤为：输入“SOLPROF”命令后选中主视图，按〈Enter〉键，在此过程中，对选项不作任何选择直到回到命令状态，即可得到主视图的轮廓；然后对俯视图进行同样的操作。至此已得到了两个视图的轮廓，但图形与操作“SOLPROF”命令前没有变化，需要删除原三维图形后才能得到仅保留主、俯视图轮廓的图形，即真正的二维图，如图 4-130 所示。

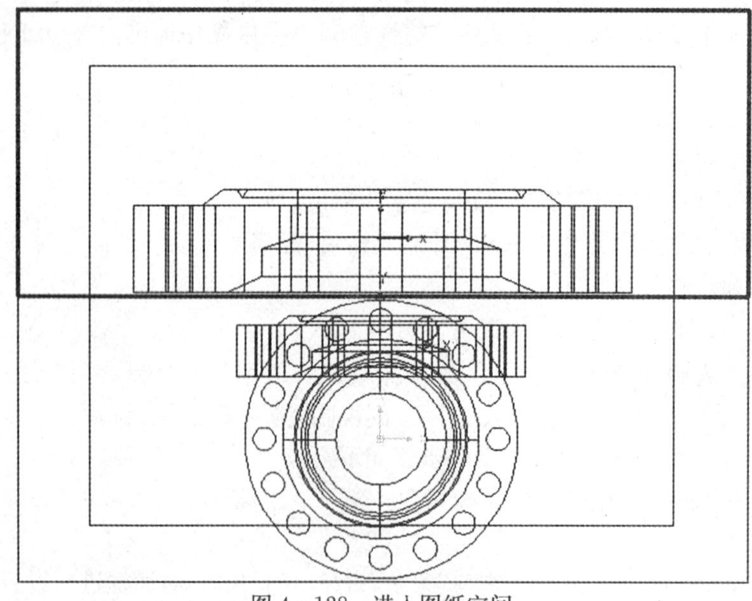

图 4-128　进入图纸空间

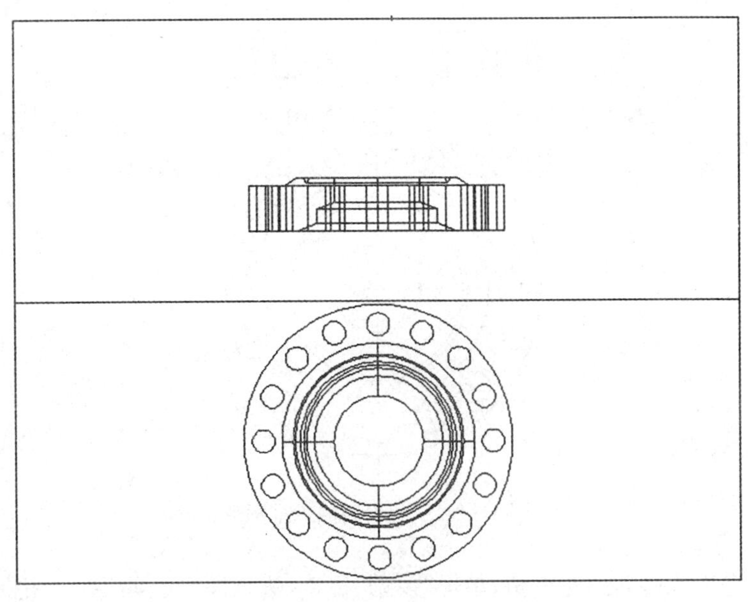

图 4－129　调整后的主、俯视图

图 4－130 还不符合预期的视图表达方案，须进行适当的编辑，为便于编辑，将主视图、俯视图复制到一个新建图形中，应用“EXPLODE”命令将其分解，然后按二维绘图命令编辑视图，最后得到所需的视图，如图 4－131 所示。

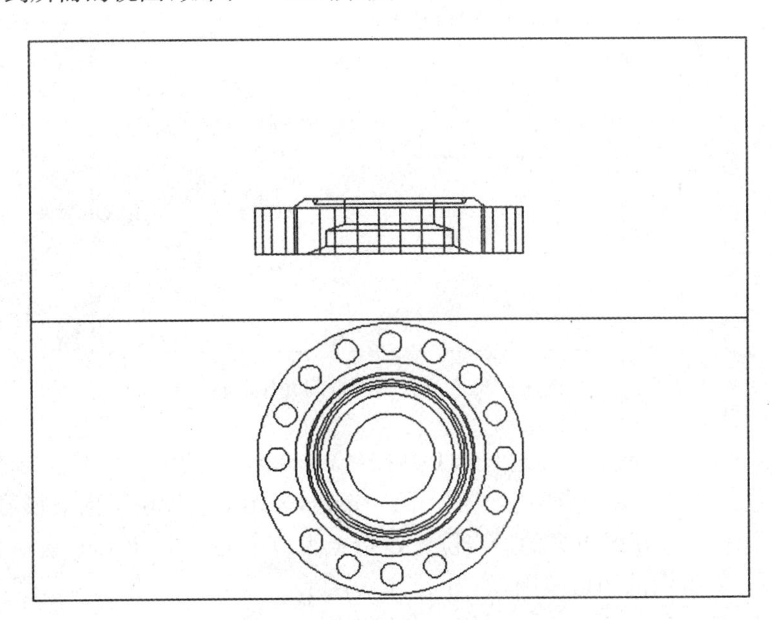

图 4－130　真正的二维视图

以上是获得二维图的一种方法，下面介绍另一种用“SOLVIEW”“SOLDRAW”“SOLPROF”三个命令获得二维视图形的方法。其具体步骤如下：

(1) 打开法兰三维模型，单击“模型”标签，进入图纸空间，再单击“布局”标签成为活动

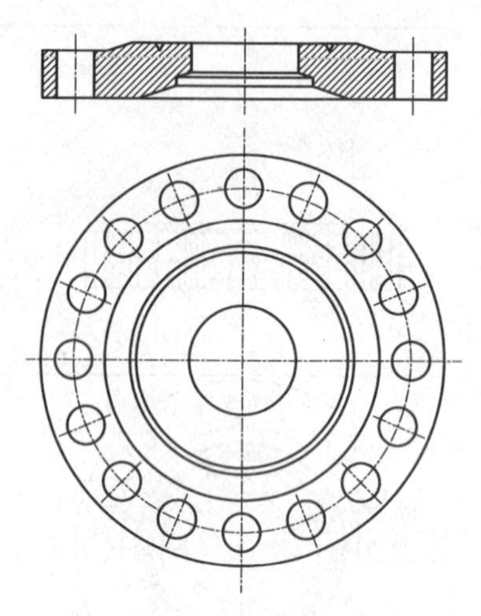

图 4－131　编辑后的二维图形

的模型空间。将法兰移动到左上角，单击“模型”标签，进入图纸空间后，将图框缩小(只需用鼠标单击图框，此时图框线变成虚线，按住鼠标左键向左上角移动即可)如图 4－132 所示。

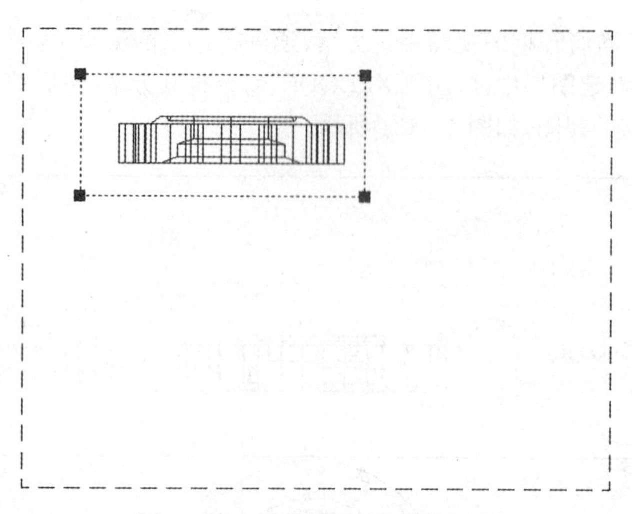

图 4－132　进入图纸空间并作调整

(2) 输入“SOLVIEW”命令，选正交(O)，按〈Enter〉键后，选中视口要投射的那一侧。因为要获得俯视图，所以用鼠标点中虚线框上面一条边，表示俯视图由上向下投射获得。

(3) 将鼠标移到主视图下方的适当位置以指定视口中心。按〈Enter〉键后，用左下角点和右上角点确定俯视图的图形范围，如图 4－133 所示。

(4) 输入俯视图名称后按〈Enter〉键得到俯视图。

(5) 因为要将主视图作全剖视，所以继续选截面(S)选项，然后按〈Enter〉键。之后，要确定剖切平面的位置，由于剖切平面与主视图所在投影面平行，而该平面从上向下投影为一条直线，因此，可在俯视图上输入两个点，这两个点所确定的直线就代表了剖切平面位置。

(6) 剖切平面的位置确定后按〈Enter〉键，系统要求指定从哪一侧查看，因主视图是由前

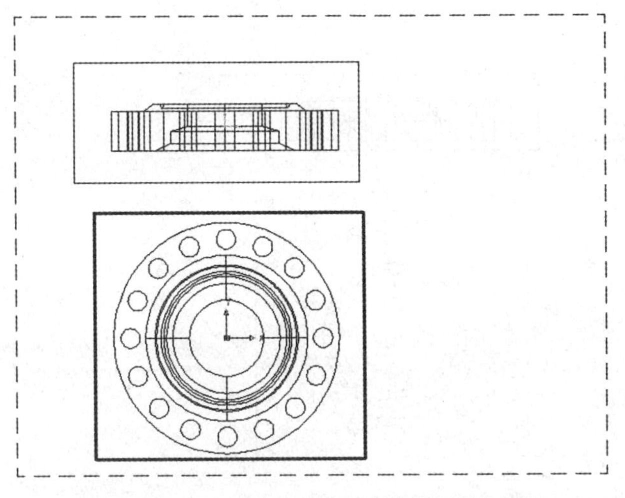

图 4－133　由 SOLVIEW 命令获得俯视图

向后投射在正立平面上得到的，所以用鼠标在俯视图下方(在空间代表前方)点击，并默认视图比例值，按〈Enter〉键后，指定剖视图中心，并用左下角与右上角两个点确定剖视图范围，然后输入剖视图名称，即可得到剖视图(剖面线还未画)，如图 4－134 所示。

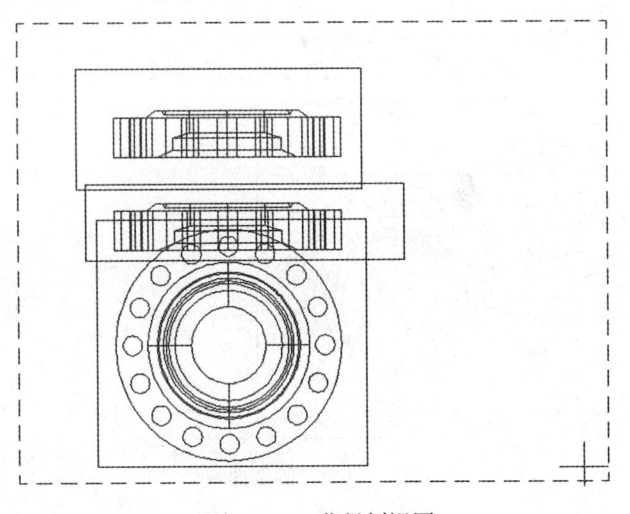

图 4－134　获得剖视图

(7) 由图 4－154 可知，获得剖视图后原来的主视图变为多余，应删除。可用鼠标单击主视图边框线，然后用"ERASE"命令将其删除，再用"MOVE"命令将剖视图调整到适当的位置，如图 4－135 所示。

(8) 设置剖面图及比例的命令如下：

命令：HPNAME

输入 HPNAME 的新值〈"ansi31"〉(输入图案的名称)

命令：HPSCALE

输入 HPSCALE 的新值〈1.0000〉：6

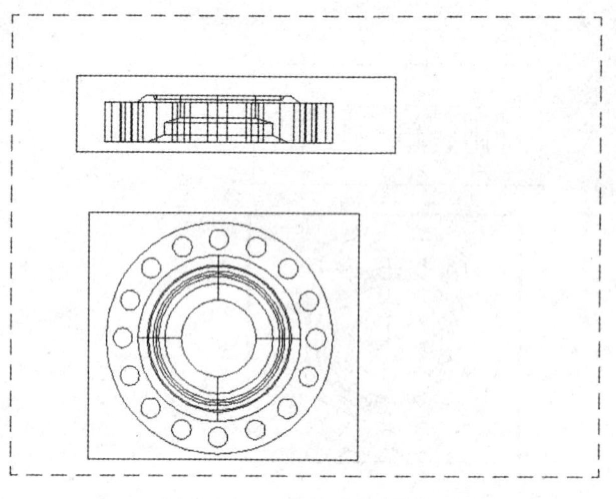

图 4－135　调整后的剖视图

(9) 输入“SOLDRAW”命令，按〈Enter〉键后用鼠标单击剖视图的线框，再按〈Enter〉键即可得到剖视图，如图 4－136 所示。

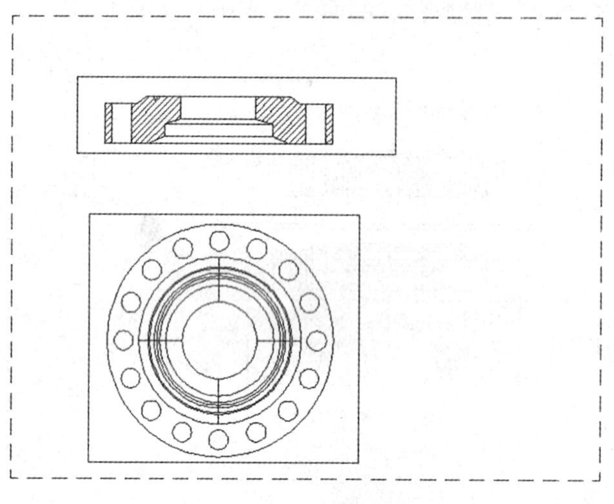

图 4－136　画剖面线

(10) 输入“SOLPROF”命令，按〈Enter〉键后选择俯视图，连续按〈Enter〉键直回车到命令状态。

(11) 用“ERASE”命令删除原俯视图中的三维模型，剩下的轮廓便是二维的俯视图，其结果如图 4－137 所示。

(12) 获得两个二维视图后，再将其编辑成符合制图标准的工程图，其编辑方法与第一种由三维模型生成二维图形所用的方法相同，这里不再重复。

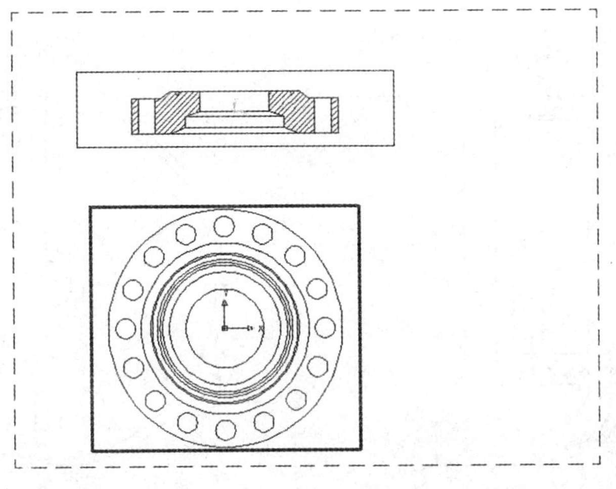

图 4 - 137　获得主、俯二维视图

本章小结

本章主要由 AutoCAD 绘图软件的绘图基础、三维实体造型基础等内容组成。

1. 计算机绘图基础

(1) 基本操作　窗口介绍，命令及数据输入方式，坐标系。

(2) 实用命令　帮助，图形单位，设置绘图界限。

(3) 绘图命令　直线，圆，圆弧，多段线，样条曲线，块定义，插入块，设置插入基点，绘制剖面线，文字，多行文字，文字样式。

(4) 图形编辑命令　实体选择，删除，修剪，打断，修改对象特性，其他图形编辑命令。

(5) 绘制工具命令　栅格设置，捕捉栅格，对象捕捉，对象捕捉追踪，正交方式，放缩，图层，颜色，设置线型比例。

(6) 尺寸标注命令　线性尺寸标注，角度标注，对齐线性标注，基线标注，连续标注，直径标注，半径标注，标注样式，编辑标注，编辑标注文字，dim 系统变量。

(7) 综合举例。

2. 三维实体造型基础

(1) 基本操作　拉伸，旋转，创建复合实体。

(2) 三维编辑功能　旋转三维对象，三维对象的阵列，三维对象的镜像，三维对象修剪和延伸，倒圆角，倒斜角。

(3) 三维实体编辑　实体的截面，剖切实体，编辑三维实体的面，编辑三维实体的边，压印实体，分割实体，抽壳实体，清除实体，检查实体。

(4) 零件的三维造型。

(5) 根据三维模型生成二维图形。

自　测　题

1. 设置绘图界限为 A3 图纸大小，按 1∶1 比例绘制下面所示的缸盖零件图。

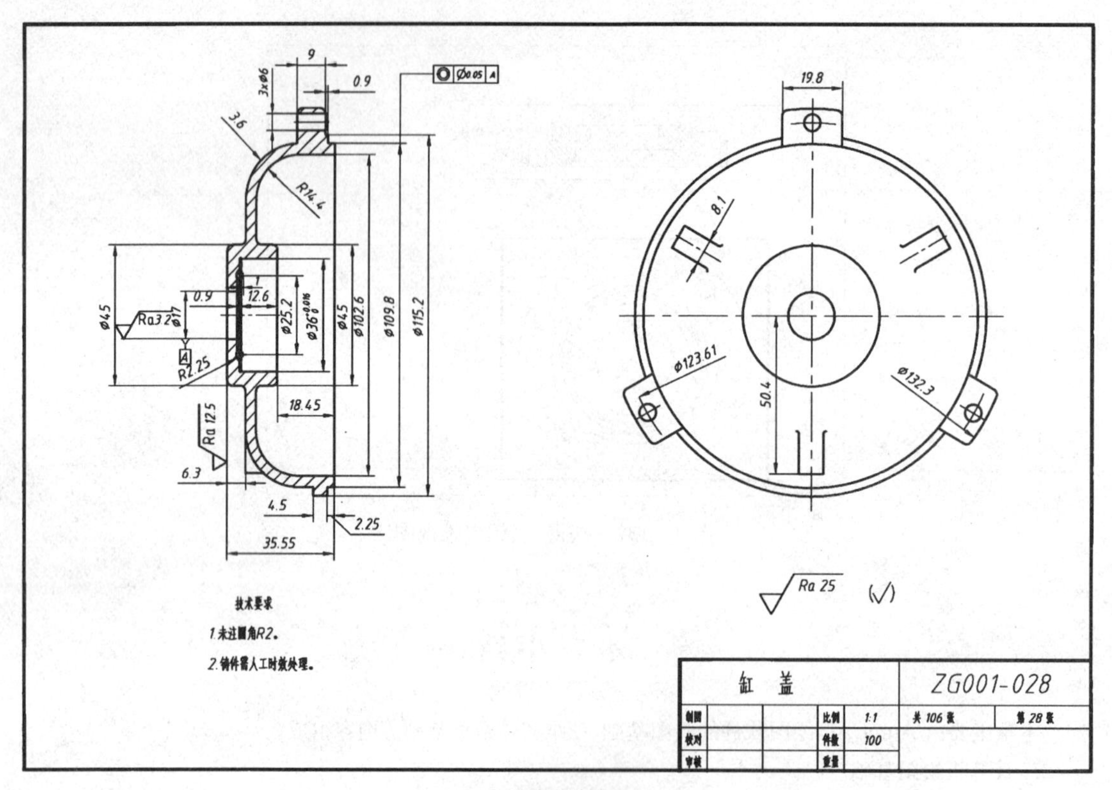

第1题图

2. 根据已知尺寸,对物体进行三维造型,然后生成适当的二维视图并标注尺寸。

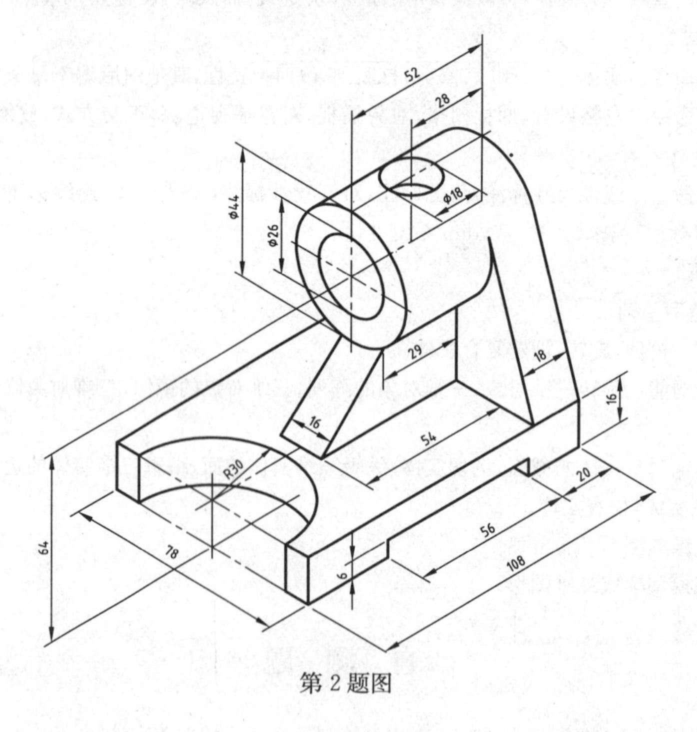

第2题图

3. 根据已知尺寸，对物体进行三维造型，然后生成适当的二维视图并标注尺寸。

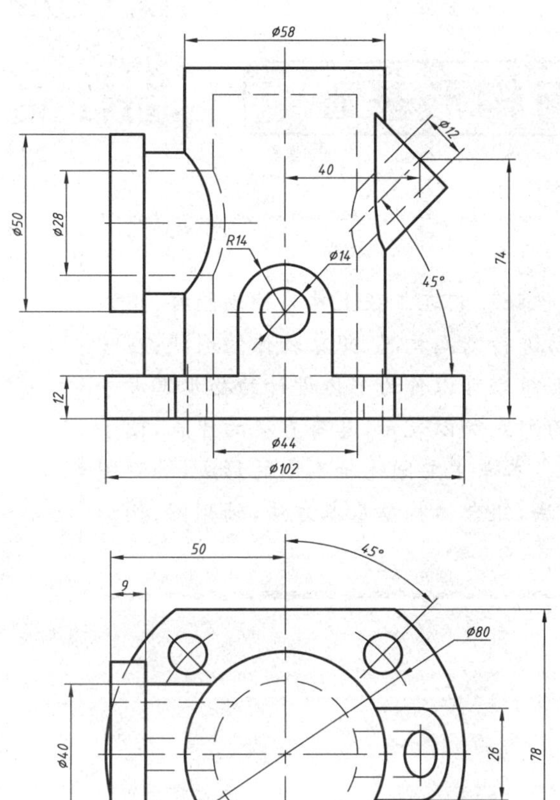

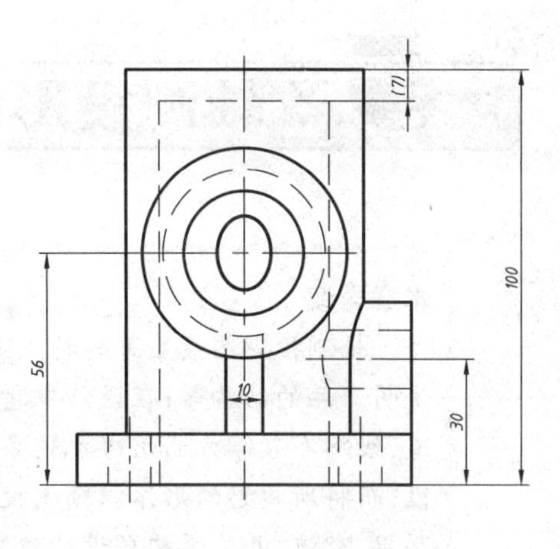

第3题图

5 轴测投影图与构形基础

本章导读

轴测投影图最显著的特点是直观性强。它在工程上作为辅助图样，用来说明产品的结构等；在设计中它可帮助进行空间构思，想象物体的形状；在管道、线路布置等方面用得也较多。构形想象可以作为形体设计的初步思考手段，而将所构思的形体以轴测投影图的形式加以表示，具有直观的优点，便于联想、交流，并为再构思设计积累素材。本章主要阐述轴测图的形成，轴测图的种类，轴测图的基本形质，轴测图画法，组合体构型基本方法，轴测图、构形想象与三维造型的联系等内容。

5.1 轴测投影图的基础知识

5.1.1 轴测投影图的形成和投影特性

图5-1表示用平行投影法将物体连同确定其空间位置的直角坐标系向单一投影面沿S方向进行投射，使所得的投影图能反映出三个坐标面，从而使物体的轴测投影具有直观性。通过选择[5-1]二维码号可以观看。由于轴测投影是用平行投影法得到的，因此具有下列投影特性：

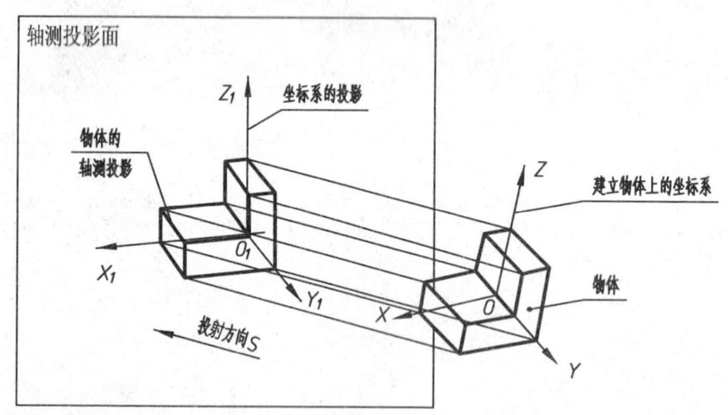

图5-1　轴测投影图的形成

(1) 物体上互相平行的线段，在轴测投影图上仍互相平行。

(2) 物体上两平行线段或同一直线上的两线段长度之比值在轴测投影图上保持不变。

(3) 物体上平行于轴测投影面的直线和平面在轴测投影图上反映实长和实形。

在物体的正轴测投影形成过程中，由于物体或直角坐标轴、投影面、投射光线三者的相对位置变化无穷，可以产生多种正轴测投影的图形，为了便于研究轴测投影形成过程中的一些变化规律，可将投影面的位置固定不动，而改变直角坐标轴以及由它确定的物体的空间位置从而得到一系列正轴测投影图，如图 5－2 所示。通过选择[5－2]二维码号可以观看。

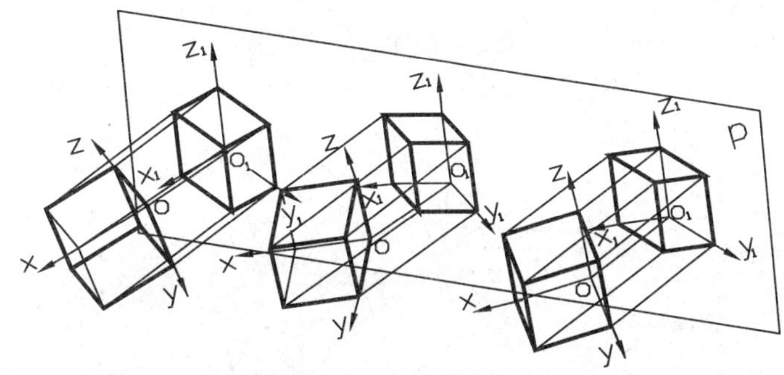

图 5－2 变化物体位置所得到的各种正轴测投影图

也可以固定直角坐标系以及由它确定的物体的空间位置，而变化投影面的位置来得到一系列正轴测投影图，如图 5－3 所示。通过选择[5－3]二维码号可以观看。

无论是图 5－2 或图 5－3 哪一种情况，为了能够正确绘制正轴测投影图，就要研究在一定的投射方向下，物体上与直角坐标轴重合或平行的线段与其正投影长，以及两两垂直的直角坐标轴与其投影角大小的关系。

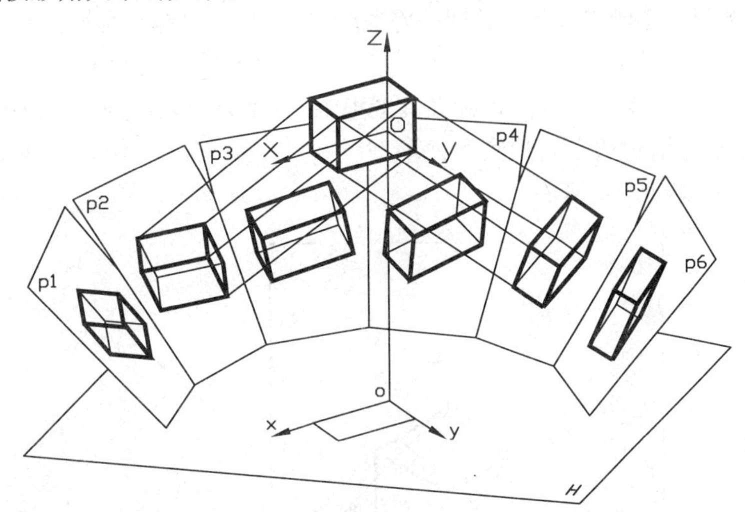

图 5－3 变化投影面位置所得到的各种正轴测投影图

在正轴测投影中，物体的形状大小和空间位置是在空间直角坐标系中表示的。空间直角坐标系包括互相垂直的三坐标轴 Ox，Oy，Oz，设每条轴的坐标单位 e_x，e_y，e_z，三坐标轴可以看成是确定物体长、宽、高三个向度大小和确定物体空间位置的“定位基准”，而 e_x，e_y，e_z 就是度量物体上某点坐标值的基本长度，三轴的坐标单位一般应取为一致，即 $e_x=e_y=e_z=e$。由于三坐标轴的轴测投影是轴测坐标轴，因而坐标单位长度的轴测投影便是轴测单位。于是，轴测坐标轴和轴测单位便组成了轴测坐标系，如图 5－4 所示。物体上某点的轴测坐标就要沿轴测轴单位去确定和度量。例如图 5－4 中长方体 A 点的直角坐标值 x，y，z 是按坐标单位 e_x，e_y，e_z 自坐标原点 O 沿各坐标轴方向量取的。则 A 点的轴测投影 A_1 的轴测坐标

x_1, y_1, z_1 就必须按轴测单位 e_{x1}, e_{y1}, e_{z1} 自轴测坐标原点 O_1 沿轴测轴方向度量。这就说明了在轴测投影要素中加进坐标轴的必要性和轴测投影轴测两字的实际含义就是沿轴测量的意思。通过选择[5-4]二维码号可以观看。

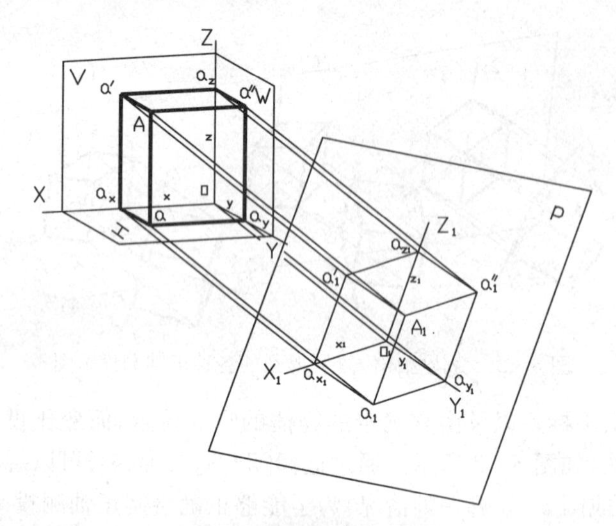

图 5-4　沿轴测量示意图

5.1.2　轴测投影图的轴间角和轴向伸缩系数

1. 轴间角

图 5-5 中物体上建立的空间坐标系其三根轴 OX, OY, OZ 的轴测投影 O_1X_1, O_1Y_1, O_1Z_1 称为轴测轴。轴测轴之间的夹角 $\angle X_1O_1Y_1$，$\angle X_1O_1Z_1$，$\angle Y_1O_1Z_1$ 称为轴间角。通过选择[5-5]二维码号可以观看。

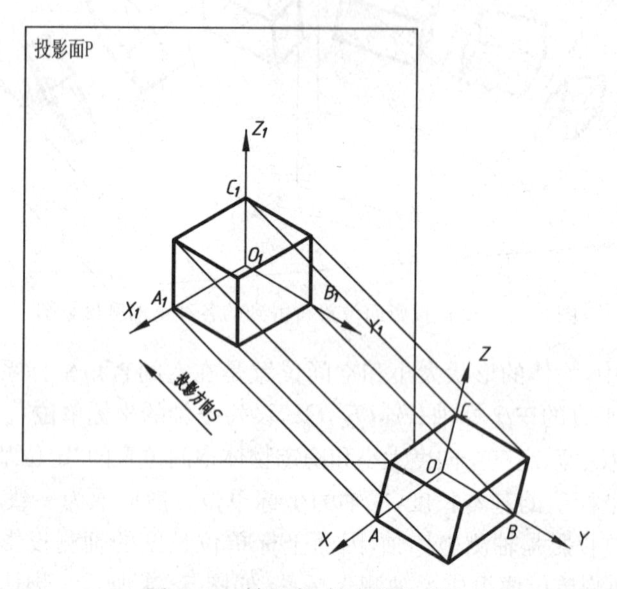

图 5-5　轴间角、轴向伸缩系数

2. 轴向伸缩系数

轴测轴上的线段与空间坐标轴上对应线段的长度比称为轴向伸缩系数。如图 5－5 中 O_1X_1 的轴向伸缩系数为 $p=O_1A_1/OA$，而 O_1Y_1，O_1Z_1 的轴向伸缩系数分别为 $q=\frac{O_1B_1}{OB}$，$r=\frac{O_1C_1}{OC}$。

5.2　正轴测投影图

5.2.1　正等轴测投影

如果知道了轴间角和轴向伸缩系数就可根据物体或物体的视图来绘制轴测投影图。在画轴测投影图时，只能沿轴测轴方向，并按相对的轴向伸缩系数直接量取有关线段的尺寸。在工程中应用较多的轴测投影图有正等测和斜二测两种。如图 5－5 所示空间坐标系的三根轴置于与轴测投影面倾角都相等的位置，也就是将图中立方体的对角线 OF 放成垂直于投影面的位置，并以 OF 作为投影方向 S，所得到的轴测投影就是正等轴测投影图。正等轴测投影图的轴间角均为 120°，各轴的轴向伸缩系数都相等为 $p=q=r=0.82$。为作图简便，在实际作图时，常采用各轴的简化伸缩系数即 $p=q=r=1$，用简化伸缩系数画出来的图约为实际轴测投影图的$\frac{1}{0.82}=1.22$倍，称为轴测图。从图 5－6 可以看出两个图是相似形并不影响直观性，所以画图时沿各轴向所有尺寸都按实长度量比较方便。通过选择[5－6]二维码号可以观看。

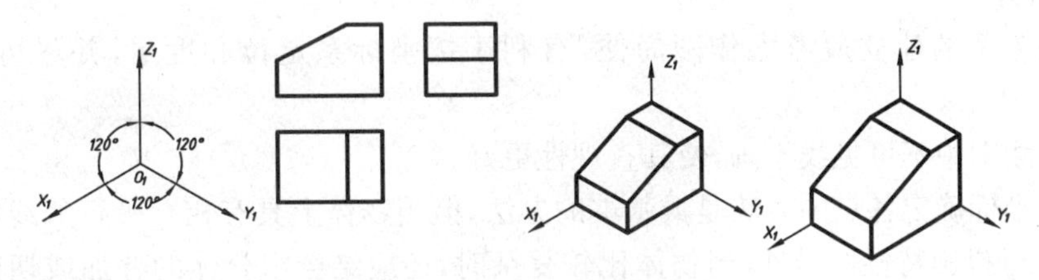

图 5－6　轴测投影图与轴测图

5.2.2　正等轴测图的作图方法和步骤

画正等轴测图的一般步骤为：

(1) 对物体进行形体分析，确定坐标原点和直角坐标轴。

(2) 画出轴测轴，根据坐标关系及轴测投影的特性画出物体上的点、线，然后连成物体的正等轴测图。

[例 5－1]　画出图 5－7(a)所示三棱锥的正等轴测图。

(1) 建立坐标系见图 5－7(b)，在所建坐标系中 S，A，B，C 四点坐标分别为 $A(18,0,0)$，$B(12,9,0)$，$C(0,0,0)$，$S(10,4,18)$。

(2) 画出轴测轴见图 5－7(c)

(3) 画出 S，A，B，C 各点的投影，然后连接各点画出棱线与底面，完成三棱锥正等轴测图，见图 5－7(d)。通过选择[5－7]二维码号可以观看。

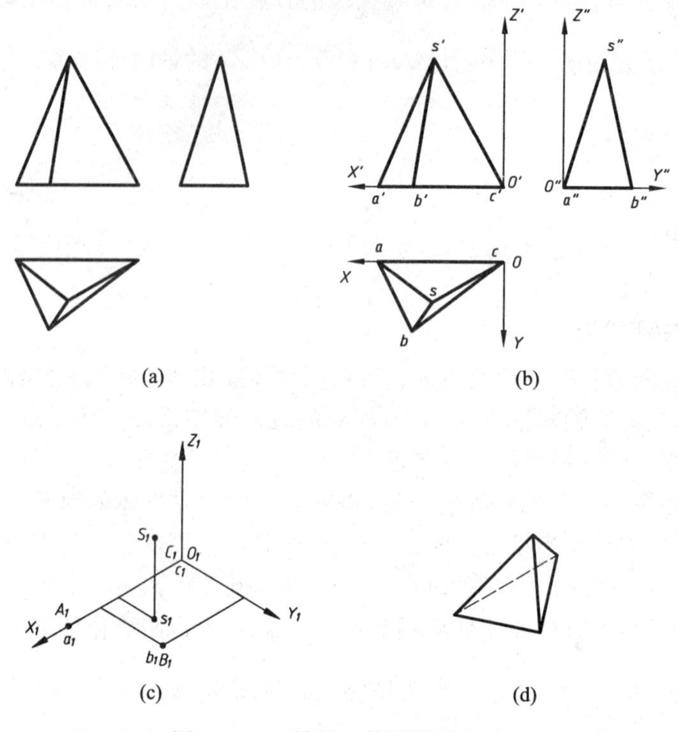

图 5－7 三棱锥正等轴测图画法

几点说明：

(1) 坐标系的建立应考虑作图简便，有利于按坐标系定位和度量，并尽可能减少作图线。

(2) 轴测图中不可见线不画，使其直观性更好。

(3) 以坐标确定各点的方法是最基本的方法，但当物体上具有相互平行的线段时，应当充分利用平行投影特性。另外，当物体比较复杂时，还应结合组合体的叠加或切割特征，将形体分析法与表面分析法灵活地用到轴测图的画法中，以提高画轴测图的效率和准确性。

[例 5－2] 画出图 5－8(a)所示物体的正等轴测图(通过选择[5－8]二维码号可以观看)。

(1) 形体分析。

由视图可知所示物体为平面立体，从形状特征看该立体是一个切割式的组合体，可以此物体长、宽、高构建一个长方体，见图 5－8(b)，图中用双点画线补出长方体所缺部分。

(2) 建立坐标系，见图 5－8(b)。

(3) 画出轴测轴，并按尺寸画出长方体，见图 5－8(c)。

(4) 根据左视图在长方体上前后各切去一块，见图 5－8(d)。

(5) 根据主视图切去左上角一块，见图 5－8(e)。

(6) 根据主、左视图画出矩形孔，见图 5－8(f)。

上述作图过程就是根据组合体的切割特征，并充分利用投影平行性而完成了组合体的正等轴测图。

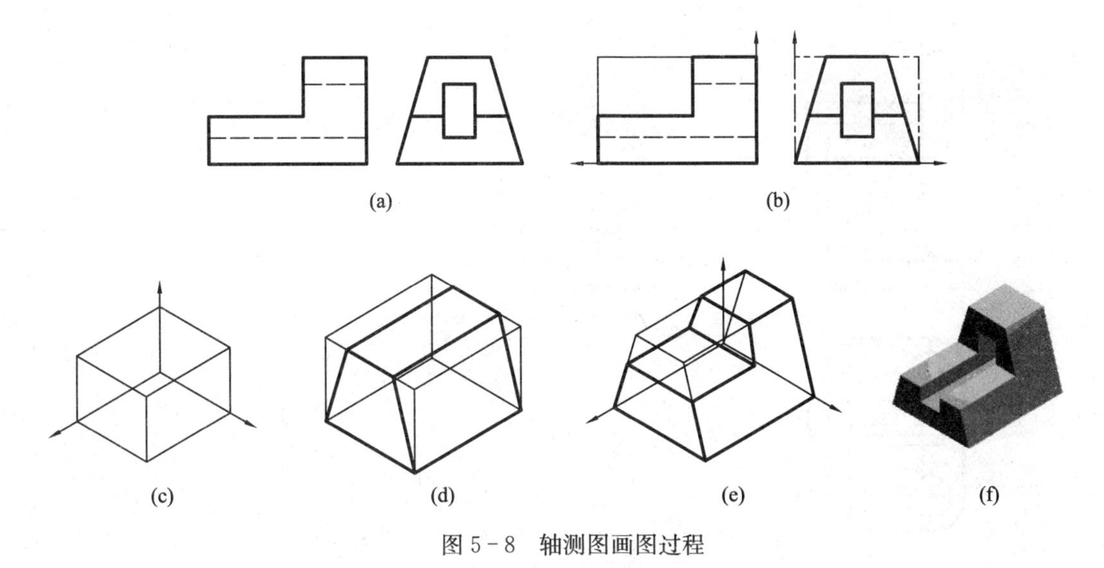

图 5-8　轴测图画图过程

[例 5-3]　画出 5-9(a)所示轴承架的正等轴测图(通过选择[5-9]二维码号可以观看)。

由图 5-9(a)可知轴承架具有明显的叠加特征,初步分析为由圆筒、立板、肋板、底板四部分组成。在画正等轴测图时可按各部分逐一画出。其步骤如下:

(1) 在物体上建立直角坐标系,见图 5-9(a);

(2) 画出轴测轴,见图 5-9(b);

(3) 画圆筒,见图 5-9(c);

(4) 画底板,见图 5-9(d);

(5) 画立板,见图 5-9(e);

(6) 画肋板,见图 5-9(f);

(7) 加粗、描深并擦去不可见线完成全图,见图 5-10。

几点说明如下:

(1) 对叠加式组合体各部分可按先大后小,先上后下次序来画,以便于各形体之间的定位和直接省画不可见部分。

(2) 注意各部分的相对位置的确定。如底板与圆筒其相对位置由 a,b,c 三个尺寸确定,见图 5-9(d)。竖板底部与底板同宽,上端与圆筒相切,见图 5-9(e)。肋板右端与竖板叠加,左端由尺寸 d 确定,前后由尺寸 e 确定,上下处在圆筒与底板之间,见图 5-9(f)。

(3) 物体上圆,圆角的画法。最基本的方法就是用坐标法画出圆或圆角上一系列点的轴测图,然后将它们用曲线光滑相连构成圆或圆角的轴测图。显然这种方法比较烦琐,为简化作图,对平行坐标面的圆及圆角的正等轴测图的通常画法,以平行于 XOY 坐标面圆的画法为例,见图 5-11。用所画的四段圆弧构成的扁圆代替圆的正等轴测图椭圆。通过选择[5-10]～[5-11]二维码号可以观看。

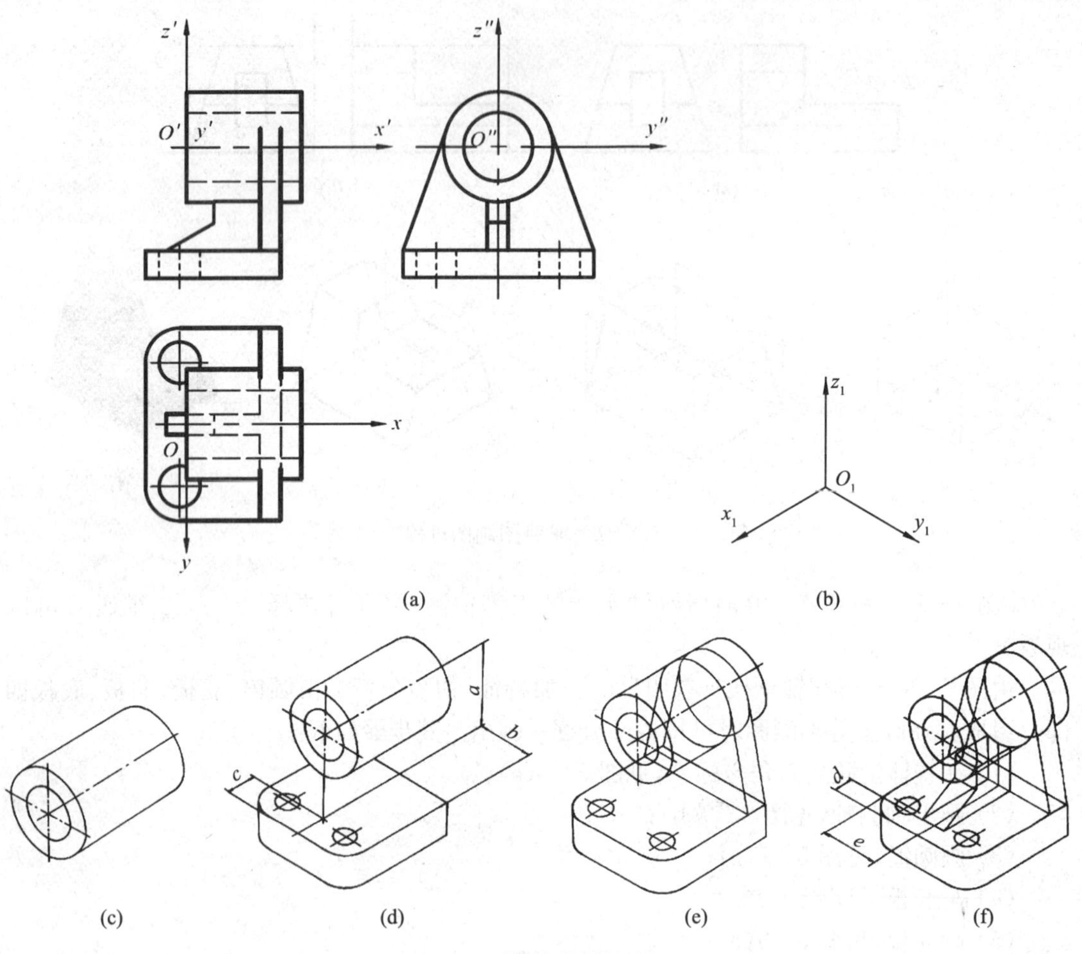

图 5 - 9　轴测图画图过程

图 5 - 10　完成后的轴测图

对平行于 $X_1O_1Z_1$，$Y_1O_1Z_1$ 坐标面的圆，其正等轴测图作图方法与图 5 - 11 相似，其结果见图 5 - 12。图 5 - 13 是圆角的画法。通过选择[5 - 12]二维码号可以观看。

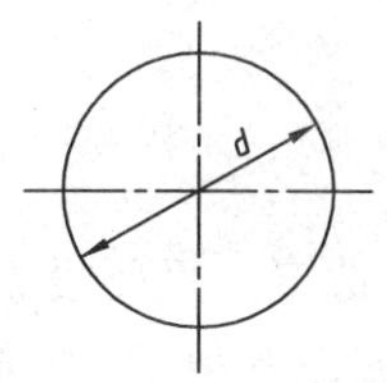

(a) 平行于XOY平面的圆

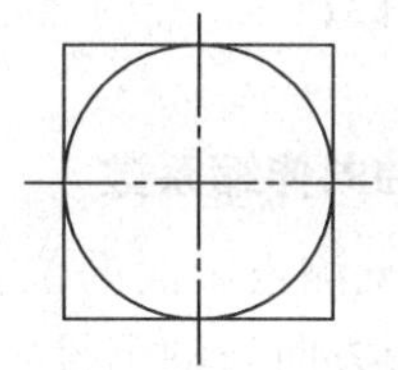

(b) 做圆的外接正方形

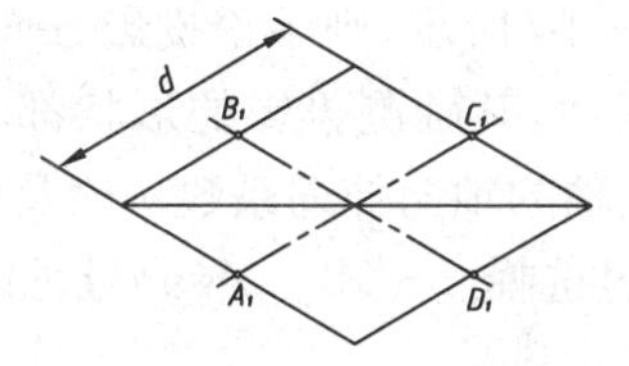

(c) 做外接正方形的正等轴测图

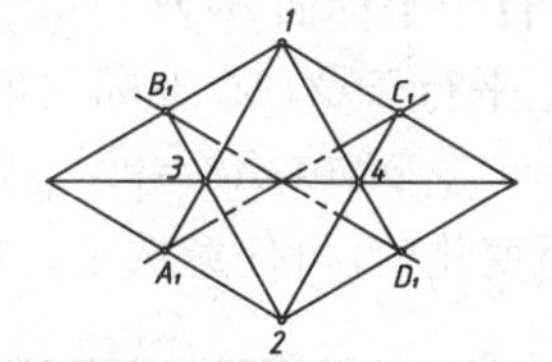

(d) 确定四段圆弧的圆心1，2，3，4

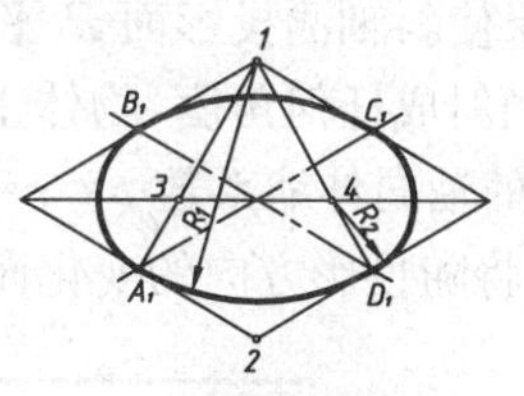

(e) 绘制扁圆

图 5－11　用菱形四心法画平行于 *XOY* 坐标面上圆的正等轴测图

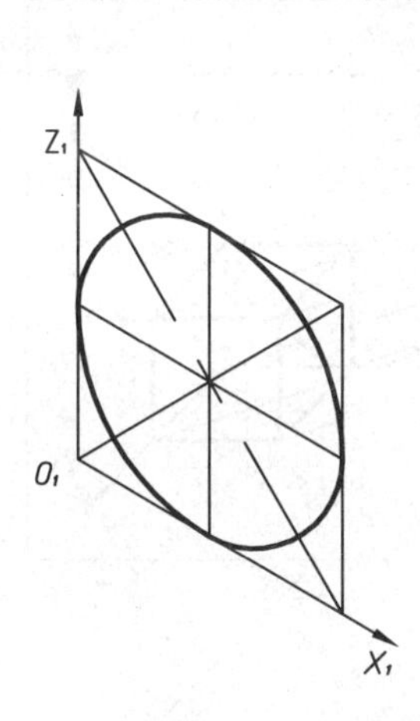

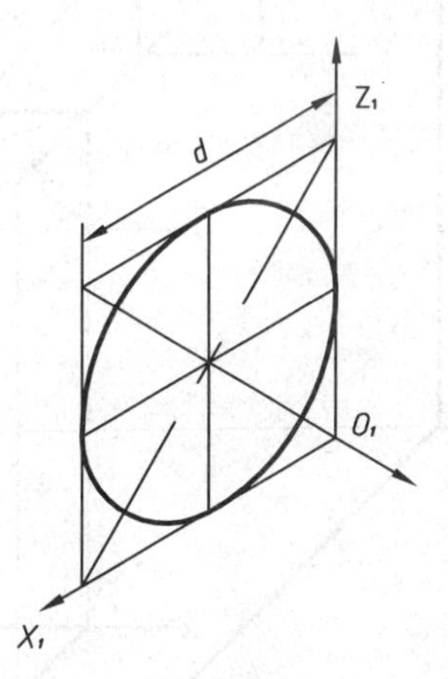

图 5－12　*YOZ*、*XOZ* 坐标面上圆的正等轴测图

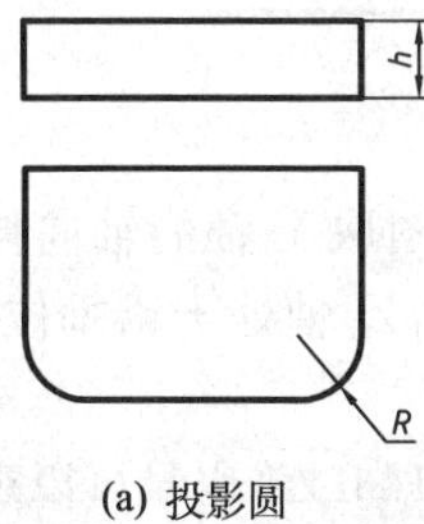

(a) 投影圆

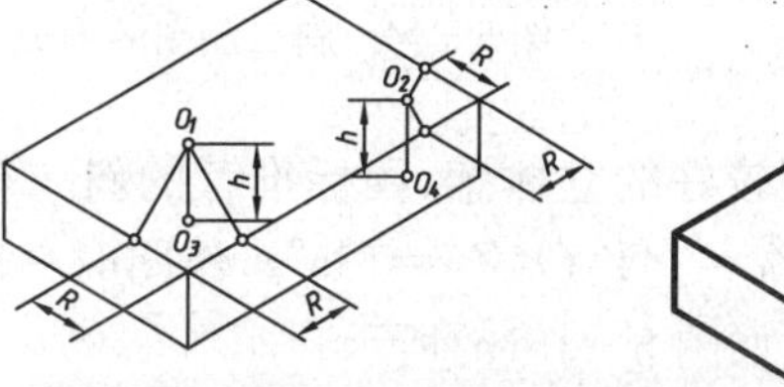

(b) 通过垂线圆角定圆弧的圆心

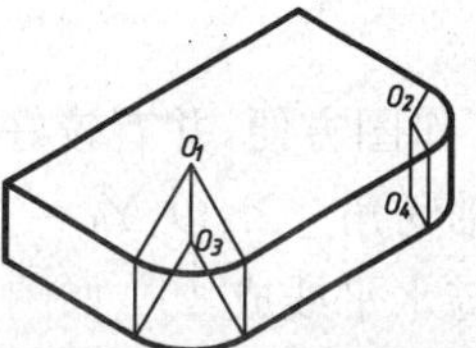

(c) 做圆弧，完成轴测图

图 5－13　圆角的正等轴测图画法

5.3 斜轴测投影图

5.3.1 轴间角和轴向伸缩系数

在斜轴测投影中,轴测投影面的位置可任意选定。只要投影方向与三个直角坐标面都不平行、不垂直,即投影方向与轴测投影面斜交成任意角度,所画出的轴测投影图就能同时反映物体三个方向的形状。因而斜轴测投影的轴间角和轴向伸缩系数[①]可以独立变化,即都可以任意选定。

如果使斜轴测投影面 P 平行于坐标面 XOZ,如图 5-14 所示,则不论投影方向与轴测投影面倾斜成任何角度,物体上平行于 XOZ 坐标面的表面,其轴测投影的形状都不变,即 X,Z 轴的轴向伸缩系数 $p=r=1$,$\angle X_1O_1Z_1=90°$,但 Y 轴的轴向伸缩系数 q 以及 O_1Y_1 轴的方向,将随投影方向的变化而变化,且可任意选定。通过选择[5-13]二维码号可以观看。

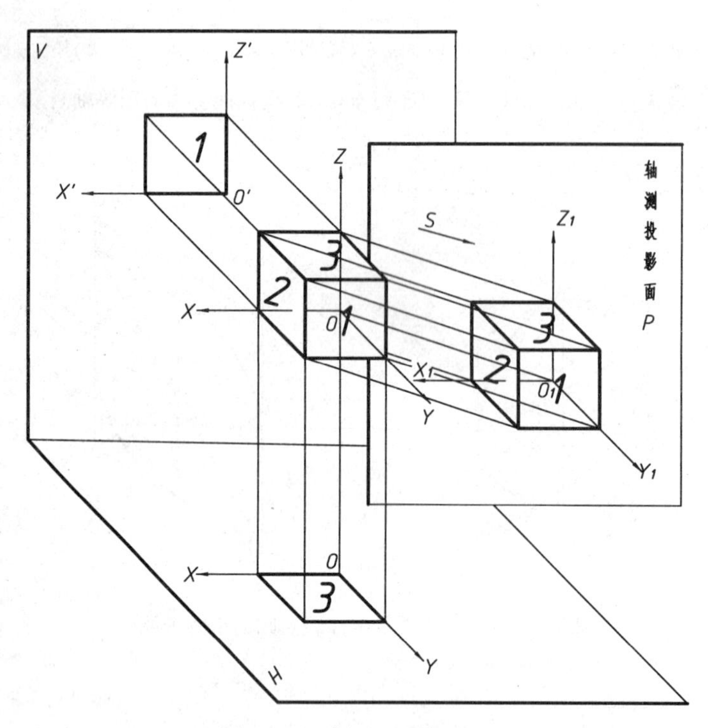

图 5-14 斜二测图的形成

为了作图方便,并有较好的立体感,国标推荐的斜二等轴测图取 Y 轴的轴向伸缩系数 $q=0.5$,轴间角 $\angle X_1O_1Y_1=\angle Y_1O_1Z_1=135°$。作图时一般使 O_1Z_1 轴处于铅垂位置,这时 O_1Y_1 轴与水平线成 45°,如图 5-15(a)所示。

图 5-15(b)(c)表示一个长方体的斜二测图。通过选择[5-14]二维码号可以观看。

图 5-16(a)表示一立方体的表面上分别有平行于相应坐标面的内切圆 A,B,C,其斜二

① 在正轴测投影中,轴向伸缩系数总是小于 1;而在斜轴测投影中,轴向伸缩系数可以等于或大于 1。

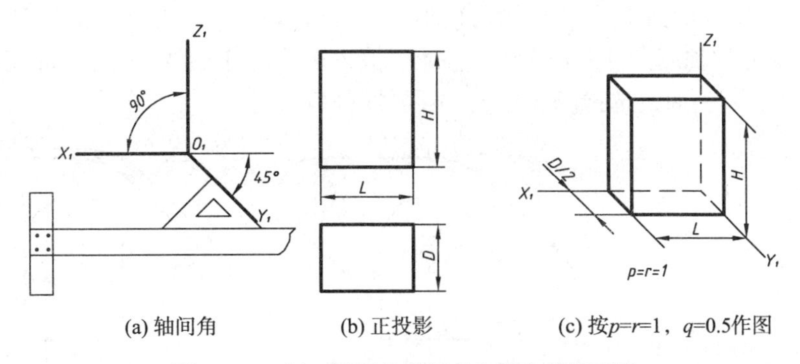

(a) 轴间角　　(b) 正投影　　(c) 按$p=r=1$，$q=0.5$作图

图 5－15　斜二测图的轴间角和轴向伸缩系数

测图 5－16(b)所示。其中平行于 XOZ 坐标面(即平行轴测投影面)的圆 A，其斜二测图 A_1 仍为圆的实形，而平行 XOY，YOZ 两坐标面的圆 B 及 C 的斜二测图则为椭圆。所以斜二测最大的优点是，凡平行于轴测投影面的图形都能反映实形，因此，它适合于在某一方向形状比较复杂的或有圆和曲线的物体的表达。通过选择[5－15]二维码号可以观看。

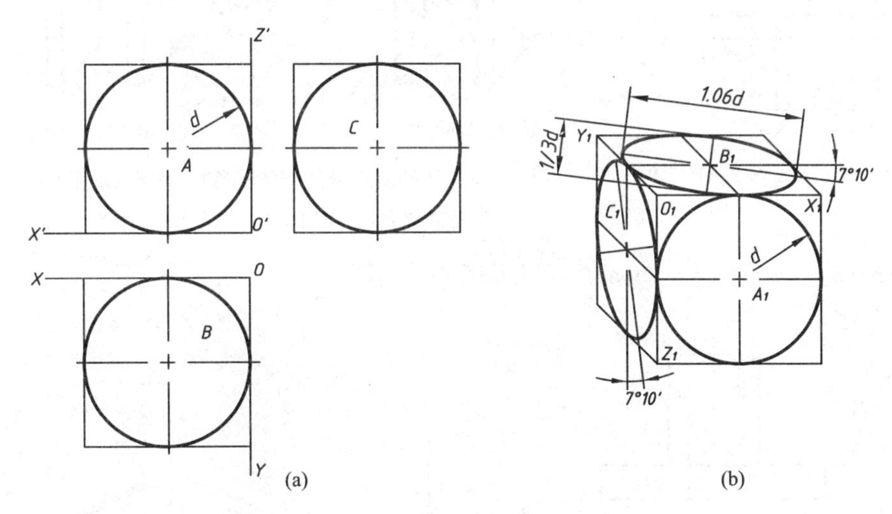

(a)　　(b)

图 5－16　坐标面上三个方向圆的斜二测图

5.3.2　斜二测图的画法

斜二测图的作图方法和步骤与正等测图相同，要注意的是：在确定轴测轴位置时，应使轴测投影面与物体上形状较复杂的表面平行，以便于作图。

[例 5－4]　作出托架(图 5－17)的斜二等轴测图(通过选择[5－16]二维码号可以观看)。

托架的正面(P、Q、R 平面)形状比较复杂，故使其平行于轴测投影面，这样在斜二测图中都能反映实形。具体作图步骤如图 5－18 所示。先按图 5－17 所示的主要定位尺寸 a、b、c、d 及各圆弧的半径作出 Q 面的轴测图，过 O 作 Y_1 轴线，取 $OO_1=0.5h_1$，O_1 即为 R 面中间圆弧的圆心，同理将两个小孔的圆心也向后移相同的一段距离[图 5－18(a)]，再以 O_1 等为圆心作出 R 平面上的图形，作 Y_1 轴方向的切线，完成背后部分的轴测图；自 O 点向前取

$OO_2=0.5h_2$，O_2即为前面 P 平面的圆心[图 5 - 18(b)]，以 O_2为圆心，作出 P 平面上的图形，完成前面部分的轴测图[图 5 - 18(c)]，最后擦去多余的作图线并描深，即完成托架的斜二测[图 5 - 18(d)]。通过选择[5 - 16]二维码号可以观看。

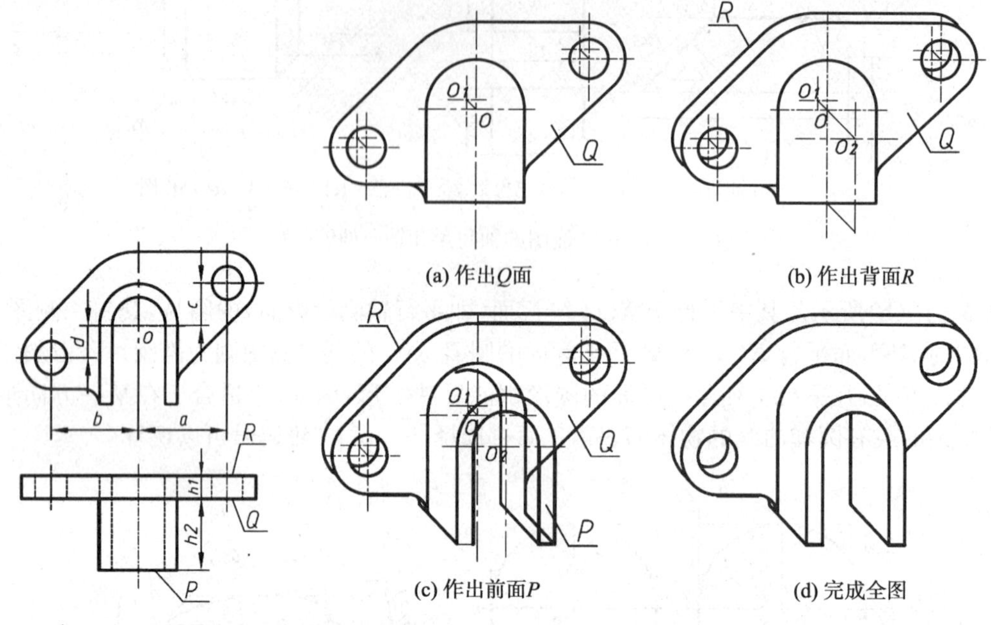

图 5 - 17　托架的视图

图 5 - 18　托架斜二测的作图步骤(a)作出 Q 面(b)作出背面 R(c)作出前面 P(d)完成全图

[例 5 - 5]　画出图 5 - 19(a)所示压盖的斜二测图。

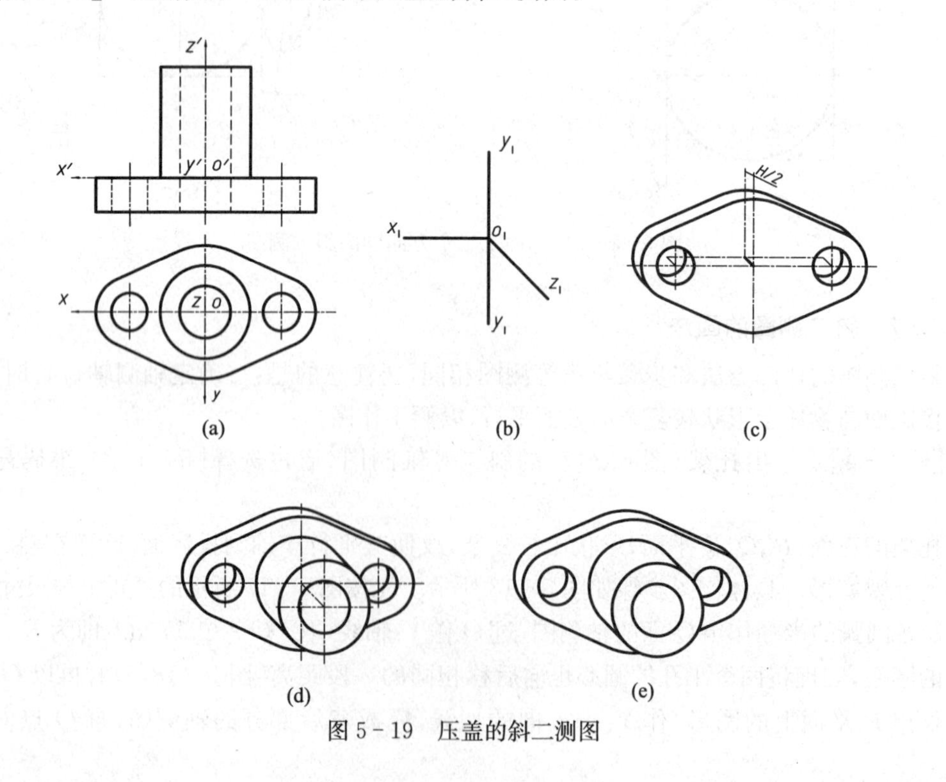

图 5 - 19　压盖的斜二测图

压盖上的圆和圆弧都平行于水平面。为了使水平面上的图形在斜二测图中反映实形，可假定轴测投影面平行于 XOY 面，则其轴间角如图 5-19(b)所示，其作图步骤如图 5-19(c)～(e)所示。通过选择[5-17]二维码号可以观看。

5.4　轴测投影剖视图

轴测图和视图一样，为了表达物体的内部形状，也可假想用剖切平面把所画的物体剖去一部分，画成轴测剖视图。

画轴测剖视图时应注意：

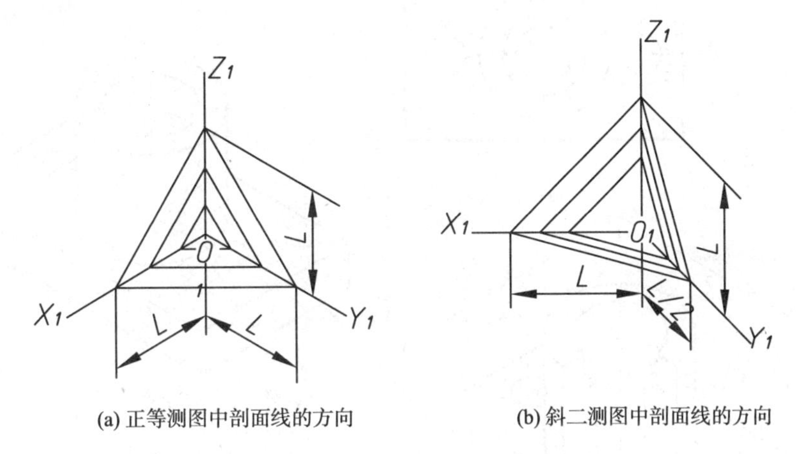

(a) 正等测图中剖面线的方向　　(b) 斜二测图中剖面线的方向

图 5-20　轴测剖视图中剖面线的方向

(1) 剖切平面的位置　为了使图形清楚和作图简便，应选取通过物体主要轴线或对称平面，并将平行坐标面的平面作为剖切平面；又为了在轴测图上能同时表达出物体的内外形状，通常把物体切去四分之一，如图 5-21 所示。通过选择[5-19]二维码号可以观看。

(2) 剖面线画法　剖切平面剖到物体的实体部分应画上剖面符号，一般用金属材料的剖面线表示，剖面线方向如图 5-20 所示。应注意平行于三个不同坐标面上的剖面线，方向都是不同的。通过选择[5-18]二维码号可以观看。

[例 5-6]　画出图 5-21(a)所示物体的正等轴测剖视图。

(a)定坐标原点(以底板顶面中心为原点)；(b)画轴测轴，以坐标原点为基准，定出物体上各孔的中心位置；(c)画外形图；(d)分别沿 $X_1O_1Z_1$ 和 $Y_1O_1Z_1$ 方向剖切，从剖面与物体的交线开始，画出剖面的边界；(e)画出剖面后在剖面的实体部分画上剖面线，加深完成全图。

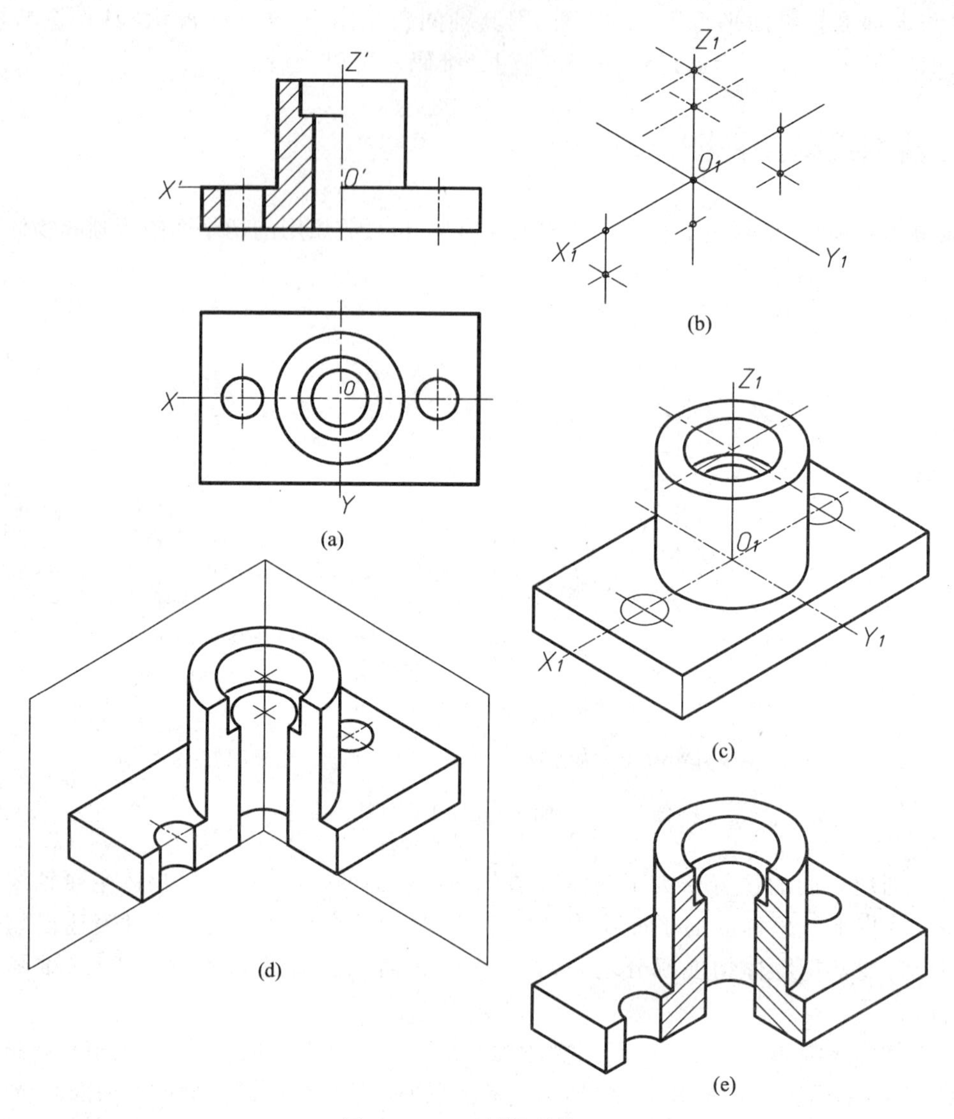

图 5-21　正等轴测剖视图

5.5　构形想象

5.5.1　单向构形想象

由一个视图可以想象出无数个形体。如图 5-22(a)所示的一个视图可以与图 5-22(b)诸多形体对应。相信读者在仔细分析图 5-22(b)所示各形体后,可以继续构思出许多与主视图 5-22(a)符合的形体。这种对一个视图进行构思想象,再结合其他视图确定所构思的形体的方法称为单向构形想象。通过选择[5-20]二维码号可以观看。

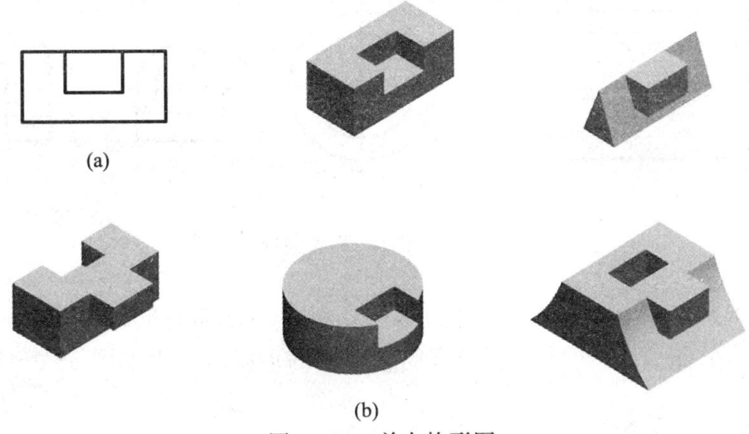

(a)

(b)

图 5－22 单向构形图

5.5.2 双向构形想象

当两个视图还未确定形体时，也可以构形想象出无数个满足该两个视图的形体。如根据图 5－23(a)可构形想象出图 5－23(b)诸形体。它们均符合图 5－23(a)中的两个视图的要求。在图 5－23(b)基础上读者也可以继续构形想象出许多符合图 5－23(a)的形体。通过选择[5－21]二维码号可以观看。但会发现，这一构形想象过程比单向构形想象要求更高一些，因为此时构思的形体形状受到两个视图的限制。由视图作构形想象，这些视图可在满足形体某些方向的实用功能或外观造型需要的基础上先加以确定，再作其他方向的构思。无论是单向构形想象或是双向构形想象，其构思过程就是丰富空间想象、提高形象思维能力的过程，并能起到构形选择的作用。

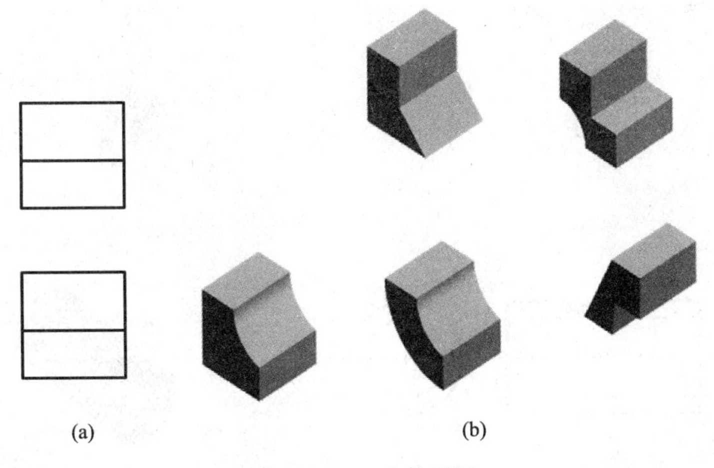

(a) (b)

图 5－23 双向构形图

5.5.3 组合构形设计

以上两节介绍了单个形体的构形想象。进一步，对组合体也可在确定各个形体的基础上根据不同的组合方式设计单个形体之间结合处的形状。如图[5－24]为一筒体与耳板的基本形状。通过选择[5－22]二维码号可以观看。

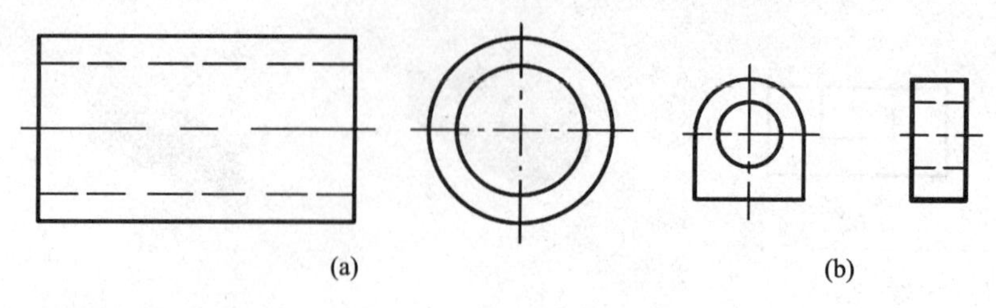

图 5 - 24　筒体、耳板的视图

当耳板与筒体组合在一起时，应对筒体与耳板在结合部的形状作构形设计。如按图 5 - 25(a)所示方式组合，则可将耳板与圆筒结合部的形状设计为如图 5 - 25(b)或 5 - 25(c)

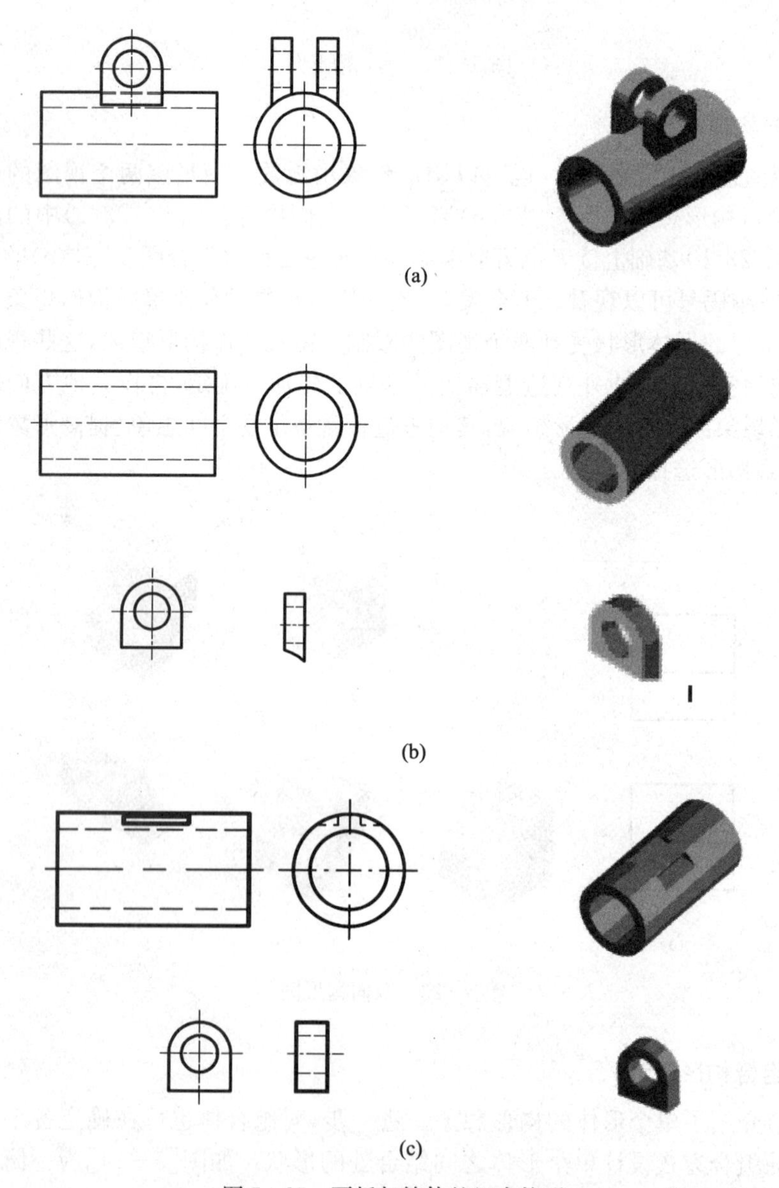

图 5 - 25　耳板与筒体的组合构形

所示。若按图 5-26(a)所示方式组合，则可将耳板或筒体设计成图 5-26(b)或 5-26(c)所示。仔细分析，还可对耳板、筒体的结合部构思设计出多种形状，读者可自行发挥想象。

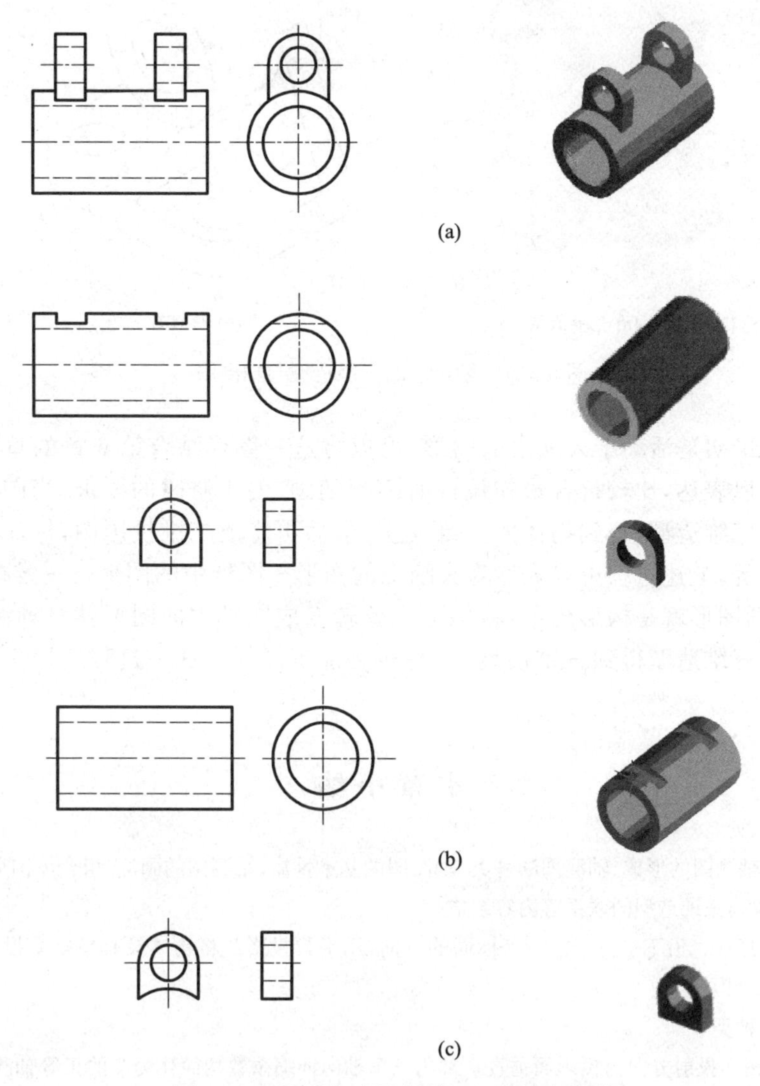

(a)

(b)

(c)

图 5-26 耳板与支承板的又一种组合构形

5.6 轴测图、构形想象与三维造型的联系

物体用轴测图或用三维造型表达都具有明显的立体感，区别在于轴测图只具有二维信息，三维造型具有三维信息，在 AutoCAD 中，轴测图可按上述方法绘制，也可由三维造型后在布局的模型空间里选择西南等轴测模式，然后用“SOLPROF”命令提取物体的轴测图。图 5-27(a)是轴承座的三维造型图，图 5-27(b)就是由三维造型提取的轴测图，它们所占的空间相差较大，其中图 5-27(a)为 44KB，图 5-27(b)为 24KB。通过选择[5-23]二维码号可以观看。

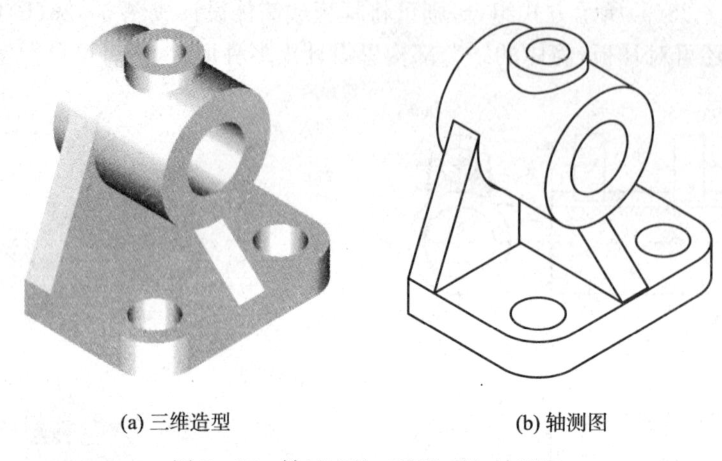

(a) 三维造型　　(b) 轴测图

图 5-27　轴承座的三维造型与轴测图

构形想象最初是活动于人脑中的图形，可以将这一图形结合第 6 章的草图方法用轴测图的形式加以表达，比较符合最初设计时随想随画，便于修改的要求，当图形设计方案确定后再进行三维造型，得到物体的三维模型，最后再生成二维投影图，标注尺寸及加工时的技术要求等，上述过程可以表达为头脑中的图形—图纸中的图形—三维模型—视图。其中，头脑中的图形就是构形想象，将构形想象转变成图纸中的图形就是轴测草图，根据轴测草图应用三维造型得到三维模型，最终得到加工图样。这一过程适用于零件的形状设计。

本章小结

本章主要由轴测图的形成、轴测图的种类、轴测图的基本性质、轴测图的画法，组合体构形的基本方法，轴测图、构形想象与三维造型的联系等内容组成。

1. 轴测图的形成　沿不平行于任一坐标面的方向，用平行投影法将物体及其坐标系投射到单一投影面，得到物体的轴测图。

2. 轴测图的种类

(1) 正轴测图　投射方向与投影面垂直。常用三个轴向伸缩系数均简化为 1 的正等轴测图。

(2) 斜轴测图　投射方向与投影面垂倾斜。常用两个轴向伸缩系数为 1、另一个为 0.5 的斜二轴测图。

3. 轴测投影的基本性质

(1) 空间平行于坐标轴的直线，其轴测投影平行于相应的轴测轴。

(2) 空间平行的两直线，它们的轴测投影仍然平行。

4. 轴测图的画法　基本方法为坐标法；圆的轴测图一般为椭圆，注意长、短轴的方位和大小；注意绘图技巧，提高绘图效率。

5. 组合体构形的基本方法　单向构形简单形体、双向构形简单形体再将若干个简单形体进行组合构成新的形体的方法。

6. 轴测图、构形想象与三维造型的联系

由三维造型后在布局的模型空间里选择西南等轴测模式，然后用“SOLPROF”命令提取物体的轴测图。

自 测 题

1. 画出图示物体的正等轴测剖视图。

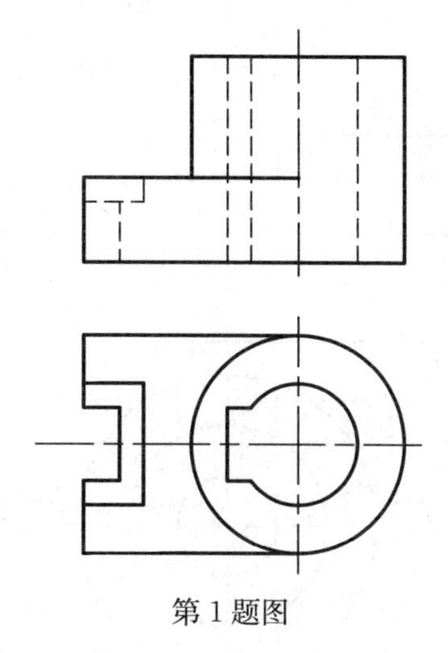

第 1 题图

2. 画出图示物体的斜二轴测图。

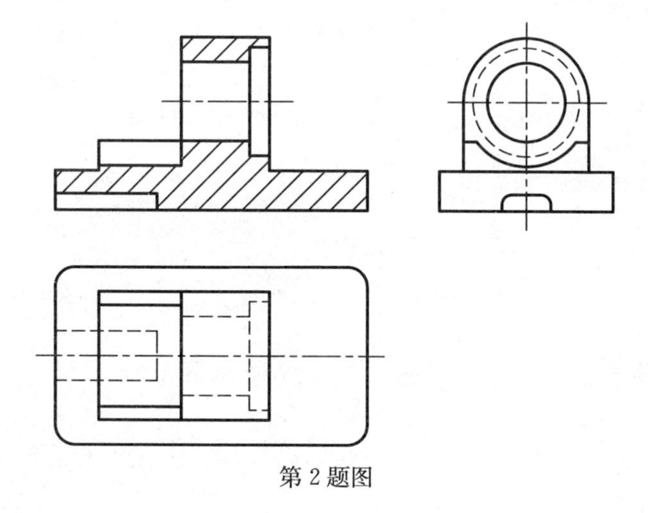

第 2 题图

3. 下图为物体的主视图，构思出五种不同的组合体，并画出另外两个视图。

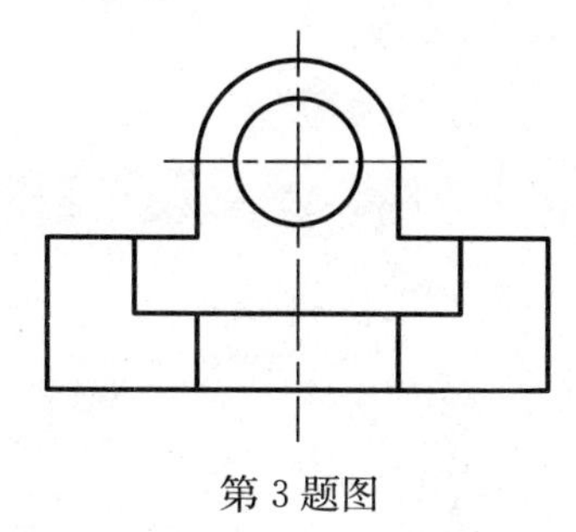

第 3 题图

4. 根据物体的主、俯视图进行三维造型后再生成正等轴测图，尺寸大小自定。

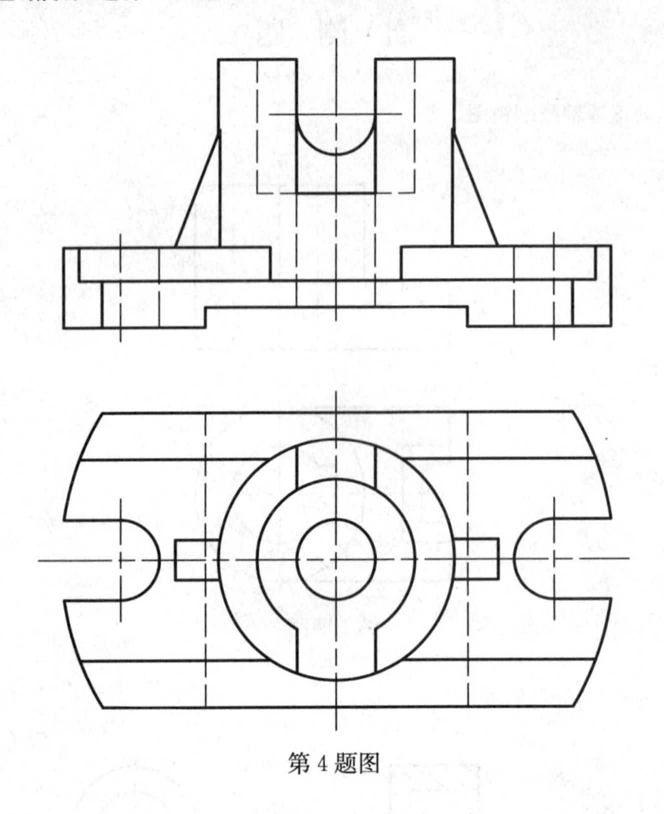

第 4 题图

6 草图与构形想象

本章导读

工程技术人员在构思设计时必然要想象空间的环境、空间的距离和空间的运动。设计过程中,用徒手草图的方法迅速地组织头脑中的想法使最初的构思具体化。不同的方案常用草图经分析比较不断修改而最后选定。因此,徒手画草图是工程技术人员的一项基本技能。构形制图是在构形想象的基础上结合草图进行形体设计的一种有效方法。本章主要阐述草图与构形想象等内容。

6.1 草图基础知识

6.1.1 草图的画法

徒手画草图的基本要求是画图速度快,图形比例准,图线、字体清。一般用 HB 铅笔画草图。铅芯磨尖,然后在草图纸面或其他纸上轻磨,使尖部呈圆形,在磨圆尖部时应转动铅笔以防止出现尖棱。

1. 直线的画法

徒手画直线时,铅笔应紧靠中指,并用拇指和食指松松握住,握笔处在笔尖上方约 30～40mm 之处,眼睛看着画直线的终点使笔尖向着要画的方向作近似直线移动,如图 6-1(a)所示。画长斜线时,为运笔方便可将图纸旋转一适当角度使之转成水平线来画,见图 6-1(b)。通过选择[6-1]二维码号可以观看。

(a)

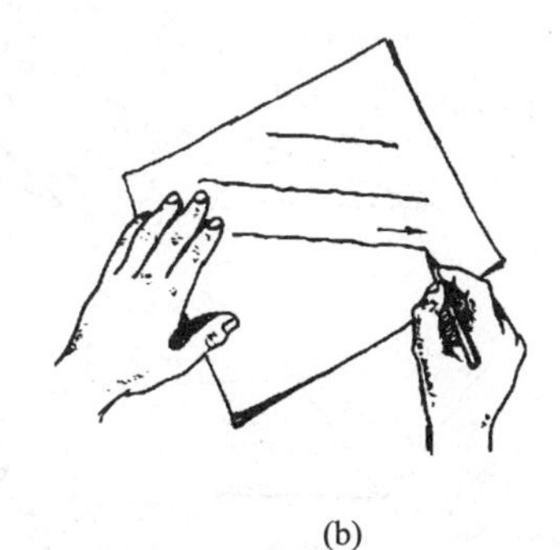

(b)

图 6-1　徒手画直线

2. 圆及圆角的画法

画圆的一种方法是先画出外切正方形,各边中点为圆上的点,再画出对角线,在对角线上按圆半径又可定出四点,然后通过八点画圆,见图 6-2。通过选择[6-1]二维码可以观看。第二种方法是先画出中心线，再增画辐射线，并按圆半径在每条线端画小圆弧，然后画出圆的草图，见图 6－3。通过选择[6－1]二维码号可以观看。

当圆的直径较大时，可以小手拇指尖作圆心，使铅笔尖与它相距为半径长，另一只手慢慢转动图纸，即可得到所需的圆，见图 6－4。

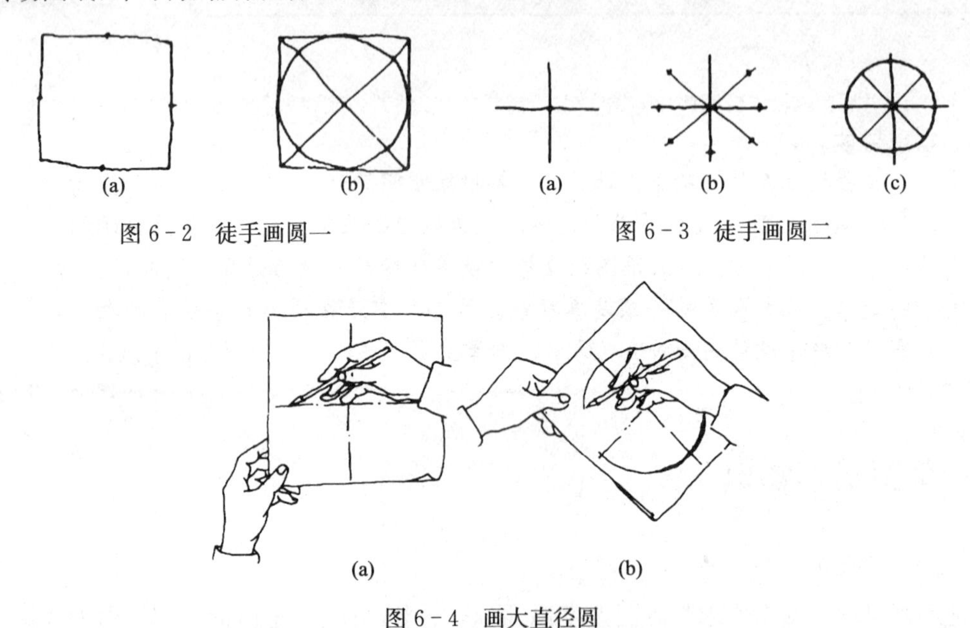

图 6－2　徒手画圆一　　　图 6－3　徒手画圆二

(a)　(b)

图 6－4　画大直径圆

画圆角时，可先在分角线上确定圆心，使之与角的两边距离等于圆角的半径，过圆心向两边引垂线定出圆弧的起点和终点，并在分角线上定出一点，然后用圆弧将此三点连起来见图 6－5。通过选择[6－1]二维码号可以观看。

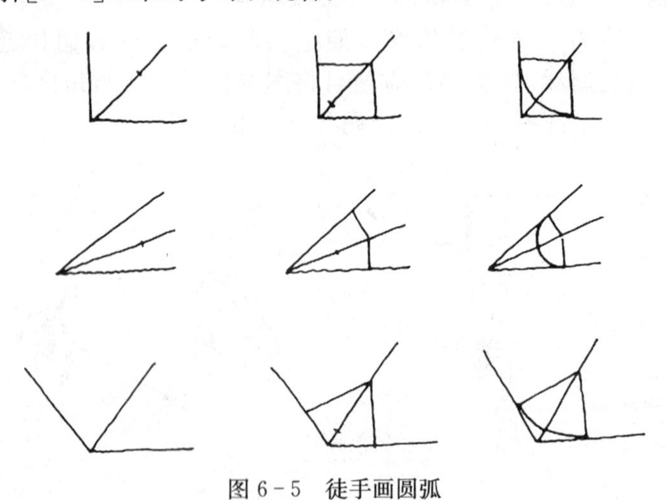

图 6－5　徒手画圆弧

6.1.2　目测方法

画草图时，比较重要的是能够目测估计所画物体的长、宽、高之间的相互关系，使草图成比例绘制。还要把握物体上部分结构尺寸与总体尺寸的比例关系，在画较小物体时可用铅笔直接沿实物测定各部分大小，然后画出草图，见图 6－6。通过选择[6－1]二维码号可以观看。

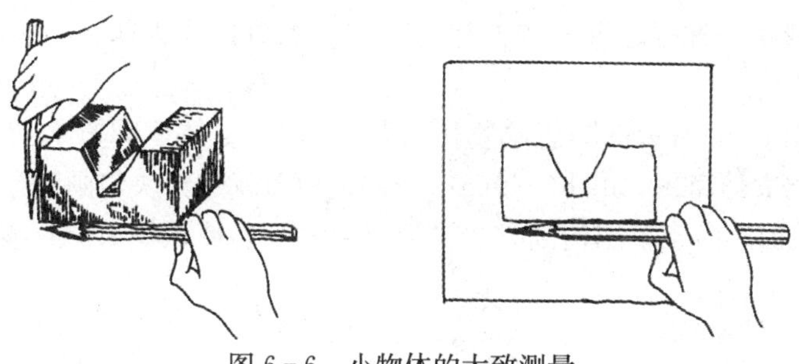

图 6 - 6　小物体的大致测量

当所画物体比较大时,可如图 6 - 7 所示,用手握铅笔进行目测度量。在目测时,人的位置保持不动,握铅笔的手臂伸直,人和物体的距离应根据所需图形的大小来确定。通过选择[6 - 1]二维码号可以观看。

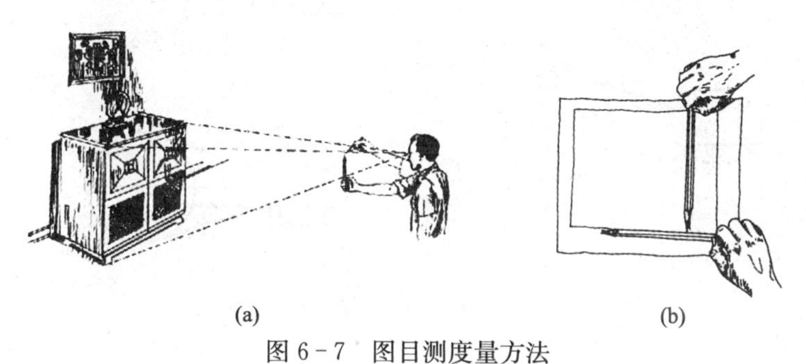

(a)　(b)

图 6 - 7　图目测度量方法

6.1.3　画草图步骤通过选择[6 - 1]二维码号可以观看

[例]　画图所示金属板草图,见图 6 - 8(a)

(1) 按比例画出板块主要轮廓边框范围,见图 6 - 8(b);

(2) 画出圆和圆弧,见图 6 - 8(c);

(3) 画出轮廓并加深,见图 6 - 8(d)。

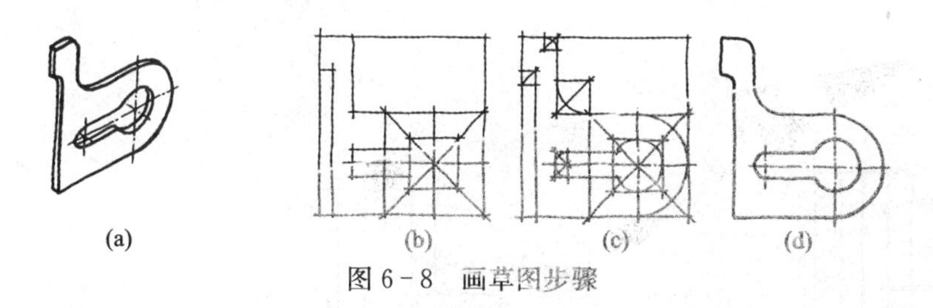

(a)　(b)　(c)　(d)

图 6 - 8　画草图步骤

6.2　空间想象,构思中的草图方法

6.2.1　视图阅读中的草图方法

根据视图读懂物体形状是一个空间思维过程。在由二维的单面视图想象出三维的形体的过程中含有形体的拉伸、旋转、分解、拼合等思考要求,必须根据多面视图再进行多向思维。要使思维过程顺利并能及时检验思维结果正确与否,适时地将思考结果用勾画轴测草

图的方式加以记载是一种行之有效的方法。轴测草图可以作为印证、再思维及与他人交流的载体。

［例］　根据图 6－9 所示视图想象物体形状，应用组合体读图方法，在读图过程中随时将读懂部分勾画出立体草图，如图 6－9(c)～图 6－9(f)就是分块勾画想象，最终形成对整体(图 6－9(g))的认识。由于草图勾画方法灵活，随想随画，使认识、印证、修正想法这几个环

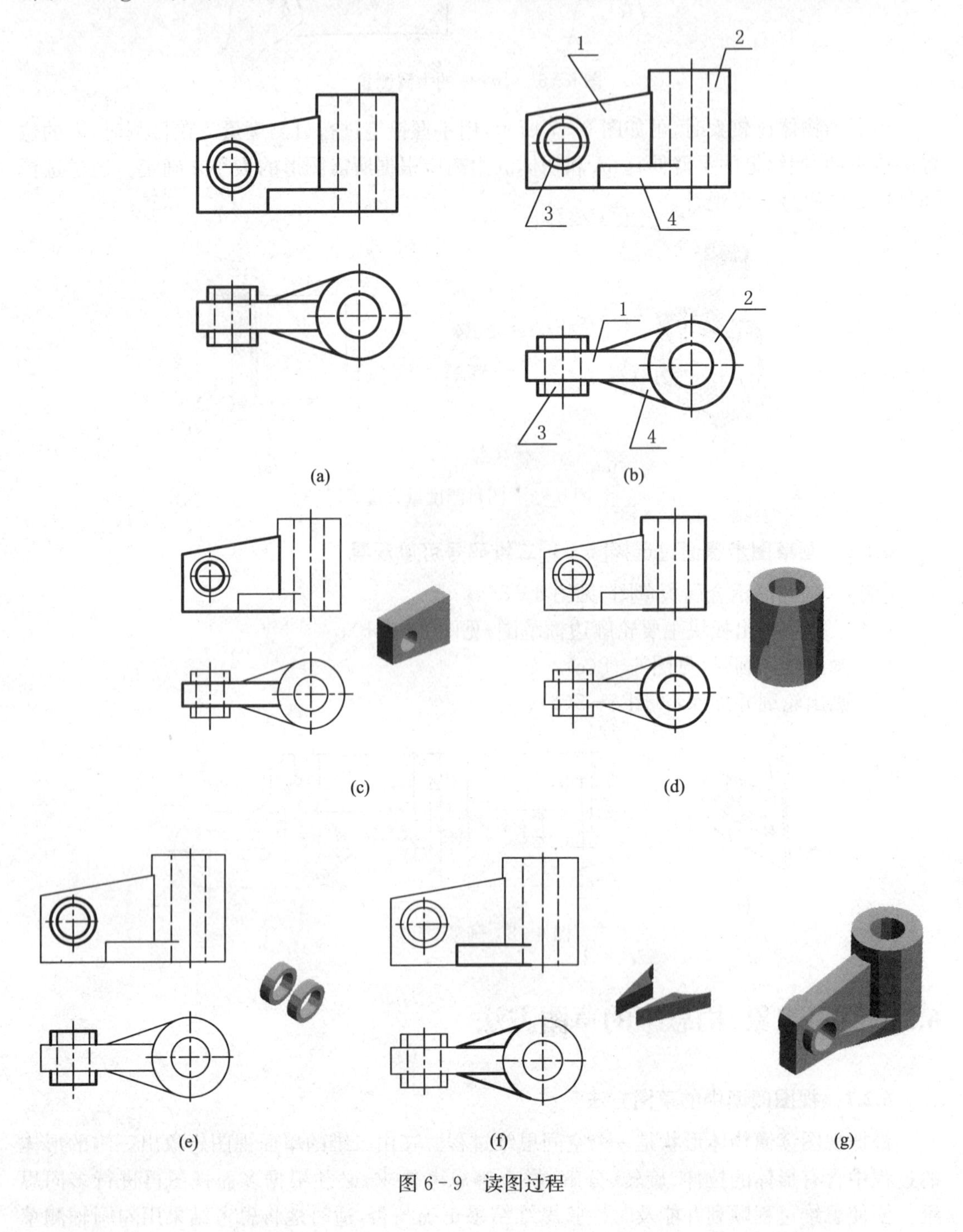

图 6－9　读图过程

节互为补充，起到用草图帮助思考的作用。通过选择[6－2]二维码号可以观看。

6.2.2　组合体构形

5.5节所述的构形想象可以作为形体设计的初步思考。单向构形想象和双向构形想象都属于限制性构形想象。这种限制可能来自于形体功能、特征、工艺性等方面的要求。在一定的限制条件下仍可构思出无限个形体。可将所构想的形体以草图形式及时迅速地加以勾画，以便进行比较、选择。因此能迅速地绘制草图，尤其是轴测草图是捕捉灵感，进行联想、创造信息和相互交流的重要手段，可以简便、及时地记录和表达创想结果，并为再加工再创造累积素材。

[例]　组合体模型设计

设计要求：

(1) 设计底板Ⅱ的形状(要求:组合体能通过底板与其他机件连接)；

(2) 设计主形体Ⅰ与底板Ⅱ之间的连接形体(要求;连接Ⅰ，Ⅱ的形体应能较好地支撑主形体Ⅰ，在 $A-A$ 轴线处设计一孔与形体Ⅰ，Ⅱ贯通)；

(3) 沿主形体Ⅰ之轴线方向设计两块耳板；

(4) 在主形体Ⅰ之轴线方向距左端面为 L 处设计一接管与主形体贯通，图6－10为设计示意图。通过选择[6－3]二维码号可以观看。

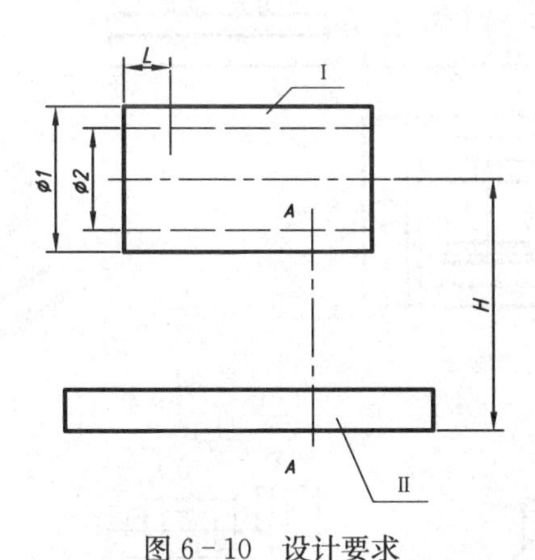

图6－10　设计要求

根据设计示意图及设计要求可制订组合体模型设计过程通过选择[6－3]二维码可以观看。

(5) 分别设计底板，耳板，接管、连接体形状。

(6) 考虑各部分的组合。在设计每一部分的形状时应充分考虑功能及外形美观等因素，这一考虑过程体现在用草图将构思的各种形状表达出来，以便比较、选择确定较为理想的形体设计。

(7) 构形方案：

图6－11(a)为底板构形方案；

图6－11(b)为接管构形方案；

图6－11(c)为耳板构形方案；

图6－11(d)为连接体构形方案；

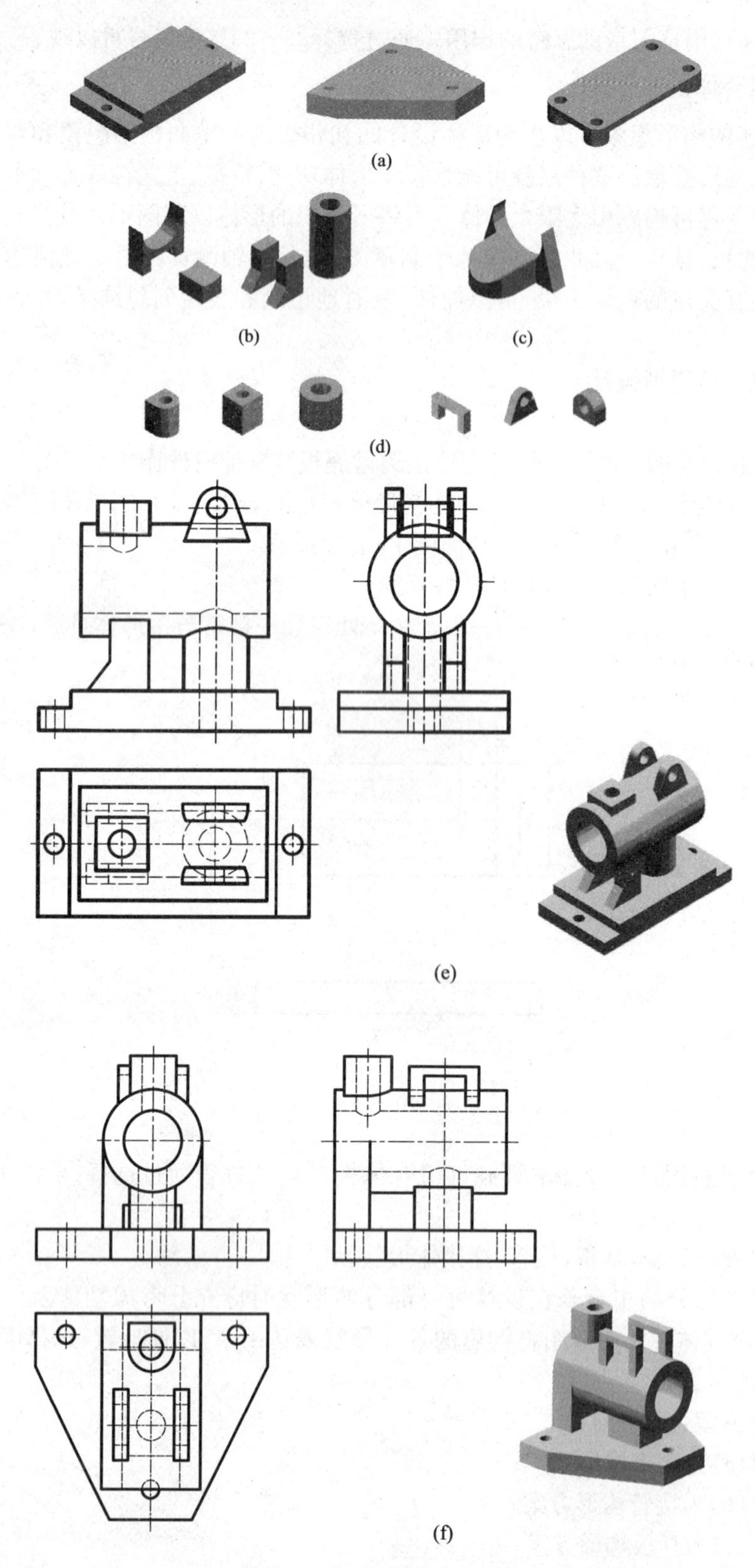

图 6 - 11　构形设计过程

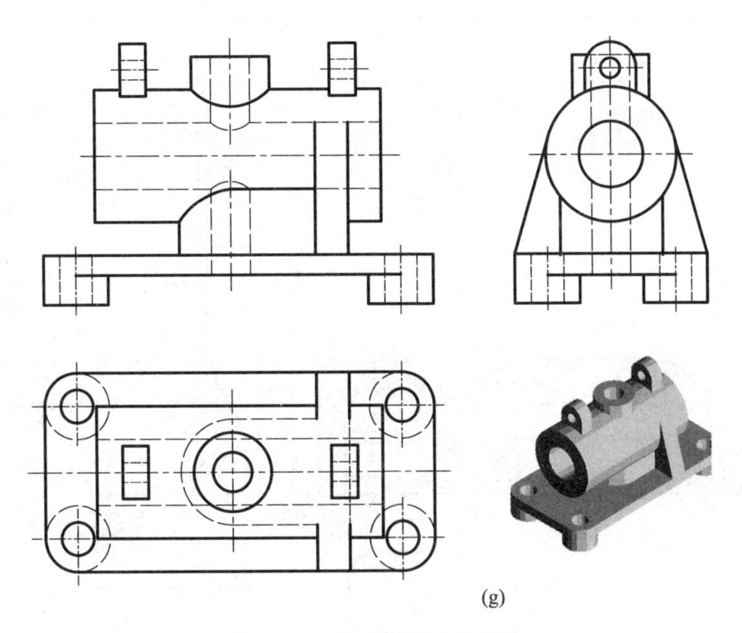

(g)

图 6－11　构形设计过程(续)

图 6－11(e)～(g)为几种组合方案。

实际上,读者可以体会到这种构思是一种创意,每一种构思可以是独立的,但又可以引发新的构思,所以结果可以是无限的。这就给最终的组合选择提供了充分的条件。

6.3　测绘零件草图

零件测绘是对实际零件进行绘图、测量并整理出零件图的技术工作。例如,在技术革新中改进旧机器或者新设计的机器需要推广交流时,就要按照实际机器画出它的全部图纸;还有在仿制机器和修配损坏的零件时,也都需要零件测绘。

在测绘零件时,因受时间及工作场所的限制(一般在车间现场进行),往往先画出零件草图,整理以后,再根据草图画出零件图。画零件草图时,徒手在白纸或方格纸上画出。零件各部分大小全凭目测(或用简单方法,如用铅笔杆比一下,得出零件各部分比例关系,再根据这个比例关系)画出图形。尺寸的真实大小只是在画完尺寸线后,才逐一测量,得出数据,再填写到图上去。

零件草图虽然名为草图,但决不能潦草从事,草图同样必须具有视图和尺寸完全、字体清楚、线型分明、图面整齐、技术要求完全,并有图框、标题栏等内容。草图质量欠佳,就会影响零件工作图的绘制。图 6－12 是一张底座零件草图的例子。通过选择[6－4]二维码号可以观看。

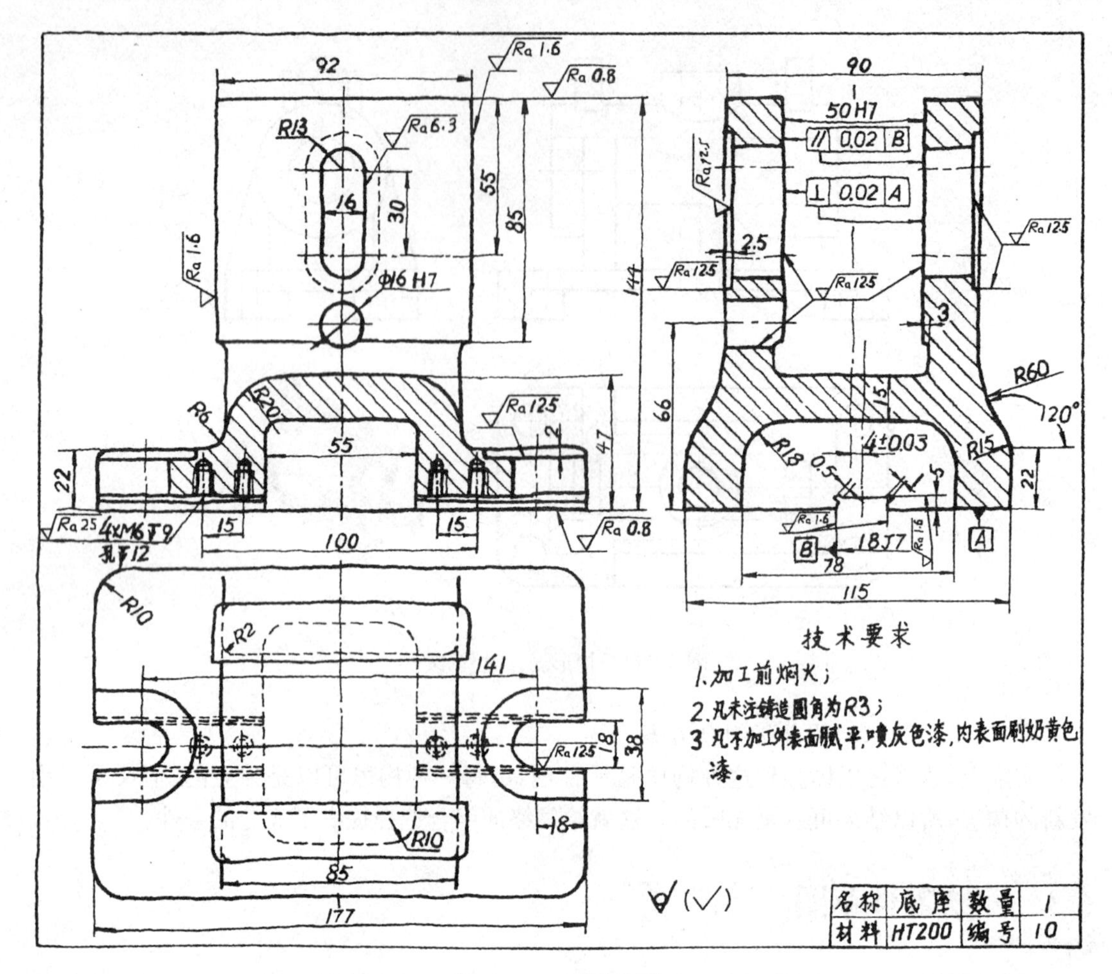

图 6-12　零件草图

6.4　草图与三维造型的联系

在三维造型中,创建模型的第一步就是要绘制一个表示模型形状和尺寸的草图,这一草图可以徒手绘制。绘制时应遵循如下原则:

(1) 零件草图是画零件图的依据。它的内容,要求和画图步骤都与零件图相同。不同的是草图要凭目测零件各部分的尺寸比例,用徒手绘制而成。一般先画好图形,再标注尺寸。

(2) 草图尽可能按零件实际大小绘制或按一定比例,以便通过图形能大致了解零件的实际大小。

草图上应该有完整、清晰、合理的尺寸标注,这是三维造型的依据,草图图形可为三维造型提供形状信息,徒手绘制时的误差不会影响对形状的了解,但草图上的尺寸标注必须正确,三维造型时先根据草图图形和尺寸画出特征图形,再应用各种三维造型功能进行造型。图 6-13(c)表示了根据图 6-12 的底座草图做出的三维造型。

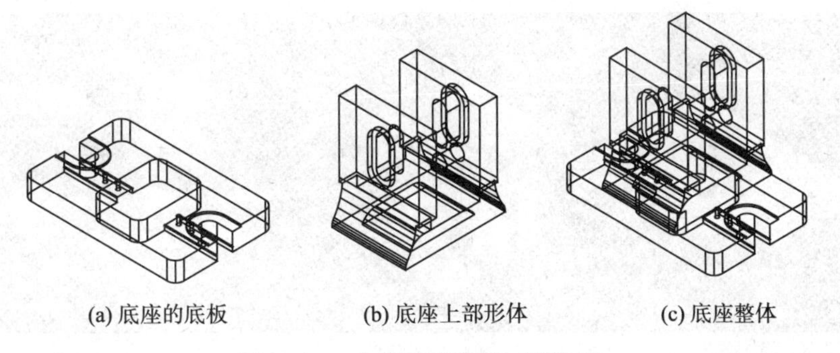

图 6－13　由草图做出的三维造型

从图 6－13(a)可知底板造型时利用了图 6－12 中的俯、左视图，俯视图上有大部分的特征图形，左视图上有底板上槽的特征形状，如图 6－14 所示，将这些特征图形按主、左视图上

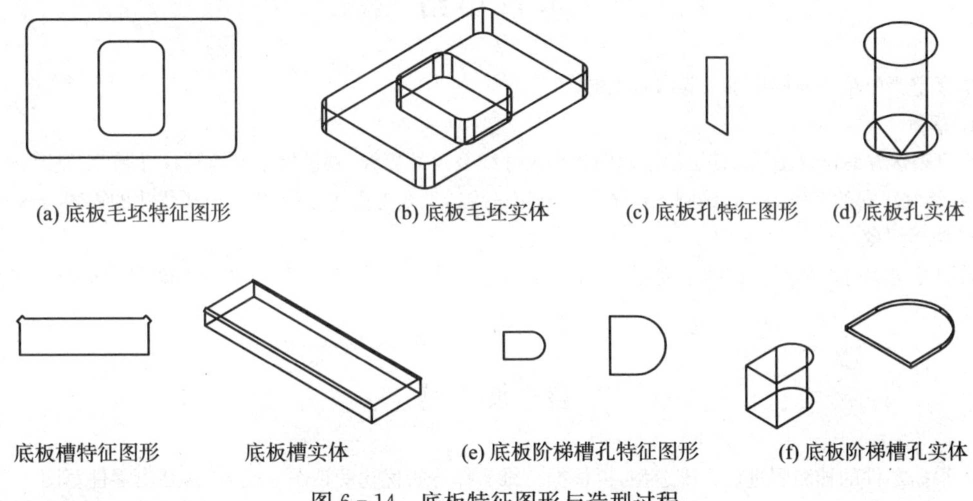

图 6－14　底板特征图形与造型过程

标注的尺寸进行拉伸或旋转，得到各简单形体，再将这些简单形体按尺寸平移到其应该在的位置，然后将底板毛坯实体与其他实体做差运算即可得底板的三维造型。图 6－13(b)是底座上部形体，造型时将中间带长圆形孔的前后两块板作为一部分，将下部有凹坑的实体作为另外一部分，这两部分的特征图形如图 6－15(a)(c)所示，造出的实体如图 6－15(b)(d)所示。图 6－16 是底座零件的渲染效果。通过选择[6－4]二维码号可以观看。

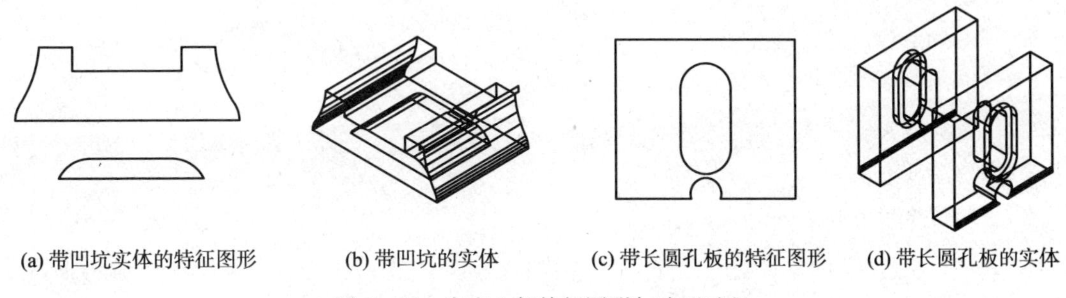

图 6－15　底座上部特征图形与造型过程

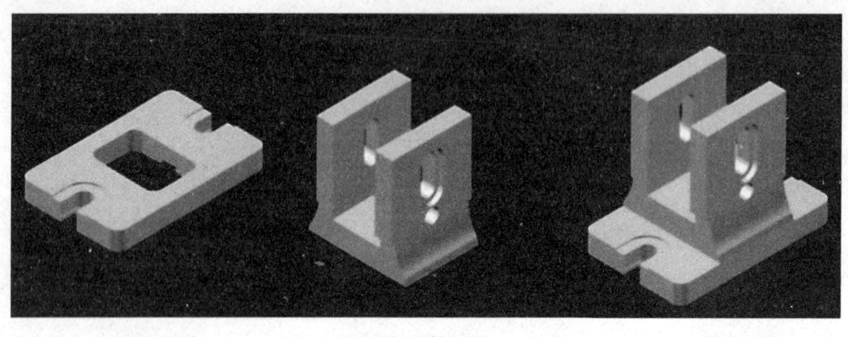

(a) 底板渲染　　(b) 上部形体渲染　　(c) 整体渲染

图 6-16　底座渲染效果

本章小结

本章主要由草图与构形想象等内容组成。

1. 草图

拟订表达方案，布置图幅，徒手绘制草图布局尺寸线及尺寸界线，测量尺寸并填写尺寸数字，整理加深各类图线，绘制正式的工作图。在绘制工作图前可利用三维造型获得实体形状，以便分析优化的视图表达方案。

2. 构形想象

若只给定组合体的一个或两个视图，物体的形状是不能唯一确定的，利用这种不确定性构形多种形体供选用。

自 测 题

1. 根据零件的轴测图进行三维造型，再根据三维实体分析优化的视图表达方案，画出零件草图。

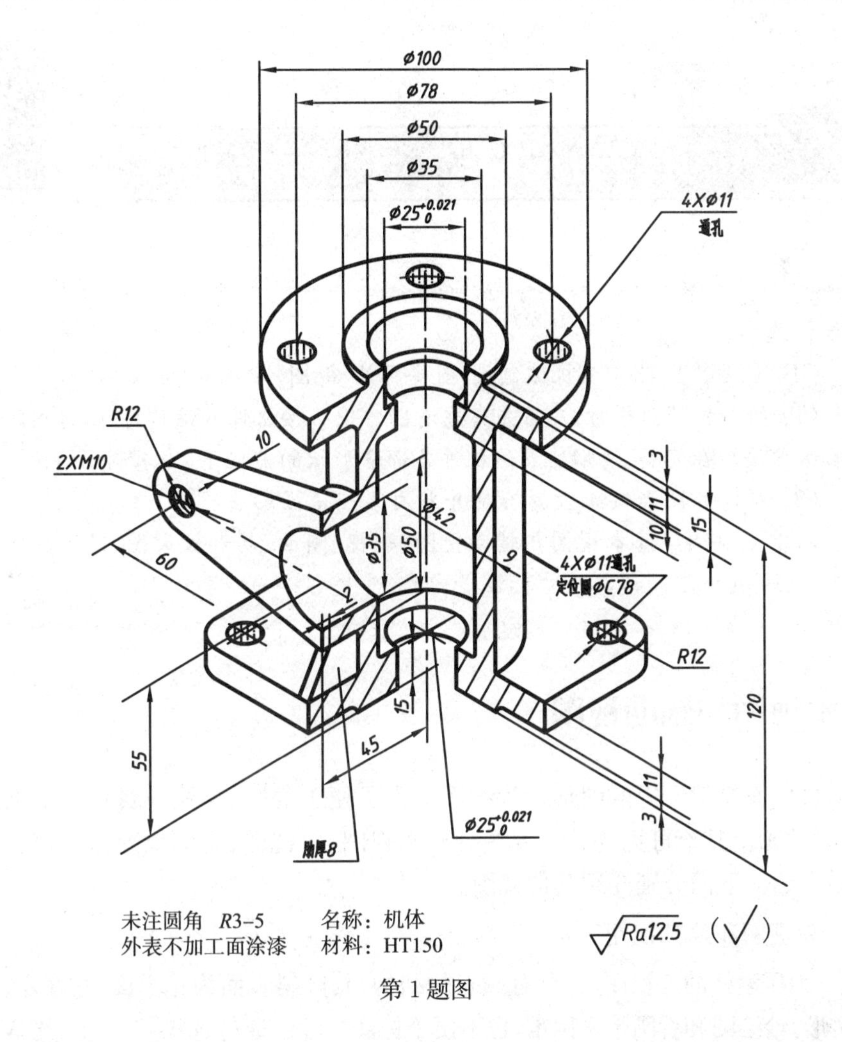

未注圆角 $R3$-5　　名称：机体

外表不加工面涂漆　材料：HT150　　$\sqrt{Ra12.5}$ （$\sqrt{}$）

第 1 题图

2. 根据已知的三视图，想象物体的形状构思一个与之嵌合成一个完整圆柱体的物体，并画出其三视图。

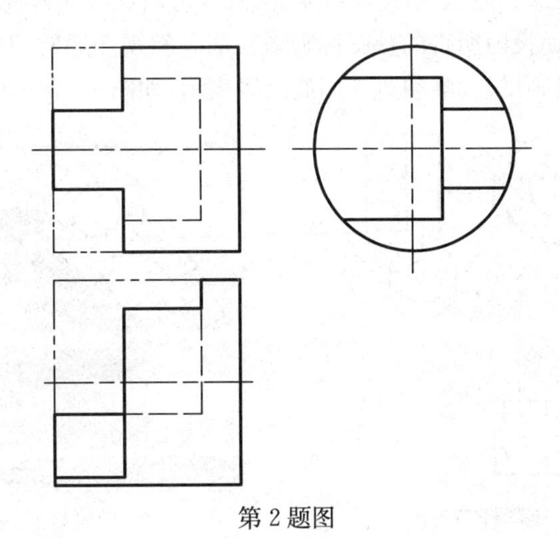

第 2 题图

机件形状的表达方法

本章导读

GB/T4458.1—2002《机械制图 图样画法 视图》中规定：

(1) 绘制机械图样时，应首先考虑看图方便。按机件的结构特点，选用适当的表达方法。在完整、清晰地表达机件各部分形状的前提下，力求制图简便。

(2) 机件的图形按正投影绘制并采用第一角投影法。

本章主要阐述基本视图与辅助视图、剖视、断面、局部放大图、简化画法和规定画法、剖视图阅读与尺寸标注等内容。

7.1 基本视图与辅助视图

机件向投射面投射所得的图形称为视图。为了便于看图，视图一般只画出机件的可见部分，必要时才画出其不可见部分。视图分基本视图、斜视图、局部视图和向视图四种。基本视图已做介绍。下面分别介绍其他视图。

7.1.1 斜视图和局部视图

图 7-1 为压紧杆的三视图，它具有倾斜的结构，其倾斜表面为正垂面，它在左、俯视图上均不反映实形，给绘图和看图带来困难，也不便于标注尺寸。通过选择[7-1]二维码号可以观看。为了表达倾斜部分的实形，沿箭头 A 方向将倾斜部分的结构投射到平行于倾斜表面的新置投影面 H_1 上，见图 7-2。通过选择[7-1]二维码号可以观看。这种将机件向不平行于任何基本投影面的新置投影面投射所得的视图称为斜视图。斜视图通常只要求表达该机件倾斜部分的实形，其余部分不必画出，其断裂边界用波浪线表示，如图 7-3(a)中的 A 向斜视图。

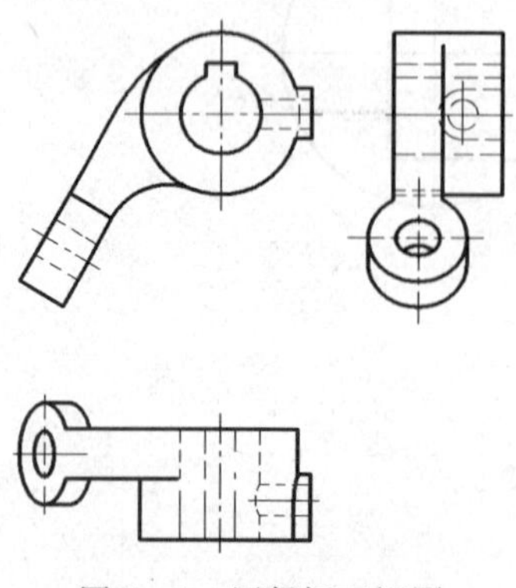

图 7-1　压紧杆三视图

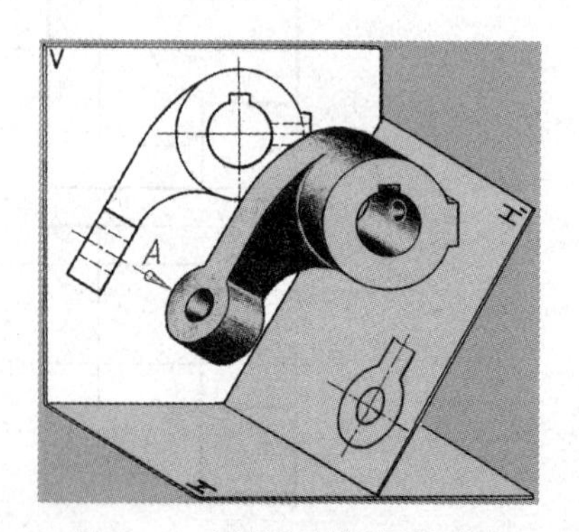

图 7-2　压紧杆斜视图的形成

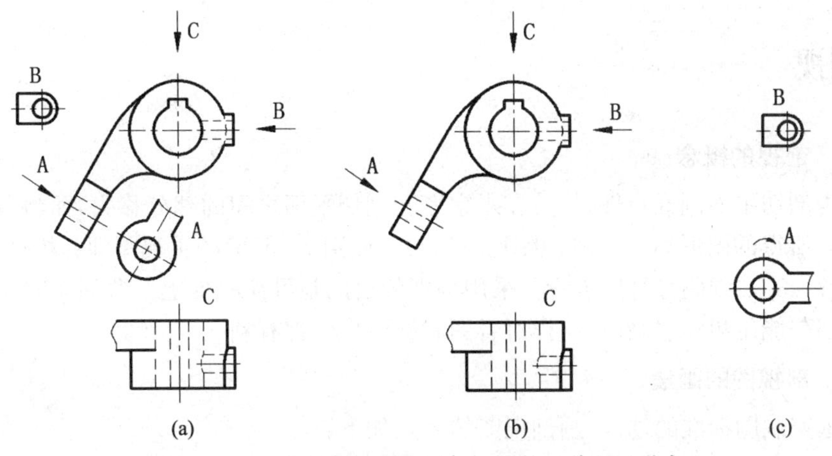

图 7-3　压紧杆斜视图和局部视图的两种配置形式

画了 A 向斜视图后，俯视图上倾斜表面的投影可以不画，其断裂边界也用波浪线表示。这种只将机件的某一部分向基本投影面投射所得的视图称为局部视图，如图 7-3(a)中的 C 向局部视图。通过选择[7-1]二维码号可以观看。该机件右边的凸台也可以用局部视图来表达它的形状，如图 7-3(a)中的 B 向局部视图，这样可省画一个右视图。采用一个主视图，一个斜视图和两个局部视图表达该机件，就显得更清楚、更合理。

局部视图和斜视图的断裂边界一般应以波浪线表示[如图 7-3(a)中的 A 向斜视图，C 向局部视图]；但当所表示的局部结构是完整的，且外轮廓线又成封闭时，则波浪线可省略不画[如图 7-3(a)中的 B 向局部视图]。

斜视图或局部视图一般按投影关系配置，如图 7-3(a)所示。若这样配置在图纸的布局上不很适宜时，也可以配置在其他适当位置；在不会引起误解时，也允许将斜视图的图形旋转，以便于作图[图 7-3(b)]）。显然，图 7-3(b)所示的布局较好。画斜视图时，必须在视图的上方标出视图的名称"×"，并在相应的视图附近用箭头指明投影方向，并注上同样的字母[图 7-3(a)]。旋转后的斜视图，其标注形式为"↷×"[图 7-3(c)]，表示该视图名称的大写拉丁字母应靠近旋转符号的箭头端，也允许将旋转角度注写在字母后面。画局部视图时，一般也采用上述标注方式，但当局部视图按投影关系配置，中间又没有其他图形隔开时，可省略标注，如压紧杆的 B 向局部视图在图 7-3(a)中就可省略标注。

7.1.2　向视图

向视图是可自由配置的视图。在向视图的上方标出"×"("×"为大写拉丁字母)，在相应的视图附近用箭头指明投射方向，并注上相同的字母，如图 7-4 所示。通过选择[7-2]二维码号可以观看。

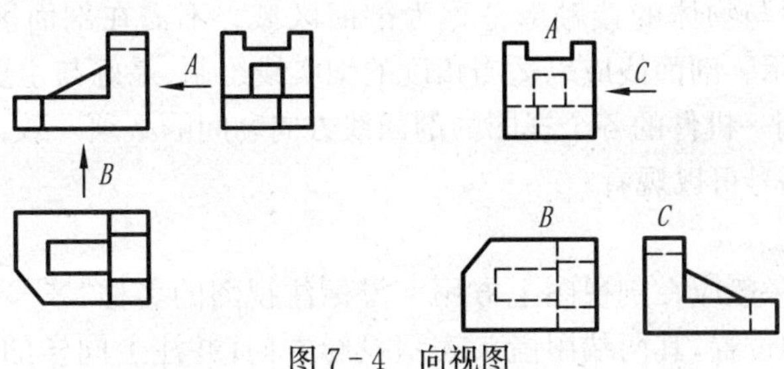

图 7-4　向视图

7.2 剖视

7.2.1 剖视的概念

假想用剖切平面剖开机件，将处在观察者和剖切平面之间的部分移去，而将其余部分向投影面投射所得的图形称为剖视，见图 7－5(a)。而图 7－5(b)的主视图即为机件的剖视图。通过选择[7－3]二维码号可以观看。采用剖视的目的是可使机件上一些原来看不见的结构成为可见部分能用粗实线画出，这样对看图和标注尺寸都有利。

7.2.2 剖视图的画法

根据国家制图标准的规定，画剖视图的要点如下。

1. 确定剖切面的位置

一般用平面剖切机件。剖切平面一般应平行于相应的投影面，并通过机件上孔、槽的轴线或与机件对称面重合。

2. 剖视画法

用粗实线画出剖切平面与机件实体相交的截断面轮廓及其后面的可见轮廓线，机件后部的不可见轮廓线一般省略不画。

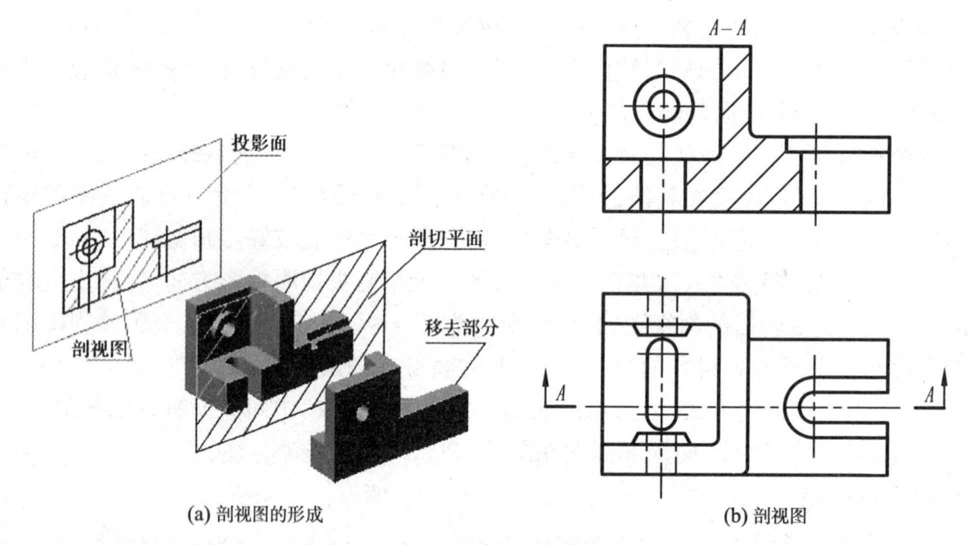

(a) 剖视图的形成　　(b) 剖视图

图 7－5　剖视图的概念

3. 剖面区域的表示法

剖视图中剖切面与物体的接触部分称为剖面区域。不需在剖面区域中展示材料类别时，可采用剖面线表示。剖面线应以适当角度的细实线绘制、最好与主要轮廓或剖面区域的对称线成 45°，并且同一机件的各个视图的剖面线方向和间隔必须一致，如图 7－6 所示。通过选择[7－4]二维码号可以观看。

4. 剖视图的标注

为了便于看图，一般应在剖视图上方用字母标注视图的名称“×-×”；在相应的视图上用剖切符号表示剖切位置，其两端用箭头表示投影方向，并注上同样的字母，如图 7－7(b)

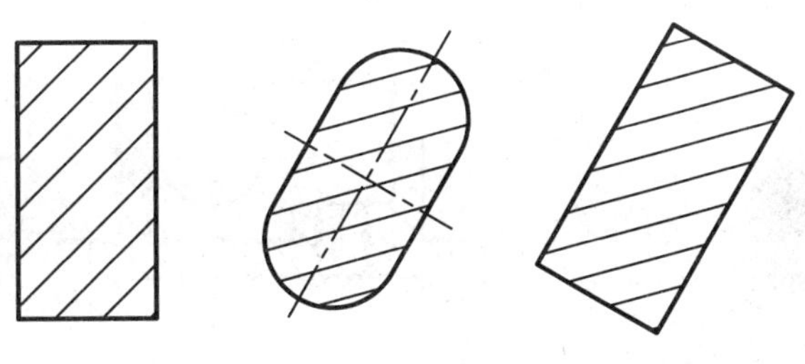

图 7 - 6　剖面线的画法

B - *B*剖视。剖切符号为断开的粗实线，线宽为 1～1.5d，尽可能不要与图形轮廓线相交，剖视图在下列情况下可省略或简化标注。通过选择[7 - 5]二维码号可以观看。

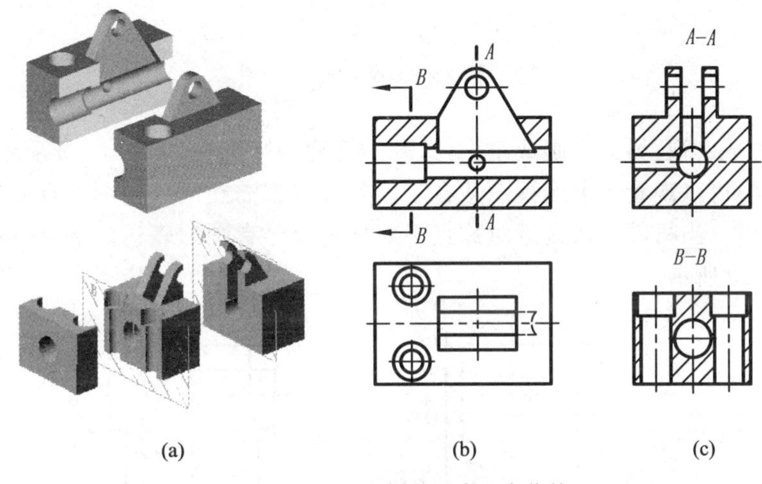

图 7 - 7　用几个剖视图表达定位块

(1) 当剖视图按投影关系配置，中间又没有其他图形隔开时，可省略箭头如图 7 - 7(b)中的 *A* - *A* 剖视，表示投影方向的箭头被省略了。

(2) 当单一剖切平面通过机件的对称平面或基本对称平面，且剖视图按投影关系配置，中间又无其他图形隔开时，可省略标注，如图 7 - 7 中的主视图所示。

5. 剖视图的配置

基本视图配置的规定同样适用于剖视图，如图 7 - 7(b)中的 *A* - *A* 剖视；必要时允许配置在其他适当位置，如图 7 - 7(b)中的 *B* - *B* 剖视。

7.2.3　剖视的种类

1. 全剖视图

用剖切面完全地剖开机件所得的剖视图称为全剖视图。图 7 - 8 中的主、左视图都是全剖视图。通过选择[7 - 6]二维码号可以观看。

全剖视图常用来表达内形比较复杂的不对称机件。外形简单的机件也可用全剖视图表达。全剖视的重点在于表达机件的内形，其外形可用其他视图表达清楚。

2. 半剖视图

当机件具有对称平面时，在垂直于对称平面的投影面上投影所得的图形可以对称中心

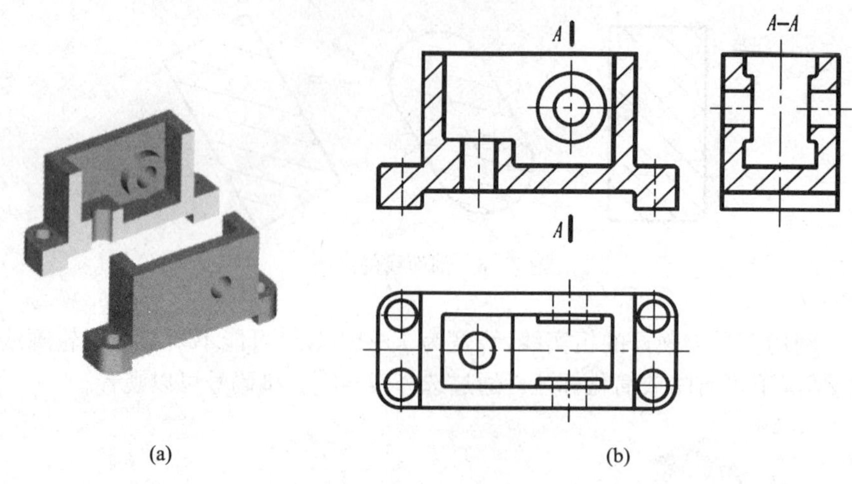

(a) (b)

图 7-8 全剖视图

线为界，一半画成剖视，另一半画成视图，这种剖视称为半剖视，如图 7-9 所示。通过选择[7-7]二维码号可以观看。半剖视图适合于内外形状都需在同一视图上有所表达，且具有对称平面的机件。当机件形状接近对称且不对称部分已有图形表达清楚时，也可采用半剖视图，如图 7-10 所示。

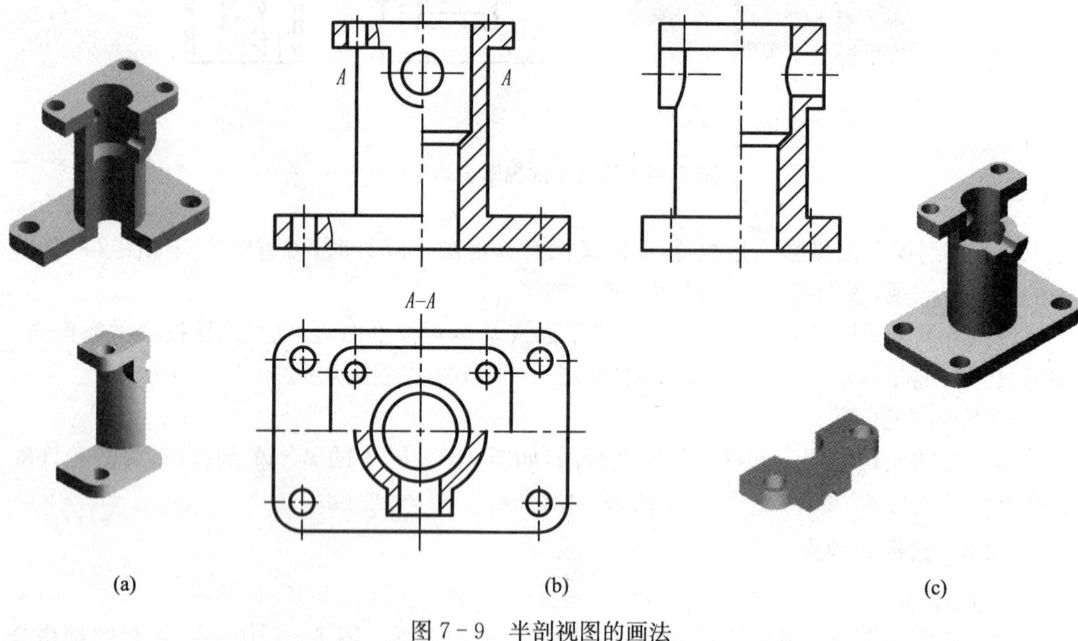

(a) (b) (c)

图 7-9 半剖视图的画法

半剖视图的标注与全剖视图的标注完全相同。如图 7-9(b)中主视图、左视图符合省略标注条件而不加标注，俯视图则省略了箭头。

画半剖视图时应注意：

(1) 由于机件对称，剖视部分已将内形表达清楚，所以在视图部分表达内形的虚线不必画出。机件形状接近对称，也可画成半剖视，如图 7－10 所示。通过选择[7－8]二维码号可以观看。

(2) 半个剖视与半个视图必须以点画线为分界，如机件棱线与图形对称中心线重合时则应避免使用半剖视。

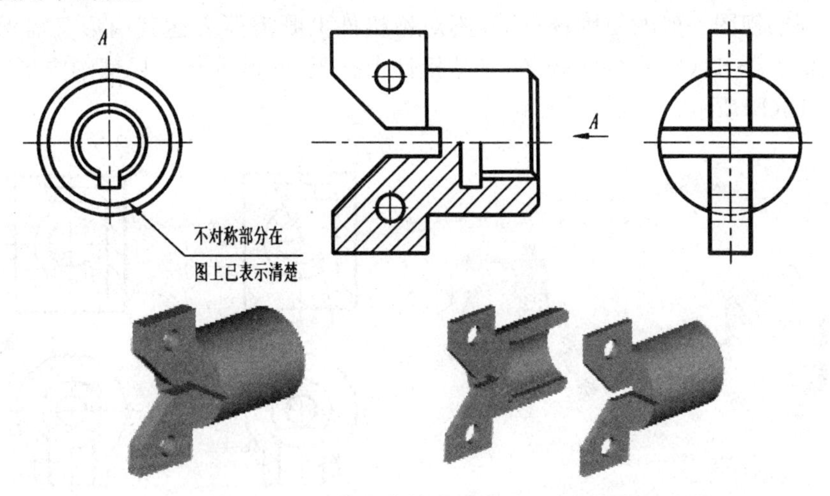

图 7－10　机件形状接近对称时的半剖视图

3. 局部剖视图

用剖切平面局部剖开机件所得到的剖视图称为局部剖视图。图 7－11(a)所示箱形机件，主视图如采用全部剖视则凸台的外形得不到表达。形体左右不对称，不符合半剖条件。现采用局部剖视即可达到既表达箱体内腔又保留凸台外形的效果。底板上的小孔也画成局部剖，见图 7－11(b)。通过选择[7－9]二维码号可以观看。

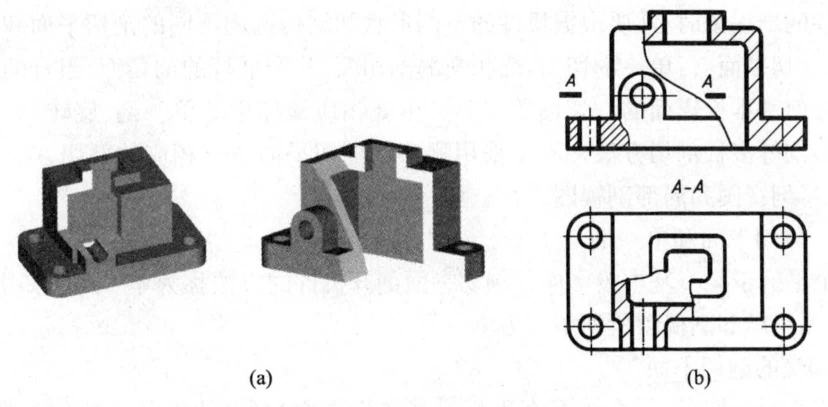

图 7－11　局部剖视图的画法

俯视图以局部剖视表达凸台上小圆孔与箱体内腔相通及箱体的壁厚。由此可见局部剖视是一种比较灵活的兼顾内外形的表达方法。局部剖视图采用的剖切平面位置与剖切范围可根据表达范围的需要而决定。

画局部剖视图时应注意：

(1) 局部剖视图要以波浪线表示内形与外形的分界。波浪线要画在机件的实体上，不能超出视图的轮廓线,也不应在轮廓线的延长线上或与其他图线重合,见图 7－12 所示的正误对比。通过选择[7－10]二维码号可以观看。

(2) 局部剖视图在剖切位置明显时,一般不标注。若剖切位置不在主要形体对称位置,为清楚起见也可按图 7－11(b)标“$A-A$”。

(3) 局部剖视图一般的使用场合为:不对称机件上既需要表达其内形又需保留部分外形轮廓时,如图 7－11(b)中的主视图;表达机件上孔眼、凹槽等某一局部的内形,如图 7－9(b)和图 7－12(b)所示。

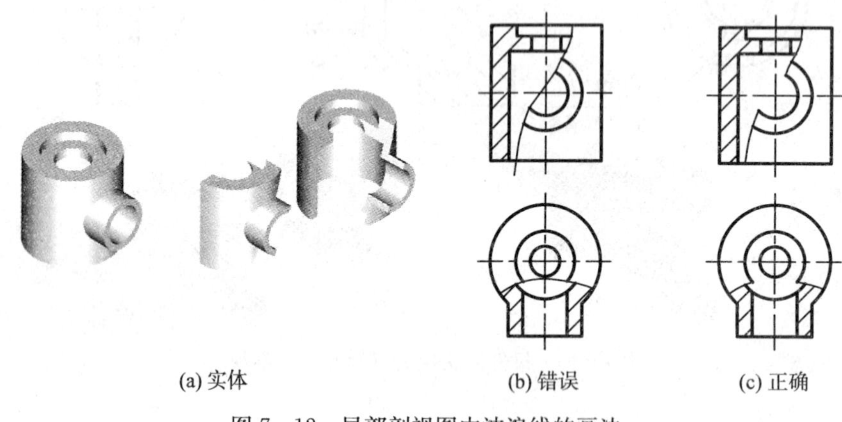

(a) 实体　(b) 错误　(c) 正确

图 7－12　局部剖视图中波浪线的画法

(4) 正确使用局部剖视,可使表达简练,清晰。但在同一个图上局部剖视图不宜使用过多,以免图形过于零碎。

7.2.4　剖切平面与剖切方法

作机件的剖视图时,常要根据机件的不同形状和结构选用不同的剖切平面和剖切方法。国标规定,剖切平面有:单一剖切面,两相交的剖切面,几个平行的剖切面,组合的剖切面,以及不平行任何基本投影面的剖切面等多种。由此相应地产生了单一剖、旋转剖、阶梯剖、复合剖以及斜剖等多种剖切方法。不论采用哪一种剖切平面及其相应的剖切方法,均可画成全剖视图,半剖视图和局部剖视图。

1. 单一剖切平面和单一剖

用一个平行于某一基本投影面的剖切平面剖开机件的方法称为单一剖。如上述全剖视图,半剖视图与局部剖视图所列举均为单一剖。

2. 两相交的剖切平面

用两相交的剖切平面(交线垂直于某一基本投影面)剖开机件的方法称为旋转剖。如图 7－13(a)所示的机件,其内部结构需要用两个相交的剖切平面剖开才能显示清楚,且又可把两相交的剖切平面的交线作为旋转轴线。此时,就可采用旋转剖的方法画其剖视图。其具体做法为:先假想按剖切位置剖开机件,然后将被剖切平面剖开的结构及其有关部分旋转到与选定的投影面平行再进行投影,如图 7－13(b)所示。采用旋转剖的方法画剖视图时,必须用剖切符号表示剖切位置并加以标注,同时画出箭头表示投影方向。如按投影关系配置,中间又无其他图形隔开时,允许省略箭头,图 7－13(b)即属此种情况。通过选择[7－11]二维码号可以观看。

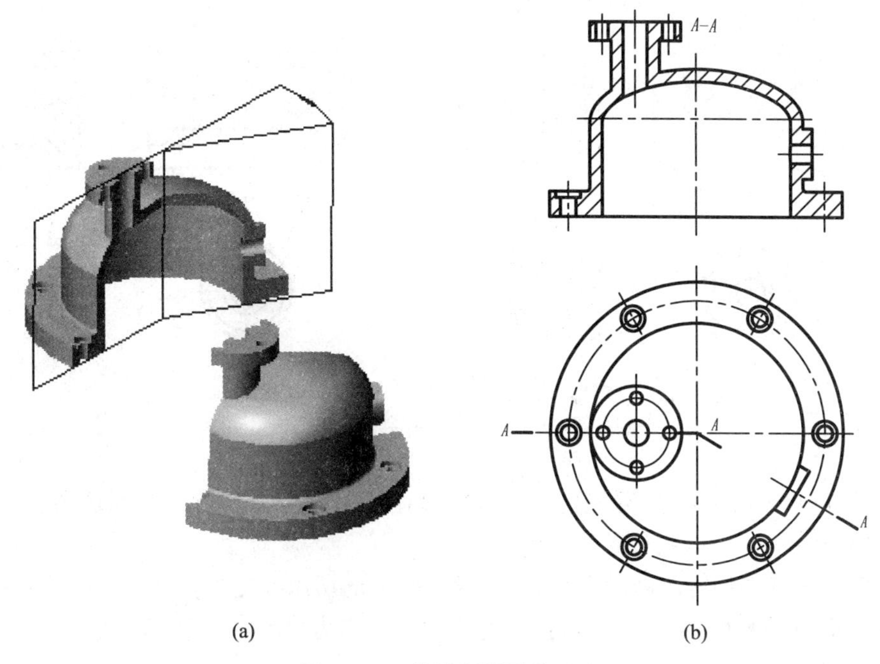

图 7－13　旋转剖视图的画法

用旋转剖方法画剖视图时应注意：

采用旋转剖的方法画剖视图时，在剖切平面后面的其他结构一般按原来位置投影。

3. 几个平行的剖切平面

用几个平行的剖切平面剖开机件的方法称为阶梯剖。如图 7－14 所示的机件，其内部结构需要用两个相互平行的平面加以剖切才能兼顾，所以采用阶梯剖的方法来画其剖视图，如图 7－15 所示。通过选择[7－12]二维码号可以观看。选用阶梯剖画剖视图时，必须在剖切的起止及转折处用剖切符号表示剖切位置，并注写相同的字母（当转折处地位有限又不会引起误解时允许省略），在起止两端画出箭头表示投影方向，同时在剖视图的上方加以标注，当按投影关系配置，中间又无其他图形隔开时可以省略箭头，用阶梯剖方法画剖视图时应注意：

图 7－14　阶梯剖直观图

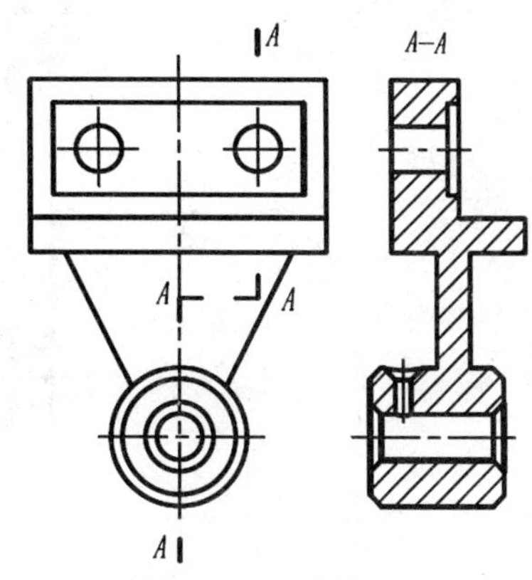

图 7－15　阶梯剖视图

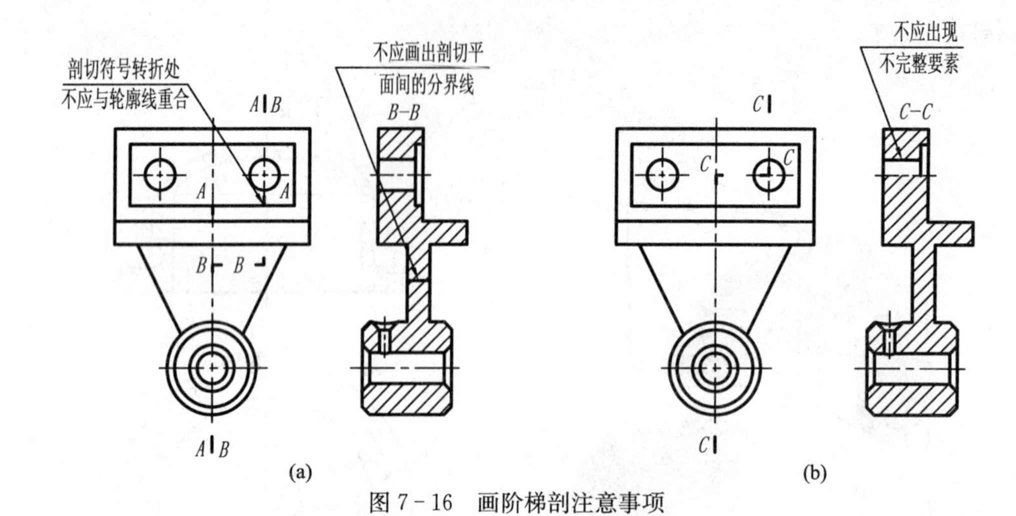

图 7－16　画阶梯剖注意事项

(1) 阶梯剖采用的剖切平面相互平行，但应在适当的位置转折。在剖视图中不应画出平行剖切面之间的直角转折处轮廓的投影。

(2) 采用阶梯剖的方法画剖视图时，一般应避免剖切出不完整要素，只有当两个要素在图形上具有公共对称中心线或轴线时，才允许以中心线为界各画一半(图 7－16)。通过选择[7－13]二维码号可以观看。

4. 不平行于任何基本投影面的剖切平面

当采用此类剖切平面剖开机件时称斜剖，如图 7－17 所示的机件就采用了斜剖的方法来表达有关部分的内形，其剖视见图 7－18 中的 $B-B$。通过选择[7－14]二维码号可以观看。

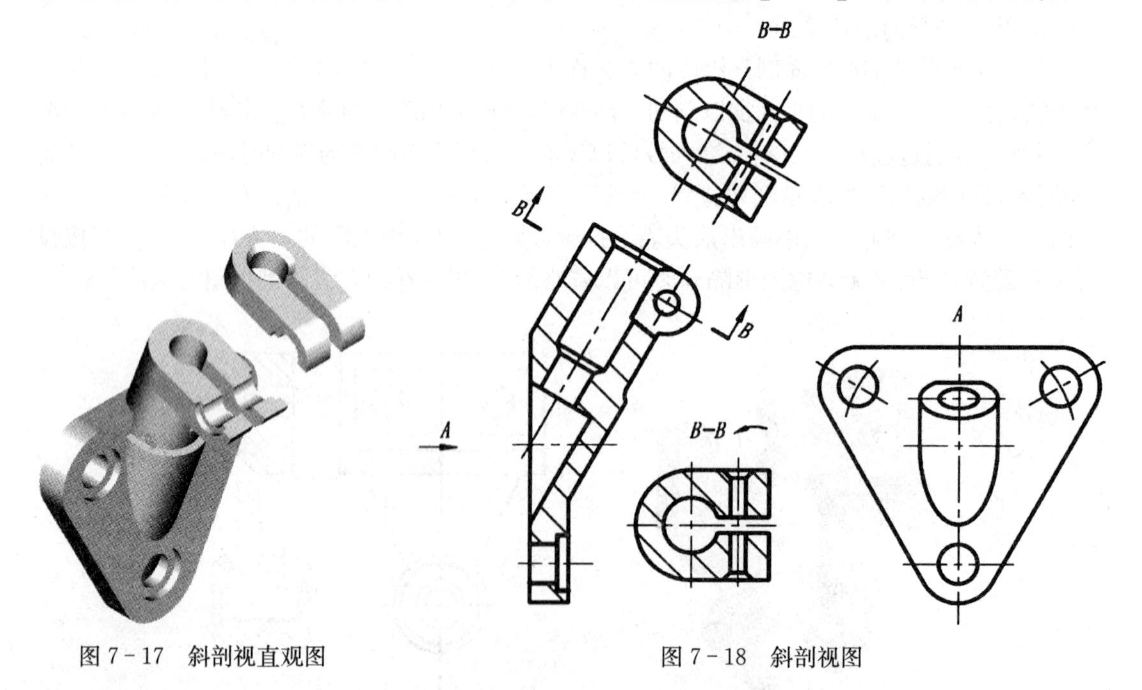

图 7－17　斜剖视直观图　　图 7－18　斜剖视图

采用斜剖方法画剖视图时，一般按投影关系配置在箭头所指的方向，如图 7－18 中的 $B-$

B,也可画在其他适当的地方,在不致引起误解时,允许将图形转平,如图中的 $B-B$ 旋转。

采用斜剖画剖视图时,应注明剖切位置,并用箭头表明投影方向,同时标注其名称。对于旋转的剖视图,标注形式为"×-×↶"。

7.3　断面

7.3.1　断面的基本概念

假想用剖切平面将机件某处切断,仅画出截断面的图形称断面,见图 7-19。为了表达清楚机件上某些常见结构的形状,如肋、轮辐、孔槽等可配合视图画出这些结构的断面图。图 7-20 就是采用断面配合主视图表达了轴上键槽的形状,这样表达显然比剖视更简明。通过选择[7-15]二维码号可以观看。

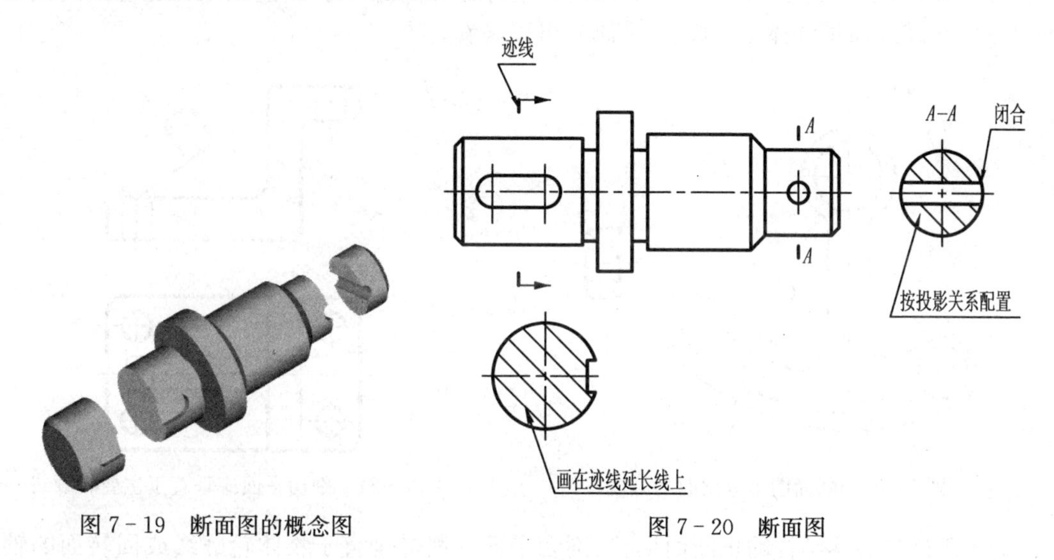

图 7-19　断面图的概念图　　　　图 7-20　断面图

7.3.2　断面的种类和画法

断面分移出断面和重合断面两种。

1. 移出断面

画在视图轮廓外面的断面称为移出断面。这种断面的轮廓线用粗实线绘制。移出端面可以画出剖切平面迹线延长线上,剖切面迹线延长线是剖切平面与投影面的交线,见图 7-20。反映键槽的断面图,还可以按投影关系配置,图 7-20 是销孔的断面图。

当断面图形对称时,可将移出断面画在视图的中断处,如图 7-21 所示。通过选择[7-16]二维码号可以观看。

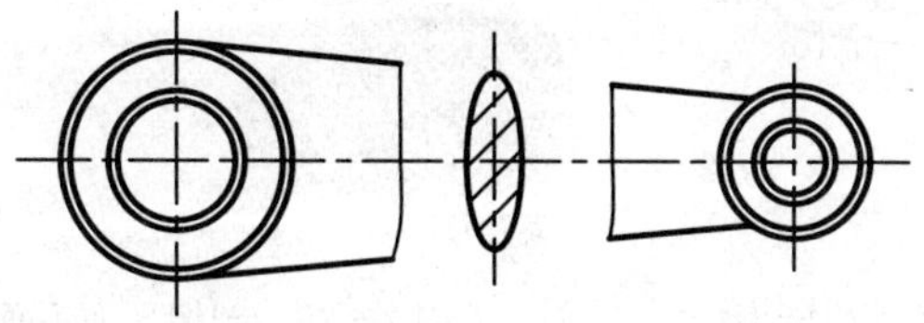

图 7-21　断面画在视图中断处

在一般情况下,断面图仅画出剖切面与物体接触部分的形状,但当剖切平面通过回转面形成的孔或凹坑的轴线时,这些结构均按剖视绘制,即画成闭合图形,如图 7 - 22 所示。通过选择[7 - 17]二维码号可以观看。

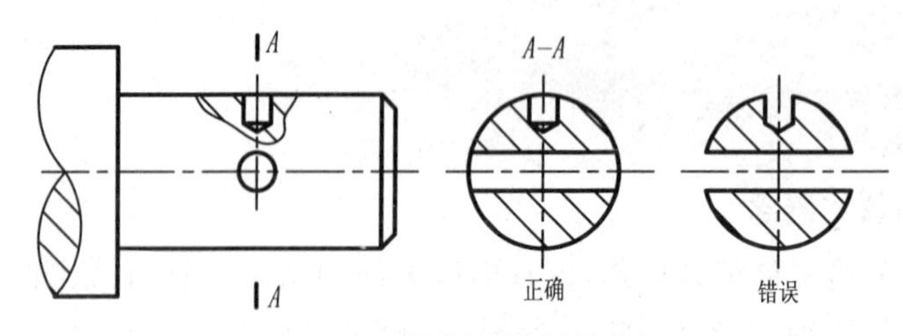

图 7 - 22 按剖视绘制的条件

而当剖切平面通过非圆孔,导致出现完全分离的两个断面时,则这些结构也应按剖视绘制,见图 7 - 23。通过选择[7 - 17]二维码号可以观看。

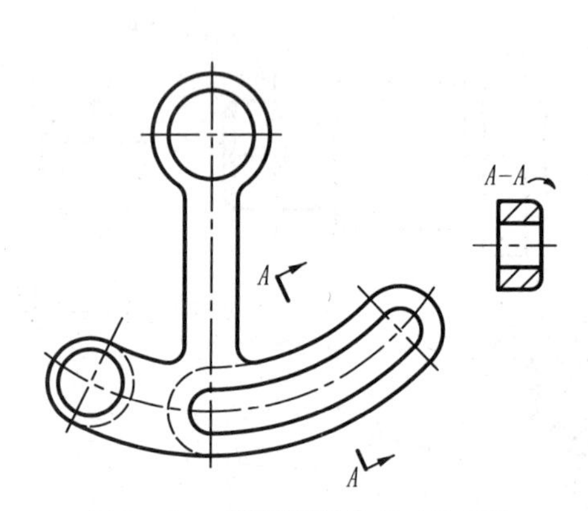

图 7 - 23 断面图形分离时的画法

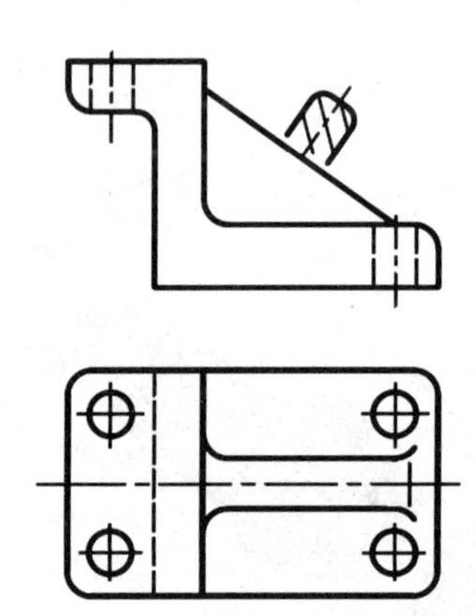

图 7 - 24 剖切平面应垂直于主要轮廓线

为了正确地表达结构的正断面形状,剖切平面一般应垂直于物体轮廓线或回转面的轴线,如图 7 - 24 所示。通过选择[7 - 17]二维码号可以观看。

若两个或多个相交剖切面剖切,所得的移出断面可画在一个剖切面迹线延长线上,但中间应断开,如图 7 - 25 所示。通过选择[7 - 17]二维码可以观看。

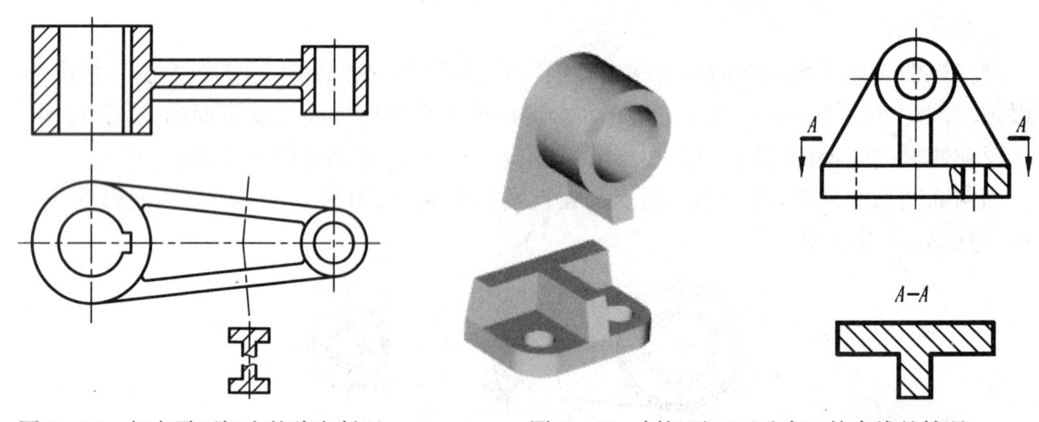

图 7 - 25 相交平面切出的移出断面

图 7 - 26 剖切平面不垂直于轮廓线的情况

特殊情况下允许剖切平面不垂直于轮廓线，如图 7－26 所示。通过选择[7－17]二维码号可以观看。

移出断面的标注与剖视的标注基本相同，即一般用剖切符号与字母表示剖切平面的位置和名称，用箭头表示投影方向，并在断面图上方标出相应的名称“×-×”，如图 7－21 中的 $A-A$ 断面所示。在下列情况中可省略标注：

（1）配置在迹线延长线上的不对称移出断面可省略字母，见图 7－20 所反映键槽的断面。

（2）配置在迹线延长线上的对称移出断面，以及按投影关系配置的移出断面均可省略箭头，如图 7－20 中所反映的销孔断面。

（3）配置在剖切平面迹线延长线上的对称移出断面可省略标注，如图 7－20 中 $A-A$ 断面若配置在迹线延长线上则可省略标注。

（4）配置在视图中断处的移出断面，应省略标注，如图 7－21 所示。

2. 重合断面

图 7－27 所示的机件，其中间连接板和肋的断面形状采用两个断面来表达。通过选择[7－17]二维码号可以观看。由于这两个结构剖切后的图形较简单，所以将断面直接画在视图内的剖切位置上，并不影响图形的清晰，且能使图形的布局紧凑。这种重合在视图内的断面称为重合断面。肋的断面在这里只需表示其端部形状，因此画成局部图形，习惯上可省略波浪线。重合断面的轮廓线用细实线绘制。当视图中的轮廓线与重合断面的图形重叠时，视图中的轮廓线仍应连续画出，不可间断，如图 7－27(c)所示为机件的重合断面。

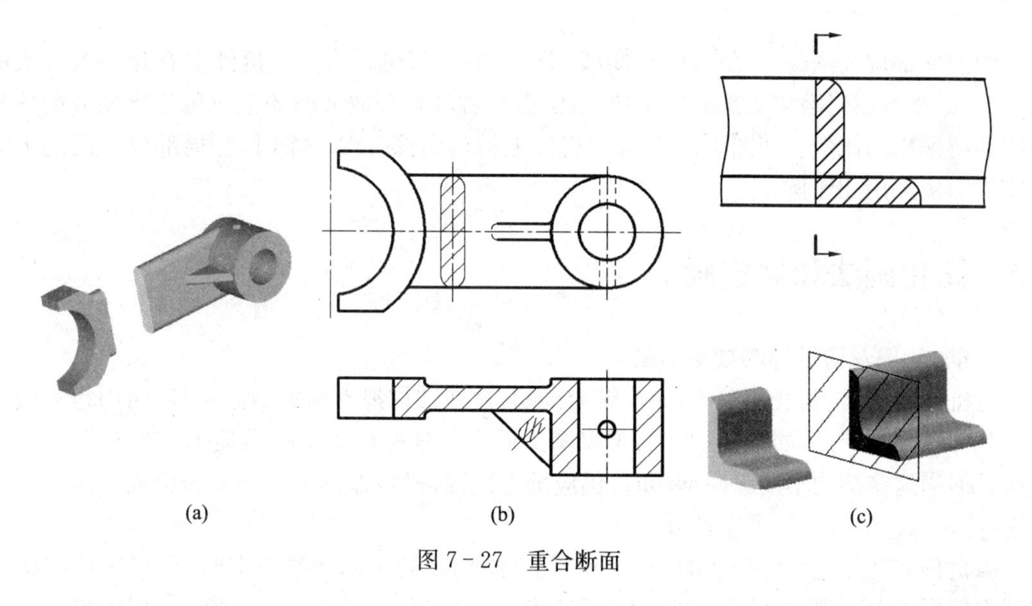

(a)　(b)　(c)

图 7－27　重合断面

由于重合断面直接画在视图内的剖切位置处，因此标注时可一律省略字母。对称的重合断面可不必标注，见图 7－27(a)，不对称的重合断面只要画出剖切符号与箭头，见图 7－27(c)。

7.4　局部放大图

机件上的一些细小结构，在视图上常由于图形过小而表达不清，或标注尺寸有困难。宜将过小图形放大。如图 7－28 所示的机件，其上标有Ⅰ，Ⅱ部分为结构较细小的沟槽。为了清楚地表达这些细小结构并便于标注尺寸，可将该部分结构用大于原图形所采用的比例单独画出，这种图形称为局部放大图。局部放大图可以画成视图、剖视或断面，它与被放大部分的表达方式无关。如图 7－28(a)中，局部放大图Ⅱ采用了剖视，与被放大部分的表达方式不同。局部放大图应尽量配置在被放大部位的附近。通过选择[7－18]二维码号可以观看。

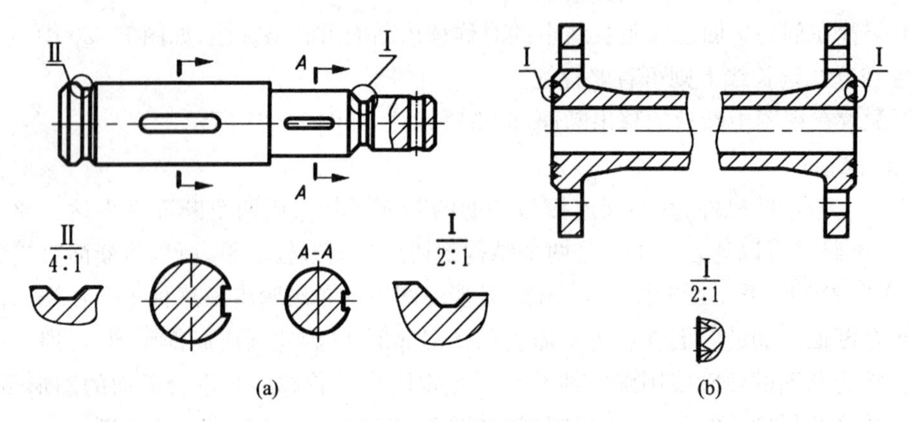

图 7－28　局部放大图

绘制局部放大图时，一般应用细实线圈出被放大部位。当同一机件上有几个被放大的部分时，必须用罗马数字依次标明被放大的部位，并在局部放大图的上方标注出相应的罗马数字和所采用的比例。如图 7－28(b)中机件上被放大部分仅一个时，在局部放大图的上方只需注明所采用的比例。

7.5　简化画法和规定画法

1. 肋、轮辐及薄壁等的规定画法

对机件的肋、轮辐及薄壁等，如按纵向剖切，这些结构都不画出剖面符号，而用粗实线将它与其邻接部分分开，如图 7－29 的主视图上所示。这样可更清晰地显示机件各形体间的结构。但当这些结构不按纵向剖切时，仍应画上剖面符号，如图 7－29 中的俯视图所示。通过选择[7－19]二维码号可以观看。

当机件回转体上均匀分布的肋、轮辐、孔等结构不处于剖切平面上时，可将这些结构旋转到剖切平面上画出，如图 7－30、图 7－31 所示。通过选择[7－20]～[7－21]二维码号可以观看。

2. 相同要素的画法

(1) 当机件具有若干相同结构(槽、孔等)并按一定规律分布时，只要画出几个完整结构，其余用细实线连接，在图中则必须注明该结构的总数，如图 7－32(a)所示。

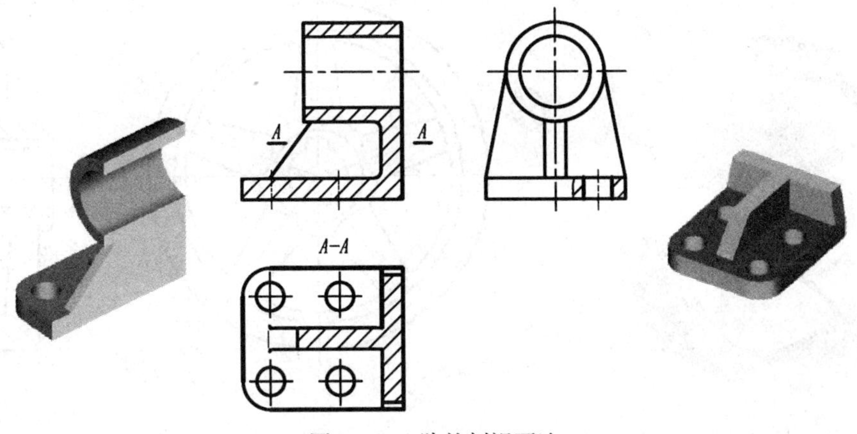

图 7 - 29　肋的剖视画法

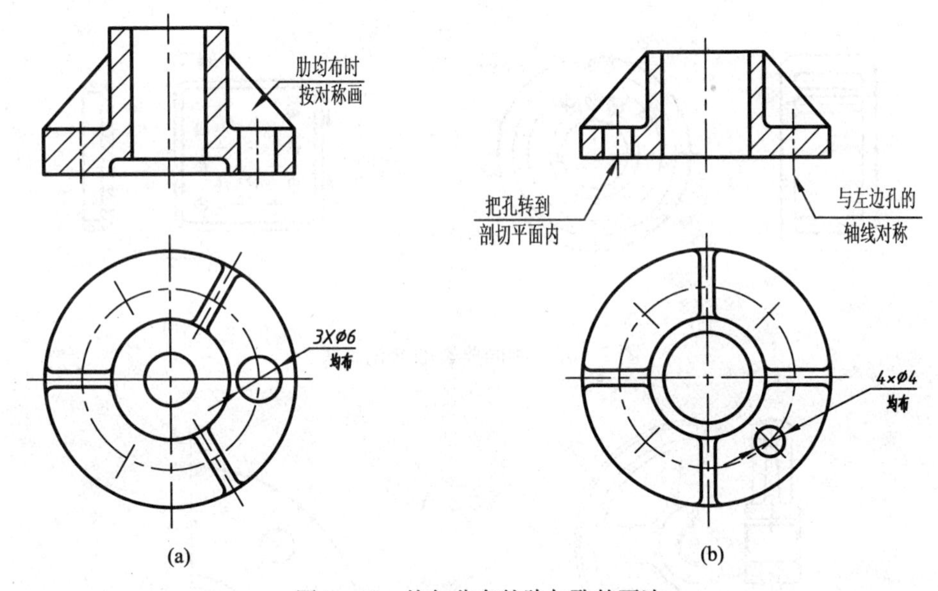

图 7 - 30　均匀分布的肋与孔的画法

(2) 若干直径相同且成规律分布的孔，可以仅画出一个或几个，其余用点画线表示其中心位置，在图中应注明孔的总数，如图 7 - 32(b)所示。通过选择[7 - 22]二维码号可以观看。

3. 对称机件视图的简化画法

在不致引起误解时，对称机件的视图可只画一半或四分之一，并在对称中心线的两端画出两条与其垂直的平行细实线，如图 7 - 33 所示。通过选择[7 - 23]二维码号可以观看。

4. 断开画法

较长的杆件，如轴、杆、型材、连杆等，其长度方向形状为一致或按一定规律变化的部分，可以断开后缩短绘制，如图 7 - 34 所示。通过选择[7 - 24]二维码号可以观看。

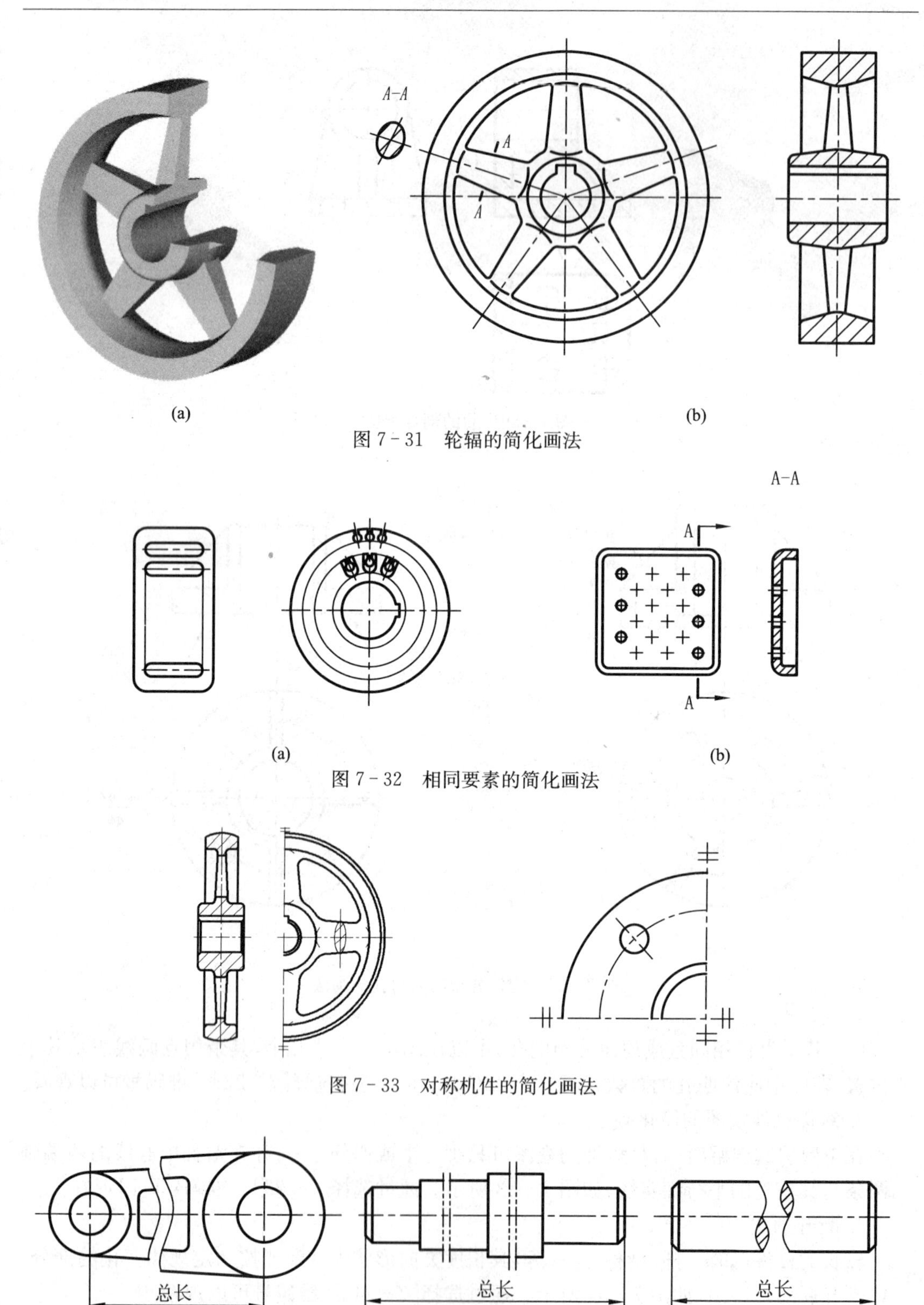

图 7 - 31 轮辐的简化画法

图 7 - 32 相同要素的简化画法

图 7 - 33 对称机件的简化画法

图 7 - 34 机件的断开画法

5. 其他简化画法和规定画法

(1) 与投影面倾斜角度小于或等于 30°的圆或圆弧，其投影可用圆或圆弧代替，如图 7-35 所示。通过选择[7-25]二维码号可以观看。

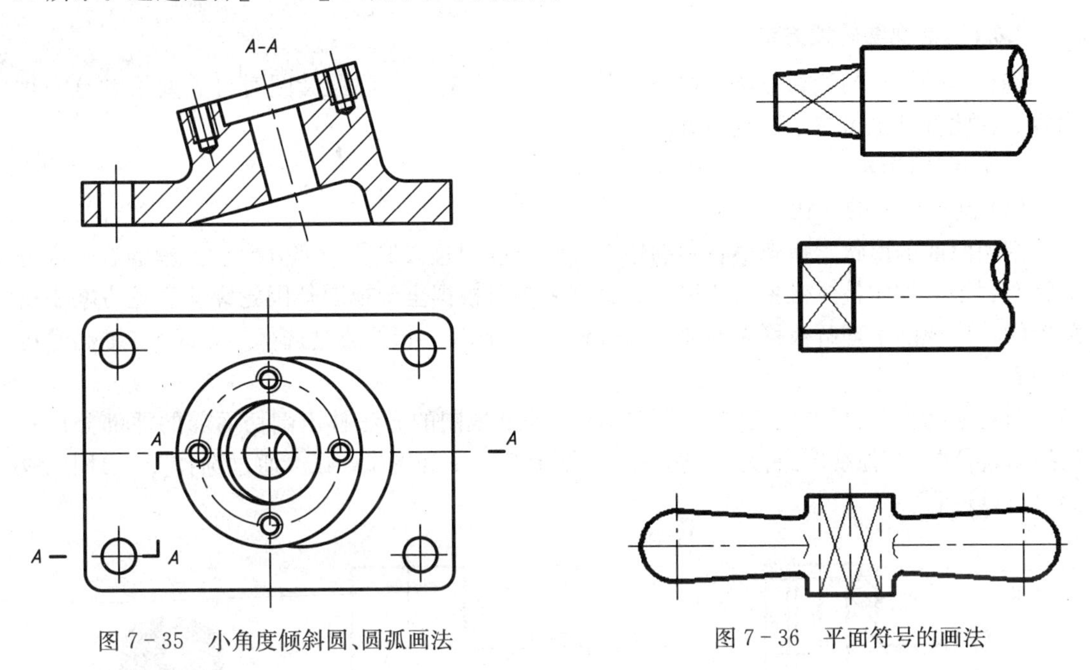

图 7-35 小角度倾斜圆、圆弧画法

图 7-36 平面符号的画法

(2) 当图形不能充分表达平面时，可用平面符号(相交的两细实线)表示小平面，如图 7-36 所示。通过选择[7-26]二维码号可以观看。

(3) 在需要表示位于剖切平面前的结构时，这些结构按假想的轮廓线(双点画线)绘制，如图 7-37 所示。通过选择[7-27]二维码号可以观看。

(4) 机件上的滚花部分，可在轮廓线附近用细实线示意画出，并在图上或技术要求中注明具体要求，如图 7-38 所示。通过选择[7-28]二维码号可以观看。

(5) 圆形法兰和类似机件上均匀分布的孔可按图 7-39 绘制。通过选择[7-29]二维码号可以观看。

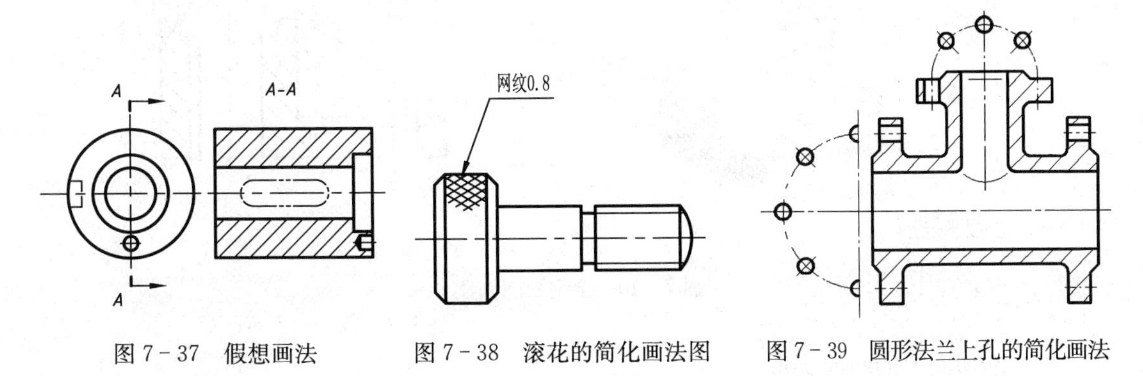

图 7-37 假想画法　图 7-38 滚花的简化画法图　图 7-39 圆形法兰上孔的简化画法

7.6　剖视图阅读与尺寸标注

7.6.1　剖视图阅读方法

剖视图的图形与剖切方法,剖切位置和投影方向有关。因此读图时首先要了解这三项内容。在此基础上可按下述基本方法进行读图。

1. 分层次阅读

(1) 剖切面前的形状

剖切面前的形状是指观察者和剖切面之间被假想移去的那一部分形状。理解这一部分形状有利于对物体整体概貌的认识。对全剖视图可根据全剖视图外围轮廓和表达方案中所配置的其他视图来理解被移去的那一部分形状,见图 7 - 40。通过选择[7 - 30]二维码号可以观看。

而对半剖视图,局部剖视图则可采用恢复外形视图的方法补出剖切面前的那部分形状的投影,再联系其他视图,将移去部分读懂,见图 7 - 41 和图 7 - 42。通过选择[7 - 31]二维码号可以观看。

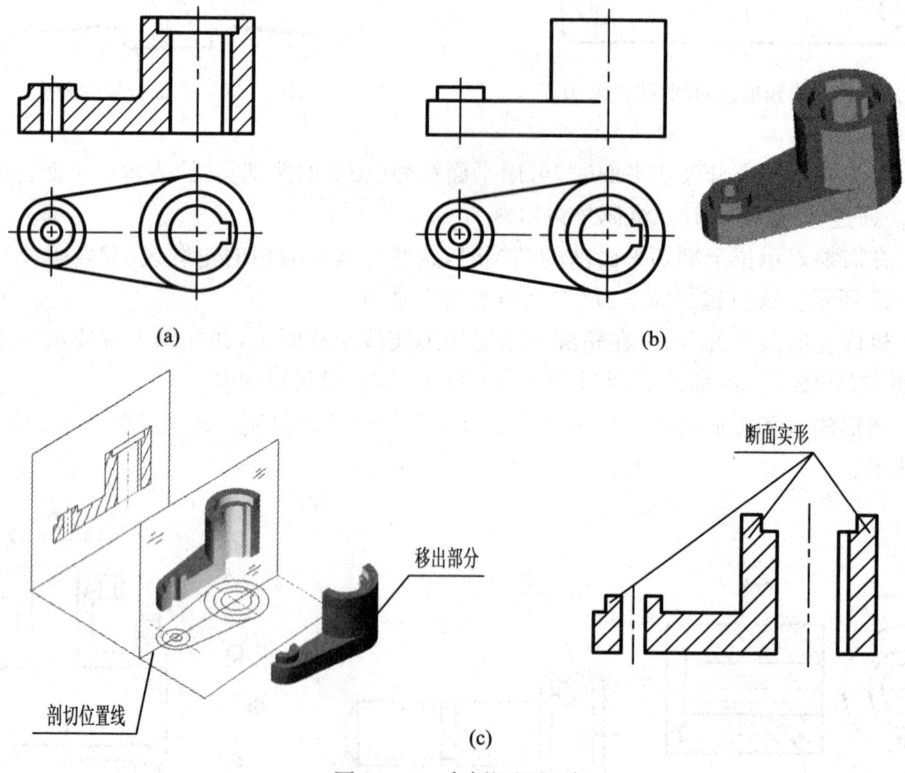

图 7 - 40　全剖视图阅读

(2) 剖切面上的断面实形

在断面上画剖面线,表示剖切面到机件的材料部分。因此断面形状表达了剖切面与机件实体部分相交的范围。剖视图上没有画剖面线的地方是机件内部空腔的投影或是剩余部分中某些形体的投影。因此根据断面可以判断在某一投影方向下机件上实体和空腔部分的范围，见图 7-40、图 7-41 和图 7-42。通过选择[7-32]二维码号可以观看。

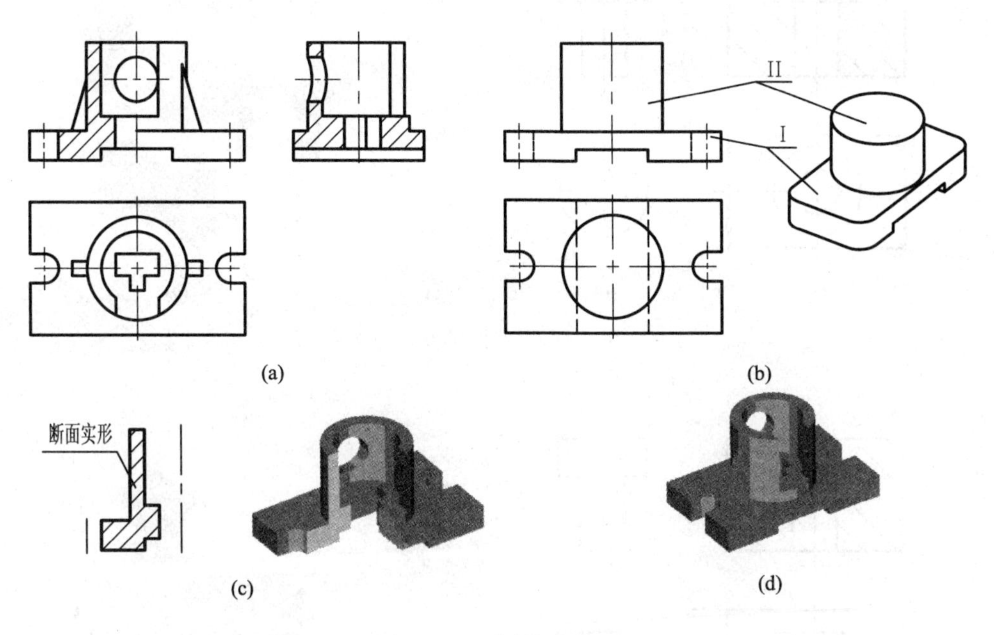

图 7-41 半剖视图阅读

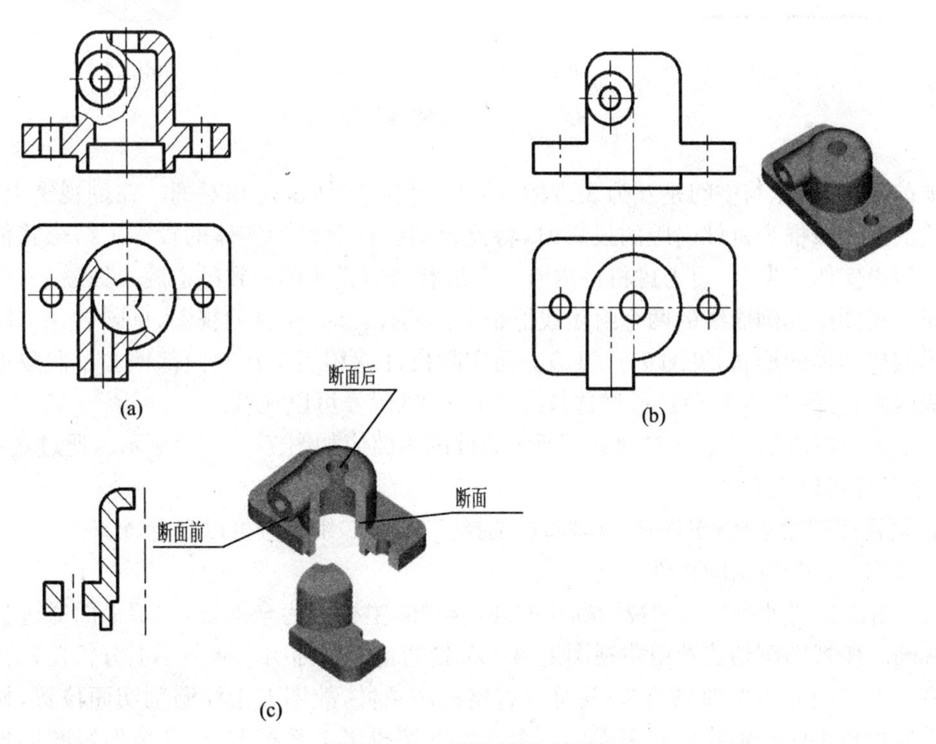

图 7-42 局部剖视图阅读

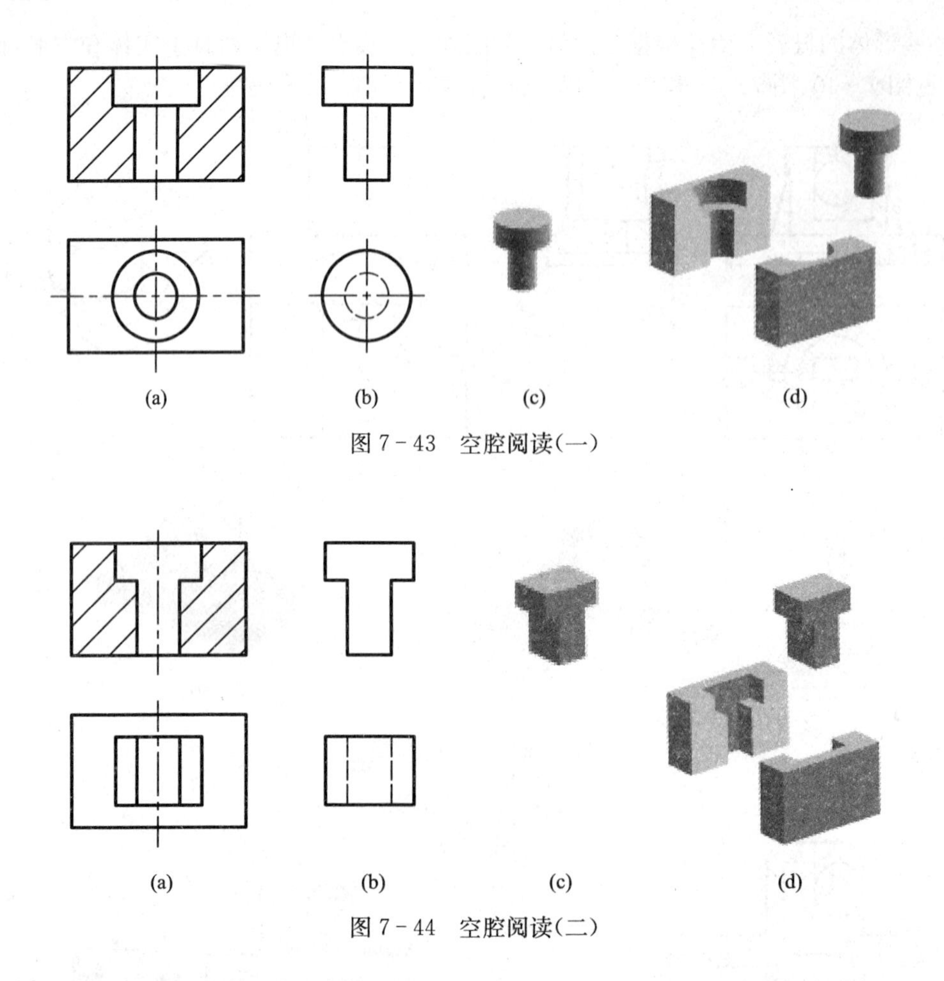

图 7－43　空腔阅读(一)

图 7－44　空腔阅读(二)

如前所述,形体与空间是互为表现的,因此空腔和实体也是相对的。在剖视图上,当无剖面线的封闭线框为机件内腔的投影时,将此封闭线框假设为实体的投影。结合其他视图想象出假设实体的形状,再考虑机件内有一个形状与假设实体一致的空腔。见图 7－43(a),当假想主视图中无剖面线的两个封闭线框是实体的投影时,结合俯视图,见图 7－43(b)不难想象出假想实体的形状,见图 7－43(c)。而实际机件就相当于在其内部挖去了假象形体部分形成内腔,见图 7－43(d)。通过选择[7－33]二维码号可以观看。

按上述分析方法可知图 7－44(a)所示机件的内腔应如图 7－44(c)所示。通过选择[7－34]二维码号可以观看。

3. 剖视图阅读举例(见图 7－45)通过选择[7－35]二维码号可以观看。

阅读图 7－45 所示的机件

(1) 由剖视图种类与对剖视图标注的规定可知,主视图为全剖视,剖切平面通过物体前后对称面。俯视图剖切位置由主视图上 $A-A$ 处的粗短画标明。从图形上分析俯视图为半剖视图。左视图亦为半剖视图,因其符合省略标注条件,故图上未注明剖切面位置,显然剖切面为通过机件内孔轴线的侧平面。三个剖视图按投影关系配置,故各个剖视图的投影方向是明显的。

(2) 按照分层次阅读的方法,可恢复机件的外形视图,见图 7－46(a)。

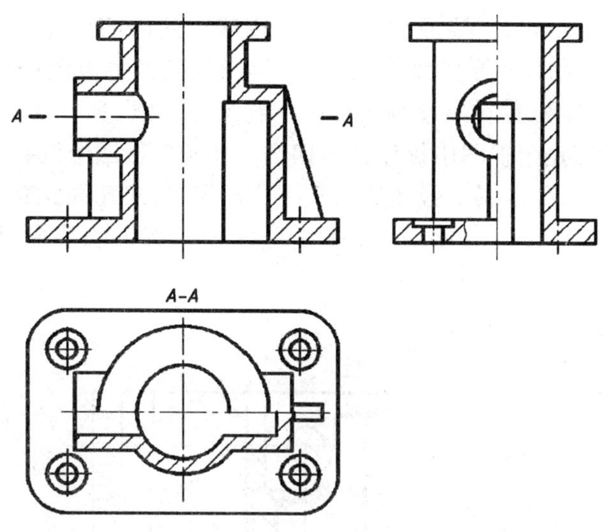

图 7－45　剖视图阅读

(3) 应用组合体视阅读方法，根据机件的外形视图想象其整体外貌，见图 7－46(b)。

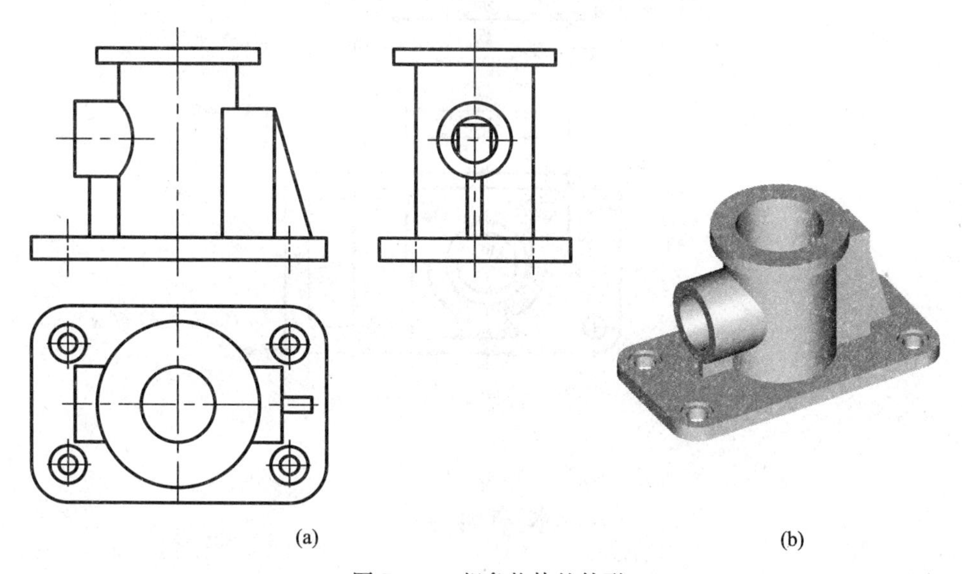

图 7－46　想象物体的外形

按照各剖切面的位置结合机件内腔阅读方法想象内形结构形状，见图 7－47。通过选择[7－37]，[7－38]二维码号可以观看。

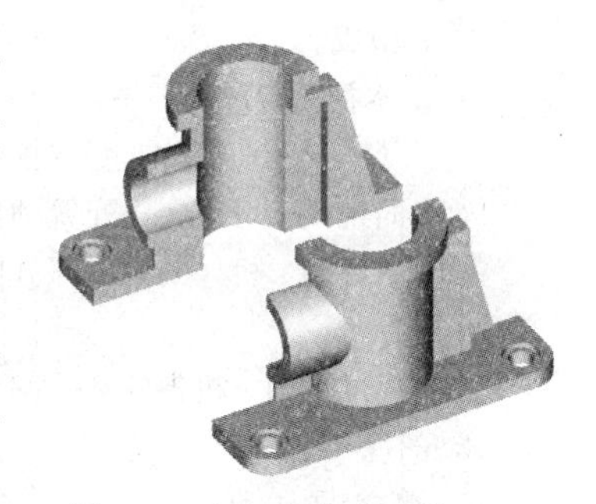

图 7－47　想象物体的内形

7.6.2　剖视图上的尺寸标注

在剖视图上标注尺寸，除了用到 3.2 中组合体的尺寸标注所介绍的方法外，另外还有一些特点。下面通过实例进行分析讨论。

图 7－48 所示的机件，分析所标注的尺寸，可以看出四个

特点：一是由于采用半剖视，一些原来不宜注在虚线上的内部尺寸，现在都可以注在实线上了，如主视图中的 ø12，ø8 等尺寸。二是采用半剖视后，主视图中的尺寸 ø12，ø8 及俯视图中的尺寸 ø16，14，20 仅在一端画出箭头指到尺寸界线，另一端略过对称轴线或对称中心线，不画箭头。三是俯视图中标注顶板四个小孔及底板四个沉孔的尺寸，不但注明孔的大小，同时写出孔的深度，属于旁注法。采用这种旁注，法孔的完整形状就说明清楚了。四是如在中心线中注写尺寸数字时，应在注写数字处将中心线断开，如俯视图中的尺寸 ø16。

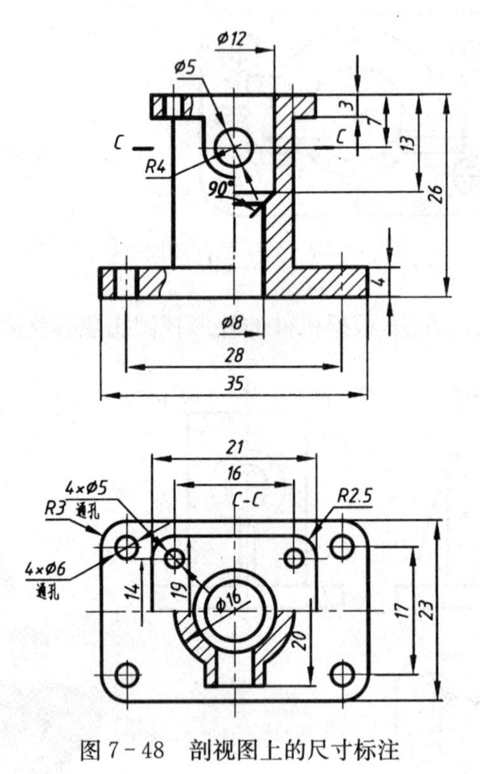

图 7-48　剖视图上的尺寸标注

本章小结

本章主要由基本视图与辅助视图、剖视、断面、局部放大图、简化画法和规定画法、剖视图阅读与尺寸标注等内容组成。

1. 基本视图与辅助视图

(1) 基本视图　机件向基本投影面投射所得到的视图，共六个；

(2) 向视图　可以自由配置的视图，需标注投射方向和视图名称；

(3) 斜视图　机件的倾斜部分向不平行于基本投影面的平面投射所得到视图，需标注投射方向和视图名称；

(4) 局部视图　机件的某一部分向基本投影面投射所得到的视图。

2. 剖视

1) 概念、画法和标注

(1) 概念　假想用剖切面剖开机件，将处在观察者与剖切面之间的部分移去，剩余部分向投影面投射得到的视图称为剖视图。

(2) 画法　画出剖切面剖开机件后的断面形状和剖切面后可见部分的投影；剖切是假想的，其他视图应完整画出；表达清楚的结构虚线应省略。

(3) 标注　要注明剖切位置，投射方向和剖视图名称。

2) 种类

(1) 按移去部分大小划分：全剖视、半剖视、局部剖视。

(2) 按剖切平面数量划分：

① 单一剖切面：平面，柱面(展开)。

② 多个剖切面：相交的剖切平面，平行的剖切平面。

3) 要注意的问题

(1) 剖切面位置的选择；

(2) 标注的省略原则；

(3) 剖面符号的画法(国家标准)；

(4) 剖视图中虚线的处理；

(5) 机件的肋板、轮辐、薄壁等结构纵向剖切时断面不画剖面线。

3. 断面图

(1) 概念　假想用剖切面将机件的某处切断，只画出剖切面与机件接触部分的图形。

(2) 种类：

① 移出断面　画在视图之外的断面图；

② 重合断面　画在视图之内的断面图。

(3) 标注　要注明剖切位置、投射方向和断面图名称，有些条件下可以省略全部或部分标注。

4. 局部放大图和简化画法

5. 剖视图阅读与尺寸标注

自　测　题

1. 用一组合适的视图表达下面立体图所示的机件(已画出主视图)。

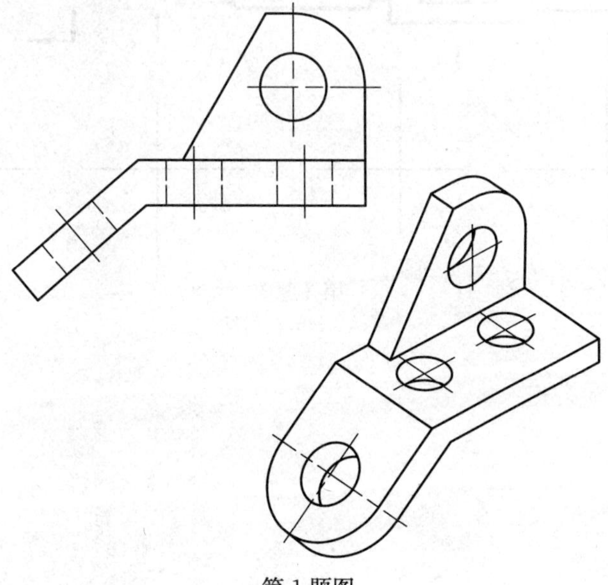

第1题图

2. 采用适当的剖视表达方案画出下面机件的三视图。

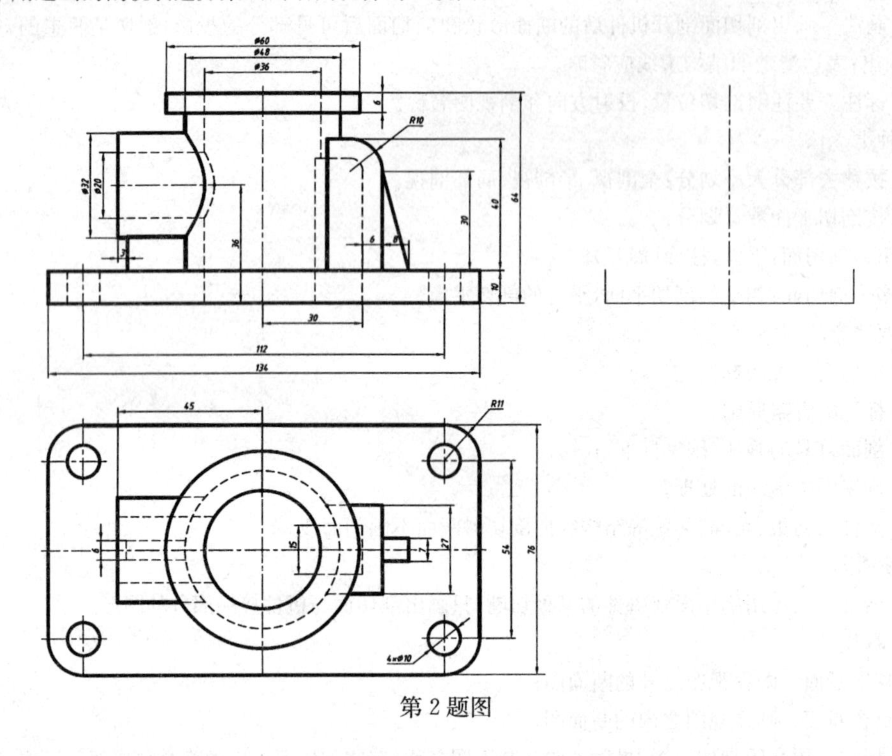

第 2 题图

3. 画出轴上指定位置的断面图(左面键槽深 4mm,右面键槽深 3mm)

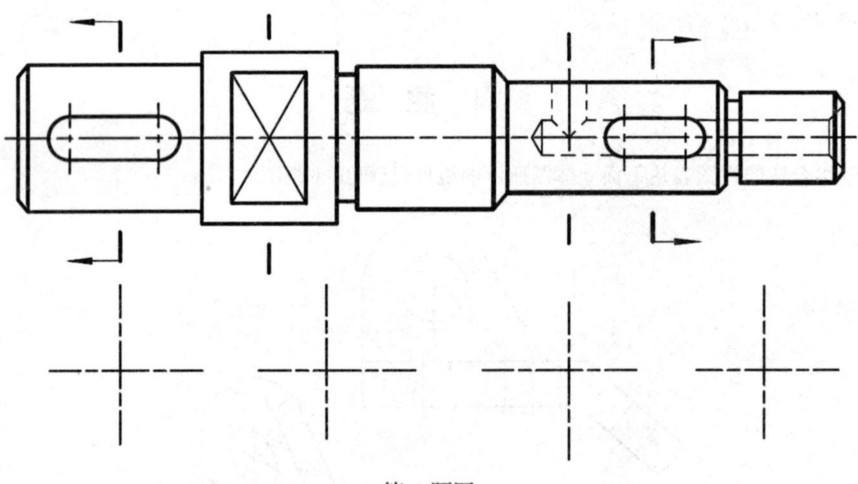

第 3 题图

8 零件图

本章导读

表达单个零件的形状、尺寸和技术要求的图样称为零件图。零件图相关知识主要有零件的视图表达、尺寸标注、技术要求注写、标题栏等内容。本章将介绍绘制和识读零件图的基本方法，并简要介绍在标注尺寸的合理性、零件的加工工艺结构以及制造零件时应满足的技术要求，零件常见结构以及标准件、常用件的种类，标记和规定画法等内容。

任何机器或部件都是由若干零件按一定的技术要求装配组合而成的。零件是组成机器的不可分拆的最小单元，零件的结构形状和加工要求由零件在机器中的功用确定。如图 8－1 所示的球阀就是由 17 种不同零件装配而成的。通过选择[8－1]二维码号可以观看。

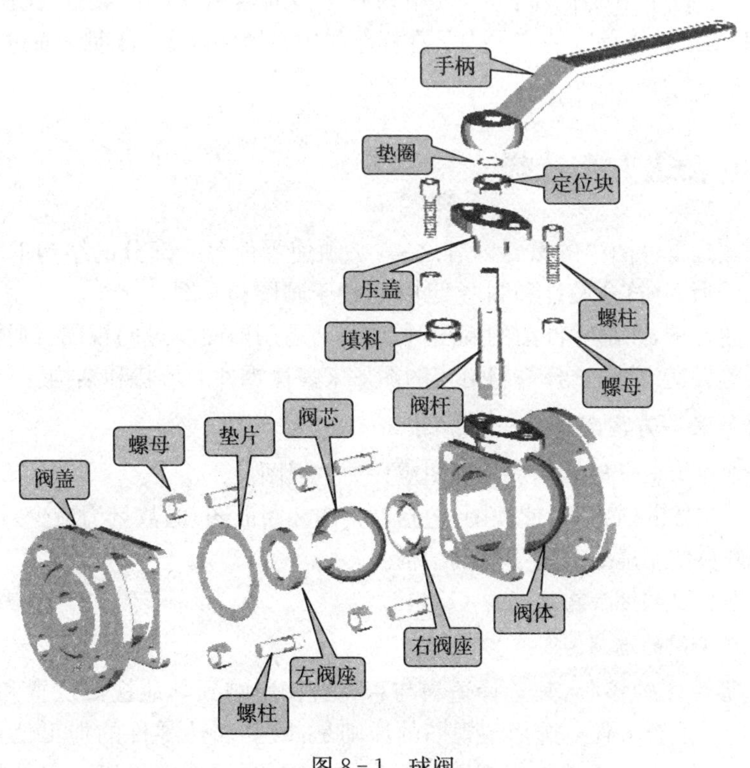

图 8－1　球阀

零件分为标准件和非标准件两大类。标准件(如球阀中的弹性挡圈、内六角螺钉、螺母等)其结构和尺寸都由标准系列确定,通常由专业厂家生产,一般不需要画零件图;而非标准件(如球阀中的阀体、手柄等)其结构、形状、大小等需要根据它们在球阀中的作用进行设计确定,然后画出每个零件的零件图,以便加工制造。

8.1 零件图相关的内容

在零件的生产过程中,要根据图样中注明的材料和数量进行落料;根据图样表示的形状、大小和技术要求进行加工制造;最后还要根据图样进行检验。因此,零件图应具有制造和检验零件的全部技术资料。一张完整的零件图应包括如下内容(参见图 8-2):

(1) 一组图形 选用一组适当的视图、剖视、剖面等图形,完整清晰地表达零件各部分的结构和形状。

(2) 尺寸 正确、完整、清晰、合理地标注出确定零件各部分形状大小和相对位置所需要的全部尺寸。

如图 8-2 中,尺寸 $\phi 80^{+0.220}_{0}$ 表明该尺寸在加工时所允许的尺寸偏差;$\sqrt{Ra3.2}$ 表明零件加工的表面粗糙度要求;|◎|ø0.02|B|表明 ø28 孔的位置公差要求。技术要求可以用符号注写在图上或在图纸空白处统一写出。

(3) 标题栏 位于图纸的右下角,其中列有零件的名称、材料、数量、比例、图号及出图单位等,以及对图纸具体负责的有关人员在标题栏中签署的姓名、日期。通过选择[8-2]二维码号可以观看。

8.2 零件的表达方案选择

零件的视图是零件图中的重要内容之一,必须使零件每一部分的结构形状和位置都表达完整、正确、清晰,并符合设计和制造要求,且便于画图和看图。

要达到上述要求,在画零件图的视图时,应灵活运用前面学过的视图、剖视、断面以及简化和规定画法等表达方法,选择一组恰当的图形来表达零件的形状和结构。

8.2.1 零件表达方案选择的一般原则

(1) 表示零件信息量最多的那个视图应作为主视图。

(2) 在表达完整的前提下,使视图(包括剖视图和断面图)的数量为最少。

(3) 尽量避免使用虚线表达零件的结构。

(4) 避免不必要的细节重复。

8.2.1.1 主视图的选择

主视图是零件图的核心,其选择适当与否将直接影响到其他视图位置和数量的选择,关系到画图、看图是否方便。选择主视图的原则是:既要表达零件的加工位置或工作位置或安装位置,又要考虑在所选的主视图的投射方向下,尽可能多地表达零件的形状和位置信息。

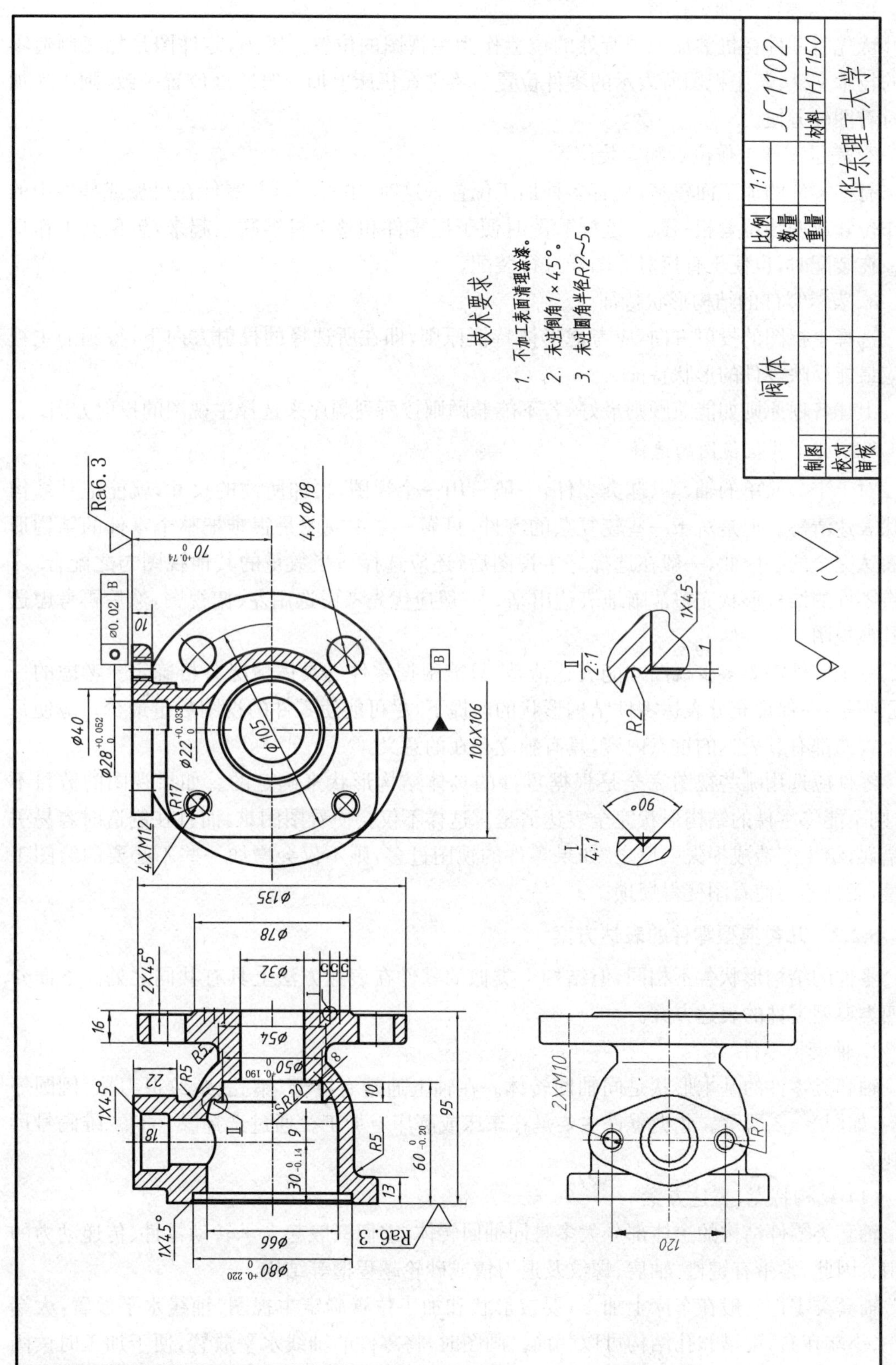
技术要求
1. 不加工表面清理涂漆。
2. 未注倒角1×45°。
3. 未注圆角半径R2~5。
阀体
比例 1:1
数量
重量
JC1102
材料 HT150
制图
校对
审核
华东理工大学
Ra6.3
4×Ø18
70 0 -0.74
Ø0.02 B
Ø40
Ø28 +0.052 0
Ø22 +0.033 0
Ø105
R17
4×M12
106×106
Ø135
Ø78
Ø32
Ø54
Ø50 0 -0.190
Ø66
Ø80 +0.220 0
2×45°
1×45°
2×M10
R7
120
95
60 0 -0.20
30 0 -0.14
SR20
R5
90°
I
4:1
II
2:1
R2

图8-2　阀体

1. 表示零件的加工位置

优先将零件在机械加工中所处的位置作为主视图的位置。因为，零件图是加工制造零件的技术文件，若主视图所表示的零件位置与零件在机床上加工时所处位置一致，则工人加工时看图较方便。

2. 表示零件工作位置和安装位置

有些零件的加工面较多，具有多种加工位置。这时，主视图可与零件在机械或部件中的工作位置或安装位置相一致。这样看图时便于把零件和整个机器联系起来，想象其工作情况。在装配时，也便于直接对照图样进行装配。

3. 表示零件的结构形状特征

选择主视图的投射方向，应考虑形体特征原则，即在所选择的投射方向下，得到的主视图应最能反映零件的形状特征。

上述各项原则如能兼顾则最好，若不能兼顾则按所列顺序来选择主视图的投射方向。

8.2.1.2　其他视图的选择

对于十分简单的轴、套、球类零件，一般只用一个视图，再加所注的尺寸，就能把其结构形状表达清楚。但是对于一些较复杂的零件，只靠一个主视图是很难把整个零件的结构形状表达完全的。因此，一般在选择好主视图后，还应选择适当数量的其他视图与之配合，才能将零件的结构形状完整清晰地表达出来。一般应优先考虑选用左、俯视图，然后再考虑选用其他视图。

一个零件需要多少视图才能表达清楚，只能根据零件的具体情况分析确定。考虑的一般原则是：在保证充分表达零件结构形状的前提下，尽可能使零件的视图数量最少。应使每一个视图都有其表达的重点内容，具有独立存在的意义。

零件应选用哪些视图完全是根据零件的具体结构形状来确定的。如果视图的数目不足，则不能将零件的结构形状完全表达清楚。这样不仅会使看图困难，而且在制造时容易引发错误，给生产造成损失。反之，如果零件的视图过多，则不仅会增加一些不必要的绘图工作量，而且还会使看图变得烦琐。

8.2.2　几类典型零件的表达方案

零件的结构形状各不相同，但结构上类似的零件在表达方法上具有共同之处。下面介绍四类典型零件的表达方案。

1. 轴套类零件

轴套类零件的基本形状是同轴回转体。在轴上通常有键槽、销孔、螺纹退刀槽、倒圆等结构，如图 8－3 所示。此类零件主要是在车床或磨床上加工。通过选择[8－3]二维码号可以观看。

(1) 结构特点、表达方案

轴套类零件结构的主体部分大多是同轴回转体，它们一般起支承转动零件、传递动力的作用。因此，常带有键槽、轴肩、螺纹及退刀槽或砂轮越程槽等结构。

轴套类零件一般在车床上加工，要按形状和加工位置确定主视图，轴线水平放置，大端在左、小端在右，键槽和孔结构可以朝前。画图时，将零件的轴线水平放置，便于加工时读图和看尺寸。

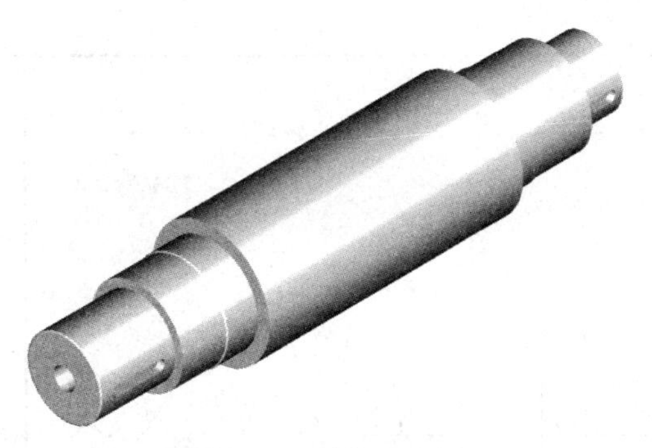

图 8-3 轴的直观图

通常采用断面、局部剖视、局部放大等表达方法表示。

(2) 视图选择

轴套类零件主要结构形状是回转体，根据其结构特点，配合尺寸标注，一般只用一个基本视图表示。零件上的一些细部结构如键槽、孔等，可作出移出断面。砂轮越程槽、退刀槽、中心孔等可用局部放大图表达。

(3) 轴零件图

如图 8-4 所示为轴零件图，在主视图上采用局部剖视表达；螺纹退刀槽的细部结构形状，用局部放大图表达；两个移出断面表达了轴上键槽 I、键槽 II 的深度。在表达轴(套)类零件时，对截面形状不变或有规律变化而又较长的部分，可断开后缩短绘制，如图中长为 194 的中间段即采用了断开画法。通过选择[8-4]二维码号可以观看。

2. 盘盖类零件

(1) 结构特点、表达方案

盘类零件包括端盖、阀盖、齿轮等，这类零件的基本形体一般为回转体或其他几何形状的扁平的盘状体，通常还带有各种形状的凸缘、均布的圆孔和肋等局部结构。盘盖类零件的基本形状为扁平的盘状。如图 8-5 所示的法兰以及皮带轮、手轮、端盖等都属于盘盖类零件。通过选择[8-5]二维码号可以观看。

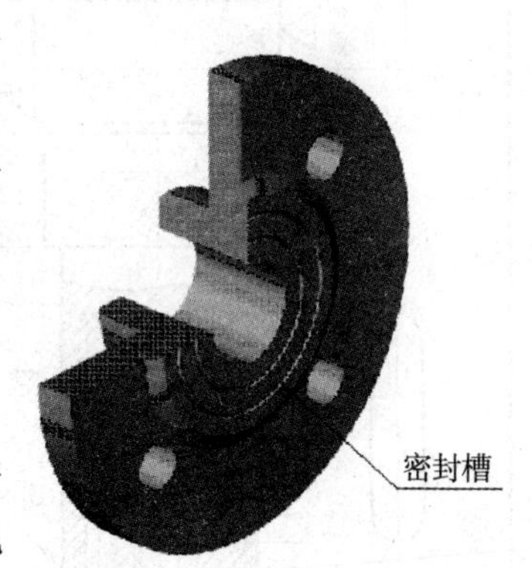

图 8-5 法兰直观图

(2) 视图选择

盘类零件主要也是在车床上加工的，主视图按加工位置安放。主视图的投影方向可以如图 8-6 所示，也可以取其左视图的投影方向。比较这两种方案，前者既能反映形状特征，又能反映各部分的相对位置及倒角等结构，所以为首选的主视图投影方向。

此外，这类零件常有沿圆周分布的孔、槽、肋、凸缘及轮辐等结构，因而一般应选用两个基本视图，以表达这些结构的数量和分布以及盘(或盖)的外形，其中主视图常采用全剖视图，对于某些细部结构可用局部放大图等方法表示清楚。

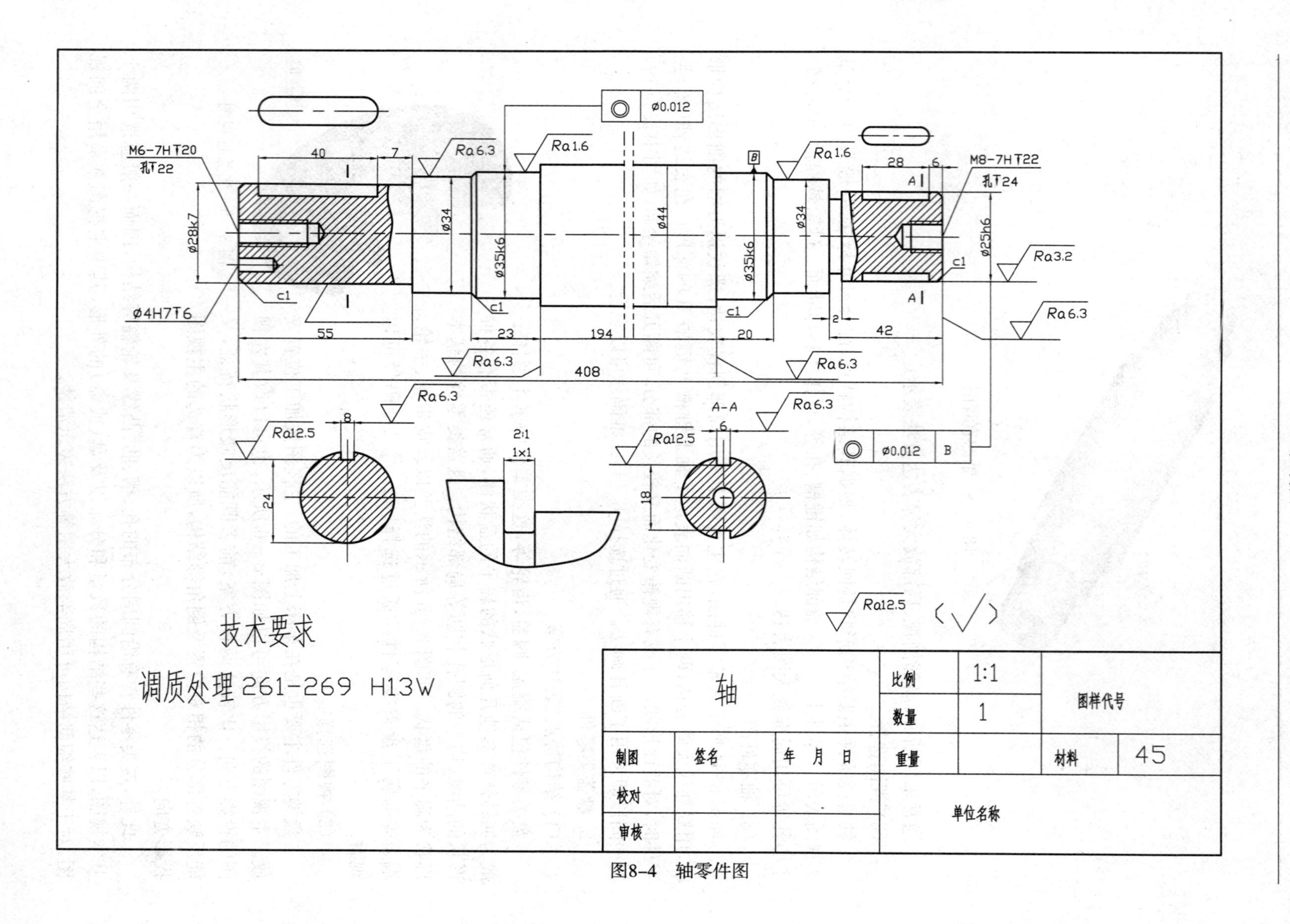
ϕ0.012
M6-7HT20
孔T22
40
7
Ra6.3
Ra1.6
B
Ra1.6
28
6
M8-7HT22
孔T24
ϕ28k7
ϕ34
ϕ35k6
ϕ44
ϕ34
ϕ35k6
ϕ25h6
Ra3.2
c1
ϕ4H7T6
55
23
194
20
2
42
Ra6.3
408
A-A
8
6
2:1
1×1
Ra12.5
24
18
ϕ0.012
B
Ra12.5
技术要求
调质处理261-269 H13W
轴
比例
1:1
图样代号
数量
1
制图
签名
年 月 日
重量
材料
45
校对
审核
单位名称

图8-4 轴零件图

（3）法兰零件图

图 8－6 为法兰零件图，其主视图按加工位置将轴线放成水平，并画成全剖视图，以表达其内部结构；左视图表达了螺栓孔的数量和分布情况；还用了局部放大图表达法兰端面上密封槽的结构形状。通过选择[8－5]二维码号可以观看。

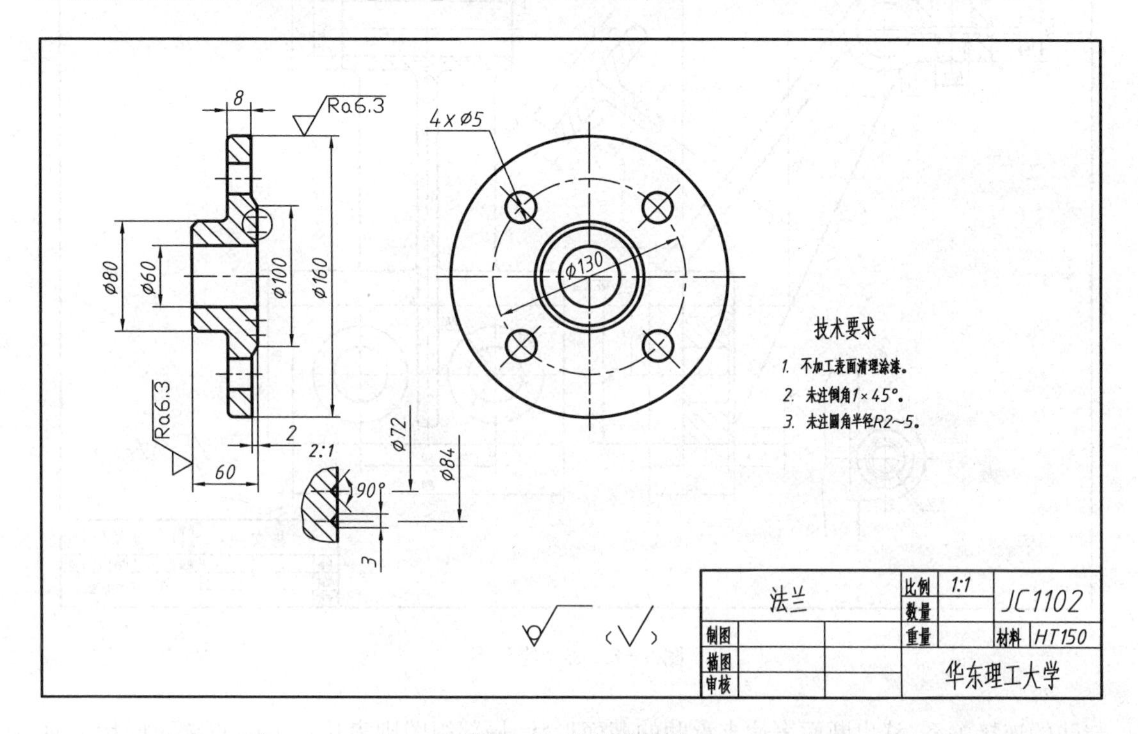

图 8－6　法兰零件图

3. 支架类零件

（1）结构特点、表达方案

图 8－7 所示为支架直观图。这类零件的结构形状比较复杂，常有倾斜、弯曲的结构，一般在铸件毛坯上进行切削加工后形成。通过选择[8－6]二维码号可以观看。

这类零件的结构特点是：通常由承托（如圆柱孔）、支撑（如肋板）及底板等部分组成。主要起支撑、限位等作用。

（2）视图选择

支架类零件的加工位置较多，主视图一般按工作位置安放；选择最能反映其形状特征的观察方向作为主视图的投影方向。

再根据结构特点选择其他视图。这类零件通常需要两个或两个以上的基本视图，并常用局部视图、断面图等表达局部结构形状。

图 8－7 支架直观图

（3）支架零件图

如图 8－8 为支架零件图，选用两个基本视图和一个移出断面，一个局部视图。其中主视图做局部剖，以表达上端连接孔和支架部分的安装孔，左视图采用全剖以表达支承孔及其

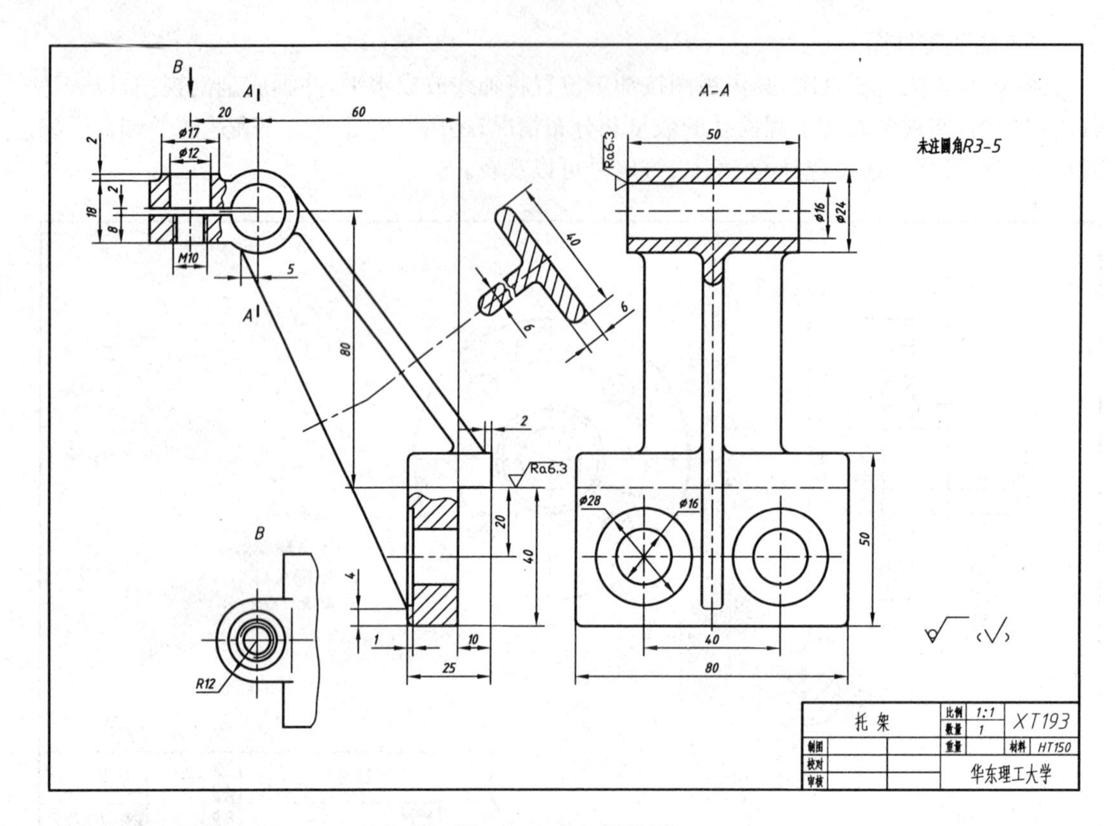

图 8-8　支架零件图

与肋的连接关系，移出断面表达支承肋的截面形状，局部视图则表达了上端的端面形状。通过选择[8-6]二维码号可以观看。

4. 箱体类零件

箱体类零件是用来支承、包容、保护运动零件或其他零件的。一般来说，其结构形状较前三类零件复杂，通常也是在铸件毛坯上进行切削后形成。图 8-9 所示的传动箱即属箱体类零件。通过选择[8-7]二维码号可以观看。

图 8-9　传动箱直观图

箱体类零件的加工位置变化更多。主视图的选择主要考虑工作位置和形状特征。其他视图的选择应根据具体情况，可采用多种表达方法，从而清晰、完整地表达零件的内、外结构形状。一般这类零件需三个或三个以上的基本视图。

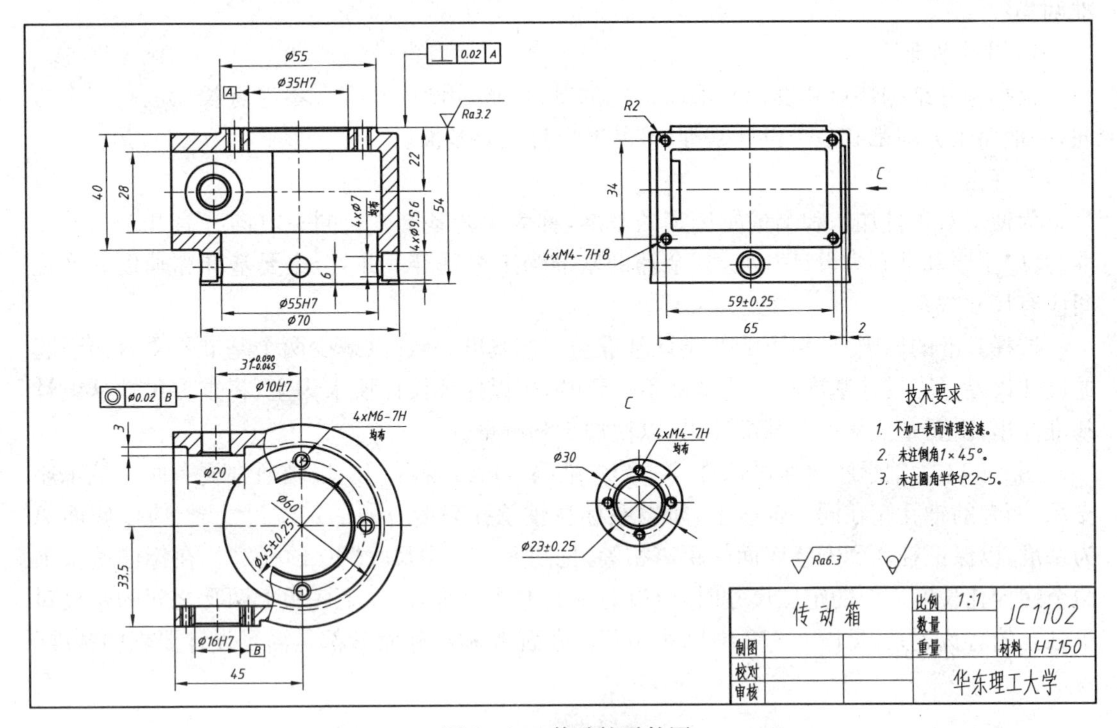

图 8-10 传动箱零件图

图 8-10 所示为传动箱零件，选用了三个基本视图和一个局部视图。主视图用全剖表达它的内部结构；俯视图为局部剖，表达箱体前、后壁上的开孔和凸台的结构形状；左视图不剖，表达了左端面的形状和螺纹孔的分布；*C* 向局部视图表达了前端面的形状、螺孔数量和分布。选用这四个图形，较完整、清晰地表达了该零件的内、外结构形状。通过选择[8-7]二维码号可以观看。

8.3 零件图上的尺寸标注

零件上各部分的大小是按照图样上所标注的尺寸进行制造和检验的。零件图中的尺寸，不但要标注得正确、完整、清晰，而且必须标注得合理。所谓合理，是指所注的尺寸既符合零件的设计要求，又便于加工和检验(即满足工艺要求)。

8.3.1 尺寸基准的选择

1. 正确选择尺寸基准

所谓尺寸基准，是指零件装配到机器上或在加工测量时，用以确定其位置的一些面、线或点。它可以是零件上对称平面、底板安装平面、端面、零件的结合面、主要孔和轴的轴线等。

选择尺寸基准的目的，一是为了确定零件各部分几何形状的相对位置或零件在机器中的位置，以符合设计要求；二是为了在加工零件时，确定测量尺寸的起点位置，便于加工和测量，以符合工艺要求。因此，根据基准作用不同，一般将基准分为设计基准和工艺基准两类。

1. 设计基准

根据零件结构特点和设计要求而选定的基准，称为设计基准。零件有长、宽、高三个方向，一般每个方向都有一个设计基准，该基准也称主要基准。

2. 工艺基准

为便于对零件加工和测量所选定的基准，称为工艺基准。若同一方向上有几个尺寸基准，其中主要基准必为设计基准，其余辅助基准为工艺基准。并且，主要基准和辅助基准之间应有尺寸联系。

选择基准的原则是：尽可能使设计基准与工艺基准一致，以减少两个基准不重合而引起的尺寸误差。当设计基准与工艺基准不一致时，应以保证设计要求为主，将重要尺寸从设计基准注出，次要基准从工艺基准注出，以便加工和测量。

图 8－11 为轴承座。通过选择[8－8]二维码号可以观看。一根轴通常要有两个轴承座支承，两者的轴孔应在同一轴线上，所以在标注轴承孔高度方向的定位尺寸时，应以底面 A 为基准，以保证轴孔到安装底面的距离相等，见图 8－12 中尺寸“40±0.02”。在标注底板上两个螺栓孔长度方向的定位尺寸时，应以对称面 B 为基准，以保证底板上两孔之间的距离对于轴孔的对称关系，见图 8－12 中尺寸“65”。底面 A 和对称面 B 都是满足设计要求的基准。

图 8－11　轴承座直观图

轴承座顶部螺孔的深度尺寸，若以底面为基准标注，测量起来就不方便。应以顶部端面 D 为基准，标注出尺寸 6，这样测量起来也方便，这就是工艺基准。

图 8－12 中的轴承座，长度方向的主要基准是对称面 B，宽度方向的主要基准为端面 C，高度方向主要基准为底面 A。为了便于加工和测量，还选择 D 为辅助基准，它与主要基准 A 之间由尺寸“58”相联系。通过选择[8－8]二维码号可以观看。

选择尺寸标注基准的原则是：零件的主要尺寸应从设计基准标注；对其他尺寸，考虑到加工、检测的方便，一般应由工艺基准标注。

常用的基准有基准面和基准线。基准面包括底板的安装面、重要的端面、装配结合面、零件的对称面等；基准线即回转体的轴线。

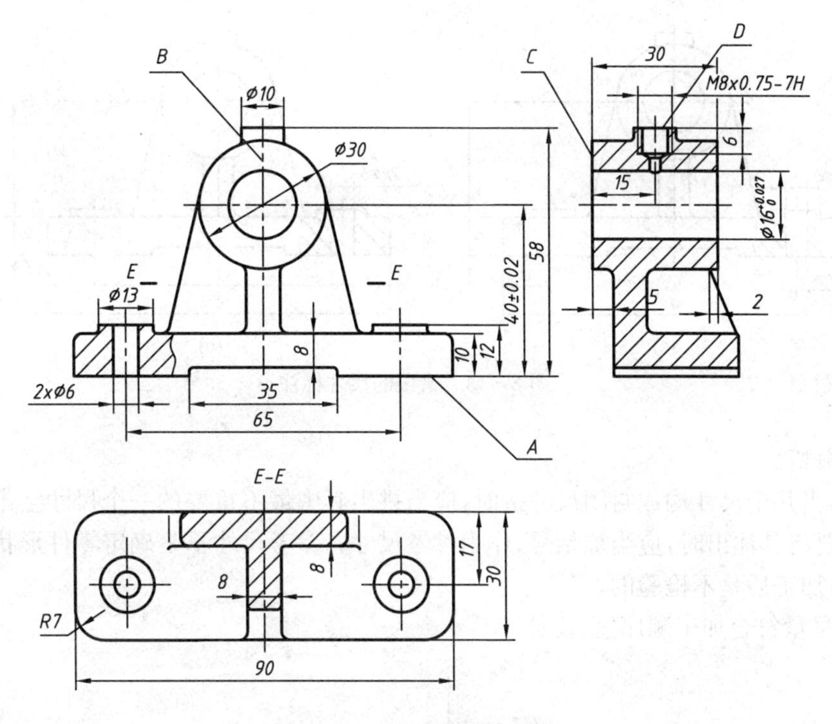

图 8-12 轴承座的尺寸基准

标注尺寸时还须注意:对零件间有配合关系的尺寸,如孔和轴的配合,应分别注出相同的定位尺寸。

8.3.2 尺寸标注的合理性

1. 功能尺寸应从设计基准出发直接注出

功能尺寸是指直接影响零件的装配精度和工作性能的尺寸。这些尺寸应从设计基准出发直接注出,而不应空出,靠其他尺寸推算出来。

标注出的尺寸是加工时要保证的尺寸。由于机床、量具精度等因素的影响,所注尺寸可保证控制一定的误差范围。而由其他尺寸计算得到的尺寸,其误差范围为各个尺寸误差的总和,显然精度大大低于直接注出的尺寸。所以,功能尺寸必须直接注出。

图 8-13(a)中,轴承座的轴心高不直接注出,而是靠 $b+c$ 确定;底板上两个 ø6 孔的孔心距也未直接注出,欲靠 $d-2e$ 确定。这种注法都是不合理的,因为轴心高和孔心距是保证二轴承座同心的功能尺寸,必须直接注出。通过选择[8-9]二维码号可以观看。

2. 避免出现封闭的尺寸链

在图 8-13(b)中,高度方向既标注出了尺寸 a,又标注出了 b 和 c;长度方向既标注出了尺寸 d 和 l,又标注出了 e,这是错误的。

a、b、c 首尾相连,有 $a=b+c$ 的关系,形成了封闭尺寸链。a、b、c 全部都标注出来,则意味着都要控制误差范围。若 a 的误差允许为±0.02,由于 $a=b+c$,则 b 和 c 的误差就只能定得更小,这将给加工带来很大的困难。事实上,b 和 c 均为一般尺寸,精度要求不高。所以,这样标注是不合理的。若将 a、b、c 三者中最次要的 c 空出不注,只控制 a 的误差±0.02,而将积累误差放到未注出的 c 上,这毫不影响轴承座的功能。尺寸 d、l、e 的标注错误读

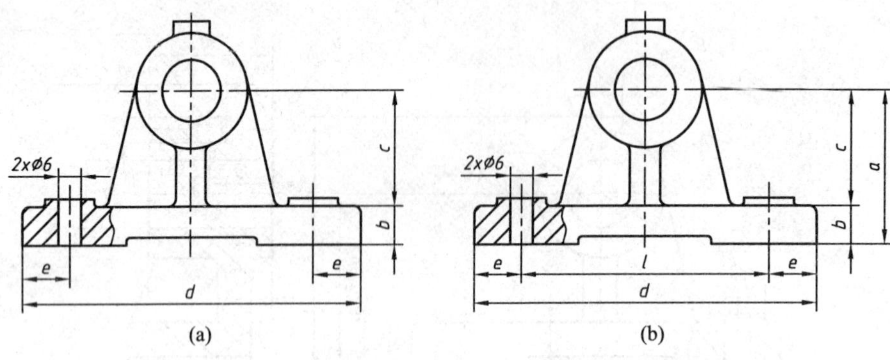

图 8-13　错误的尺寸标注

者可自行分析。

因此，当几个尺寸构成封闭尺寸链时，应当挑出其中最不重要的一个尺寸空出不注。若因其种需要将其注出时，应当加括号，作为参考尺寸。参考尺寸不是确定零件形状和相对位置所必须，加工后是不检验的。

3. 应尽量符合加工顺序

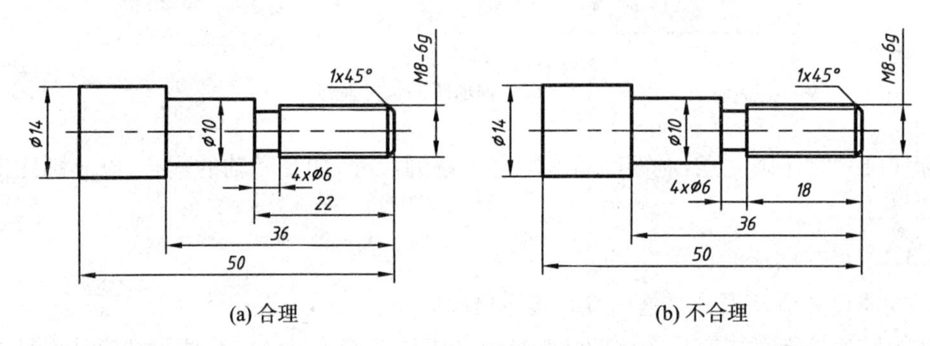

图 8-14　尺寸标注应符合加工顺序

图 8-14 为一阶梯轴，其中图 8-14(a)(b)两种尺寸注法均能确定各轴段的长度和大小。但是分析阶梯轴的加工过程(图 8-15)就可以看出，图 8-14(a)的注法符合加工顺序，故而合理；图 8-14(b)的注法不利于加工，既容易出错，也影响工时和零件的精度，所以不合理。通过选择[8-9]二维码号可以观看。

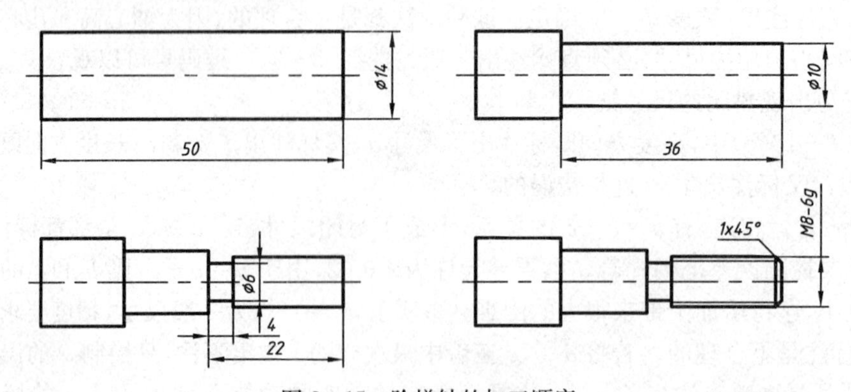

图 8-15　阶梯轴的加工顺序

4. 考虑检测方便

在图 8－16 所示的尺寸标注中，图(a)的注法测量和检验均较方便，为合理的注法；图(b)的注法在实际测量中难以进行，为不合理的注法。通过选择[8－9]二维码号可以观看。

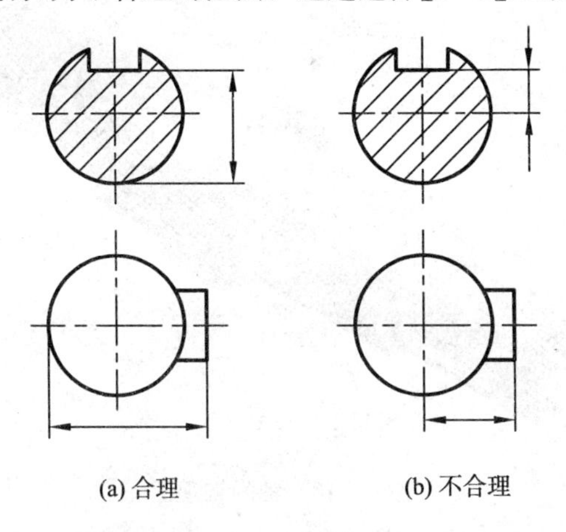

图 8－16　尺寸标注应考虑检测方便

8.3.3　轴的尺寸标注举例

图 8－17 所示为轴的尺寸标注，该轴的结构见图 8－18。联系轴的结构可知：轴颈(ø36)在工作时与轴承配合，轴颈长度 56 必须保证。凸肩(ø50)的左端面是轴向定位的主要端面，应作为轴向尺寸的主要基准，定出 56、70。车削时，以轴的左端面为基准(辅助基准Ⅰ)，按尺寸 106 定出凸肩的左端面，即主要基准面，同时可定出轴的总长 196，倒角 2.5×45°以及键槽尺寸 8 和 35。选轴的右端面为辅助基准Ⅱ，由此定出尺寸 80、50，以及钻孔定位尺寸 10 和倒角 2.5×45°。选轴辅助基准Ⅲ定出右键槽的定位尺寸 3 和长度 25，以及螺纹退刀槽的宽度 8。这样选择基准标注的尺寸，既满足了轴的设计要求，又兼顾了加工工艺要求，所以是比较合理的。通过选择[8－10]二维码号可以观看。

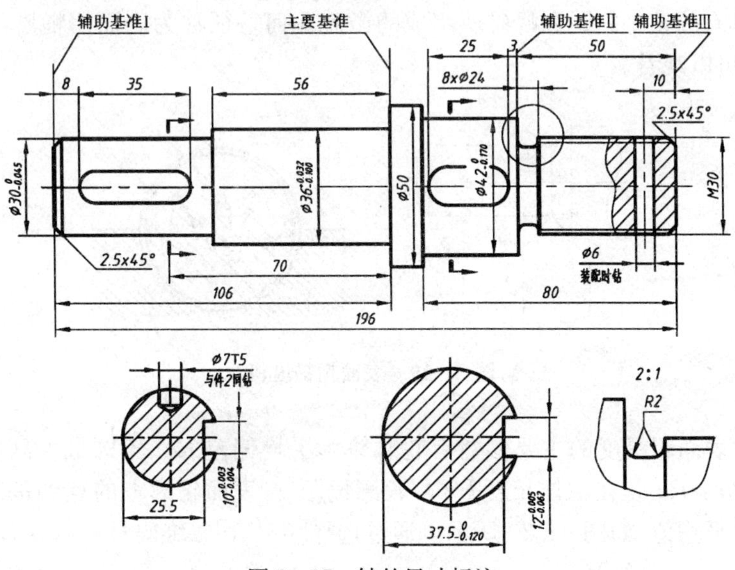

图 8－17　轴的尺寸标注

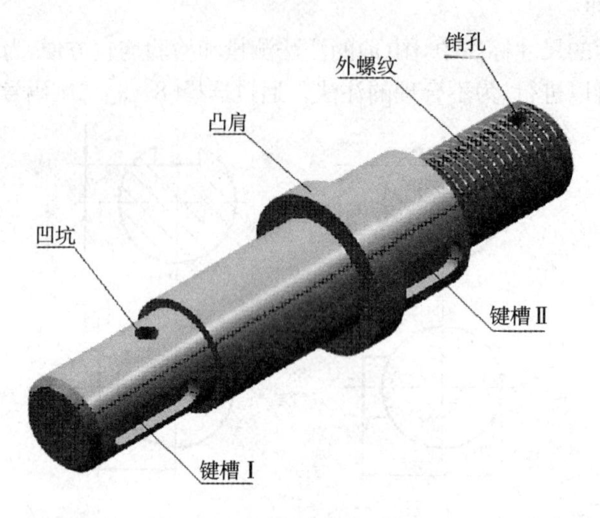

图 8-18　轴的直观图

8.4　零件图中的技术要求

技术要求用来说明零件在制造时应达到的一些质量要求，以符号和文字方式注写在零件图中，用以保证零件加工制造精度，满足其使用性能。

零件图中的技术要求主要包括表面粗糙度、极限与配合、形状和位置公差、热处理和表面处理等内容。

8.4.1　表面粗糙度概念

零件经过机械加工后，其表面因刀痕及切削时表面金属的塑性变形等影响，会存在间距较小的轮廓峰谷。用显微镜观察，则会清楚地看见这些高低不平的峰谷，见图 8-19。这种零件表面上具有的较小间距和峰谷所组成的微观几何特征称为表面粗糙度。通过选择[8-11]二维码号可以观看。

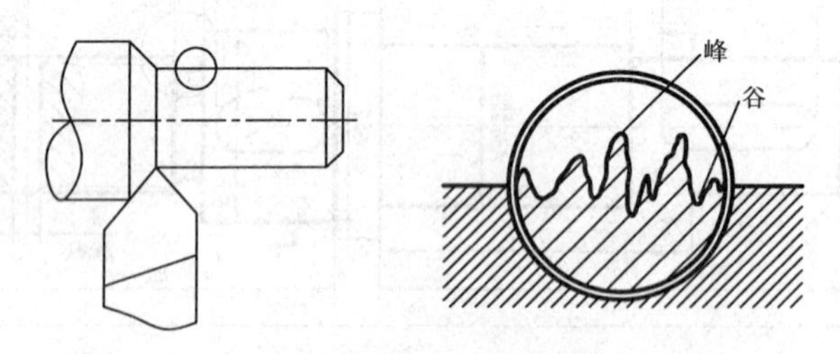

图 8-19　表面粗糙度概念

评定零件表面粗糙度的主要参数有轮廓算术平均偏差 Ra、轮廓最大高度 Rz。使用时应优先选用 Ra。Ra 是在取样长度 L 内，轮廓偏距 z（表面轮廓上的点到基准线的距离）的绝对值的算术平均值，如图 8-20 所示。通过选择[8-11]二维码号可以观看。

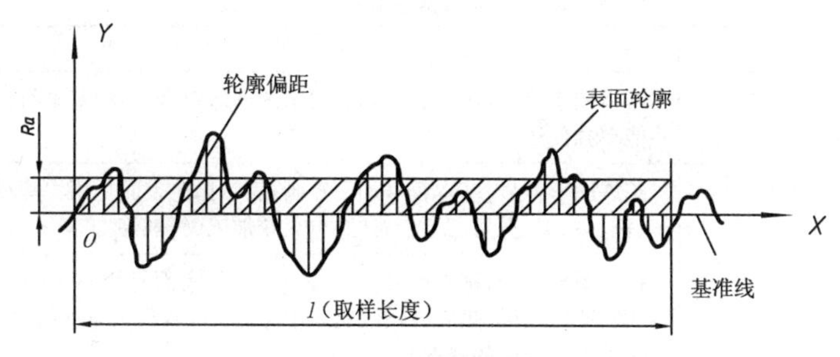

图 8-20 表面粗糙度评定参数

用公式表示为

$$Ra=\frac{1}{l}\int_{0}^{l}|y(x)|\,\mathrm{d}x$$

或近似为

$$Ra=\frac{1}{n}\sum_{i=1}^{n}|y_i|$$

表 8-1 给出了 Ra 的数值。

表 8-1 表面粗糙度 *Ra* 的数值

单位:μm

第一系列	第二系列	第一系列	第二系列	第一系列	第二系列	第一系列	第二系列
	0.008						
	0.010						
0.012			0.125		1.25	12.5	
	0.016		0.160	1.60			16.0
	0.020	0.20			2.0		20
0.025			0.25		2.5	25	
	0.032		0.32	3.2			32
	0.040	0.40			4.0		40
0.050			0.50		5.0	50	
	0.063		0.63	6.3			63
	0.080	0.80			8.0		80
0.100			1.00		10.0	100	

表面粗糙度用代号标注在图样上。代号由符号、数字及说明文字组成。

国家标准 GB/T131—2006《机械制图 表面粗糙度符号、代号及其注法》规定了零件表面粗糙度的符号、代号及其在图样上的注法。图样上所标注的表面粗糙度的符号、代号是该表面完工后的要求。有关表面粗糙度的各项规定应按功能要求给定。若仅需要加工,但对表面粗糙度的参数及说明没有要求时,可以只注表面粗糙度符号。

图样上表示零件表面粗糙度的符号及其含义见表 8-2。

表 8-2　表面粗糙度的符号及意义

符　　号	意　义　及　说　明
	基本图形符号，对表面结构有要求的图形符号，简称基本符号。没有补充说明时不能单独使用
	扩展图形符号，基本符号加一短画，表示指定表面是用去除材料的方法获得。如车、铣、钻、磨、剪切、抛光、腐蚀、电火花加工、气割等
	扩展图形符号，基本符号加一小圆，表示表面是用不去除材料的方法获得。如铸、锻、冲压变形、热轧、冷轧、粉末冶金等，或者是用于保持原供应状况的表面（包括保持上道工序的状况）
	完整图形符号，当要求标注表面结构特征的补充信息时，在允许任何工艺图形符号的长边上加一横线，在文本中用文字 APA 表示；在去除材料图形符号的长边上加一横线，在文本中用文字 MRR 表示；在不去除材料图形符号的长边上加一横线，在文本中用文字 NMR 表示

表面粗糙度符号的画法见图 8-21，通过选择[8-11]二维码号可以观看。

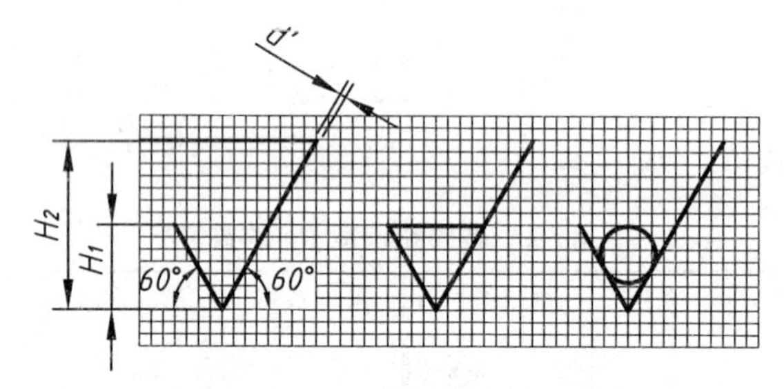

图 8-21　表面粗糙度符号的画法

图中的尺寸 d'、H_1、H_2见表 8-3。

表 8-3　表面粗糙度符号的尺寸　　单位：mm

数字与字母的高度 h	2.5	3.5	5	7	10	14	20
符号的线宽 d' 字母的线宽 d	0.25	0.35	0.5	0.7	1	1.4	2
高度 H_1	3.5	5	7	10	14	20	28
高度 H_2（最小值）	7.5	10.5	15	21	30	42	60

表面粗糙度数值及其有关规定在符号中注写位置，如图 8-22 所示，图中字母的意义如下：

a——注写表面结构的单一要求；

a 和 b——标注两个或多个表面结构要求；

c——注写加工方法；

d——注写表面纹理和方向；

e——注写加工余量（单位为毫米）。

图 8-22　表面粗糙度参数注写形式

在表面粗糙度符号中，按功能要求加注一项或几项有关规定后，称表面粗糙度代号。国家标准规定，当在符号中标注一个参数值时，为该表面粗糙度的上限值；当标注两个参数值时，一个为上限值，另一个为下限值；当要表示最大允许值或最小允许值时，应在表面粗糙度符号后加注符号“max”或“min”，见表 8-4。

表 8-4　*Ra* 的代号及意义

代号	意义
√*Ra*3.2	任何方法获得的表面粗糙度，*Ra* 的上限值为 3.2μm，在文本中表示为 APA *Ra*3.2
√*Ra*3.2（去除材料）	用去除材料方法获得的表面粗糙度，*Ra* 的上限值为 3.2μm，在文本中表示为 MRR *Ra*3.2
√*Ra*3.2（不去除材料）	用不去除材料方法获得的表面粗糙度，*Ra* 的上限值为 3.2μm，在文本中表示为 NMR *Ra*3.2
√*Ra*3.2 *Ra*1 1.6	用去除材料方法获得的表面粗糙度，*Ra* 的上限值为 3.2μm，*Ra* 的下限值为 1.6μm，在文本中表示为 MRR *Ra*3.2；*Ra*1 1.6
√*Ra*max3.2 *Rz*1max12.5	用去除材料方法获得的表面粗糙度，*Ra* 的最大值为 3.2μm，*Rz* 的最大值为 12.5μm，在文本中表示为 MRR *Ra*max3.2；*Rz*1max12.5

8.4.2　表面粗糙度标注

1. 表面结构要求的标注

表面结构要求对每一表面一般只标注一次，并尽可能标在相应的尺寸及其公差的同一视图上。除非另有说明，所标注的表面结构要求是对完工零件的要求。

(1) 表面结构符号、代号的标注位置与方向；

(2) 表面结构要求的简化注法；

(3) 多种工艺获得同一表面的注法；

(4) 常用零件表面结构要求的注法；

2. 表面结构符号、代号的标注位置与方向

总的原则是根据 GB/T131—2006 规定，使表面结构要求的注写和读取方向与尺寸的注写和读取方向一致。

(1) 标注在轮廓线或指引线上。表面结构要求可标注在轮廓上，其符号应从材料外指向并接触表面，如图 8-23(a) 所示。必要时，表面结构符号也可以用带箭头或黑点的指引线引出标注，如图 8-23(b) 所示。通过选择[8-12]二维码号可以观看。

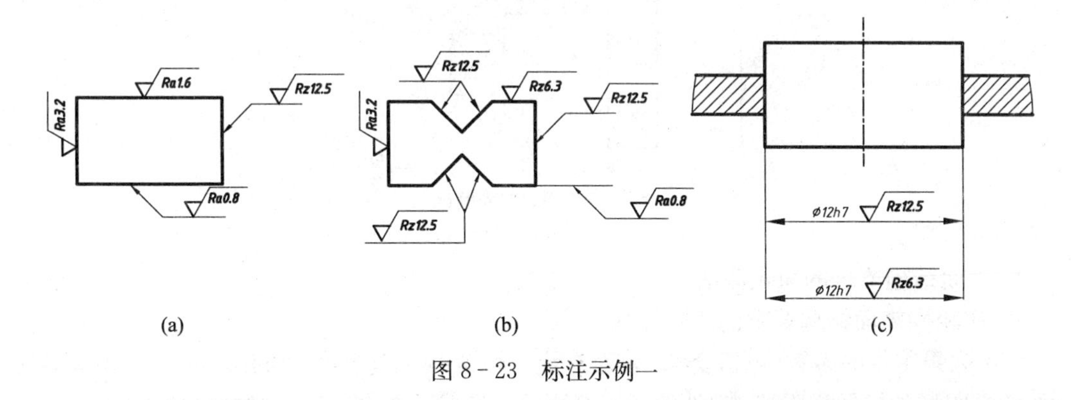

图 8-23　标注示例一

(2) 标注在特征尺寸的尺寸线上。在不致引起误解时，表面结构要求可以标注在给出的尺寸线上，如图 8-23(c) 所示。

(3) 标注在形位公差的框格上。表面结构要求可标注在形位公差的框格的上方，如图 8-24所示。通过选择[8-12]二维码号可以观看。

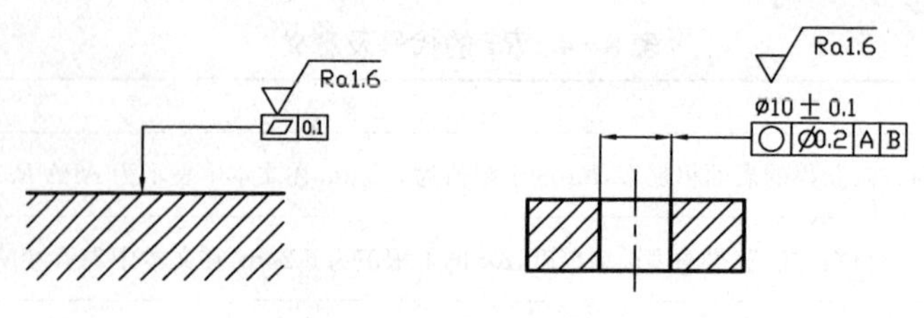

图 8-24 标注示例二

(4) 标注在延长线上。表面结构要求可以直接标注在延长线上,或用带箭头指引线引出标注,如图 8-25 所示。通过选择[8-12]二维码号可以观看。

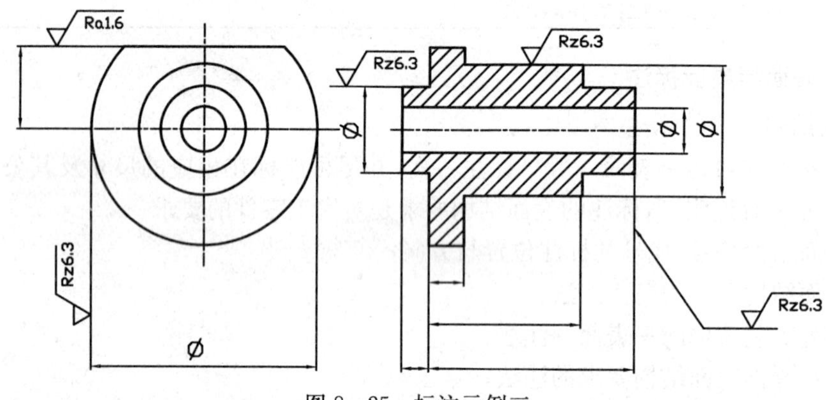

图 8-25 标注示例三

(5) 标注在圆柱和棱柱表面上。圆柱和棱柱表面的表面结构要求只标注一次。如图每个圆柱和棱柱表面有不同的表面结构要求,则应分别单独标注,如图 8-26 所示。通过选择[8-12]二维码号可以观看。

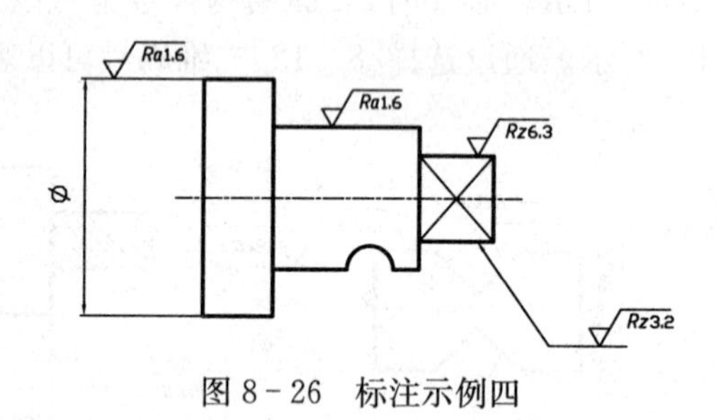

图 8-26 标注示例四

3. 表面结构要求的简化注法

1) 有相同表面结构要求的简化注法

(1) 如果零件的多数(包括全部)表面有统一的表面结构要求,则其表面结构要求可统一标注在图样的标题栏附近,如图 8-27(a)所示。通过选择[8-12]二维码号可以观看。

(2) 如果在零件的多数表面有相同的表面结构要求时,可将其统一标注在图样的标题栏附近,而表面结构要求的符号后面应有:

① 在圆括号内给出无任何其他标注的基本符号。

② 在圆括号内给出不同的表面结构要求,如图 8-27(b)所示。不同的表面结构要求应

直接标注在图形上。

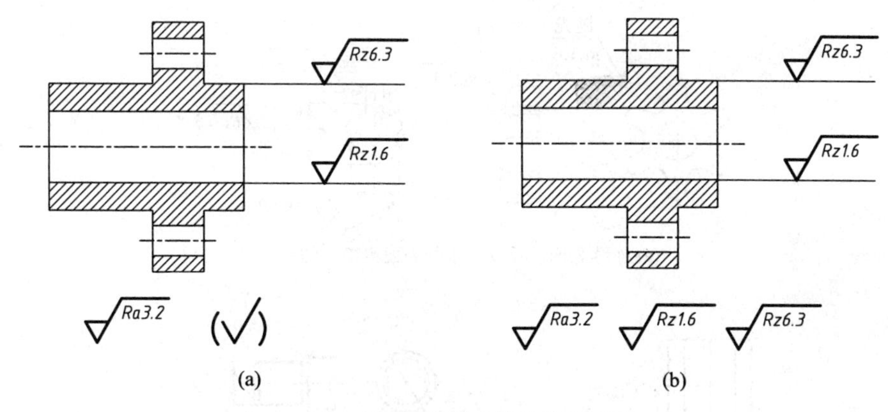

图 8-27　表面结构要求简化注法示例一

(3) 多个表面有共同要求的注法：当多个表面具有相同的表面结构要求或空间有限时，可按图进行简化标注，如图 8-28 所示。通过选择[8-12]二维码号可以观看。

①用带字母的完整符号的简化注法：可用带字母的完整符号，以等式的形式在图形或标题栏附近，对有相同表面结构要求的表面进行标注。

② 只用表面结构符号的简化注法：可用基本符号、扩展符号，以等式的形式给出对多个表面共同的表面结构要求。

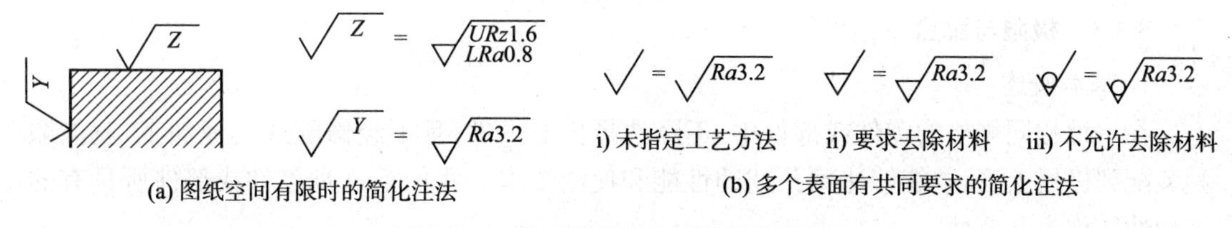

图 8-28　表面结构要求简化注法示例二

2) 多种工艺获得同一表面的注法

由两种或多种不同工艺方法获得同一表面，当需要明确每一种工艺方法的表面结构要求时，可按图 8-29 进行标注。图中 Fe 表示基体材料为钢，Ep 表示加工为电镀。通过选择[8-12]二维码号可以观看。

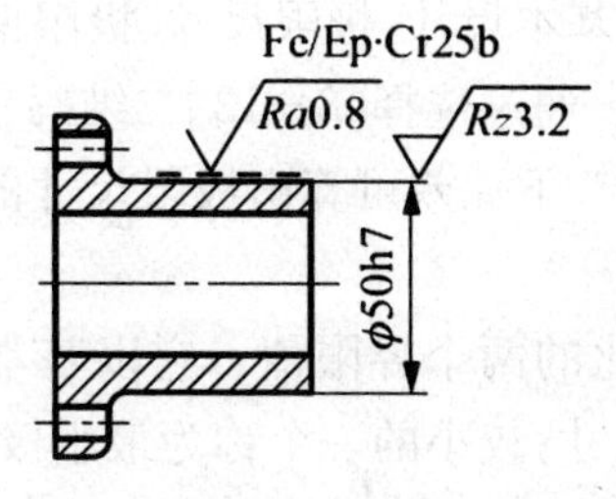

图 8-29　多种工艺获得同一表面的注法

3) 常用零件表面结构要求的注法

(1) 零件上连续表面及重复要素(孔、槽、齿等)的表面其表面粗糙度符号、代号只标注一次，如图 8－30(a)所示。通过选择[8－12]二维码号可以观看。

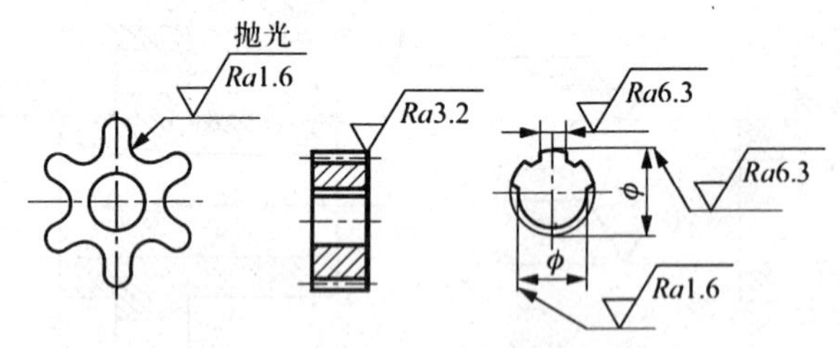

(a) 连续表面及重复要素的表面粗糙度的注法

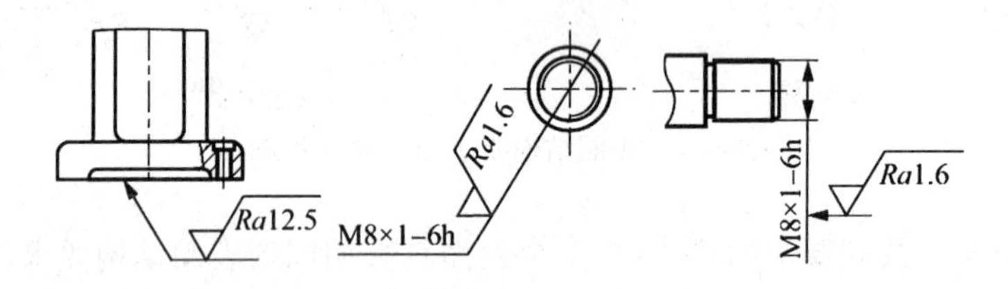

(b) 不连续表面及螺纹的表面粗糙度的注法

图 8－30　常用零件表面结构要求的注法

(2) 对于由细实线连接不连续的同一表面，或者当螺纹的工作表面没有画出牙形时，其表面粗糙度代号，可按图 8－30(b)所示的形式标注。

8.4.3　极限与配合

1. 基本概述

在一批相同规格的零件或部件中，不经选择任取一件，且不经修配或其他加工，就能顺利装配到机械上去，并能够达到预期的性能和使用要求。我们把这批零件或部件所具有的这种性质称为互换性。

如果能将所有相同规格的零件的几何尺寸做成与理想的一样，没有丝毫差别，则这批零件肯定具有很好的互换性。但是在实际中由于加工和测量总是不可避免地存在着误差，完全理想的状况是不可能实现的。在生产中，人们通过大量的实践证明，把尺寸的加工误差控制在一定范围内，仍然能使零件达到互换的目的。于是就产生了极限与配合。

1) 尺寸及其公差

图 8－31 表示了尺寸公差中基本尺寸、极限尺寸、极限偏差之间的关系，图 8－32 则表示了尺寸公差、公差带之间的关系。通过选择[8－13]二维码号可以观看。

(1) 基本尺寸：通过它应用上、下偏差可算出极限尺寸的尺寸，根据零件强度、结构和工艺性要求，设计确定的尺寸。

(2) 极限尺寸：允许尺寸变化的两个界限值。它以基本尺寸为基数来确定。两个界限值中较大的一个称为最大极限尺寸；较小的一个称为最小极限尺寸。

(3) 极限偏差：某一尺寸减其相应的基本尺寸所得的代数差。尺寸偏差有：

上偏差＝最大极限尺寸－基本尺寸

下偏差＝最小极限尺寸－基本尺寸

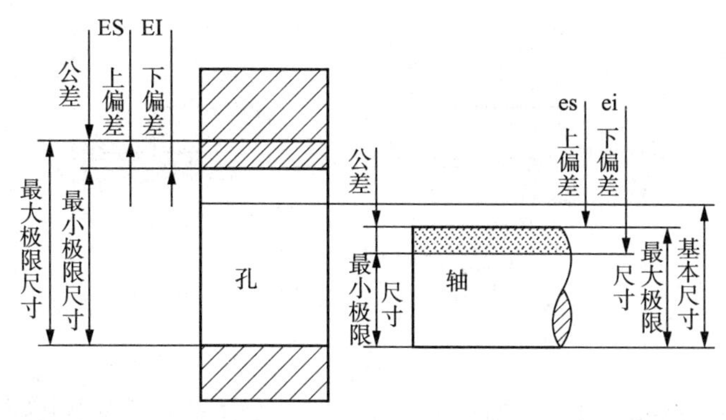

图 8-31 基本尺寸、极限尺寸、极限偏差之间的关系

上、下偏差统称极限偏差。上、下偏差可以是正值、负值或零。国家标准规定:孔的上偏差代号为 ES,孔的下偏差代号为 EI;轴的上偏差代号为 es,轴的下偏差代号为 ei。

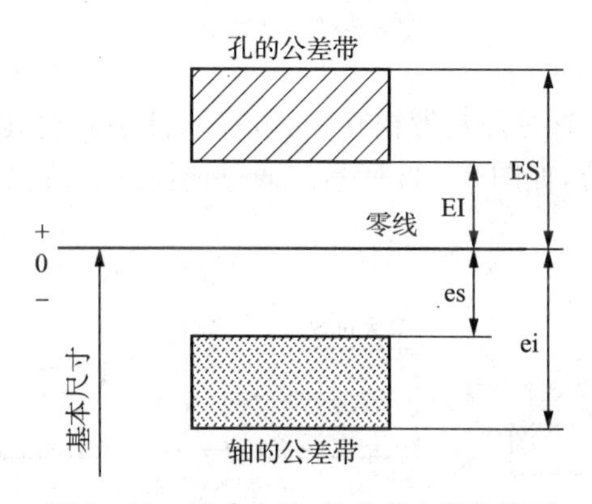

图 8-32 尺寸公差、公差带之间的关系

(4) 尺寸公差(简称公差):允许实际尺寸的变动量

尺寸公差＝最大极限尺寸－最小极限尺寸＝上偏差－下偏差

因为最大极限尺寸总是大于最小极限尺寸,所以尺寸公差一定为正值。

(5) 公差带:由代表上偏差和下偏差或最大极限尺寸和最小极限尺寸的两条直线所限定的一个区域称为公差带,表示基本尺寸的一条直线称为零线。

2. 配合

基本尺寸相同、相互结合的孔和轴公差带之间的关系称为配合。

根据机器的设计要求和生产实际的需要,国家标准将配合分为如下三类:

(1) 间隙配合 孔的公差带完全在轴的公差带之上,任取其中一对轴和孔相配都成为具有间隙的配合(包括最小间隙为零),如图 8-33 所示。通过选择[8-13]二维码号可以观看。

(2) 过盈配合 孔的公差带完全在轴的公差带之下,任取其中一对轴和孔相配都成为具有过盈的配合(包括最小过盈为零),如图 8-34 所示。通过选择[8-13]二维码号可以观看。

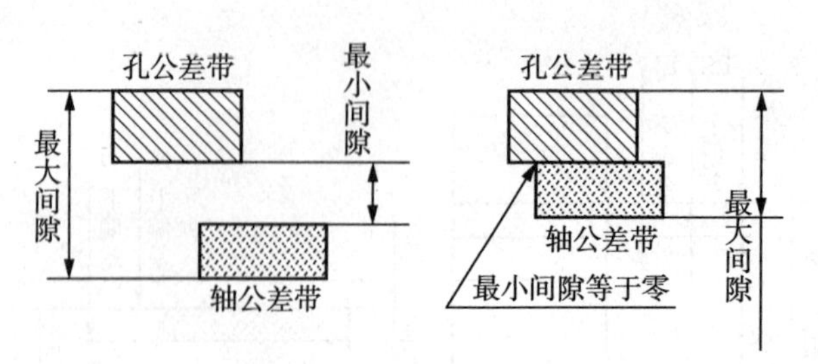

图 8－33　间隙配合

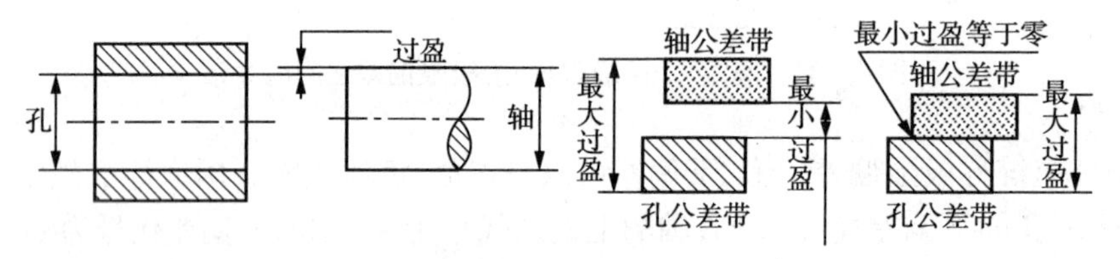

图 8－34　过盈配合

(3) 过渡配合　孔和轴的公差带相互交叠，任取其中一对孔和轴相配合，可能具有间隙，也可能具有过盈的配合，如图 8－35 所示。通过选择[8－13]二维码号可以观看。

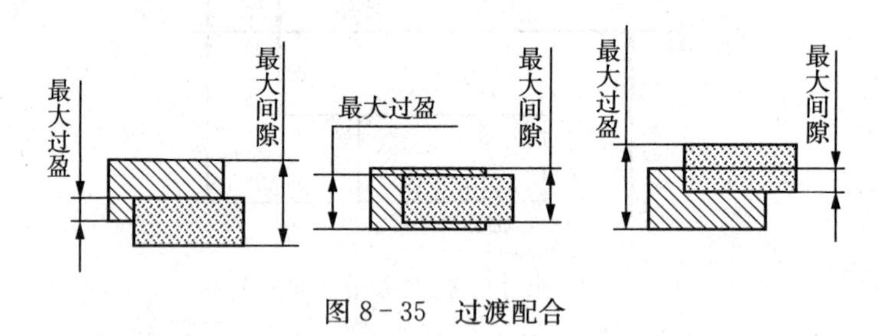

图 8－35　过渡配合

2. 标准公差与基本偏差

国标规定公差带由"公差带大小"和"公差带位置"两个要素来确定，公差带的大小由标准公差确定，公差带位置由基本偏差确定。在公差带图中，上、下偏差的距离应成比例，公差带方框的左右长度根据需要任意确定。

(1) 标准公差(IT)　标准公差是国家标准极限与配合制中所规定的任一公差。国家标准将标准公差分为 20 个公差等级，用标准公差等级代号 IT01，IT0，IT1，…，IT18 表示。"IT"为"标准公差"的符号，阿拉伯数字 01，0，1，…，18 表示公差等级。如 IT8 的含意为 8 级标准公差。在同一尺寸段内，从 IT01 至 IT18，精度依次降低，而相应的标准公差值依次增大。

(2) 基本偏差　在极限与配合制中，确定公差带相对零线位置的极限偏差称为基本偏差。它可以是上偏差或下偏差，一般为靠近零线的那个偏差。国家标准对孔和轴分别规定了 28 个基本偏差。并规定：大写字母表示孔的基本偏差，小写字母表示轴的基本偏差，如图 8－36所示。通过选择[8－14]二维码号可以观看。表 8－5 列出了优先配合轴公差带的极限偏差，表 8－6 列出了优先配合孔公差带的极限偏差，表孔表 8－7 列出了标准公差数值。

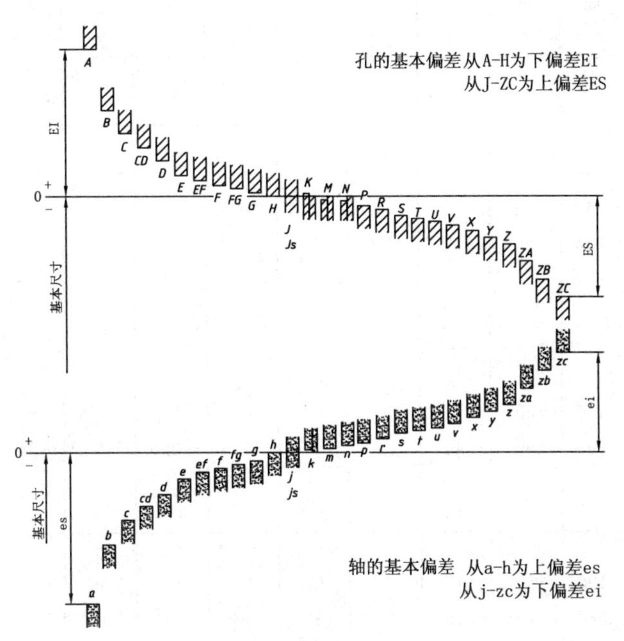

图 8－36　基本偏差系列示意图

表 8－5　优先配合轴公差带的极限偏差(μm)(摘自 GB/T1801—2009 和 GB/T1800.2—2009)

基本尺寸/mm		*c*	*d*	*f*	*g*	*h*				*k*	*n*	*p*	*s*	*u*
大于	至	11	9	7	6	6	7	9	11	6	6	6	6	6
—	3	−60	−20	−6	−2	0	0	0	0	+6	+10	+12	+20	+24
		−120	−45	−16	−8	−6	−10	−25	−60	0	+4	+6	+14	+18
3	6	−70	−30	−10	−4	0	0	0	0	+9	+16	+20	+27	+31
		−145	−60	−22	−12	−8	−12	−30	−75	+1	+8	+12	+19	+23
6	10	−80	−40	−13	−5	0	0	0	0	+10	+19	+24	+32	+37
		−170	−76	−28	−14	−9	−15	−36	−90	+1	+10	+15	+23	+28
10	14	−95	−50	−16	−6	0	0	0	0	+12	+23	+29	+39	+44
14	18	−205	−93	−34	−17	−11	−18	−43	−110	+1	+12	+18	+28	+33
18	24													+54
		−110	−65	−20	−7	0	0	0	0	+15	+28	+35	+48	+41
24	30	−240	−117	−41	−20	−13	−21	−52	−130	2	+15	+22	+35	+61
														+43
30	40	−120												+76
		−280	−80	−25	−9	0	0	0	0	+18	+33	+42	+59	+60
40	50	−130	−142	−50	−25	−16	−25	−62	−160	+2	+17	+26	+43	+86
		−290												+70
50	65	−140											+72	+105
		−330	−100	−30	−10	0	0	0	0	+21	+39	+51	+53	+87
65	80	−150	−174	−60	−29	−19	−30	−74	−190	+2	+20	+32	+78	+121
		−340											+59	+102

续表

基本尺寸/mm		*c*	*d*	*f*	*g*	*h*				*k*	*n*	*p*	*s*	*u*
80	100	−170	−12	−36	−12	0	0	0	0	+25	+45	+59	+93	+146
		−390	0	−71	−34	−22	−35	−87	−22	+3	+23	+37	+71	+124
100	120	−180	−20						0				+101	+166
		−400	7										+79	+144
120	140	−200											+117	+195
		−450											+92	+170
140	160	−210	−145	−43	−14	0	0	0	0	+28	+52	+68	+125	+215
		−460	−245	−83	−39	−25	−40	−100	−250	+3	+27	+43	+100	+190
160	180	−230											+133	+235
		−480											+108	+210
180	200	−240											+151	+265
		−530											+122	+236
200	225	−260	−170	−50	−15	0	0	0	0	+33	+60	+79	+159	+287
		−550	−285	−96	−44	−29	−46	−115	−290	+4	+31	+50	+130	+258
225	250	−280											+169	+313
		−570											+140	+284
250	280	−300											+190	+347
		−620	−190	−56	−17	0	0	0	0	+36	+66	+88	+158	+315
280	315	−330	−320	−108	−49	−32	−52	−130	−320	+4	+34	+56	+202	+382
		−650											+170	+390
315	355	−360											+226	+426
		−720	−210	−62	−18	0	0	0	0	+40	+73	+98	+190	+390
355	400	−400	−350	−119	−54	−36	−57	−140	−360	+4	+37	+62	+244	+471
		−760											+208	+435
400	450	−440											+272	+530
		−840	−230	−68	−20	0	0	0	0	+45	+80	+108	+232	+490
450	500	−480	−385	−131	−60	−40	−63	−155	−400	+5	+40	+68	+292	+580
		−880											+252	+540

表 8-6　优先配合孔公差带的极限偏差(μm)(摘自 GB/T1801—2009 和 GB/T1800.2—2009)

基本尺寸/ mm		*C*	*D*	*F*	*G*	*H*				*K*	*N*	*P*	*S*	*U*
大于	至	11	9	8	7	7	8	9	11	7	7	7	7	7
—	3	+120	+45	+20	+12	+10	+14	+25	+60	0	−4	−6	−14	−18
		+60	+20	+6	+2	0	0	0	0	−10	−14	−16	−24	−28
3	6	+145	+60	+28	+16	+12	+18	+30	+75	+3	−4	−8	−15	−19
		+70	+30	+10	+4	0	0	0	0	−9	−16	−20	−27	−31
6	10	+170	+76	+35	+20	+15	+22	+36	+90	+5	−4	−9	−17	−22
		+80	+40	+13	+5	0	0	0	0	−10	−19	−24	−32	−37
10	14	+205	+93	+43	+24	+18	+27	+43	+110	+6	−5	−11	−21	−26
14	18	+95	+50	+16	+6	0	0	0	0	−12	−23	−29	−39	−44
18	24													−33
		+240	+117	+53	+28	+21	+33	+52	+130	+6	−7	−14	−27	−54
24	30	+110	+65	+20	+7	0	0	0	0	−15	−28	−35	−48	−40
														−61

续表

基本尺寸/mm		C	D	F	G	H				K	N	P	S	U
30	40	+280 +120	+142 +80	+64 +25	+34 +9	+25 0	+39 0	+62 0	+160 0	+7 −18	−8 −33	−17 −42	−34 −59	−51 −76
40	50	+290 +130												−61 −86
50	65	+330 +140	+174 +100	+76 +30	+40 +10	+30 0	+46 0	+74 0	+190 0	+9 −21	−9 −39	−21 −51	−42 −72	−76 −106
65	80	+340 +150											−48 −78	−91 −121
80	100	+390 +170	+207 +120	+90 +36	+47 +12	+35 0	+54 0	+87 0	+220 0	+10 −25	−10 −45	−24 −59	−58 −93	−111 −146
100	120	+400 +180											−66 −101	−131 −166
120	140	+450 +200	+245 +145	+106 +43	+54 +14	+40 0	+63 0	+100 0	+250 0	+12 −28	−12 −52	−28 −68	−77 −117	−155 −195
140	160	+460 +210											−85 −125	−175 −215
160	180	+480 +230											−93 −133	−195 −235
180	200	+530 +240	+285 +170	+122 +50	+61 +15	+46 0	+72 0	+115 0	+290 0	+13 −33	−14 −60	−33 −79	−105 −151	−219 −265
200	225	+550 +260											−113 −159	−241 −287
225	250	+570 +280											−123 −169	−267 −313
250	280	+620 +300	+320 +190	+137 +56	+69 +17	+52 0	+81 0	+130 0	+320 0	+16 −36	−14 −66	−36 −88	−138 −190	−295 −347
280	315	+650 +330											−150 −202	−330 −382
315	355	+720 +360	+350 +210	+151 +62	+75 +18	+57 0	+89 0	+140 0	+360 0	+17 −40	−16 −73	−41 −98	−169 −226	−369 −426
355	400	+760 +400											−187 −244	−414 −471
400	450	+840 +440	+385 +230	+165 +68	+83 +20	+63 0	+97 0	+155 0	+400 0	+18 −45	−17 −80	−45 −108	−209 −272	−467 −530
450	500	+880 +480											−229 −292	−517 −580

表 8-7 标准公差数值

等级 尺寸/mm		IT01	IT0	IT1	IT2	IT3	IT4	IT5	IT6	IT7	IT8	IT9	IT10	IT11	IT12	IT13	IT14	IT15	IT16	IT17	IT18
大于	至	μm													mm						
	3	0.3	0.5	0.8	1.2	2	3	4	6	10	14	25	40	60	0.10	0.14	0.25	0.40	0.65	1.0	1.4
3	6	0.4	0.6	1	1.5	2.5	4	5	8	12	18	30	48	75	0.12	0.18	0.30	0.48	0.75	1.2	1.8
6	10	0.4	0.6	1	1.5	2.5	4	6	9	15	22	36	58	90	0.15	0.22	0.36	0.58	0.9	1.5	2.2

续表

等级 尺寸/mm		IT01	IT0	IT1	IT2	IT3	IT4	IT5	IT6	IT7	IT8	IT9	IT10	IT11	IT12	IT13	IT14	IT15	IT16	IT17	IT18
10	18	0.5	0.8	1.2	2	3	5	8	11	18	27	43	70	110	0.18	0.27	0.43	0.70	1.1	1.8	2.7
18	30	0.6	1	1.5	2.5	4	6	9	13	21	33	52	84	130	0.21	0.33	0.52	0.84	1.3	2.1	3.3
30	50	0.6	1	1.5	2.5	4	7	11	15	25	39	62	100	160	0.25	0.39	0.62	1.00	1.6	2.5	3.9
50	80	0.8	1.2	2	3	5	8	13	19	30	46	74	120	190	0.30	0.46	0.74	1.20	1.9	3.0	4.6
80	120	1	1.5	2.5	4	6	10	15	22	35	54	87	140	220	0.35	0.54	0.87	1.40	2.2	3.5	5.4
120	180	1.2	2	3.5	5	8	12	18	25	40	63	110	160	250	0.40	0.63	1.00	1.60	2.5	4.0	6.3
180	250	2	3	4.5	7	10	14	20	29	46	72	115	185	290	0.46	0.72	1.15	1.85	2.9	4.6	7.2
250	315	2.5	4	6	8	12	16	23	32	52	81	130	210	320	0.52	0.81	1.30	2.1	3.2	5.2	8.1
315	400	3	5	7	9	13	18	25	36	57	89	140	230	360	0.57	0.89	1.40	2.3	3.6	5.7	8.9
400	500	4	6	8	10	15	20	27	40	63	97	155	250	400	0.63	0.97	1.55	2.5	1.0	6.3	9.7
500	630	4.5	6	9	11	16	22	30	44	70	110	175	280	440	0.70	1.10	1.75	2.8	4.4	7.0	11.0
630	800	5	7	10	13	18	25	35	50	80	125	200	320	500	0.80	1.25	2.00	3.2	5.0	8.0	12.0
800	1 000	5.5	8	11	15	21	29	40	56	90	140	230	360	560	0.90	1.40	2.30	3.6	5.6	9.0	14.0
1 000	1 250	6.5	9	13	18	24	34	46	66	105	165	260	420	660	1.05	1.65	2.60	4.2	6.6	10.5	16.5
1 250	1 600	8	11	15	21	29	40	54	78	125	195	310	500	780	1.25	1.95	3.10	5.0	7.8	12.5	19.5
1 600	2 000	9	13	18	25	35	48	65	92	150	230	370	600	920	1.50	2.30	3.70	6.0	9.2	15.0	23.0
2 000	2 500	11	15	22	30	41	57	77	110	175	280	440	700	1 100	1.75	2.80	4.40	7.0	11.0	17.0	28.0
2 500	3 150	13	18	26	36	50	69	93	135	210	330	540	860	1 350	2.10	3.30	5.40	8.6	13.5	21.0	33.0

3. 配合制

在制造相互配合的零件时，使其中一种零件作为基准件，它的基本偏差固定，通过改变另一种基本偏差来获得各种不同性质配合的制度称为配合制。根据实际生产需要，国家标准规定了两种配合制，如图 8－37 所示。通过选择[8－14]二维码号可以观看。

（1）基孔制配合　基本偏差为一定的孔的公差带，与不同基本偏差的轴的公差带形成各种配合（间隙、过渡或过盈）的一种制度，如图 8－37(a)所示。在基孔制配合中，选作基准的孔称为基准孔，基准孔的下偏差为零，上偏差为正值。基准孔的基本偏差代号为“H”。

（2）基轴制配合　基本偏差为一定的轴的公差带，与不同基本偏差的孔的公差带形成各种配合（间隙、过渡或过盈）的一种制度，如图 8－37(b)所示。在基轴制配合中，选作基准的轴称为基准轴，基准轴的上偏差为零，下偏差为负值。基准轴的基本偏差代号为“h”。

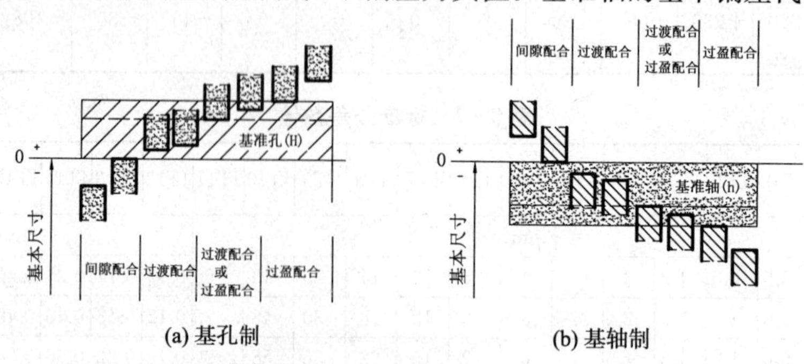

图 8－37　两种配合制

4. 极限与配合的标注

(1) 装配图上的标注

配合的代号由两个相互结合的孔和轴的公差带的代号组成,用分数形式表示,分子为孔的公差带代号,分母为轴的公差带代号,标注的通用形式如图 8－38 所示。通过选择[8－14]二维码号可以观看。

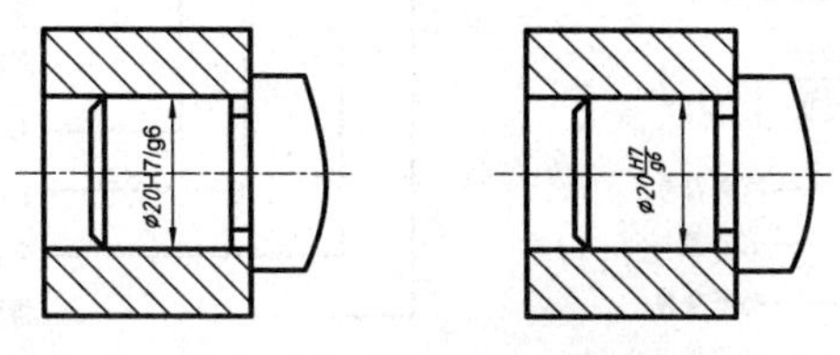

图 8－38 装配图上的标注

(2) 零件图上的标注

用于大批量生产的零件图,可只注公差带代号,如图 8－39(a)所示。用于中小批量生产的零件图,一般可只注极限偏差,如图 8－39(b)所示,标注时应注意,上下偏差绝对值不同时,偏差数字用比基本尺寸数字小一号的字体书写。下偏差应与基本尺寸注在同一底线上。若某一偏差为零时,数字"0"不能省略,必须标出,并与另一偏差的整数个位对齐。若上下偏差绝对值相同而符号相反时,则偏差数字只写一个,并与基本尺寸数字字号相同。如要求同时标注公差带代号及相应的极限偏差时,其极限偏差应加上圆括号,如图 8－39(c)所示。通过选择[8－14]二维码号可以观看。

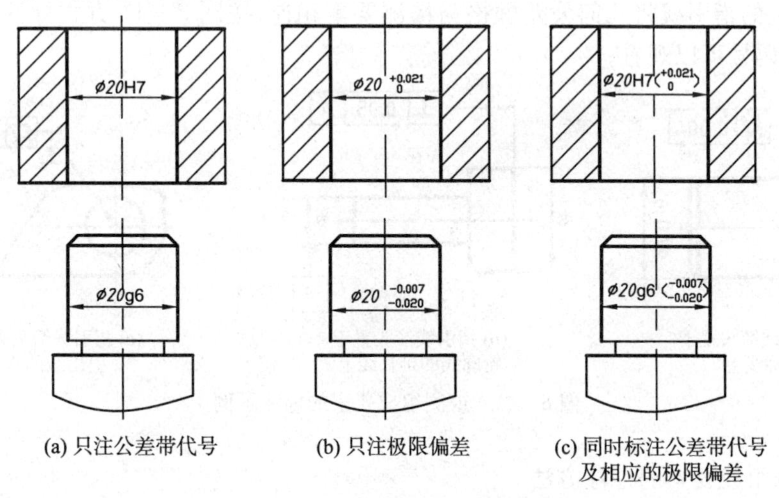

(a) 只注公差带代号 (b) 只注极限偏差 (c) 同时标注公差带代号及相应的极限偏差

图 8－39 零件图上的标注

8.4.4 几何公差的标注

在图样上标注形位公差时,应有公差框格、被测要素和基准要素(对位置公差)三组内容。

1. 形状公差框格

公差要求在矩形公差框格中给出,该框格由两格或多格组成。用细实线绘制,框格高度推荐为图内尺寸数字高度的 2 倍,框格中的内容从左到右分别填写公差特征符号、线性公差值。形状公差共有两格。用带箭头的指引线将框格与被测要求相连。框格中的内容,从左到右第一格填写公差特征项目符号,第二格填写用以毫米为单位表示的公差值和有关符号,如图 8-40(a)所示。

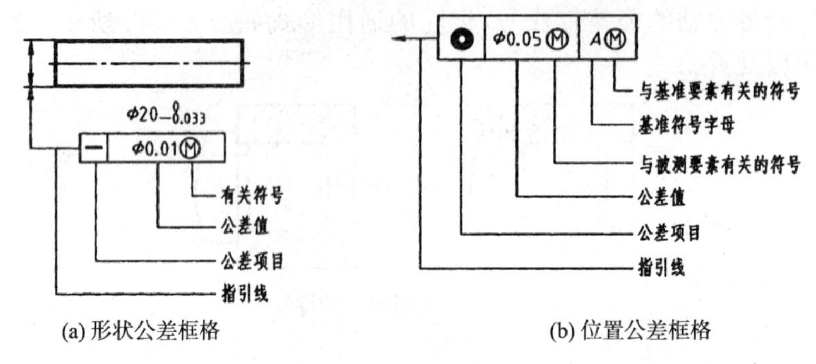

(a) 形状公差框格　　(b) 位置公差框格

图 8-40　公差框格

2. 方向、位置和跳动公差框格

方向、位置和跳动公差框格有三格、四格和五格等。用带箭头的指引线将框格与被测要素相连。框格中的内容,从左到右第一格填写公差特征项目符号,第二格填写用以毫米为单位表示的公差值和有关符号,从第三格起填写被测要素的基准所使用的字母和有关符号,如图 8-40(b)所示。通过选择[8-15]二维码号可以观看。

3. 被测要素的标注

用带箭头的指引线将几何公差框格与被测要素相连,按图 8-41 方式标注。通过选择[8-15]二维码号可以观看。

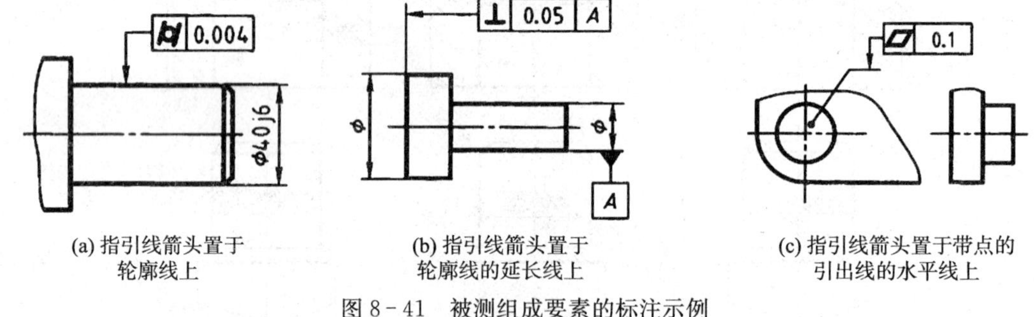

(a) 指引线箭头置于轮廓线上　　(b) 指引线箭头置于轮廓线的延长线上　　(c) 指引线箭头置于带点的引出线的水平线上

图 8-41　被测组成要素的标注示例

(1) 被测组成要素的标注方法

当被测要素为组成要素(轮廓要素,即表面或表面上的线)时,指引线的箭头应置于该要素的轮廓线上或它的延长线上,并且箭头指引线必须明显地与尺寸线错开,如图 8-41(a)、(b)所示。对于被测表面,还可以用带点的引出线把该表面引出(这个点在该表面上),指引线的箭头置于指引线的水平线上,如图 8-41(c)所示的被测圆表面的标注方法。通过选择[8-15]二维码号可以观看。

(2) 被测导出要素的标注方法

当被测要素为导出要素(中心要素,即轴线、中心直线、中心平面、球心等)时,带箭头的指引线应与该要素所对应的尺寸要素(轮廓要素)的尺寸线的延长线重合,如图 8-42 所示。

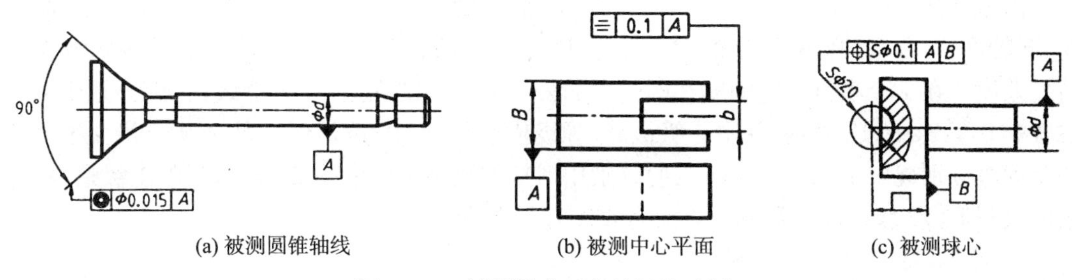

(a) 被测圆锥轴线　　(b) 被测中心平面　　(c) 被测球心

图 8－42　被测导出要素的标注示例

（3）基准符号

基准符号由一基准方框（基准字母注写在这方框内）和一个涂黑的或空白的基准三角形，用细实线连接而成，如图 8－43 所示。涂黑的和空白的基准三角形的含义相同。表示基准的字母也要注写在相应公差方框中，方框中的字母应水平书写。

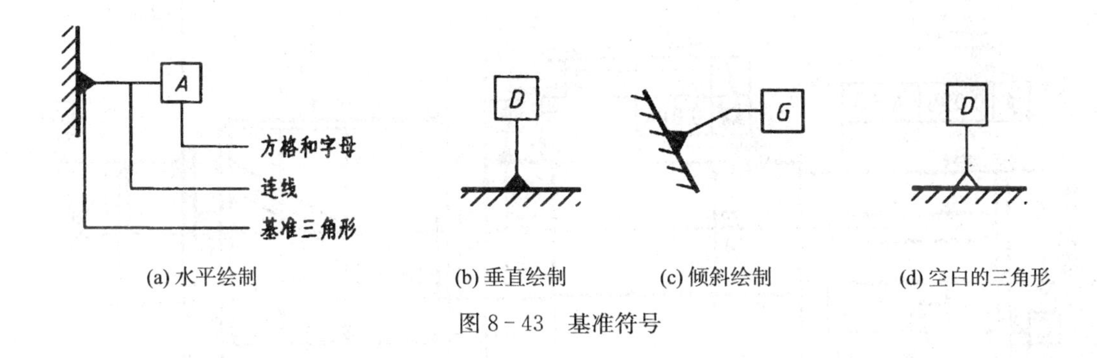

(a) 水平绘制　　(b) 垂直绘制　　(c) 倾斜绘制　　(d) 空白的三角形

图 8－43　基准符号

（4）基准要素的标注方法

当基准要素为表面或表面上的线等组成要素（轮廓要素）时，应把基准符号的基准三角形的底边放置在该要素的轮廓线或它的延长线上，并且基准三角形放置处必须与尺寸线明显错开，如图 8－44(a)和(b)所示。对于基准表面，可以用带点的引出线把该表面引出（这个点在该表面上），基准三角形的底边放置于该基准表面引出线的水平线上，如图 8－44(c)所示的圆环形基准表面的标注方法。通过扫描[8－15]二维码可以观看。

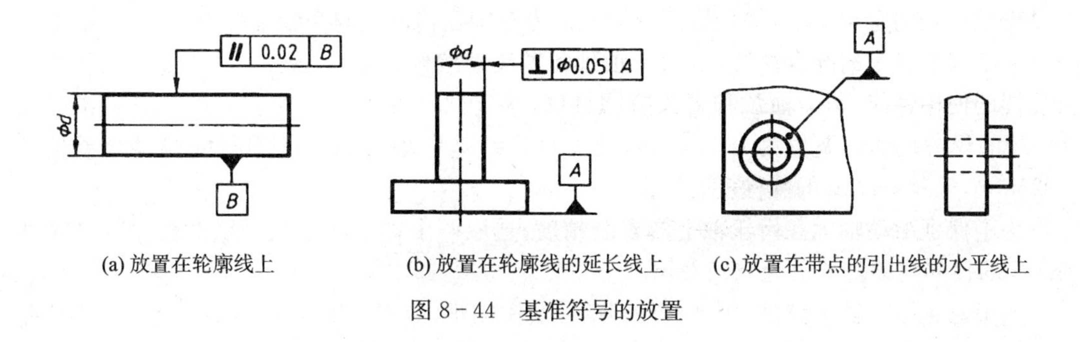

(a) 放置在轮廓线上　　(b) 放置在轮廓线的延长线上　　(c) 放置在带点的引出线的水平线上

图 8－44　基准符号的放置

国家标准 GB/T1184－1996 中对直线度、平面度、圆度、圆柱度、平行度、垂直度、倾斜度、同轴度、对称度、圆跳动、全跳动公差等 11 个特征项目分别规定了若干公差等级及对应的公差值。在 1 个项目中将圆度和圆柱度的公差等级分别规定了 13 个级，它们分别用阿拉伯数字 0，1，2，…，12 表示，其中 0 级最高，等级依次降低，12 级最低。其余 9 个特征项目的公差等级分别规定了 12 个等级，它们分别用阿拉伯数字 1，2，…，12 表示，其中 1 级最高，等级依次降低，12 级最低。具体公差值可查阅有关手册。

4. 零件图上形位公差示例

零件图上形位公差标注实例。

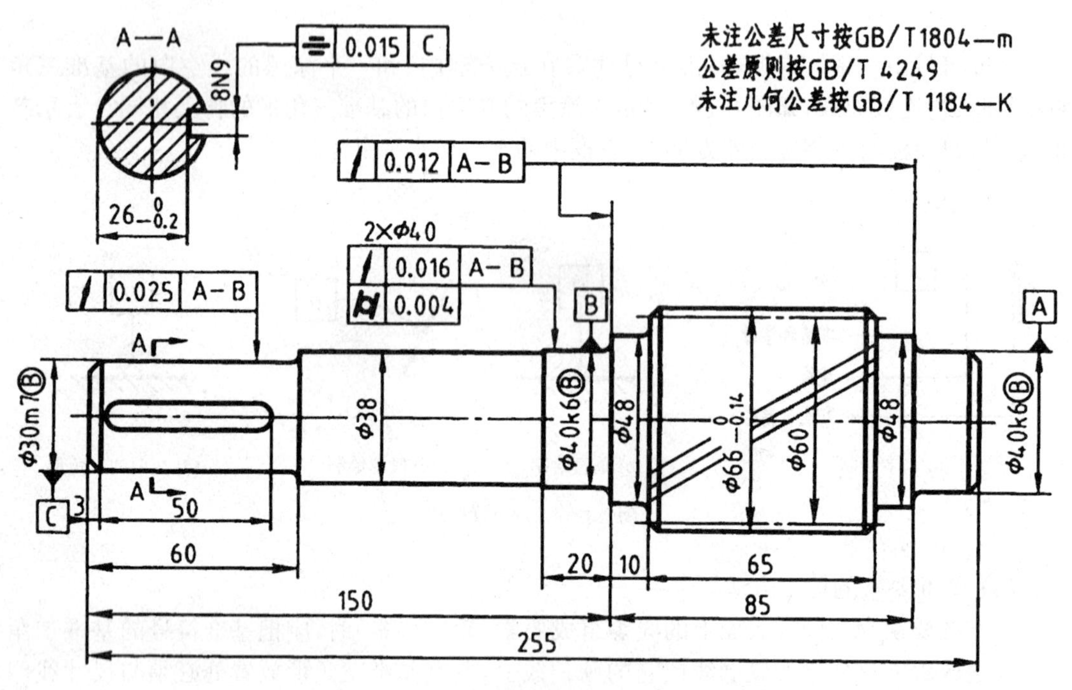

图 8－45　形位公差标注示例

图 8－45 为齿轮减速器的齿轮轴。两个 ø40k6 轴颈分别与两个相同规格的滚动轴承内圈配合，ø30m7 轴头与带轮或其他传动件的孔配合，两个 ø48mm 轴肩的端面分别为这两个滚动轴承的轴向定位基准，并且这两个轴颈是齿轮轴在箱体上的安装基准。

为了保证指定的配合性质，对两个轴颈和轴头都按包容要求给出尺寸公差。为了保证齿轮周的使用性能，两个轴颈和轴头应同轴线，确定两个轴颈分别对它们的公共基准轴线 $A—B$ 的径向跳动公差值为 0.016mm，轴头对公共基准轴线 $A—B$ 的径向跳动公差值为 0.025mm，轴颈 ø40k6 的圆柱度公差值为 0.004。

为了保证滚动轴承在齿轮轴上的安装精度，选取两个轴肩的端面分别对公共基准轴线 $A—B$ 的径向跳动公差值为 0.012mm。

为了避免键与轴头键槽、传动件轮毂键槽装配困难，应规定键槽对称度公差。该项公差通常按 8 级选取。确定轴头的 8N9 键槽相对于轴头轴线 C 的对称度公差值为 0.015mm。

8.5.5 热处理方法与应用

热处理是将金属材料在固态范围内加热到一定温度，保温一定时间，再以一定速度冷却的工艺过程。经过热处理，可以改变金属材料的内部金相组织，改善它的机械性能，提高零件的使用寿命。表 8-8 表达了常用热处理及表面处理方法与应用，零件加工时，对热处理的要求是在零件图的技术要求中提出的，如图 8-45 所示。通过选择[8-15]二维码号可以观看。

表 8-8 常用的热处理及表面处理

热处理方法	解　释	应　用
退火(Th)	退火是将钢件加热到临界温度以上 30～50℃，保温一段时间，然后再缓慢地冷下来(一般用炉冷)	用来消除铸件的内应力和组织不均匀及晶粒粗大等现象，消除冷轧坯件的冷硬现象和内应力，降低硬度，以便切削
正火(Z)	正火也是将钢件加热到临界温度，保温一段时间，然后用空气冷却，冷却速度比退火快	用来处理低碳和中碳结构钢和渗碳机件，使其组织细化，增加强度与韧性，减少内应力，改善切削性能
淬火(C)	淬火是将钢件加热到临界温度，保温一段时间，然后在水、盐水或油中急冷下来，使其得到高硬度	用来提高钢的硬度和强度极限，但淬火时会引起内应力使钢变脆，所以淬火后必须回火
回火	回火是将淬硬的钢件加热到临界温度点以下的温度，保温一段时间，然后在空气中或油中冷却下来	用来消除淬火后的脆性和内应力，提高钢的塑性和冲击韧性
调质(T)	淬火后高温回火，称为调质	用来使钢获得高的韧性和足够的强度，很多重要零件是经过调质处理的
表面淬火(H) 渗碳淬火(S) 氮化(D)	基本上都是使零件表层有高的硬度和耐磨性，而心部保持原有的强度和韧性的热处理方法	表面淬火用来处理齿轮；渗碳用于低碳非淬火钢；氮化用于某些含铬钼或铝的特种钢
镀铬	用电解的方法，在钢零件表面上镀一层铬	提高表面硬度，耐磨性和耐腐蚀能力，也用在修复零件上磨损了的表面
镀镍	用电解的方法，在钢零件表面上镀一层镍	防止大气的腐蚀和获得美观的外表
发蓝	将零件置于氧化剂内，在 135～145℃下进行氧化，表面呈蓝黑色	防止机件的腐蚀
涂油、喷漆	在零件表面上刷一层油或喷一层漆	美观和防锈

8.5 零件上常见结构及其尺寸标注

由于零件的使用、制造和装配等要求，使其必须具有相应的结构，有些结构是常见的，如螺纹、铸造圆角等。

8.5.1 螺纹

螺纹是零件上常见的结构，是螺栓、螺杆等零件上用来进行连接也可用于传递动力的牙形部分。法兰连接中的螺栓上的螺纹就起着连接作用，车床上的丝杠则是用螺纹进行动力传递的实例。

螺纹按螺旋线形成原理进行加工。如在机床上车削螺纹时，零件做回转运动，刀具则以一定的深度径向切入零件并沿轴向移动，由此在零件表面车制出螺纹，如图 8－46(a)(b)所示，或者先钻光孔，再用丝锥加工螺纹，如图 8－46(c)所示。通过选择[8－16]二维码号可以观看。

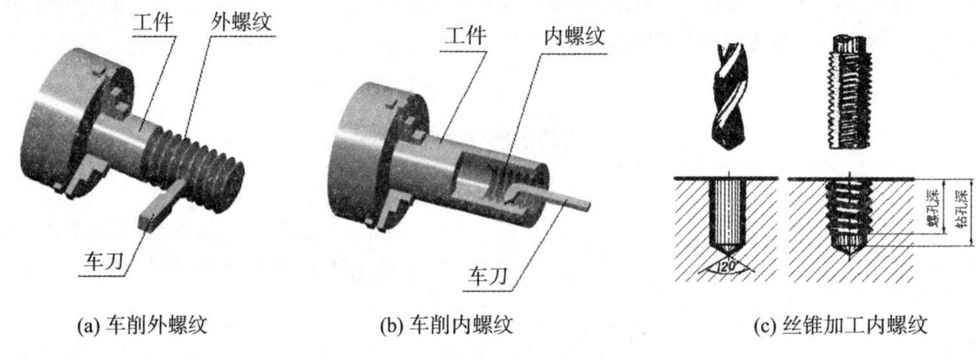

(a) 车削外螺纹　　(b) 车削内螺纹　　(c) 丝锥加工内螺纹

图 8－46　螺纹的形成和加工

1. 螺纹的要素

螺纹有内、外之分。凡是在外表面上加工的螺纹称为外螺纹，而在孔内表面上加工的螺纹则称为内螺纹。螺纹上的最大直径称为螺纹大径，即螺纹的公称直径；螺纹上的最小直径称为螺纹小径，如图 8－47(a)(b)所示。通过选择[8－16]二维码号可以观看。

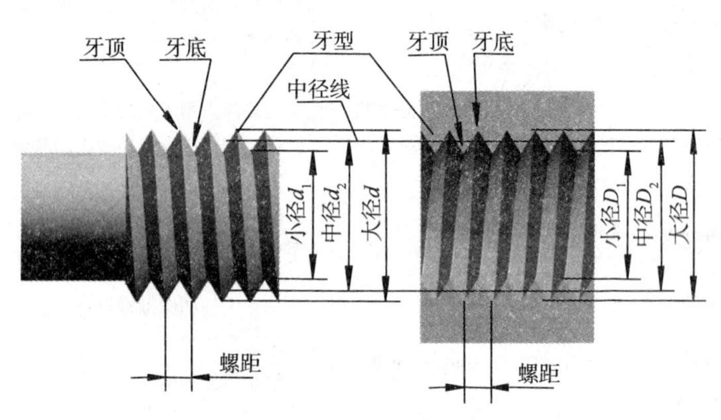

图 8－47　螺纹的大径和径

螺纹轴向剖面形状称为牙型，常见的螺纹牙型有三角形、梯形和锯齿形等，见图 8－48。通过选择[8－16]二维码号可以观看。

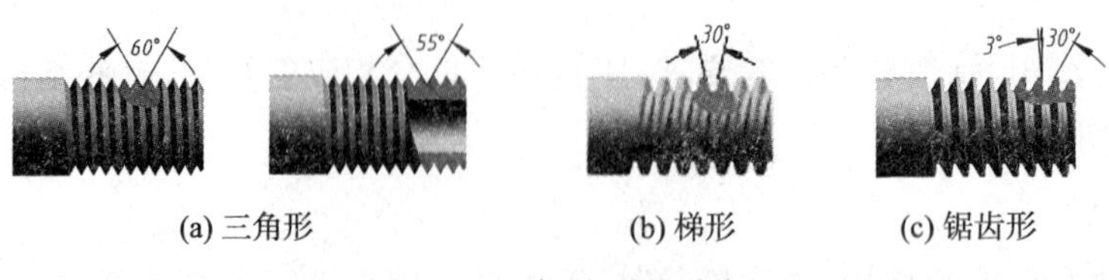

(a) 三角形　　(b) 梯形　　(c) 锯齿形

图 8－48　螺纹牙型种类

沿一条螺旋线所形成的螺纹称单线螺纹。沿两条或两条以上、在轴向等距分布的螺旋线所形成的螺纹称多线螺纹。最常用的为单线螺纹，见图 8-49。通过选择[8-16]二维码号可以观看。

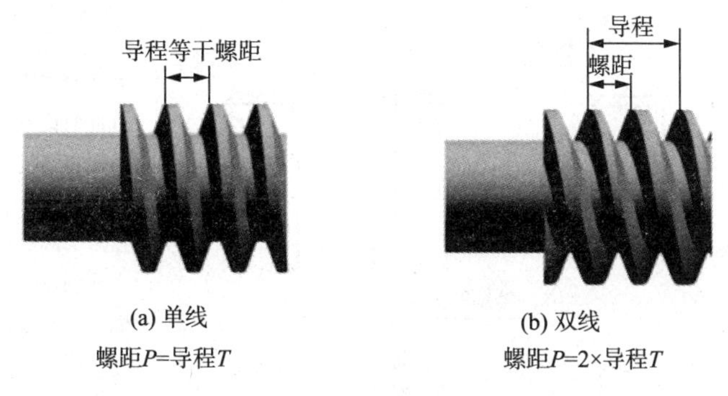

图 8-49　螺纹的线数、螺距和导程

顺时针旋转时旋入的螺纹称右旋螺纹，简称右螺纹；逆时针旋转时旋入的螺纹，则称左旋螺纹，如图 8-50 所示。通过选择[8-16]二维码号可以观看。

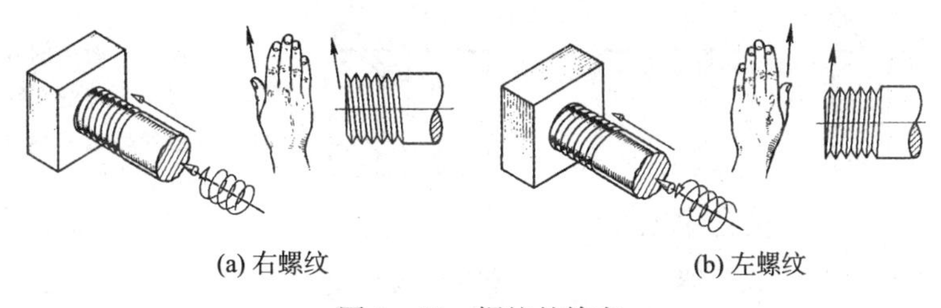

图 8-50　螺纹的旋向

相邻两牙型轴向对应点间的距离称螺距 P，如图 8-49 所示。

螺纹旋转一周，沿轴向移动的距离称导程。单线螺纹的螺距就是导程；多线螺纹的导程则为螺距乘以线数。

导程＝螺距×线数

牙型、螺纹大径和螺距是表达螺纹结构和尺寸的三个基本要素。旋向、导程、线数也是螺纹的要素。

内、外螺纹旋合时，它们的要素都必须一致。凡螺纹的三要素均符合国家标准的，称为标准螺纹。牙型符合国家标准，大径或螺距不符合国家标准的，称为特殊螺纹。牙型不符合国家标准的，称为非标准螺纹。

2. 螺纹的规定画法及标注

(1) 螺纹的规定画法

国家标准中规定了螺纹的画法。见表 8-9。

表 8-9　螺纹画法示例

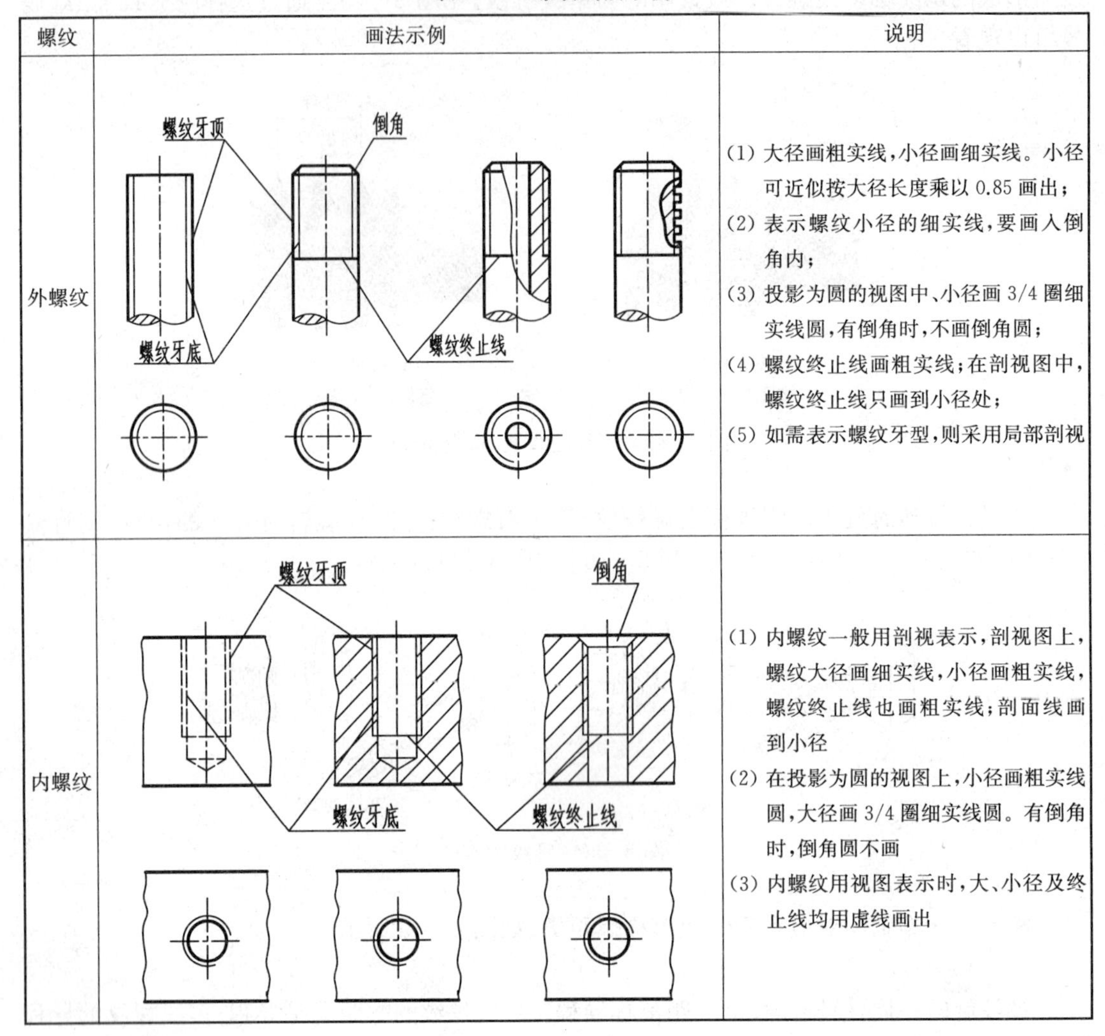

螺纹	画法示例	说明
外螺纹		(1) 大径画粗实线，小径画细实线。小径可近似按大径长度乘以 0.85 画出； (2) 表示螺纹小径的细实线，要画入倒角内； (3) 投影为圆的视图中、小径画 3/4 圈细实线圆，有倒角时，不画倒角圆； (4) 螺纹终止线画粗实线；在剖视图中，螺纹终止线只画到小径处； (5) 如需表示螺纹牙型，则采用局部剖视
内螺纹		(1) 内螺纹一般用剖视表示，剖视图上，螺纹大径画细实线，小径画粗实线，螺纹终止线也画粗实线；剖面线画到小径 (2) 在投影为圆的视图上，小径画粗实线圆，大径画 3/4 圈细实线圆。有倒角时，倒角圆不画 (3) 内螺纹用视图表示时，大、小径及终止线均用虚线画出

(2) 螺纹的标注

螺纹规定画法只表示螺纹，其牙型、公称直径、螺距旋向、线数等，在图上还需要标注说明之。

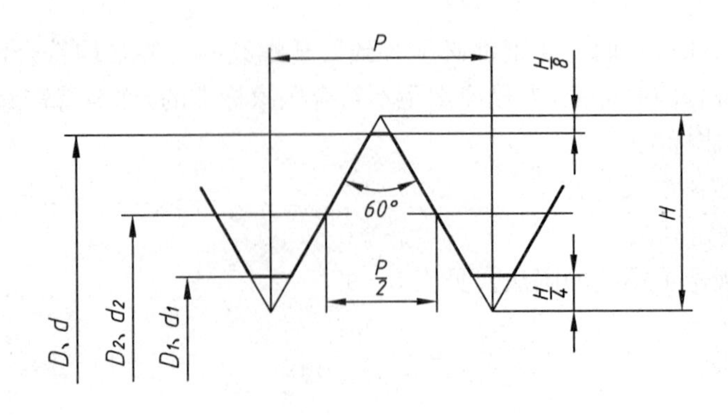

表 8-10　普通螺纹的直径和螺距系列、基本尺寸

公称直径 d		螺距 p		粗牙小径 d_1
第一系列	第二系列	粗牙	细牙	
3		0.5	0.35	2.459
	3.5	(0.6)		2.850
4		0.7	0.5	3.242
	4.5	(0.75)		3.688
5		0.8		4.134
6		1	0.75，(0.5)	4.917
8		1.25	1,0.75，(0.5)	6.647
10		1.5	1.25,1,0.75，(0.5)	8.376
12		1.75	1.5,1.25,1，(0.75)，(0.5)	10.106
	14	2	1.5，(1.25)，1，(0.75)，(0.5)	11.835
16		2	1.5，1，(0.75)，(0.5)	13.835
	18	2.5	2,1.5，1，(0.75)，(0.5)	15.294
20		2.5		17.294
	22	2.5	2,1.5，1，(0.75)，(0.5)	19.294
24		3	2,1.5,1，(0.75)	20.752
	27	3	3,2,1.5,1，(0.75)	23.752
30		3.5	(3)，2，1.5，1，(0.75)	26.211
	33	3.5	(3)，2,1.5,1，(0.75)	29.211
36		4	3,2,1.5，(1)	31.670

螺纹按用途有连接螺纹和传动螺纹之分。用于连接两个或两个以上零件的螺纹，称连接螺纹，常见的有普通螺纹(牙型角为 60°)和管螺纹(牙型角为 55°)。普通螺纹有粗牙、细牙之分。螺纹大径相同时，螺距最大的为粗牙，其余均为细牙，普通细牙螺纹螺距较粗牙小，适用于精密或薄壁零件连接。用于传递动力和运动的螺纹称传动螺纹，常用的有梯形螺纹(多见于机床的丝杠上)、锯齿形螺纹(传递单向动力用)和矩形螺纹。

上述各种螺纹，除矩形螺纹外均已标准化，其直径和螺距系列等可查阅有关标准。普通螺纹的直径、螺距系列和基本尺寸可见表 8-10(摘自 GB/T193—2003，GB/T196—2003)。

螺纹的标注如下列形式：牙型符号，公称直径×螺距(或导程/线数)旋向。如：Tr36×5LH 表示梯形螺纹，公称直径 36mm，螺距 5mm，左旋。最常用的螺纹是右旋、单线的，就可不予标注，如 M24 即表示大径 24mm(普通螺纹大径就是公称直径)、单线、右旋。螺纹的代号示例见表 8-11。不论外螺纹或内螺纹，代号、尺寸一律标注在大径上。如果位置不够，可引出标注。

表 8-11 螺纹代号的标注示例

螺纹类别	牙型	直径	螺距	导程	线数	旋向	代号及标注举例
粗牙普通螺纹	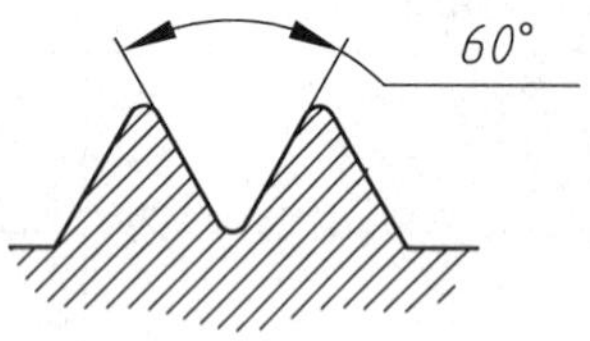 60°	24mm	3mm			右	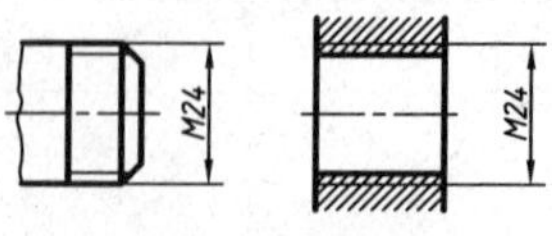 M24　M24
细牙普通螺纹		24mm	2mm			右	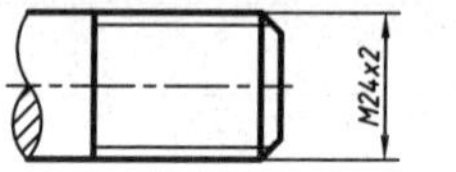 M24x2
梯形螺纹	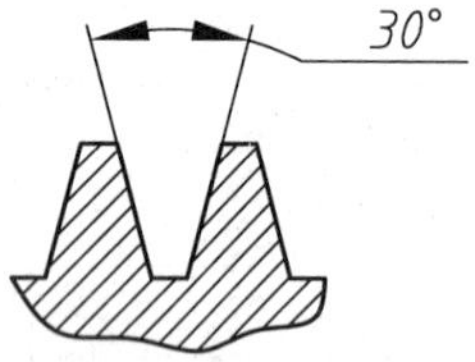 30°	36mm		10	2	左	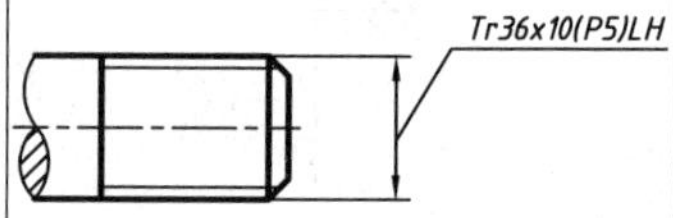 Tr36x10(P5)LH
非螺纹密封管螺纹	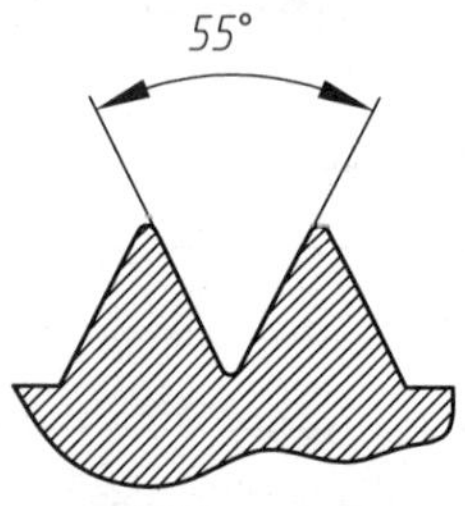 55°	1″					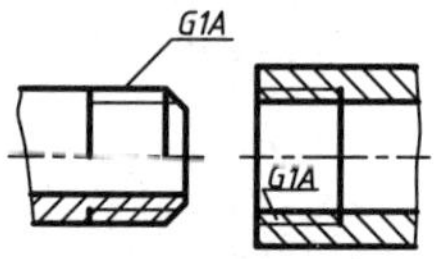 G1A　G1A

对于非标准螺纹(如方牙螺纹)必须画出牙型、标出尺寸才能加工制造。

8.5.2 其他常见结构

8.5.2.1 工艺结构

零件的结构设计除了满足功能要求外,其结构形状还应满足加工、测量、装配等制造过程所提出的一系列工艺要求。这里介绍一些常见工艺对零件结构的要求。

1. 铸造圆角

铸造表面转角处应做成圆角,这样既便于起模,又能防止浇注铁水时将砂型转角处冲坏,还可避免铸件冷却时因应力集中而在转角处产生裂纹,影响铸件质量。零件图上一般应画出铸造圆角,铸造圆角的半径通常为 $R2 \sim R5$,统一注写在技术要求中,如图 8-52(b)所示。

2. 拔模斜度

零件在铸造成型时,为了便于将木模从砂型中取出,要求木模上沿拔模方向做成 3°~7°的斜度,如图 8-51(a)所示。拔模斜度在零件图上一般不必画出,必要时可在技术要求中说明,如图 8-51(b)中注明“拔模斜度为 7°”。通过选择[8-17]二维码号可以观看。

3. 铸件壁厚

若铸件各处的壁厚不均匀或相差过大,零件浇注后冷却速度就不一样。较厚处冷却慢,易产生缩孔;厚薄突变处易产生裂纹。因此,要求铸件各处壁厚保持均匀或逐渐变化,如图 8-52所示。通过选择[8-17]二维码号可以观看。

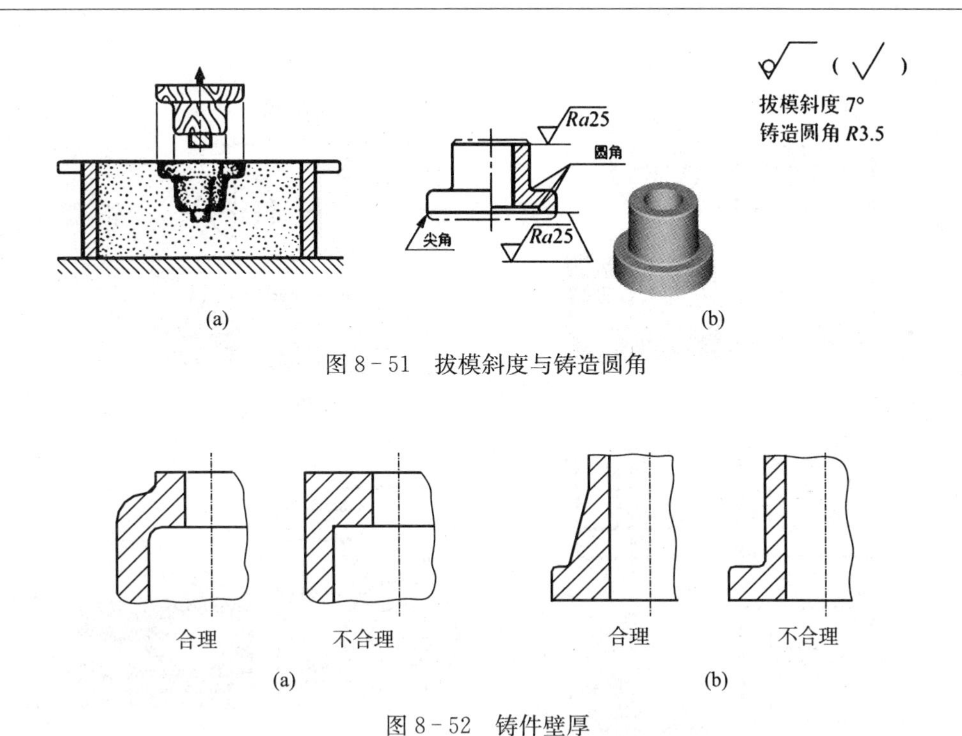

图 8-51 拔模斜度与铸造圆角

图 8-52 铸件壁厚

4. 过渡线的表示方法

零件上由于铸造圆角的存在，使铸造毛坯表面产生的交线变得不太明显。但为了便于看图时区分不同表面，想象零件形状，在图上仍旧画出这些交线，此时称为过渡线。

过渡线表示方法说明如下：

(1) 当两曲面相交时，铸件的交线应画成与圆角的轮廓线断开，末端过渡线成细尖线型，见图 8-53(a)。

(2) 当两曲面相切时，铸件的交线在切点附近应断开，并过渡成细尖状，见图 8-53(b)。

(3) 平面与平面、平面与曲面相交时，铸件的交线应在转角处断开，并画过渡圆弧，过渡圆弧的弯向与铸造圆角的弯向一致，见图 8-53(c)。通过选择[8-17]二维码号可以观看。

5. 倒角和倒圆

切削加工时，为了去除零件表面的毛刺、锐边和便于装配，在轴和孔的端部一般都应加工出倒角，见图 8-54(a)(b)；为避免轴肩处因应力集中而产生裂纹，导致断裂，往往加工成圆角过渡形式，称为倒圆，如图 8-54(c)所示。通过选择[8-18]二维码号可以观看。

6. 凸台与凹槽

为了使零件的某些装配表面与相邻零件接触良好且减少加工面积，常在铸件上设计出凸台、凹槽等结构，如图 8-55 所示。通过选择[8-18]二维码号可以观看。

7. 沉孔

为了适应各种形式的螺钉连接，铸件上常常设计出各种沉孔结构，如图 8-56 所示。通过选择[8-19]二维码号可以观看。

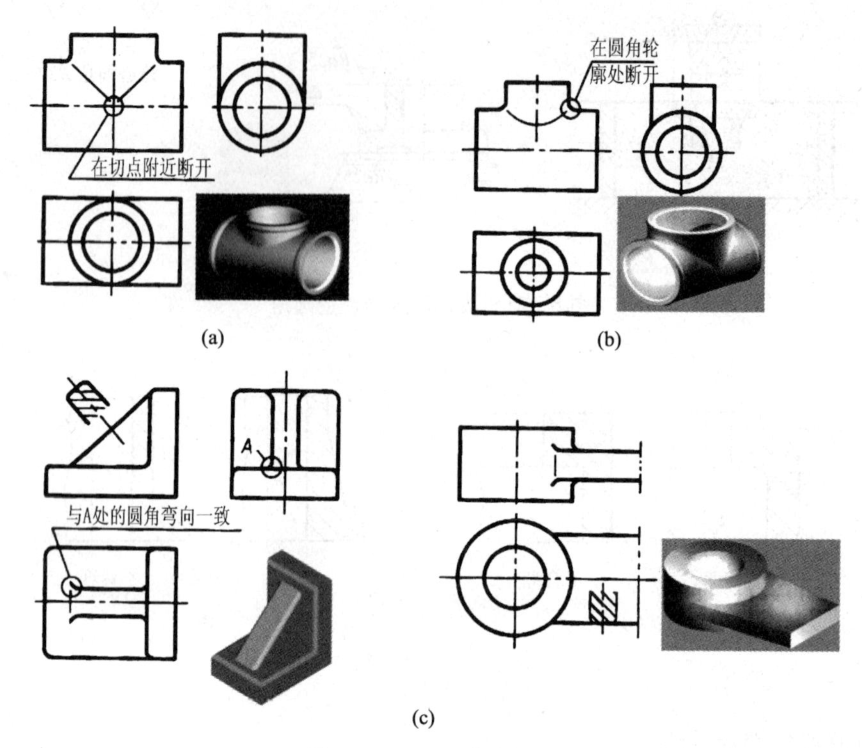

图 8-53　过渡线表示法

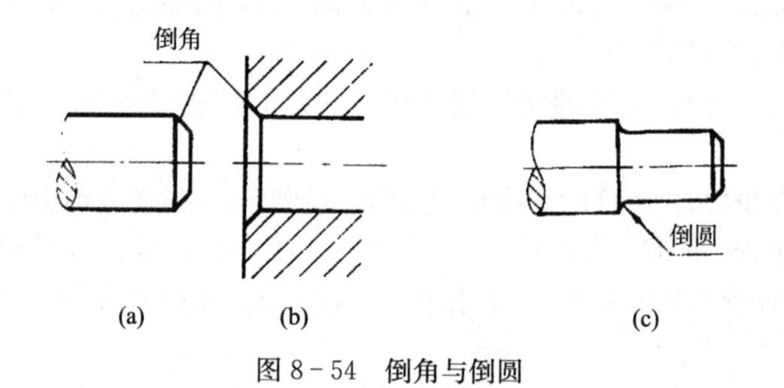

图 8-54　倒角与倒圆

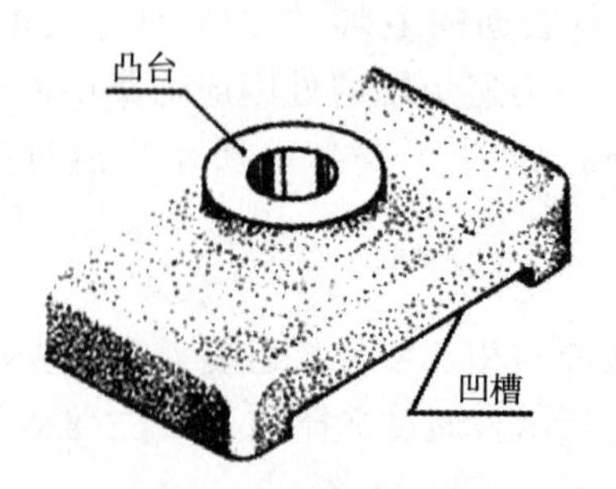

图 8-55　凸台与凹槽

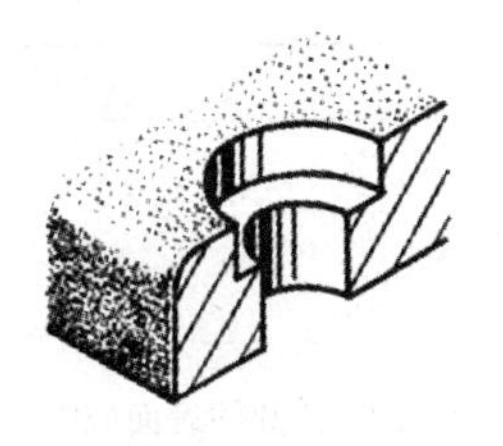
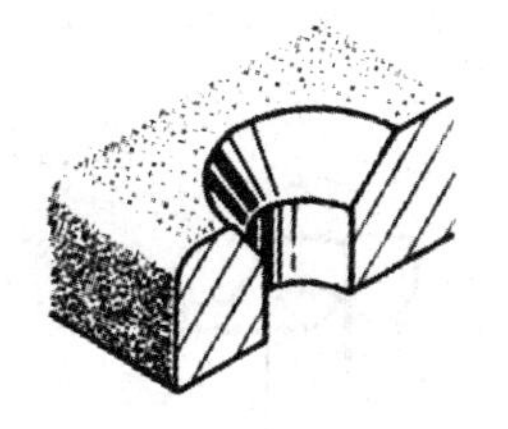

图 8－56 沉孔

8. 钻孔

用钻头钻出的不通孔，由于钻头的顶角接近 120°，所以钻孔的底部应画成 120°的圆锥面。钻孔深度系指圆柱部分的深度，故钻头加工的不通孔，底部画出 120°倒角。孔深 H 不包括 120°倒角。见图 8－57(a)；用不同直径的钻头加工成的阶梯孔，过渡处也画成 120°的圆锥面，大孔深为 h，见图 8－57(b)。通过选择[8－19]二维码号可以观看。

用不同直径的钻头加工成的阶梯孔，大小过渡处画成 120°的圆锥角。大孔深为 h。

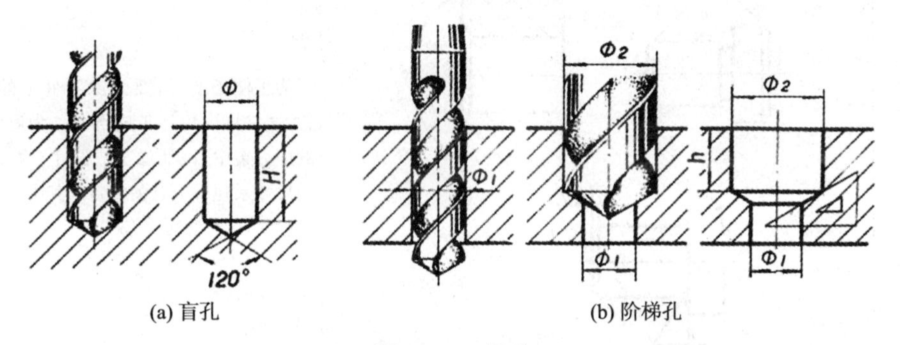

(a) 盲孔　(b) 阶梯孔

图 8－57 钻孔

其他常见结构如铸造圆角等的画法和标注见表 8－12。

表 8－12 零件上其他常见结构画法及标注示例

类别	图 例	说 明
拔模斜度	斜度1:20	铸造零件的毛坯时，为便于将木模从砂型中取出一般沿脱模方向做出 1 : 20 的斜度，称拔模斜度。相应的铸件上，也应有拔模斜度。在零件图上允许不画该斜度，必要时可作为技术要求统一注明
铸造圆角	铸造圆角 加工后成尖角	为防止浇铸铁水时冲坏砂型，同时为防止铸件在冷却时转角处产生砂孔和避免应力集中而产生裂纹，铸件各表面相交处都成圆角，称铸造圆角。在零件图上需画出铸造圆角，圆角半径一般取壁厚的 0.2～0.4，也可从有关手册查取，视图中一般不标注铸造圆角半径，而在技术要求中注写如“未注明铸造圆角半径 $R2$”

续表

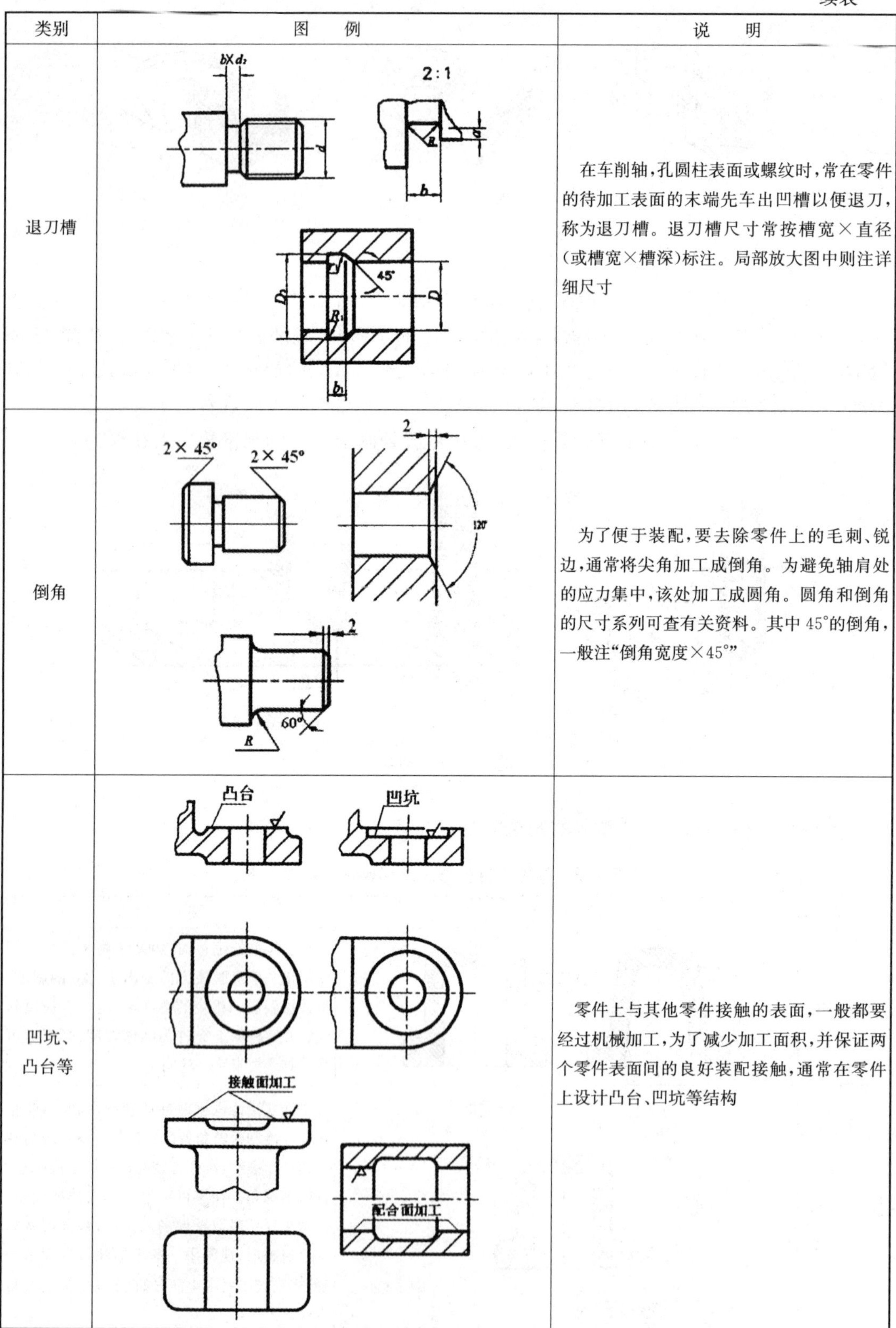

类别	图　　例	说　　明
退刀槽		在车削轴,孔圆柱表面或螺纹时,常在零件的待加工表面的末端先车出凹槽以便退刀,称为退刀槽。退刀槽尺寸常按槽宽×直径(或槽宽×槽深)标注。局部放大图中则注详细尺寸
倒角		为了便于装配,要去除零件上的毛刺、锐边,通常将尖角加工成倒角。为避免轴肩处的应力集中,该处加工成圆角。圆角和倒角的尺寸系列可查有关资料。其中45°的倒角,一般注“倒角宽度×45°”
凹坑、凸台等		零件上与其他零件接触的表面,一般都要经过机械加工,为了减少加工面积,并保证两个零件表面间的良好装配接触,通常在零件上设计凸台、凹坑等结构

续表

类别	图　　例	说　　明
沉孔	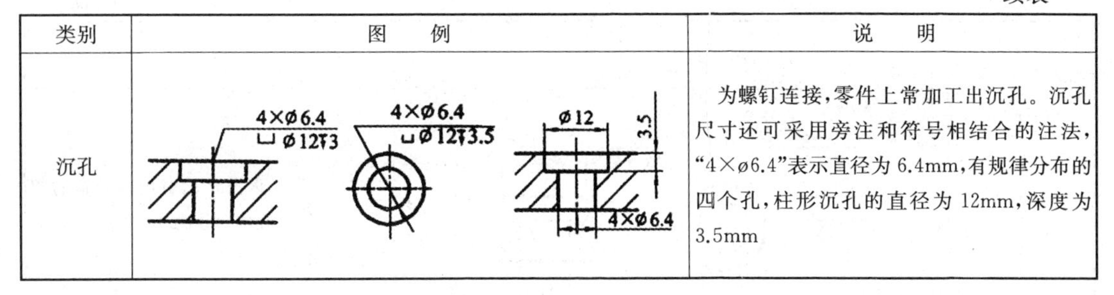	为螺钉连接，零件上常加工出沉孔。沉孔尺寸还可采用旁注和符号相结合的注法，“4×ø6.4”表示直径为6.4mm，有规律分布的四个孔，柱形沉孔的直径为12mm，深度为3.5mm

8.5.2.2　常见结构的尺寸标注

零件上常见结构的习惯注法和简化注法见表8－13。

表8－13　常见结构的习惯注法和简化注法

零件结构类型	标注示例		说明
倒角	45°倒角 C×45°　C×45°　C×45°　C×45°	非45°倒角 30°　C　30°　C	倒角45°时可与倒角的轴向尺寸C连注；倒角非45°时，要分开标注 图样中倒角尺寸全部相同或某个尺寸占多数时，可在图样的空白处作总的说明，如“全部倒角1.5×45°”、“其余倒角1×45°”等，而不必在图中一一注出
退刀槽及砂轮越程槽	2×Ø8　Ø8　R0.5　2　2×1		加工时，为便于选择车槽刀，退刀槽宽度应直接注出，可按“槽宽×直径”或“槽宽×槽深”的形式注出直径或切入深度
光孔	4×Ø5↧10　4×Ø5↧10　4×Ø5　10		4×ø5表示直径为5、有规律分布的四个光孔，孔深可与孔径连注，也可分开注出

续表

零件结构类型		标注示例	说明
沉孔	柱孔	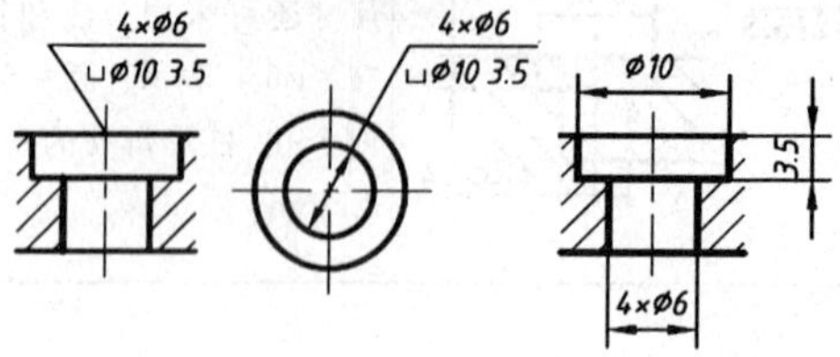 4×ø6 ⌴ø10 3.5 4×ø6 ⌴ø10 3.5 ø10　3.5　4×ø6	4×ø6 表示直径为 6、有规律分布的四个孔，柱形沉孔的直径为 10，深度为 3.5，均需注出
	锥孔	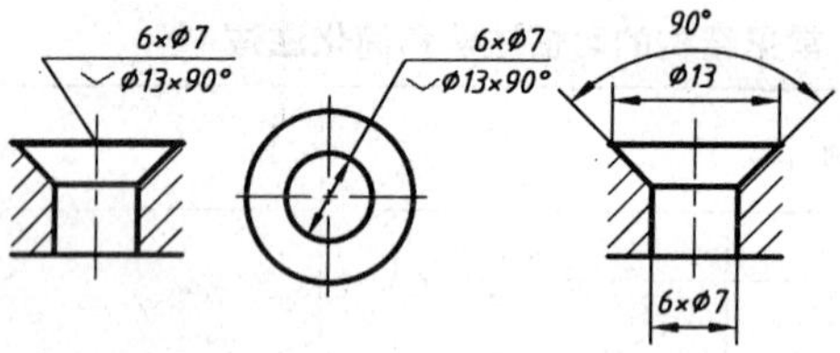 6×ø7 ⌵ø13×90° 6×ø7 ⌵ø13×90° 90°　ø13　6×ø7	6×ø7 表示直径为 6、有规律分布的六个孔，锥形部分尺寸可以旁注，也可直接注出
	锪孔	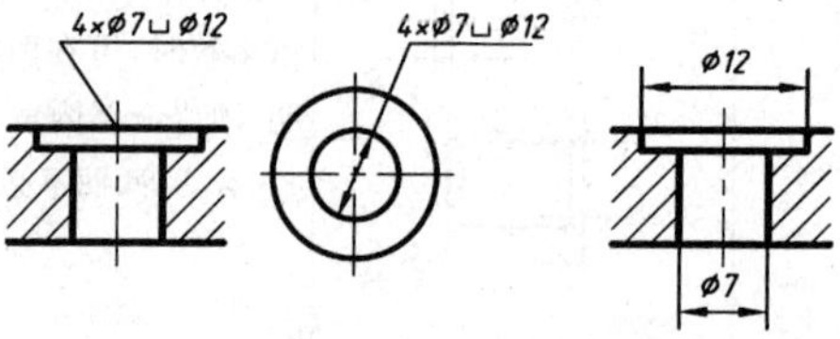 4×ø7⌴ø12 4×ø7⌴ø12 ø12　ø7	锪平面 ø12 的深度不需标注，一般锪平到不出现毛面为止
螺孔	通孔	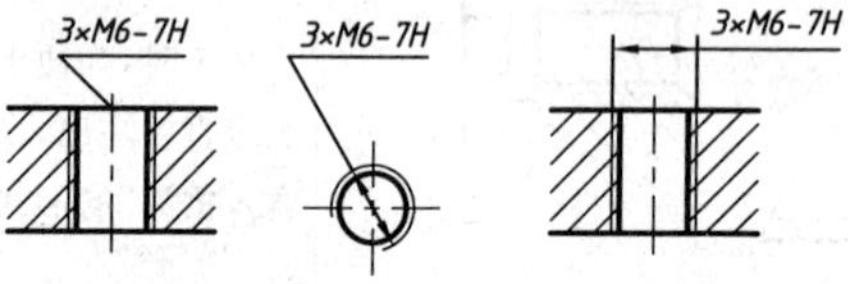 3×M6-7H 3×M6-7H 3×M6-7H	3×M6 表示大径为 6，有规律分布的三个螺孔。可以旁注，也可直接注出
	不通孔	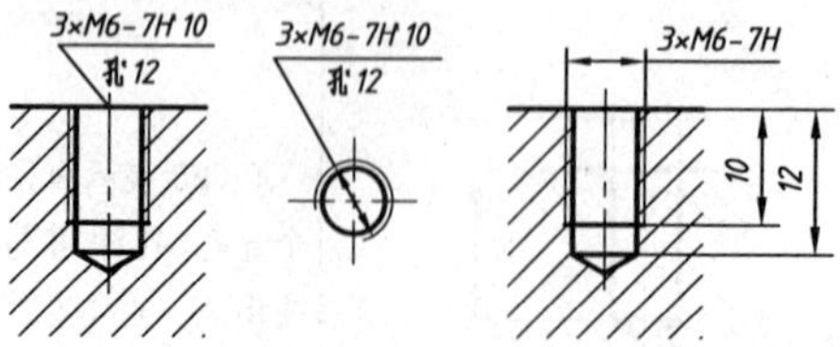 3×M6-7H 10 孔12 3×M6-7H 10 孔12 3×M6-7H　10　12	螺孔深度、钻孔深度可与螺孔直径连注，也可分开注出

8.6　零件图阅读

图 8－58 所示为壳体的零件图，可按如下方法进行阅读。通过选择[8－20]二维码号可以观看。

（1）阅读标题栏，了解概貌

零件名称为壳体，可见该零件属箱体类零件；材料为 HT20—40（铸铁），从而可知，零件是在铸造毛坯上加工而成的，作图比例为 1∶2。

（2）分析视图，想象形状

壳体零件采用了主、俯、左三个基本视图和一个 C 向局部视图来表达其内外形状。主视图采用 $A-A$ 全剖，表达内部形状；俯视图采用 $B-B$ 阶梯剖视，同时表达内部和底板的形状；左视图主要表达左端外形，并用局部剖视表示顶部的锪平孔；C 向局部视图用于表达顶面的形状。

运用形体分析和线面分析的方法，根据视图之间的投影联系，逐步分析清楚零件各组成部分的结构形状和相对位置。按照投影联系，可想象出壳体主要由上部的顶板和本体、下部的安装板以及左面的凸块组成。除凸块和顶板外，本体及底板基本上是回转体。

再看细部结构：顶部有 ø30H7 的通孔、ø12 的盲孔和 M6 的螺孔；底部有 ø48H7 的台阶孔，底板上还有锪平 4－ø16 的安装孔 4－ø7。结合主、俯、左三个视图看，左侧为带有凹槽的 T 形凸块，在凹槽的左端面上有一 ø12、ø8 的台阶孔，与顶部 ø12 的圆柱孔相通；在这个台阶孔的上方和下方，分别有一个 M6 螺孔。在凸块前方的圆柱形凸缘（从外径 ø30 可以看出）上，有 ø20、ø12 的台阶孔，也与顶部 ø12 的圆柱孔贯通。从采用局部剖视的左视图和 C 向视图可看到：顶部有六个安装孔 ø7，并在它们的下端分别锪平成 ø14 的平面。

通过分析，想象出的零件结构形状，见图 8－59。通过选择[8－20]二维码号可以观看。

（3）分析尺寸

通过形体分析，并分析图上所注尺寸，可以看出：长度和宽度的主要基准是通过壳体上的本体轴线的侧平面和正平面；高度的主要基准是底面。从这三个尺寸基准出发，再进一步看懂各部分的定位尺寸和定形尺寸，从而可完全确定这个壳体的形状和大小。

（4）阅读技术要求

壳体表面粗糙度要求最高的为 $\sqrt{Ra3.2}$ 这些表面是圆柱孔 ø30H7，ø48H7。未注铸造圆角均为 R1—3。

过壳体主轴的孔 ø30H7 和 ø48H7 为有配合要求的孔，两者基本偏差为 H，标准公差为 IT7 级。该零件未标注形位公差的要求。

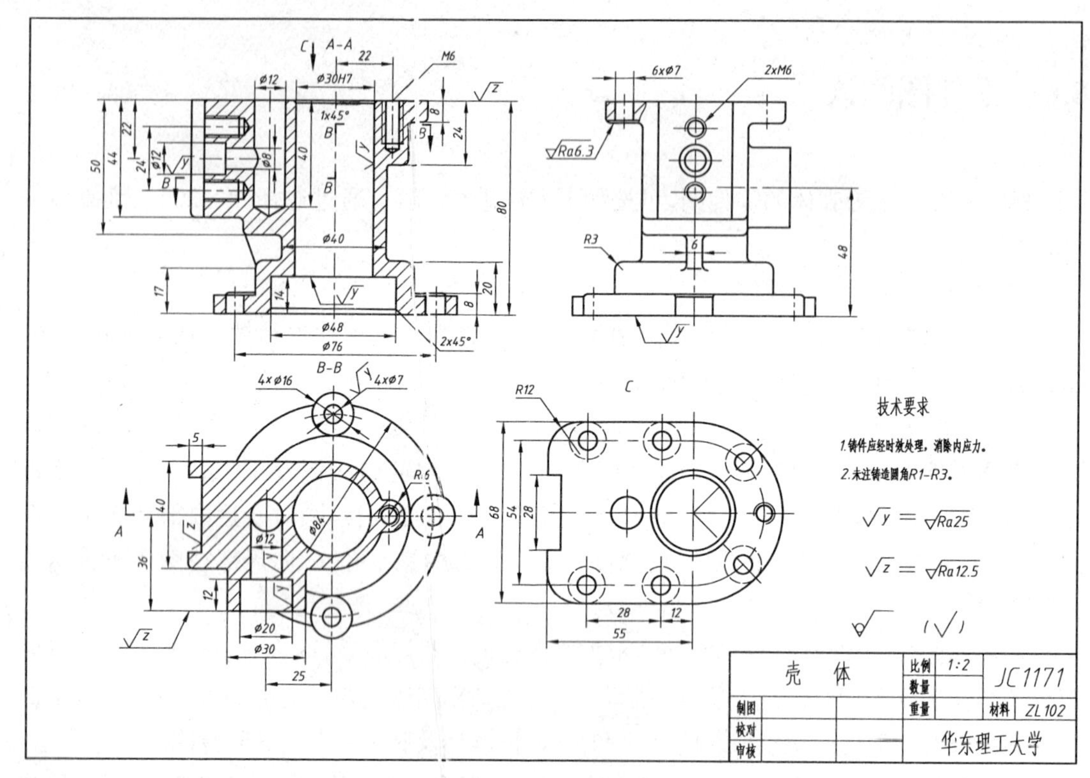

图 8-58　壳体零件图

图 8-59　壳体的结构形状

本章小结

本章主要由零件图的内容、零件表达方法、零件图上的尺寸标注、零件图中的技术要求、零件上常见结构及其画法、零件图的识读等内容组成。

1. 零件图的内容

(1) 一组视图　主要表达机械零件制造加工、检验等要求；

(2) 尺寸　完整、正确、清晰、合理地表达零件个部分大小；

(3) 技术要求　零件在制造时应达到的质量要求，以保证零件的加工、制造精度，满足其使用性能；

(4) 标题栏　显示零件名称、材料、数量、比例、图号、出图单位等内容。

2. 零件表达方法

(1) 了解零件在机器中的功能和作用；

(2) 根据零件在加工或使用中的位置选择主视图；

(3) 选择其他视图和适当的表达方法(视图、剖视、断面等图样画法)；

(4) 参考典型零件的表达方法。

3. 零件图上的尺寸标注

(1) 基准　设计基准是确定零件在机器或机构中正确位置而使用的基准，工艺基准是为保证零件制造精度，在零件加工时使用的基准。合理选择主要基准(长、宽、高方向上各一个)和辅助基准。

(2) 功能尺寸　功能尺寸直接影响机器的装配精度和使用性能，所以必须优先保证，直接注出。

(3) 工艺要求　不同加工方法所用的尺寸分开标注；标注尺寸要考虑测量方便；当零件是铸造件时，要注意加工面和铸造面单独标注，只有一个加工面和铸造面有尺寸联系。

(4) 注意事项　零件图的尺寸链不允许注成封闭的尺寸链。

4. 零件图中的技术要求

(1) 极限　①公称尺寸，②实际尺寸，③极限尺寸，④偏差(上极限偏差、下极限偏差)，⑤尺寸公差，⑥公差带；

(2) 配合　①间隙配合，②过盈配合，③过渡配合，④标准公差，⑤基本偏差，⑥配合制度(基孔制、基轴制)；

(3) 几何公差　形状、几何、位置、跳动公差；

(4) 表面结构　轮廓算术平均偏差 Ra，表面结构符号、代号在图样中的注法。

5. 结构合理性

(1) 机械加工　①倒角，②退刀槽和砂轮越程槽，③凸台和凹坑，④钻孔结构，⑤沉孔结构；

(2) 铸造加工　①起模斜度，②铸造圆角，③过渡线，④铸造壁厚。

6. 零件图的识读

概括了解零件，首先看零件图的标题栏中零件的名称、材料；结合零件的工作原理，从主视图入手，以形体分析方法为主，以线面分析方法为辅，联系其他视图，结合三维造型分析零件的主体形状和特征；分析尺寸和技术要求，看懂全图。

自　测　题

1. 读泵体的零件图，分析零件的结构形状，将俯视图改画成 $A-A$ 剖视图，并填空回答下列问题。

(1) 图中采用了______________________________视图。

(2) 泵体的视图方案能否简化，请考虑一个更为简单、清晰的视图表达方案，表达方案如下____。

2. 读轴承架的零件图，分析零件的结构形状，画出其俯视图外形，并填空回答下列问题。

(1) 图中采用了______________________________视图，左视图采用了____________________剖视。

(2) 说明 $\phi\,50^{+0.025}_{0}$ 的含义：

3. 读箱体的零件图，分析箱体各方向的尺寸基准，并予以注明，在指定位置画出 $A-A$ 剖视图，并填空回答下列问题。

(1) 图中采用了______________视图和______________剖视方法。

(2) 箱体的前后________(是、不是)对称的；左右________(是、不是)对称的。

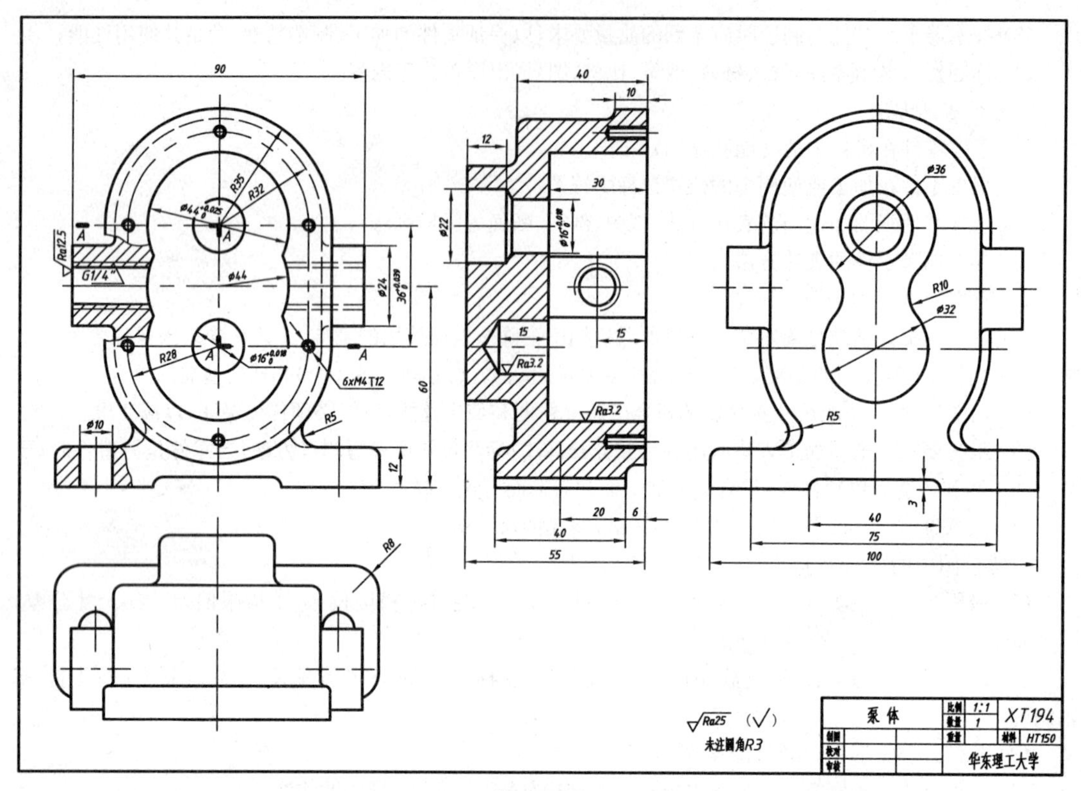
泵 体
XT194
HT150
华东理工大学
未注圆角R3

第 1 题图

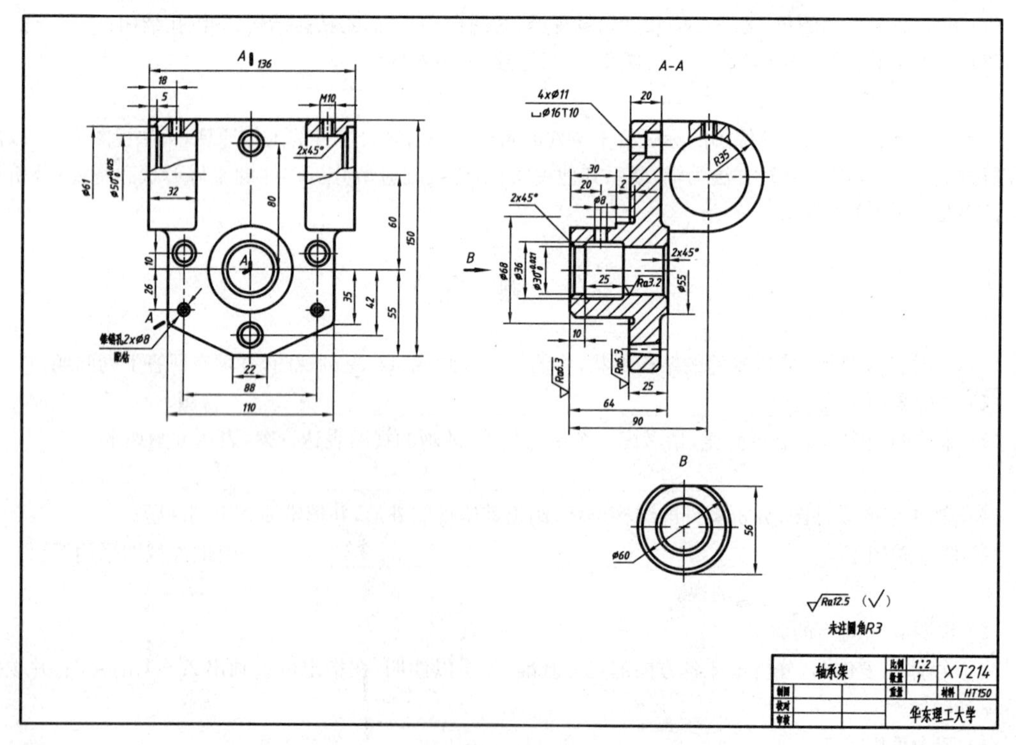
A-A
B
轴承架
XT214
HT150
华东理工大学
未注圆角R3

第 2 题图

(3) 箱体上＿＿＿＿＿＿＿＿表面加工要求最高。

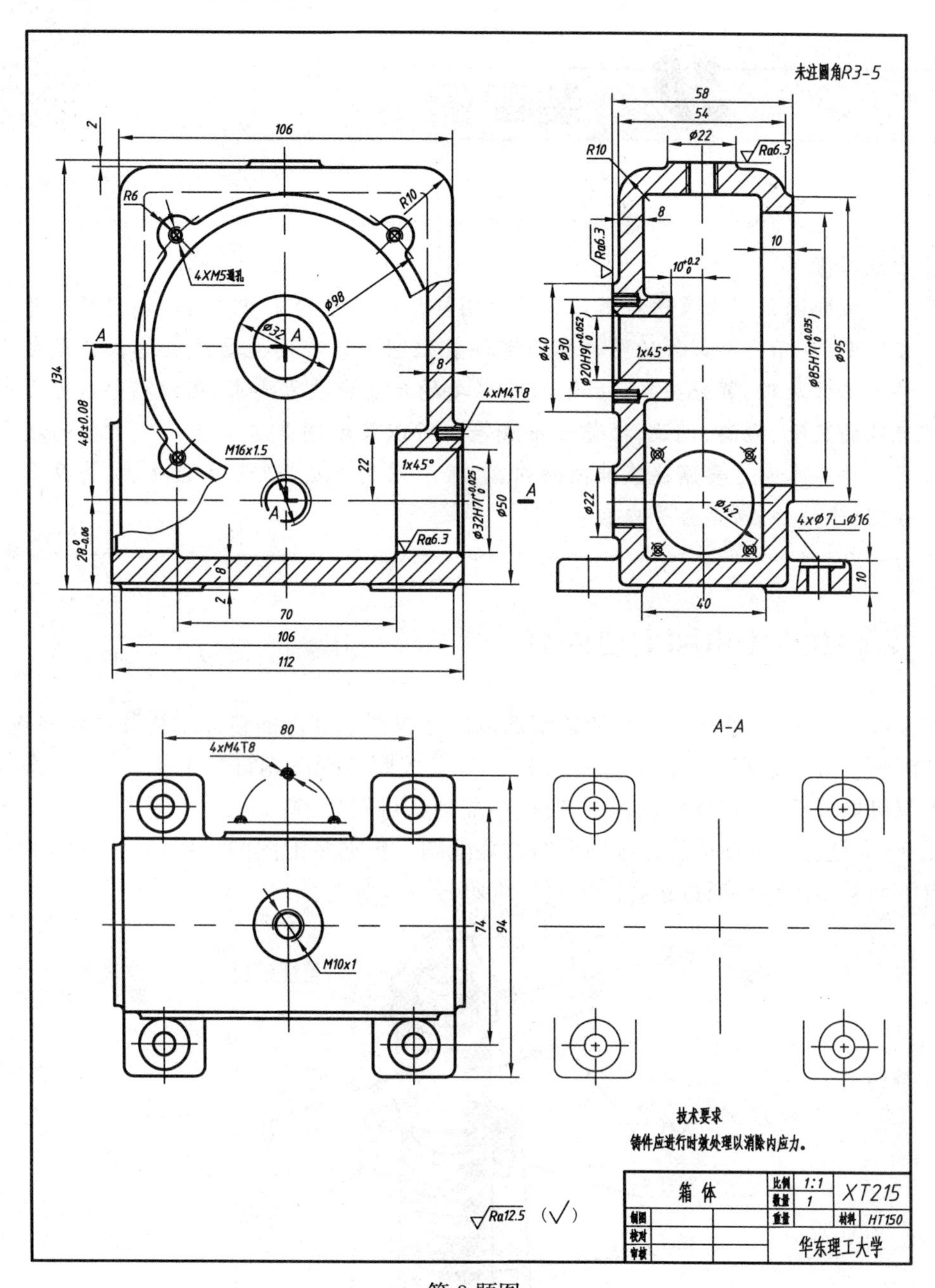

第3题图

9 装配图

本章导读

装配图是用来表达机器或部件的图样。表示一台完整机器的图样称为总装配图;表示一个部件的图样称为部件装配图。装配图主要是表达机器或部件的工作原理、装配关系、结构形状、必要的尺寸和技术要求,用以指导机器或部件的装配、检验、调试、操作或维修等。所以装配图是工业生产中重要的技术文件。本章主要阐述装配图的内容、装配图的表达、识读装配画法、拆画零件图、连接件、常用件等内容。

9.1 装配图的作用和主要内容

在设计过程中,一般先设计绘制装配图以决定机器或部件的整体结构和工作状况;然后根据装配图设计并绘制零件图;在生产过程中,是按照装配图制订装配工艺过程,将各个零件装配成机器或部件;在使用过程中,应按装配图进行安装、调试和操作检修。

图 9-1 是螺旋千斤顶的三维图形与其装配图。根据装配图的作用,一张完整的装配图应具有下列基本内容。通过选择[9-1]二维码号可以观看。

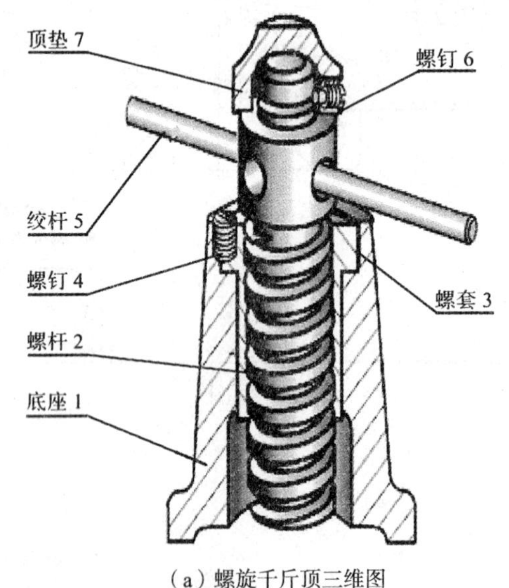

(a) 螺旋千斤顶三维图

图 9-1 螺旋千斤顶三维图形与装配图

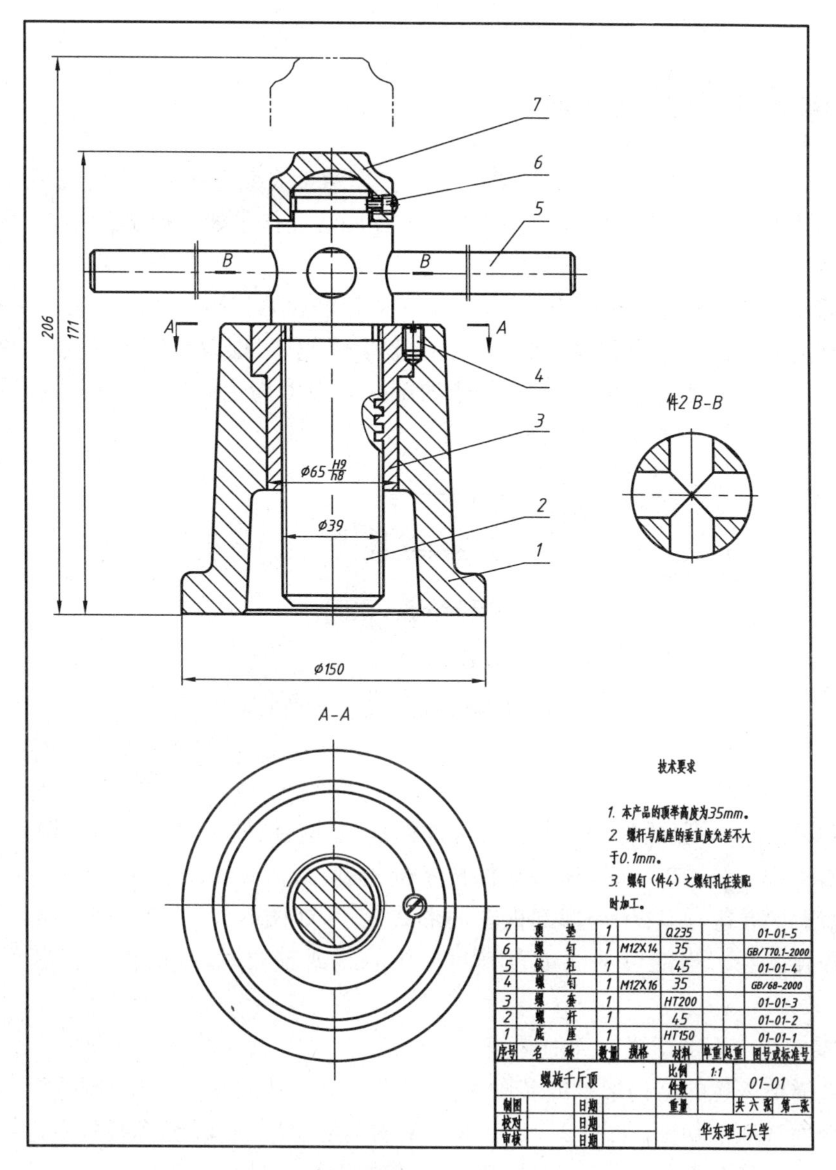

（b）螺旋千斤顶装配图

续图 9－1

(1) 一组图形　用一组图形(包括视图、剖视图、剖面图等)表达机器或部件的整体结构、工作状况、各零部件间的装配连接关系及主要零件的结构形状。

(2) 必要的尺寸　根据装配、使用及安装的要求，标注反映机器的性能、规格、零件之间的定位及配合要求、安装情况等必需的一些尺寸。

(3) 零件编号及明细栏　根据生产和管理的需要，按一定方法和格式，将所有零件编号并列成表格，以说明各零件的名称、材料、数量、规格等内容。

(4) 技术要求　用文字或代号说明机器或部件在装配、检验、使用等方面的技术要求。

(5) 标题栏　用标题栏说明机器或部件的名称、规格、作图比例和图号以及设计、审核人员等。

9.2 装配关系的表达方法

为了正确、完整、清晰地表达机器或部件的工作原理及装配关系，装配图除了可采用机件的各种表达方法外，国家标准《机械制图》对装配画法还作了如下规定：

1. 相邻零件的轮廓线、剖面线的画法

两相邻零件不接触表面画两条线，配合表面或接触表面只画一条线。在剖视图中，两相邻金属零件剖面线的方向应相反；如果两个以上零件相邻，则改变第三个零件的剖面线间隔。在装配关系已清楚的情况时，较大面积的剖面可只沿周边画出部分剖面符号或沿周边涂色，如图 9－2 所示。通过选择[9－2]二维码号可以观看。

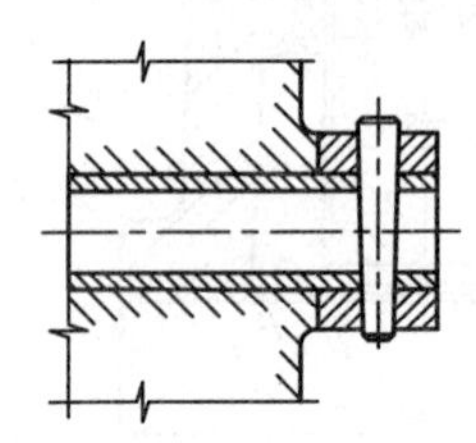

图 9－2　相邻零件轮廓线、剖面线的画法

2. 实心件的画法

对于螺钉、螺栓等紧固件和一些实心零件如轴、手柄、拉杆、连杆、球、键、销等，当剖切平面通过其对称中心线或轴线时，这些零件按不剖绘制；如需要特别表明零件上的某些构造，如凹槽、键槽、销孔等，则可用局部剖视图的形式表示，如图 9－1 中螺杆用局部剖表达螺杆与螺套的连接关系。当剖切平面垂直其对称中心线或轴线时，则应该在其断面上画上剖面线。

3. 沿零件结合面剖切或拆卸的画法

当某些需要表达的结构形状或装配关系在视图中被其他零件遮住时，可以假想沿某些零件的结合面选取剖切面，如图 9－1 中 $A-A$ 的剖切位置；或假想将某些零件拆卸后绘制视图，并加注说明(拆去××等)。如图 9－3 中俯视图拆去轴承盖等。通过选择[9－2]二维码号可以观看。

4. 假想画法

当需要表示运动零件的极限位置时，可将运动件画在一个极限位置，另一个极限位置用双点画线画出。如在图 9－1 中螺杆画在最低位置，而用双点画线表示它的最高位置。在需要表示与本部件有关但不属于本部件的相邻部件时，也可用双点画线表示其相邻部分的轮廓。

5. 零件的单独表示法

当个别零件的某些结构或装配关系在装配图中还没有表示清楚而又需要表示时，可用视图、剖视图或断面图等单独表达某个零件的结构形状，但必须在视图上方注出相应的说明，如图 9－1 中的“件 $2B-B$”。

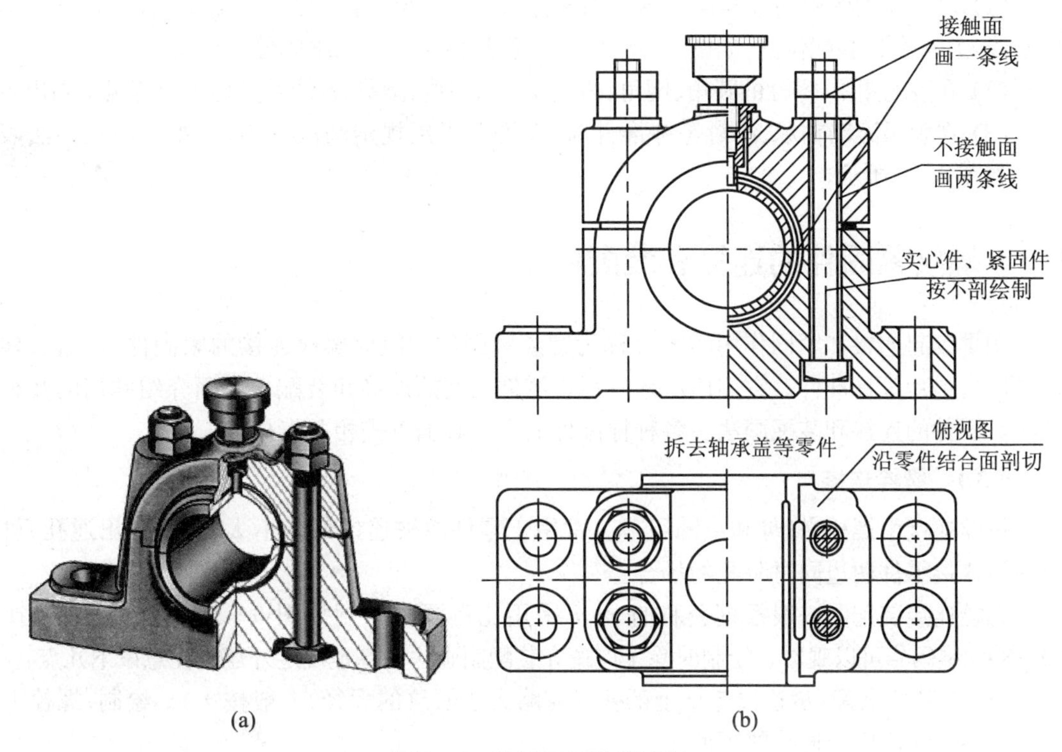

图 9-3 轴承座装配图画法

6. 夸大画法

装配图中,对于薄垫片、细丝弹簧、小间隙、小锥度等结构,按实际尺寸难以表达清楚时,允许将该部分不按原比例而采用适当夸大的比例画出,如图 9-4 中垫片的厚度及键与齿轮键槽的间隙,均是夸大画出的。

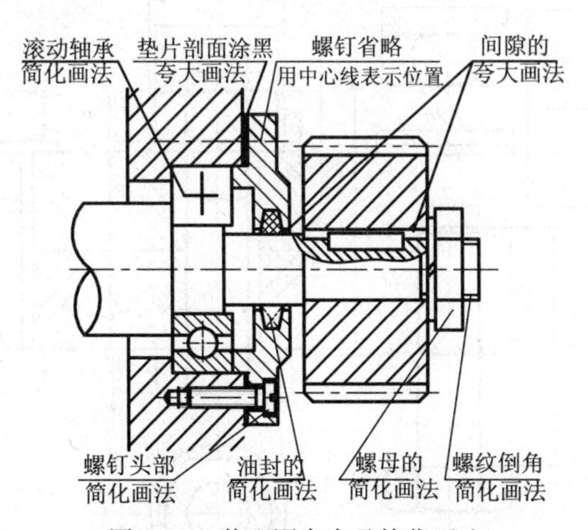

图 9-4 装配图夸大及简化画法

7. 简化画法

装配图中的简化画法主要有如下几种:

（1）对于装配图中的螺栓连接等相同零件组，可以详细地画出一组或几组，其余可只画中心线，表示出其装配位置，如图 9－4 所示。通过选择 9－2 二维码号可以观看。

（2）在装配图中，零件的圆角、倒角、凹坑、凸台、沟槽、滚花、刻线及其他细节等可不画出。

（3）在表示滚动轴承、油封等标准件时，允许一半用规定画法画出，一半用简化画法表示。如图 9－4 所示。

9.3 螺纹紧固件的连接和装配画法

用螺纹起连接和紧固作用的零件称为螺纹紧固件。组成螺栓连接的紧固件有螺栓、螺钉、螺母、垫片等标准件。它们广泛地应用于零件之间的连接和装配。下面介绍常用的几种螺纹紧固件的连接和装配画法。各种标准件的有关数据可查相关表格。

9.3.1 螺栓连接

螺栓连接由螺栓、螺母和垫圈组成。常用于零件的被连接部分不太厚，能钻出通孔，可以在被连接零件两边同时装配的场合。

螺栓连接装配图一般根据公称直径 d 采用比例画法绘制如图 9－5 所示。通过选择[9－3]二维码号可以观看。绘制时除了应遵守装配图画法的基本规定外还应注意以下几点：

（1）为便于装配，被连接零件上的孔径应略大于螺纹的大径，一般按 $1.1d$ 绘制；螺栓上的螺纹终止线应低于通孔的顶面。

（2）螺栓的有效长度 L，可以按下式估算：

$$L = t_1(\text{零件 1 厚}) + t_2(\text{零件 2 厚}) + 0.15d(\text{垫片厚}) + 0.8d(\text{螺母厚}) + 0.2d(\text{螺栓伸出长度})$$

然后根据估算值查表，在螺栓长度系列中选取与估算值最接近且大于的标准值。

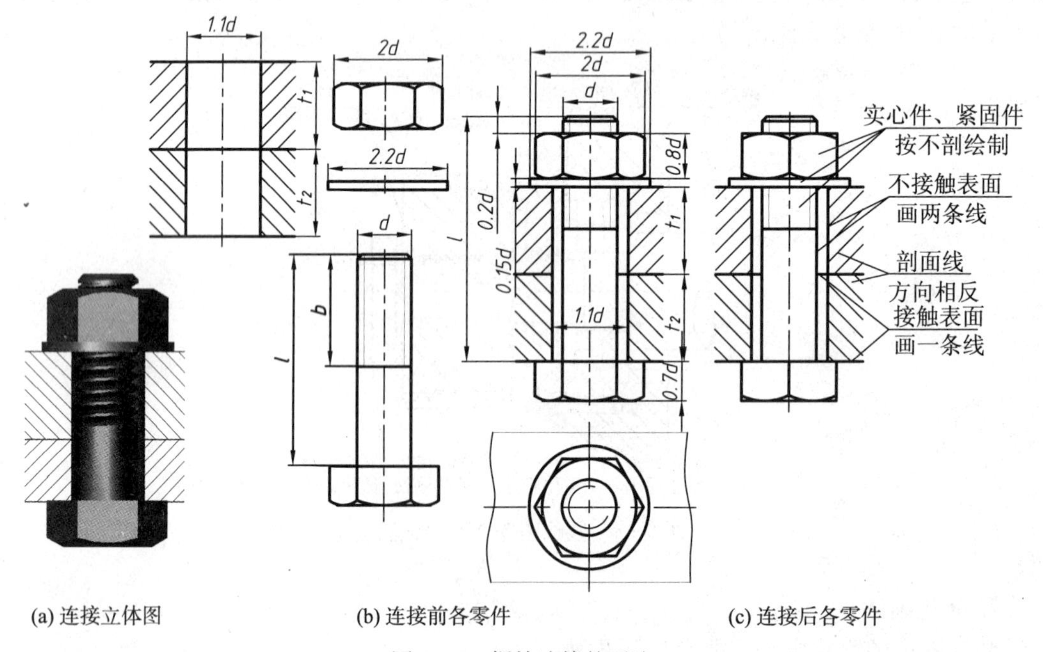

(a) 连接立体图　(b) 连接前各零件　(c) 连接后各零件

图 9－5　螺栓连接的画法

9.3.2　螺柱连接

螺柱连接由双头螺柱、垫圈和螺母组成。当被连接的一个零件较厚，不宜钻成通孔时，或由于结构上的原因不能用螺栓连接的情况下，可采用螺柱连接，如图 9 - 6 所示。通过选择[9 - 3]二维码号可以观看。

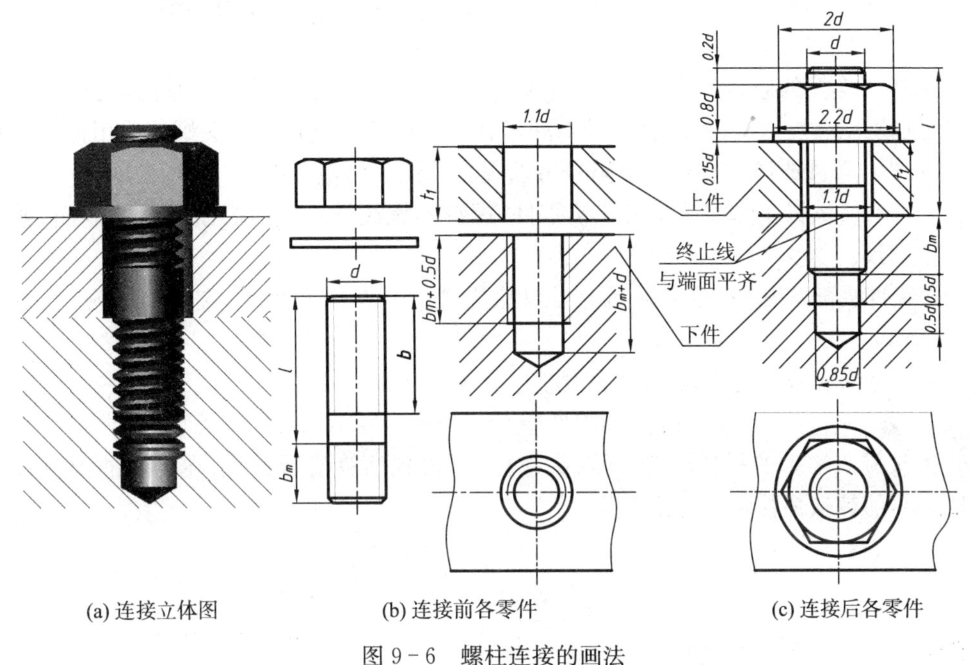

(a) 连接立体图　(b) 连接前各零件　(c) 连接后各零件

图 9 - 6　螺柱连接的画法

双头螺柱的两端均加工有螺纹，一端全部旋入被连接零件的螺孔中，称为旋入端，用 b_m 表示，另一端用螺母来旋紧，称为紧固端。旋入端长度 b_m 根据螺纹大径和带螺孔零件的材料而定，国家标准定了不同材料的旋入端长度，见表 9 - 1 。

表 9 - 1　旋入端长度

被旋入零件的材料	旋入端长度	国标编号
钢、青铜	$b_m = d$	GB/T 897—1988
铸铁	$b_m = 1.25d$	GB/T 898—1988
	$b_m = 1.5d$	GB/T 899—1988
铝	$b_m = 2d$	GB/T 900—1988

采用双头螺柱连接两零件时，下部零件上加工出不通的螺孔，上部零件上钻出略大于螺柱直径的通孔（约 $1.1d$）。装配时，将双头螺柱的旋入端（b_m）拧入下部零件的螺孔，旋紧为止；然后，在紧固端套上垫圈，拧紧螺母。

螺柱连接的装配图一般也采用比例画法，如图 9 - 6 所示。绘制时应注意：

（1）旋入端应全部旋入下部零件的螺孔内。因此，旋入端的螺纹终止线与下部零件的端面应平齐。

（2）下部零件的螺孔的螺纹深度应大于旋入端长度 b_m。绘制时，螺孔的螺纹深度可按 $b_m+0.5d$ 画出；钻孔深度可按 b_m+d 画出。

(3) 双头螺柱的有效长度 L,可按下式估算:

$$L = t_1(\text{上部件厚}) + 0.15d\ (\text{垫圈厚}) + 0.8d\ (\text{螺母厚}) + 0.2d\ (\text{伸出长度})$$

然后根据估算值查表,在双头螺柱长度系列中选取与估算值最接近且大于的标准数值。

9.3.3 螺钉连接

螺钉连接不用螺母、垫圈。而把螺钉直接旋入下部零件的螺孔中。通常用于受力不大和不需要经常拆卸的场合。

采用螺钉连接的被连接零件中,下部零件加工出螺孔,上部零件开通孔,其直径略大于螺钉直径(约 $1.1d$)。螺钉头部有各种不同形状,图 9-7 为开槽圆柱头螺钉采用比例画法的连接装配图。通过选择[9-3]二维码号可以观看。绘制时应注意:

(1) 为了使螺钉头部能压紧被连接零件,螺钉的螺纹终止线应高出螺孔的端面,或在全长上加工螺纹。

(2) 螺钉头部的开槽,在投影图上可以涂黑表示。在俯视图上,应按国标规定,将开槽画成 45°倾斜。

(3) 螺钉的有效长度 L,可按下式估算:

$$L = t(\text{上部零件厚}) + b_m(\text{螺纹旋入长度})$$

b_m 由被旋入零件的材料确定(同双头螺柱)。得到估算值后查表,在相应的螺钉长度系列中选取与估算值最接近的标准数值。

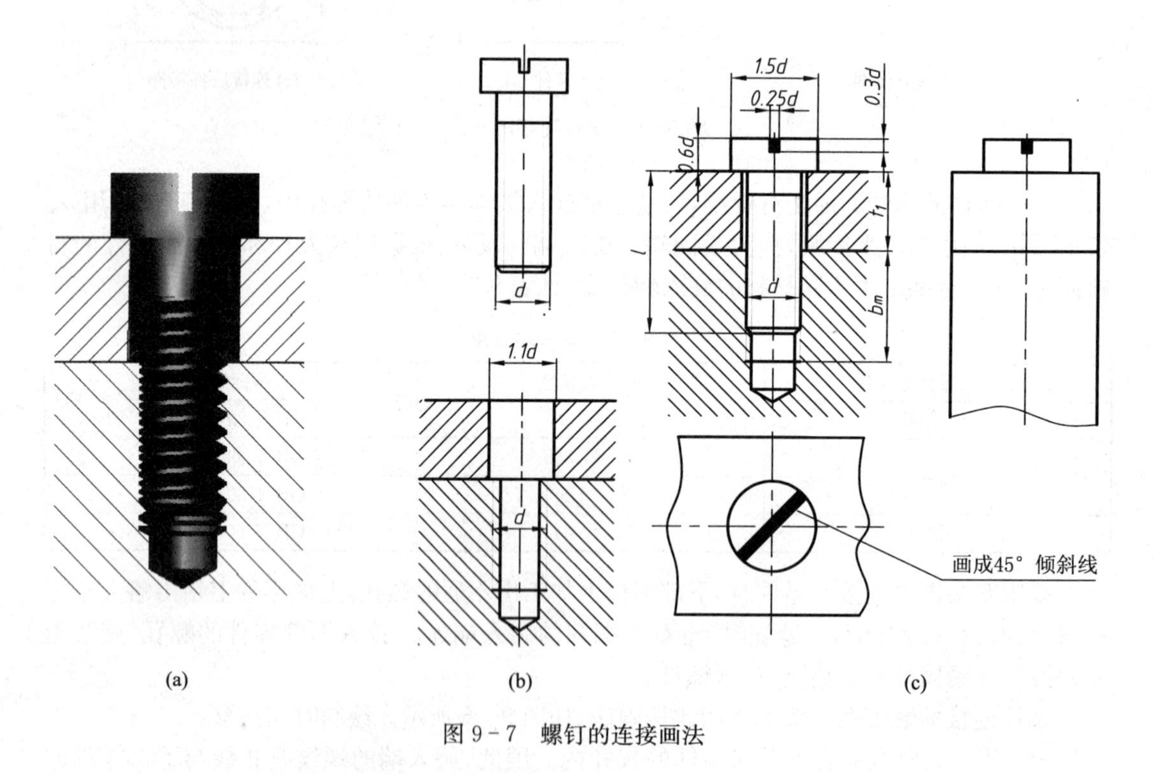

图 9-7 螺钉的连接画法

9.3.4 螺纹紧固件装配简化画法

为了方便作图,各种形式的螺纹紧固件的装配画法可按国标规定采用如图 9-8 所示简化画法。通过选择[9－3]二维码号可以观看。

(1) 螺母及螺栓的倒角可省略不画。

(2) 对于不通的螺孔,可以不画出钻孔的深度,而仅按螺纹的深度画出。

表 9－2 列举了螺纹紧固件装配图中常见错误与正确画法的比较。

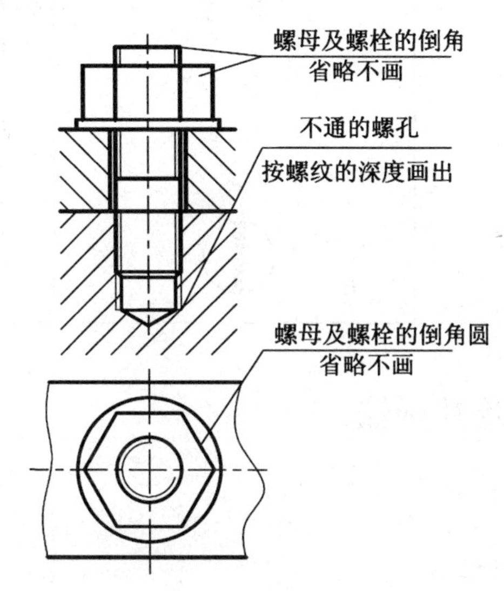

图 9－8　螺纹紧固件连接装配简化画法

表 9－2　螺纹连接正确与错误画法的比较

名称	正确画法	错误画法	错误处的说明
螺栓连接			① 螺栓长度选择不当,螺栓末端应伸出螺母(0.2～0.3d); ② 螺纹小径(细实线)与螺纹终止线漏画; ③ 被连接零件螺栓孔接触面之间的轮廓线漏画; ④ 相邻两零件剖面线的方向应相反
双头螺柱连接			① 螺柱紧固端表示螺纹小径的细实线与螺纹终止线漏画; ② 必须将旋入端的螺纹全部拧入螺孔,螺纹终止线与螺孔的顶面应在同一直线上; ③ 螺孔的螺纹大、小径画错;剖面线应画到螺孔的螺纹小径; ④ 120°锥角应画在钻孔直径处

续表

名称	正确画法	错误画法	错误处的说明
螺钉连接			① 漏画上件通孔的投影，其直径近似为 1.1d； ② 螺钉的螺纹长度必须大于旋入深度； ③ 螺钉头部槽在俯视图上的投影应画成与水平线倾斜 45°

9.4 键和销的连接及其画法

9.4.1 键和销

9.4.1.1 键的种类和标记

键是标准件。用来连接轴及轴上的传动件，如齿轮、皮带轮等，起传递扭矩的作用。

常用的键有普通平键、半圆键和钩头楔键等，如图 9－9 所示。其中又以普通平键最为常见。通过选择[9－4]二维码号可以观看。

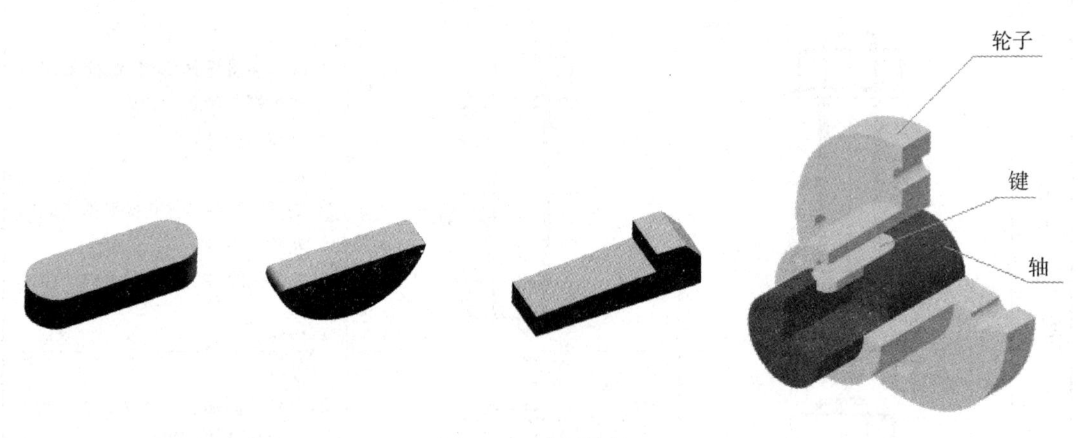

图 9－9 常用的键

键的标记通式如下：

名称 规格(宽×长) 国标号

选用时可根据轴的直径查键的标准，得出它的尺寸。平键和钩头楔键的长度 L 应根据轮毂长度和受力大小选取相应的系列值。表 9－3 列出了常用键的形式和标记。

表 9-3　常用键的形式和标记示例

名称	图　例	标记示例
普通平键	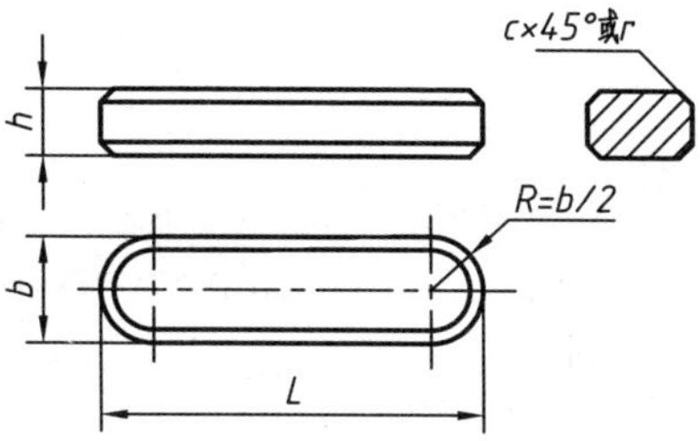 c×45°或r　R=b/2　h　b　L	键 18×100 GB/T1096—2003 表示：键宽 $b=18$mm 键长 $L=100$mm 的圆头普通平键(A 型) 注：A 型省略不注，B 型和 C 型必须在标记中写“B”和“C”
半圆键	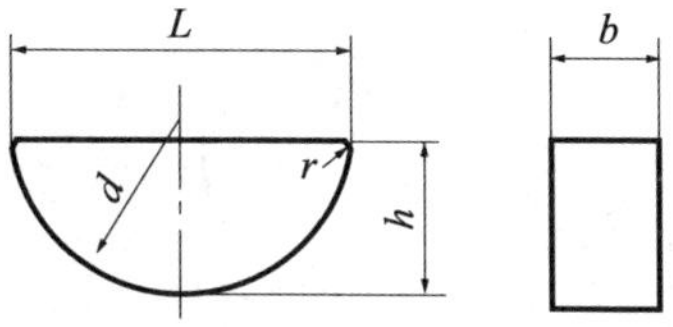 L　b　d　r　h	键 6×25 GB/T1099—2003 表示：键宽 $b=6$mm 直径 $d=25$mm 的半圆键
钩头楔键	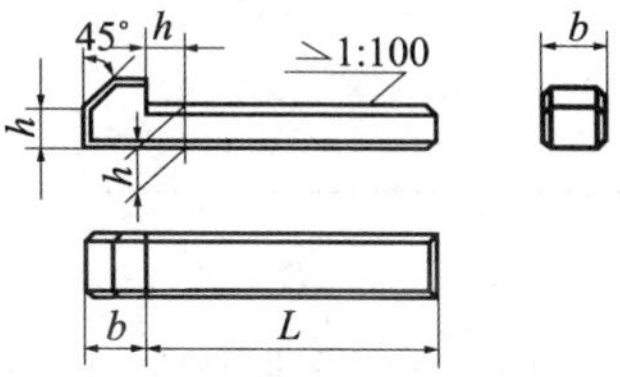 45°　h　≥1:100　b　h　h　b　L	键 18×100 GB1065—2003 表示：键宽 $b=18$mm 键长 $L=100$mm 的钩头锲键

9.4.1.2　销的种类和规定标记

销也是标准件。销连接主要用来固定零件之间的相对位置，也可用于轴和轮毂或其他零件的连接。

常用的销有圆柱销、圆锥销、开口销三种。表 9-4 列出了三种销的形式和标记示例。

表 9-4　常用销的形式和标记示例

名称	图　例	标记示例
圆柱销	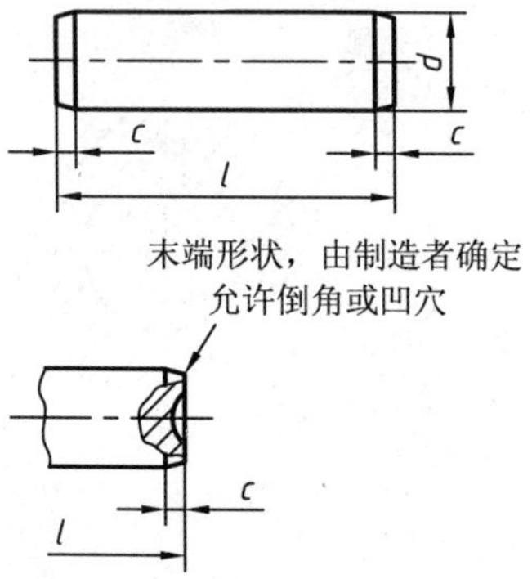 d　c　c　l　末端形状，由制造者确定 允许倒角或凹穴　c　l	公称直径 $d=6$mm，公差 m6，公称长度 $l=30$mm，材料为钢，不淬火，不表面处理的圆柱销： 销　GB/T119.1　6m6×30

续表

名称	图　　例	标记示例
圆锥销	A型（磨削） 1:50 $r_1 \approx d$ $r_2 \approx \frac{a}{2}+d+\frac{(0.021)^2}{8a}$ B型（切削或冷镦）	公称直径 d=10mm，公称长度 l=60mm，材料为35钢，热处理 28～38HRC，表面氧化的 A 型圆锥销： 销　GB/T117　10×60
开口销	$a_{min}=\frac{1}{2}a_{max}$	公称直径 d=5mm，长度 L=50mm 的开口销： 销　GB/T91　5×50

9.4.1.3　键连接的装配画法

键连接按其结构特点和工作原理的不同分为松连接(平键、半圆键)、正常连接和紧连接(楔键、切向键)。绘制键连接的装配关系时应注意：

(1) 当沿键的长度方向剖切时，规定键按不剖绘制；当沿键的横向剖切时，键上应画出剖面线。

(2) 为了表示键和轴的连接关系，通常在轴上采取局部剖视。

普通平键连接和半圆键连接时，键的两个侧面为其工作面。依靠键与键槽的相互挤压传递扭矩。装配后它与轴及轮毂的键槽侧面接触画成一条线；键的顶部与轮毂底之间留有间隙，为非工作表面，应画成两条线。图 9-10、图 9-11 分别表示了普通平键连接及半圆键连接的装配画法。通过选择[9-4]二维码号可以观看。

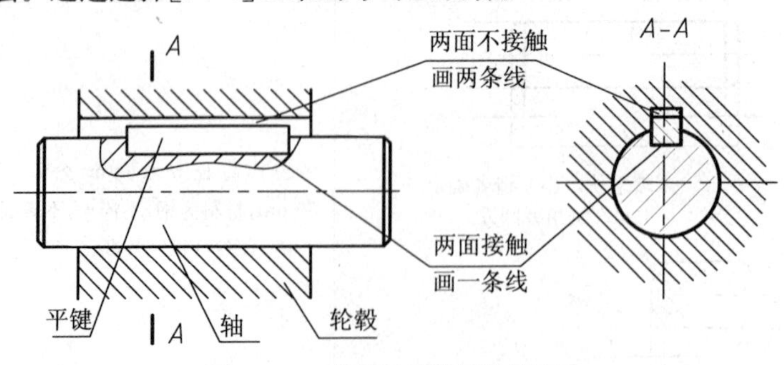

图 9-10　半圆键连接的装配画法

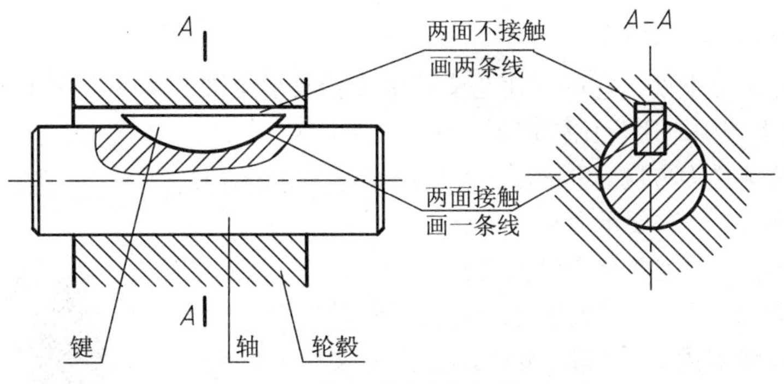

图 9-11　普通平键连接的装配画法

钩头楔形键的上表面和轮毂键槽的底部都有 1∶100 的斜度,钩头楔形键的上下两个面为工作面,工作时依靠摩擦力来传递扭矩,装配图中画成一条线。键的两个侧面与轴及轮毂间有间隙,为非工作面,装配图中画成两条线。钩头楔键的装配画法如图 9-12 所示。通过选择[9-4]二维码号可以观看。

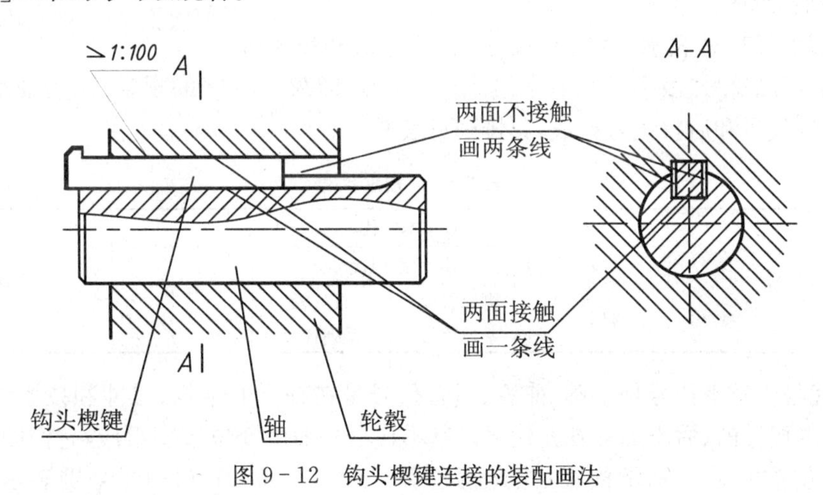

图 9-12　钩头楔键连接的装配画法

9.4.1.4　销连接的装配画法

销的装配画法比较简单。图 9-13 分别为常用的圆柱销、圆锥销、开口销的装配画法。绘制时应注意:在剖视图中,当剖切平面通过销的轴线时,销按不剖画出。通过选择[9-5]二维码号可以观看。

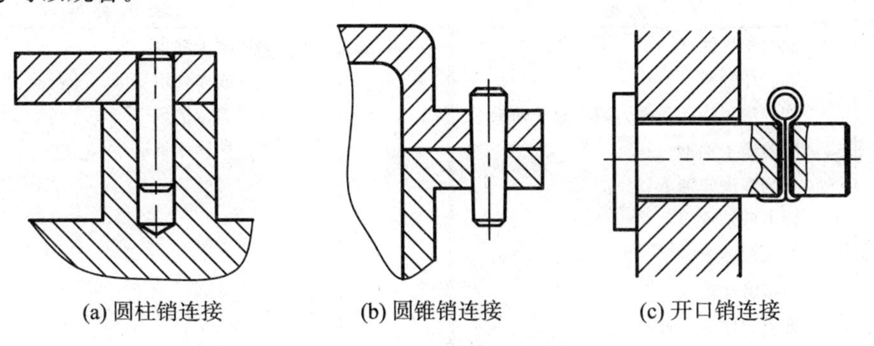

(a) 圆柱销连接　(b) 圆锥销连接　(c) 开口销连接

图 9-13　销连接的装配画法

9.4.2 滚动轴承

滚动轴承是标准组件。它的作用是支持轴旋转及承受轴上载荷。由于滚动轴承的摩擦阻力小，所以在生产中应用得比较广泛。

滚动轴承按其受力方向，可分为三大类：

(1) 向心轴承——主要承受径向力；

(2) 推力轴承——主要承受轴向力；

(3) 向心推力轴承——同时能承受径向力和轴向力。

滚动轴承一般由内圈、外圈、滚动体和保持架四个部分组成，如图 9-14 所示。通常是外圈装在机座的孔内，内圈装在轴上并随轴一起旋转。所以，轴承的内圈与轴的配合应为过盈配合，它们之间没有相对运动。滚动体排列在内、外圈之间的滚道中，其形状有圆球、圆柱、圆锥等。通过选择[9-6]二维码号可以观看。

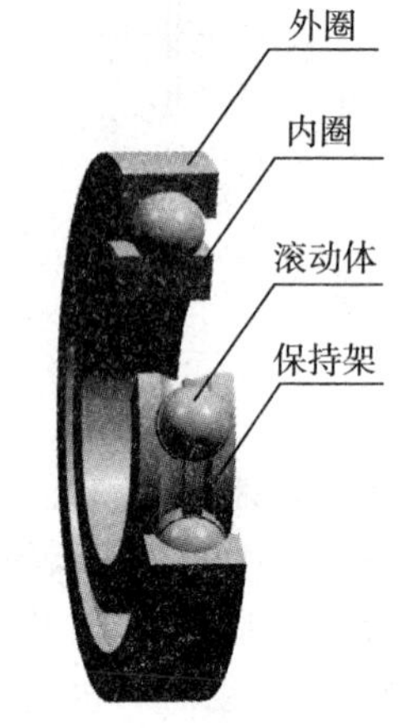

图 9-14 滚动轴承的结构

1. 滚动轴承的代号

滚动轴承代号是表示其结构、尺寸、公差等级和技术性能等特征的产品符号，由字母和数字组成。按 GB/T272—1993 的规定，滚动轴承代号由基本代号、前置代号和后置代号构成，其排列见表 9-5。

表 9-5 轴承代号

前置代号	基本代号				后置代号
	类型代号	尺寸系列代号		内径代号	
		宽(高)度系列代号	直径系列代号		

轴承代号中基本代号是基础，前置、后置代号是在轴承的结构、尺寸和技术性能等有改变时，在基本代号前、后添加的补充代号。基本代号一般由 5 位数字组成，它们的含义是：右数第一、二位数字表示轴承内径（当此两位数＜04 时，00、01、02、03 分别表示内径 d 为 10mm、12mm、15mm、17mm；当此两位数≥04 时，用此数乘以 5 即为轴承内径）；第三、四位数是轴承外径系列代号，其中第三位数表示直径系列，第四位数表示宽度系列，即在内径相同时，有各种不同的外径和宽度；第五位数表示轴承的类型，其含义见表 9-6。

表 9-6 滚动轴承的类型代号

代号	轴承类型	代号	轴承类型
0	双列角接触球轴承	N	圆柱滚子轴承
1	调心球轴承		双列或多列用字母 NN 表示
2	调心滚子轴承和推力调心滚子轴承	U	外球面球轴承
3	圆锥滚子轴承	QJ	四点接触球轴承
4	双列深沟球轴承		
5	推力球轴承		
6	深沟球轴承		
7	角接触球轴承		
8	推力圆柱滚子轴承		

滚动轴承基本代号标记示例：

轴承 32308　3——类型代号，表示圆锥滚子轴承；

23——尺寸系列代号，表示直径系列代号是 3、宽度系列代号是 2；

08——内径代号，表示公称内径为 40mm。

轴承 6207　6——类型代号，表示深沟球轴承；

2——尺寸系列代号，表示 02 系列(0 省略)

07——内径代号，表示公称内径为 35mm

2. 滚动轴承的标记

滚动轴承的标记通式为：

名称 代号 国标号

标记示例：

滚动轴承　6405　GB/T276—1994 。

3. 滚动轴承的画法

滚动轴承不必画零件图，因为是标准组件，由专业化生产，需要时可根据要求确定型号选购。在设计机器时，只要在装配图中按规定画出即可。在装配图中，滚动轴承可以用通用画法、特征画法和规定画法绘制，见表 9-7。前两种属简化画法，在同一图样中一般可采用这两种简化画法中的一种。具体作图时可遵循下列原则：

(1) 滚动轴承剖视图轮廓应按外径 D、内径 d、宽度 B 等实际尺寸绘制，轮廓内可用规定画法或简化画法绘制。

(2) 在剖视图中，当不需要确切地表示滚动轴承外形、载荷特性、结构特征时，可用表中所示的通用画法画出。

(3) 在装配图中，需要较详细地表达滚动轴承的主要结构时，可采用规定画法，只需要简单表达滚动轴承的主要结构时，可采用特征画法。

(4) 一般情况下，用规定画法绘制在轴的一侧，另一半用通用画法绘制。

表 9-7　常用滚动轴承的形式和画法

名称、标准号、结构和代号	由标准中查出数据	规定画法	特征画法	通用画法
深沟球轴承 GB/T276—1994  60000 型	D d B	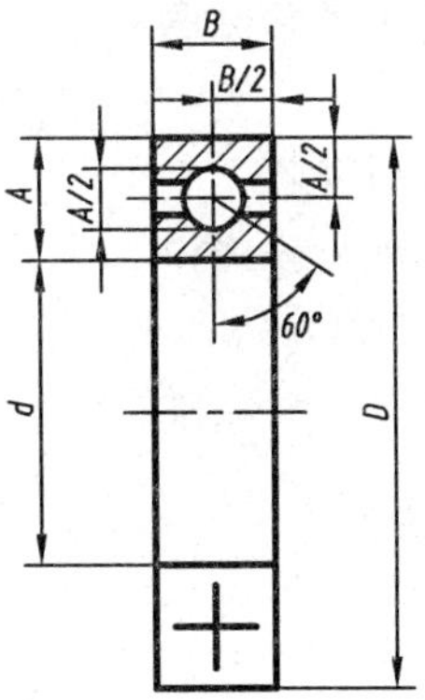 B　B/2　A　A/2　A/2　60°　d　D	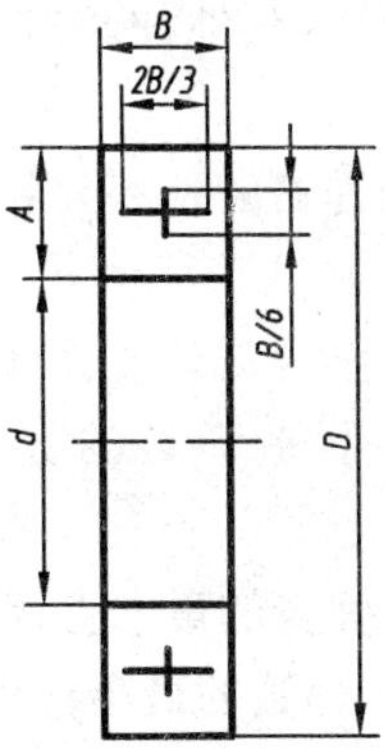 B　2B/3　A　B/6　d　D	

续表

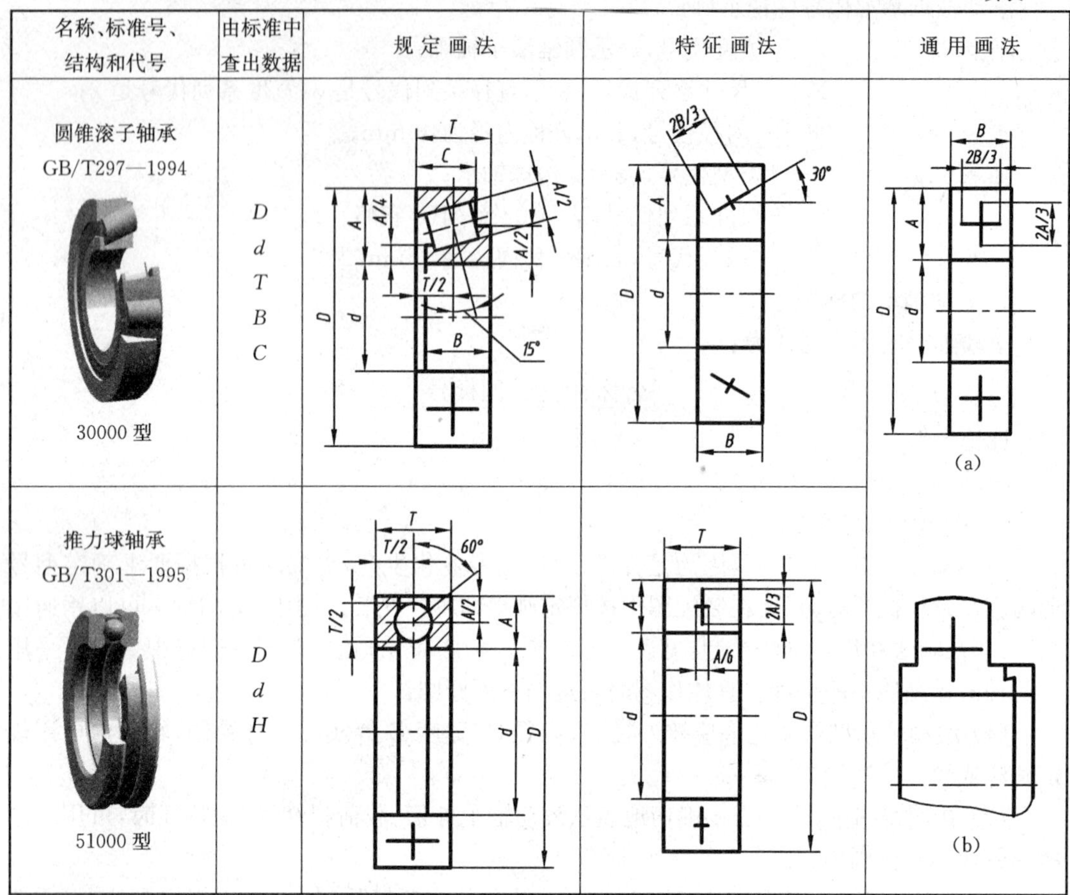

名称、标准号、结构和代号	由标准中查出数据	规定画法	特征画法	通用画法
圆锥滚子轴承 GB/T297—1994 30000 型	*D* *d* *T* *B* *C*			(a)
推力球轴承 GB/T301—1995 51000 型	*D* *d* *H*			(b)

9.4.3　弹簧

弹簧也是一种标准零件，可用来减震、储能、夹紧和测力等。其特点是受力后能产生较大的弹性变形，在外力去掉后能立即恢复原状。

常用的圆柱螺旋弹簧，按其用途可分为压缩弹簧、拉力弹簧和扭力弹簧三种。这里仅介绍圆柱螺旋压缩弹簧的有关尺寸计算和画法，其他种类的弹簧画法可参阅国标有关规定。

1. 圆柱螺旋压缩弹簧的各部分名称和尺寸关系

圆柱螺旋压缩弹簧的形状和尺寸由下列参数确定（参见图 9－15，通过选择［9－7］二维码号可以观看。）：

簧丝直径 d——制造弹簧的金属丝直径，按标准选取。

弹簧外径 D——弹簧的最大直径；

弹簧内径 D_1——弹簧的最小直径，$D_1=D-2d$；

弹簧中径 D_2——弹簧的平均直径，$D_2=(D+D_1)/2=D-d$；

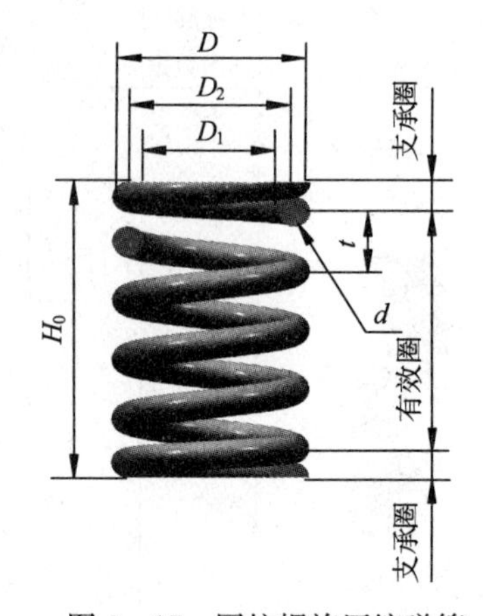

图 9－15　圆柱螺旋压缩弹簧

有效圈数 n、支承圈数 n_0 和总圈数 n_1——为使压缩弹簧的端面与轴线垂直，工作时受力均匀，在制造时将两端几圈并紧、磨平，起支承或固定作用圈，称为支承圈。除支承圈外，中间那些保持相等节距，产生弹力的圈称为有效圈。有效圈数与支承圈数之和称为总圈数

$n_1 = n + n_0$，　n_0 一般为 1.5、2、2.5 圈。

节距 t——相邻两有效圈上对应点之间的轴向距离。

自由长度 H_0——未受负荷时的弹簧长度

$$H_0 = n_1 t + 2d$$

计算后取标准中相近值。

展开长度 L——制造时所需金属丝的长度。

旋向——螺旋弹簧分左旋和右旋。

国家标准 GB/T2089—1994 中对圆柱螺旋压缩弹簧的 d、D_2、t、H_0、n、L 等尺寸、机械性能及标记作了规定。

2. 圆柱螺旋压缩弹簧的规定画法

圆柱螺旋弹簧可以看成是一个圆形平面(弹簧丝截面)的圆心沿一条螺旋线运动而形成的，故其投影轮廓线和螺旋线投影一样，作图较繁。国标规定以近似的简化画法来代替。

1) 弹簧的规定画法(见图 9-16)通过选择[9-7]二维码号可以观看。

螺旋压缩弹簧在平行其轴线的投影面上的图形，其各圈轮廓线应画成直线。

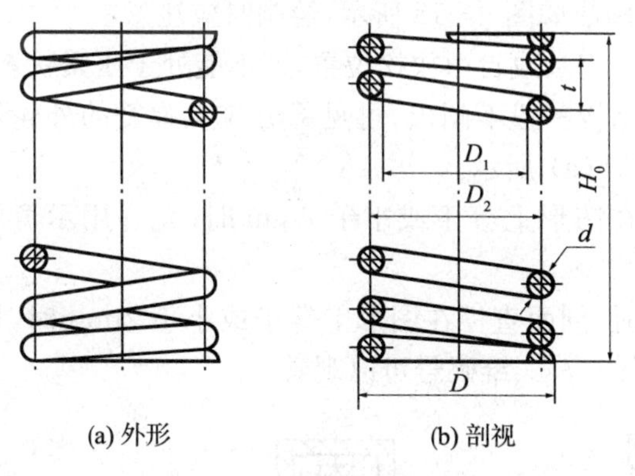

图 9—16 弹簧的规定画法

(1) 螺旋压缩弹簧在图上均可画成右旋。但左旋螺旋弹簧不论画成右旋或左旋，一律要加注“左”字。

(2) 有效圈数在四圈以上的弹簧，可以在每一端只画出 1～2 圈(支承圈除外)，中间各圈可省略不画，图形的长度可适当缩短。

(3) 螺旋压缩弹簧要求两端并紧且磨平时，不论支承圈数多少，均可按支承圈为 2.5 圈的形式绘制。

2) 圆柱螺旋压缩弹簧的画图步骤

已知圆柱螺旋压缩弹簧的簧丝直径 $d=6$mm，弹簧外径 $D=41$mm，节距 $t=11$mm，有效圈数 $n=6.5$ 圈，支承圈数 $n=2.5$ 圈，右旋，其作图步骤如图 9-17 所示。通过选择[9-7]二维码号可以观看。

(1) 计算出自由长度 H_0、中径 D_2，用 H_0、D_2作矩形[图 9－17(a)]。

(2) 画出支承圈部分的簧丝剖面图[图 9－17(b)]。

(3) 根据节距画出有效圈部分的簧丝剖面图[图 9－17(c)]。

(4) 按右旋方向作相应圆的公切线和剖面线，即完成作图[图 9－17(d)]。

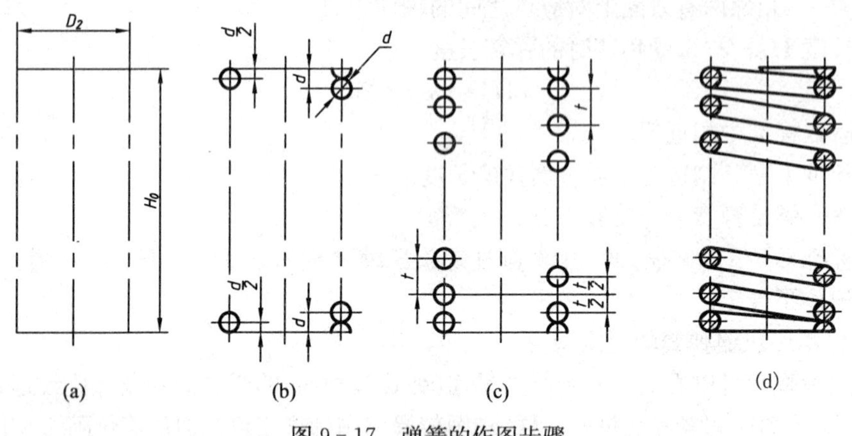

图 9－17 弹簧的作图步骤

3. 弹簧在装配图中的画法

弹簧在装配图中的画法如图 9－18 所示，绘制时应注意：

(1) 在装配图中弹簧应画成自由放松位置，即不能处于压紧状态。

(2) 被弹簧挡住的结构一般不画出，可见部分应从弹簧的外轮廓线或从弹簧钢丝剖面的中心线画起，如图 9－18(a) 所示。

(3) 弹簧钢丝直径在图形上等于或小于 2mm 时，允许用示意图画出，如图 9－18(b) 所示。

(4) 当弹簧被剖切时，剖面直径在图形上等于或小于 2mm 时，可用涂黑表示，见图 9－18 (c)所示。通过选择[9－7]二维码号可以观看。

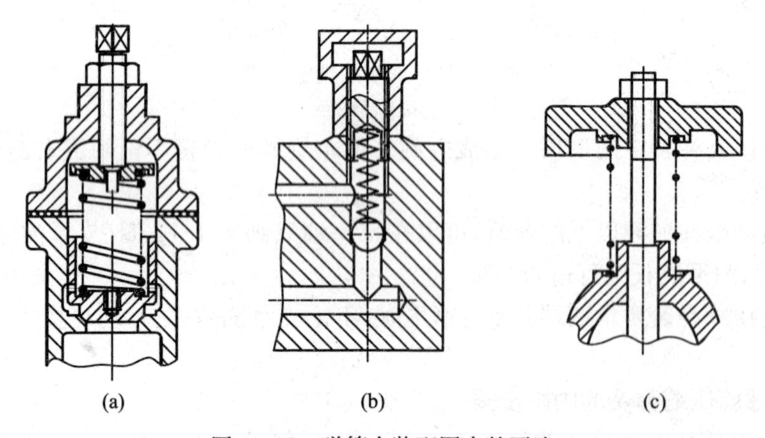

图 9－18 弹簧在装配图中的画法

9.5　焊接的表示法

焊接一般指将被焊接件在连接处加热到熔化，然后在连接处融入其他金属，冷却后使被焊件连成一体的过程。

焊接广泛应用于化工设备中。焊接的方法和种类很多。制造化工设备时最常用的是电弧焊。电弧焊就是利用电弧产生的高热量来熔化焊口（金属板连接处）和焊条（补充的金属），使焊接连接在一起。根据操作方法，又分为手工电弧焊、埋弧焊等。制造化工设备时，还采用气焊、氩弧焊等。

1. 焊接接头形式

两焊接件用焊接的方法连接后，其熔接处的接缝称焊缝，在焊接处形成焊接接头。由于两焊接件间相对位置不同，焊接接头有对接、搭接、角接和T形接头等基本接头形式，如图9-19所示。

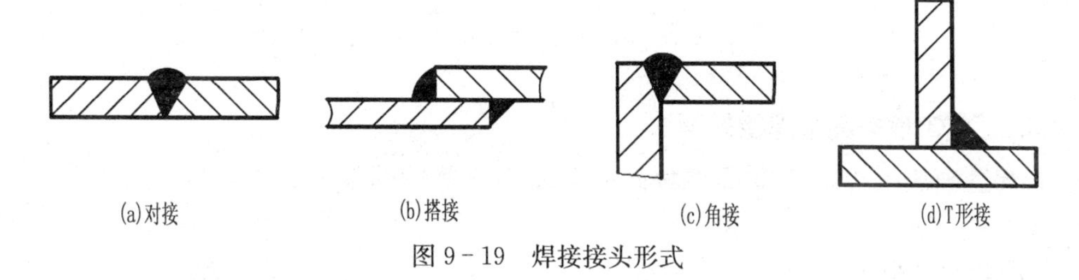

图9-19　焊接接头形式

对接接头在化工设备中应用最多，筒体本体、筒体与封头间的焊接即是；搭接在化工设备中应用很少，通常只见于补强圈或垫板与筒体（或封头）的焊接，角接则用于接管（或容器法兰）与封头（或筒体）的焊接，如图9-20(a)中所示；T形接则在鞍式支座中可见，如图9-20(b)所示。

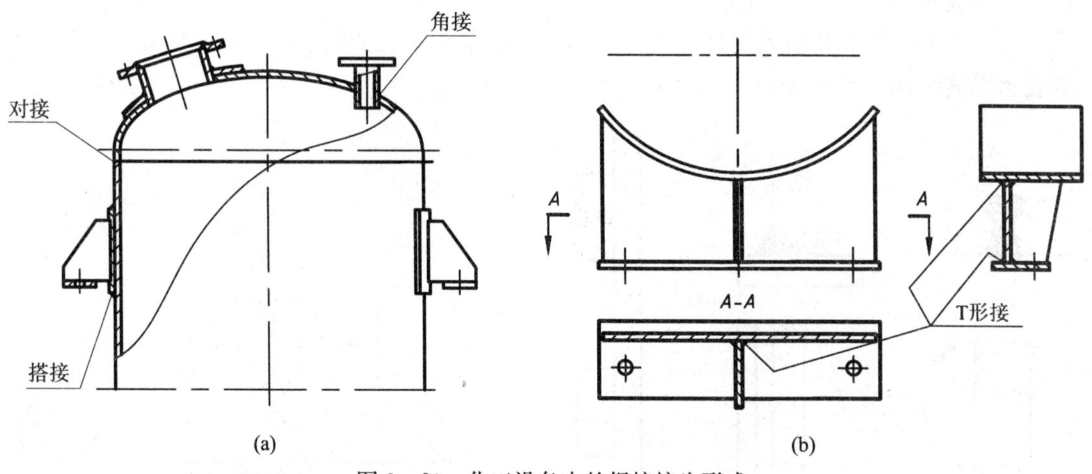

图9-20　化工设备中的焊接接头形式

2. 焊接接头的坡口形式

为了保证焊接质量，一般需要在焊接件的接边处预制成各种形状，称为坡口。不同的坡口形式如图 9－21 所示。薄钢板可不开坡口；较厚钢板则采用单边 V 形[图 9－21(a)]和 V 形[图 9－21(b)]坡口；厚钢板则一般采用 U 形[图 9－21(c)]、K 形[图 9－21(d)]、X 形[图 9－21(e)]坡口。搭接接头一般不用坡口。

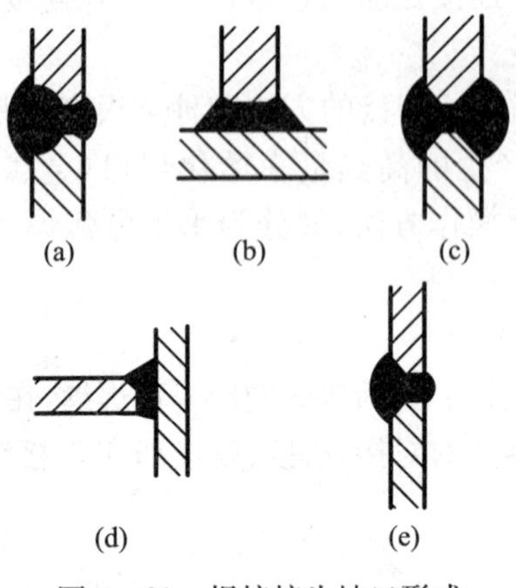

图 9－21　焊接接头坡口形式

9.5.1　化工设备图中焊接的画法

(1)焊缝画法因焊缝宽度或焊角高度经缩小比例后图线间距的实际尺寸大于或小于 3mm 而不同。

① 图线间距小于 3mm　此时，视图中对焊接缝只画一条粗实线，视图中角焊缝因原已有轮廓线，故可不画。剖视(断面)图中的焊缝，则按焊接接头的形式，画出焊缝端面，剖面符号用涂色表示即可。

② 当图线间距大于 3mm 时，视图中的焊缝轮廓线应按实际焊缝的形状用粗实线画出。在剖视(断面)图中，焊缝的接头则按不同的形式画出断面的实际形状，剖面符号用相交细实线或涂色表示，如图 9－22 所示。

(2) 对于设备上某些重要焊缝或是特殊的、非标准形式的焊缝，则需用局部放大图，详细表示焊缝结构的形状和有关尺寸，如图 9－23 所示。

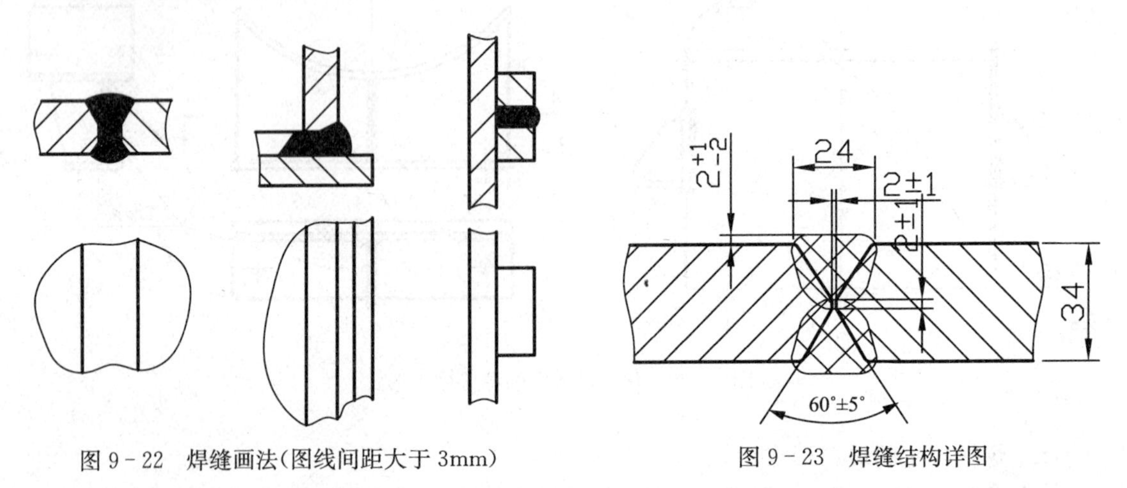

图 9－22　焊缝画法(图线间距大于 3mm)

图 9－23　焊缝结构详图

(3) 可见焊缝也有用沿缝画徒手短线(或垂直焊缝的短栅线)表示的。线型为细实线，长度一般大于 2mm，图 9－24 中即为设备中物料出口管处的涡流挡板的焊缝画法。

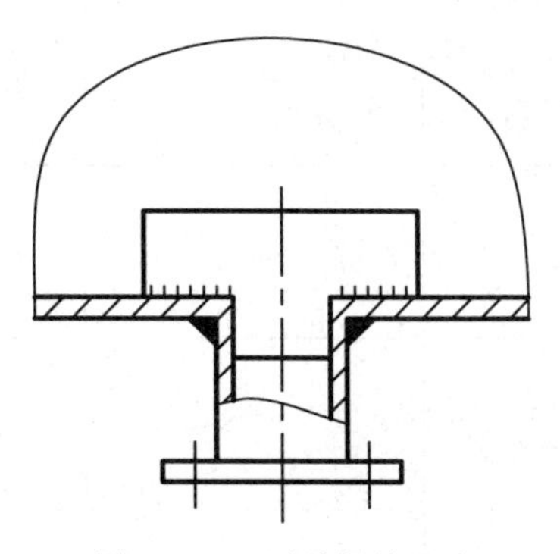

图 9－24　可见焊缝画法

9.5.2　焊缝结构的标注

化工设备图的焊缝，除按上述规定画出其位置、范围和断面形状外，还需根据 GB 324—88 等的有关规定代号，确切清晰地标注出对焊缝的要求。具体标注方法有下列几种：

对于常、低压设备，一般只需在技术要求中对本设备所采用的焊接方法以及焊接接头形式的要求做统一说明即可。例如："本设备采用电弧焊""焊接接头形式及尺寸除图中注明外……"。

当设备中某些焊接结构的要求和尺寸，未能包括在统一说明中，或有特殊需要必须单独注明时，可在相应的焊缝结构处注出焊缝代号或焊接接头的文字代号。现简单介绍如下：

焊缝代号主要由基本符号、辅助符号、补充符号和焊缝尺寸符号、指引线等组成。

(1) 基本符号(见表 9－8)即表示焊缝横断面形状的符号，用粗实线绘制。

(2) 辅助符号(见表 9－9)即表示对焊缝表面形状特征的符号，用粗实线绘制。

(3) 补充符号(见表 9－9)即补充说明焊缝的某些特征而采用的符号，用粗实线绘制。

表 9－8　基本符号

焊缝名称	焊缝形式	符号	焊缝名称	焊缝形式	符号
I 型		‖	U 型		Y
V 型		V	角焊		◺

表 9-9　辅助符号和补充符号

名称		示意图	符号	说明
辅助符号	平面符号			表示焊缝表面齐平(一般通过加工)
	凹面符号			表示焊缝表面凹陷
	凸面符号			表示焊缝表面凸起
补充符号	带垫板符号			表示焊缝底部有垫板
	三面焊缝符号			表示三面带有焊缝
	周围焊缝符号			表示环绕工件周围焊缝
	现场符号			表示在现场或工地上进行焊接
	尾部符号			可以参照有关标准标注焊接工艺方法等内容

(4) 指引线 指引线一般由带箭头的指引线(简称箭头线)和两条基准线(一条为实线,另一条为虚线)两部分组成。虚线表示焊缝在接头的非箭头侧。指引线全部用细实线绘制。指引线的箭头指向焊缝,基准线一般与主标题栏平行。需要表示焊接方法等说明时,可在基准线末端加画尾部,如图 9-25 所示。

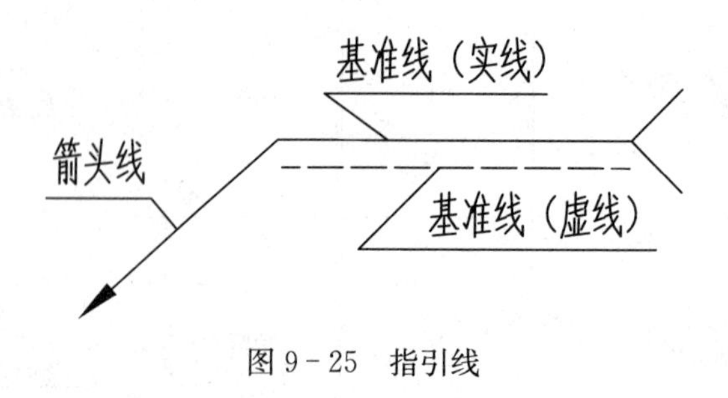

图 9-25　指引线

焊缝符号在基准线上的标注位置,见表 9-10。

表 9-10 焊缝符号在基准线上的标注位置

焊缝形式	标注方法	说明
		焊缝外表面(焊缝面)在接头的箭头侧,焊缝符号注在基准线实线侧
		焊缝外表面(焊缝面)在接头的非箭头侧,焊缝符号注在基准线虚线侧
		双面焊缝及对称焊缝应在基准线两侧同时标注焊缝符号,基准线可不画虚线

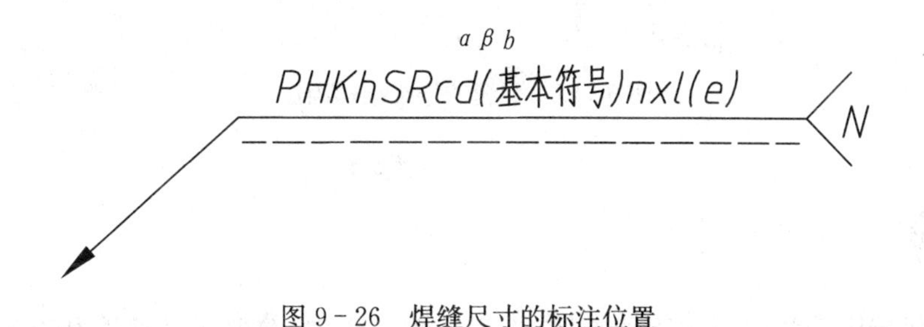

图 9-26 焊缝尺寸的标注位置

(5) 焊缝尺寸符号及其标注方法 焊缝尺寸一般不标注。只有设计或生产需要注明焊缝尺寸时才标注。

焊缝尺寸符号及数据的标注位置如图 9-26 所示。通过选择[9-7]二维码号可以观看。焊缝横截面上的尺寸(钝边高度 P、坡口高度 H、焊角高度 K 等)注在基本符号的左侧;焊缝长度方向尺寸(焊缝长度 l,焊缝段数 n)标在基本符号的右侧,坡口角度 α、坡口面角度 β、对接间隙 b 注在基本符号上(下)侧,相同焊缝数量符号 N 标在尾部。其符号及标注方法示例于表 9-11。

(6) 焊缝详细结构画法 如有需要,如前所述还可采用局部放大图以表示焊缝的详细结构(断面形状及尺寸),不必标注焊缝符号,见图 9-27。

表 9-11 焊缝尺寸符号及其标注方法示例

名称	符号	示意图	标注方法
I形焊缝	b(对接间隙)		

续表

名称	符号	示意图	标注方法
钝边V形焊缝	a(坡口角度) b(对接间隙) P(钝边高度) δ(板厚)		
角焊缝	K(焊角高度)		

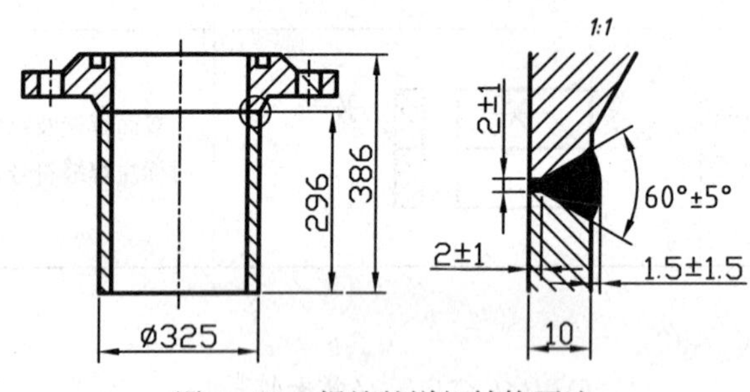

图 9－27 焊缝的详细结构画法

9.6 齿轮

齿轮是机器中广泛应用的传动零件，可用来传递动力，改变运动速度和方向，以及变换运动方式等。通过选择[9－8]二维码号可以观看。齿轮的种类很多，根据其传动情况可分为三类(见图 9－28)：

(1) 圆柱齿轮——用于两平行轴之间的传动，如图 9－28(a)所示；

(2) 圆锥齿轮——用于两相交轴之间的传动，如图 9－28(b)所示；

(3) 蜗轮蜗杆——用于两交叉轴之间的传动，如图 9－28(c)所示。

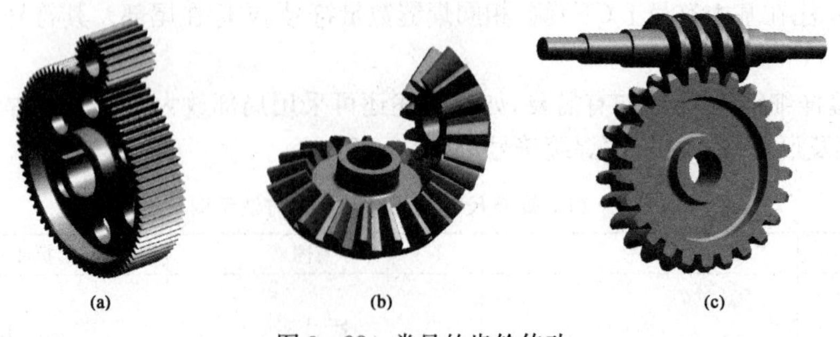

图 9－28 常见的齿轮传动

齿轮的轮齿部分结构尺寸已标准化，国标规定了它的简化画法。这里主要介绍圆柱齿轮各部分的尺寸及规定画法。

9.6.1　圆柱齿轮各部分的名称和尺寸关系

常见的圆柱齿轮按齿的方向分成直齿、斜齿、人字齿等，其中直齿、斜齿齿轮又可分为标准齿轮和变位齿轮。

现以标准直齿圆柱齿轮为例来介绍（见图 9 - 28 和图 9 - 29）。通过选择[9 - 8]二维码号可以观看。

（1）齿顶圆　通过轮齿顶部的圆，其直径以 d_a表示。

（2）齿根圆　通过轮齿根部的圆，其直径以 d_f表示。

（3）分度圆　当标准齿轮的齿厚和齿槽相等时所在位置的圆，其直径以 d 表示。

（4）齿高　齿顶圆与齿根圆之间的径向距离，以 h 表示。分度圆将轮齿的高度分为两个不等的部分。齿顶圆和分度圆之间称为齿顶高，以 h_a表示；分度圆和齿根圆之间称为齿根高，以 h_f表示。齿高是齿顶高与齿根高之和，即

$$h=h_a+h_f$$

（5）齿距　分度圆上相邻两齿对应点之间的弧长，以 p 表示。

（6）模数　设齿轮的齿数为 z，则分度圆的周长$=zp=\pi d$，即

$$d=\frac{p}{\pi}z$$

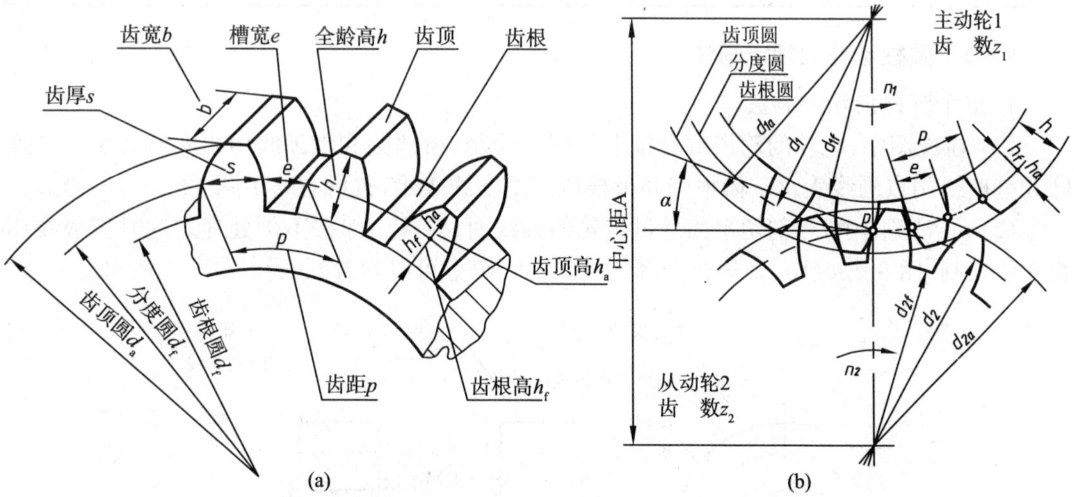

图 9 - 29　标准直齿圆柱齿轮各部分的名称与两齿轮啮合示意图

为便于设计制造，我们取 $m=\dfrac{p}{\pi}$，于是

$$d=mz$$

m 即为模数。由于模数是齿距 p 和 π 的比值，因此当齿数一定时，模数越大，轮齿就越厚，齿轮的承载能力也就越大。

模数是设计和制造齿轮的基本参数，制造齿轮时，根据模数来选择刀具。为了便于设计和制造，已经将模数标准化。模数的标准值见表 9 - 12。

表 9-12 标准模数 (GB/T1375—1987) 单位:mm

第一系列	0.1,0.12,0.15,0.2,0.25,0.3,0.4,0.5,0.6,0.8,1,1.25,1.5,2,2.5,3,4,5,6,8,10,12,16,20,25,32,40,50,
第二系列	0.35,0.7,0.9,1.75,2.25,2.75,(3.25),3.5,(3.75),4.5,5.5,(6.5),7,9,(11),14,18,22,28,(30),36,45

注:(1)选用模数时,应优先选用第一系列;其次选用第二系列,括号内模数尽可能不用。

(7) 压力角　啮合接触点 P 处两齿廓曲线的公法线与两分度圆的公切线间的夹角,以 α 表示。我国标准齿轮的分度圆压力角 $\alpha=20°$。

只有模数和压力角都相同的齿轮才能互相啮合。

在设计齿轮时要先确定模数和齿数,其他各部分尺寸都可由模数和齿数计算出来。标准直齿圆柱齿轮的计算公式见表 9-13。

表 9-13 标准直齿圆柱齿轮的尺寸计算公式

各部分名称	代　号	计 算 公 式
分度圆直径	d	$d=mz$
齿 顶 高	h_a	$h_a=m$
齿 根 高	h_f	$h_f=1.25m$
齿顶圆直径	d_a	$d_a=m(z+2)$
齿根圆直径	d_f	$d_f=m(z-2.5)$
齿　距	p	$p=\pi m$
中 心 距	A	$A=\frac{1}{2}(d_1+d_2)=\frac{1}{2}m(z_1+z_2)$

9.6.2 圆柱齿轮的规定画法

1. 单个圆柱齿轮的画法

(1) 在视图中,齿轮的轮齿部分按下列规定绘制:齿顶圆和齿顶线用粗实线表示。分度圆和分度线用点画线表示。齿根圆和齿根线用细实线表示,也可省略不画[图 9-30(a)]。

(2) 在剖视图中,当剖切平面通过齿轮的轴线时,轮齿一律按不剖处理。这时齿根线用粗实线绘制[图 9-30(b)]。通过选择[9-8]二维码号可以观看。

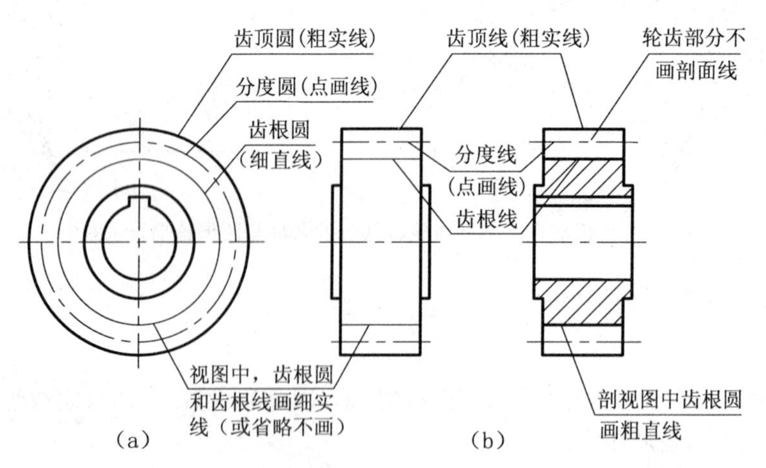

图 9-30 单个圆柱直齿齿轮的画法

(3) 对于斜齿、人字齿齿轮,可在非圆的外形图上用三条与轮齿倾斜方向相同的平行细实线表示轮齿方向(图 9-31)。通过选择[9-8]二维码号可以观看。

(4) 除轮齿部分按上述规定画法绘制外,齿轮上的其他结构仍按投影画出。

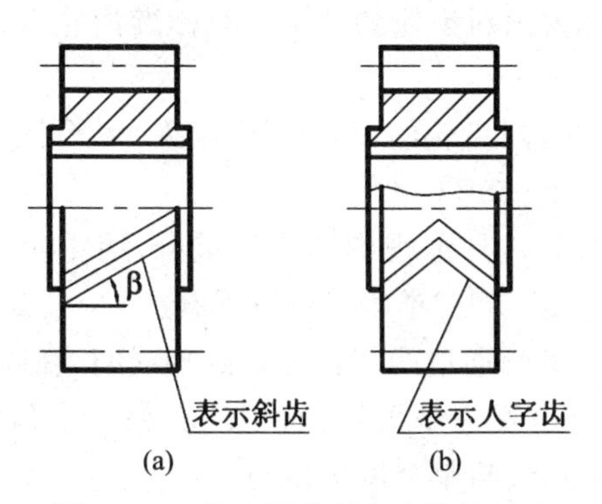

图 9-31 单个圆柱斜齿齿轮的画法

图 9-32 是齿轮的零件图。在零件图上不仅要表示出齿轮的形状、尺寸、和技术要求,而且要列出制造齿轮所需要的参数。通过选择[9-8]二维码号可以观看。

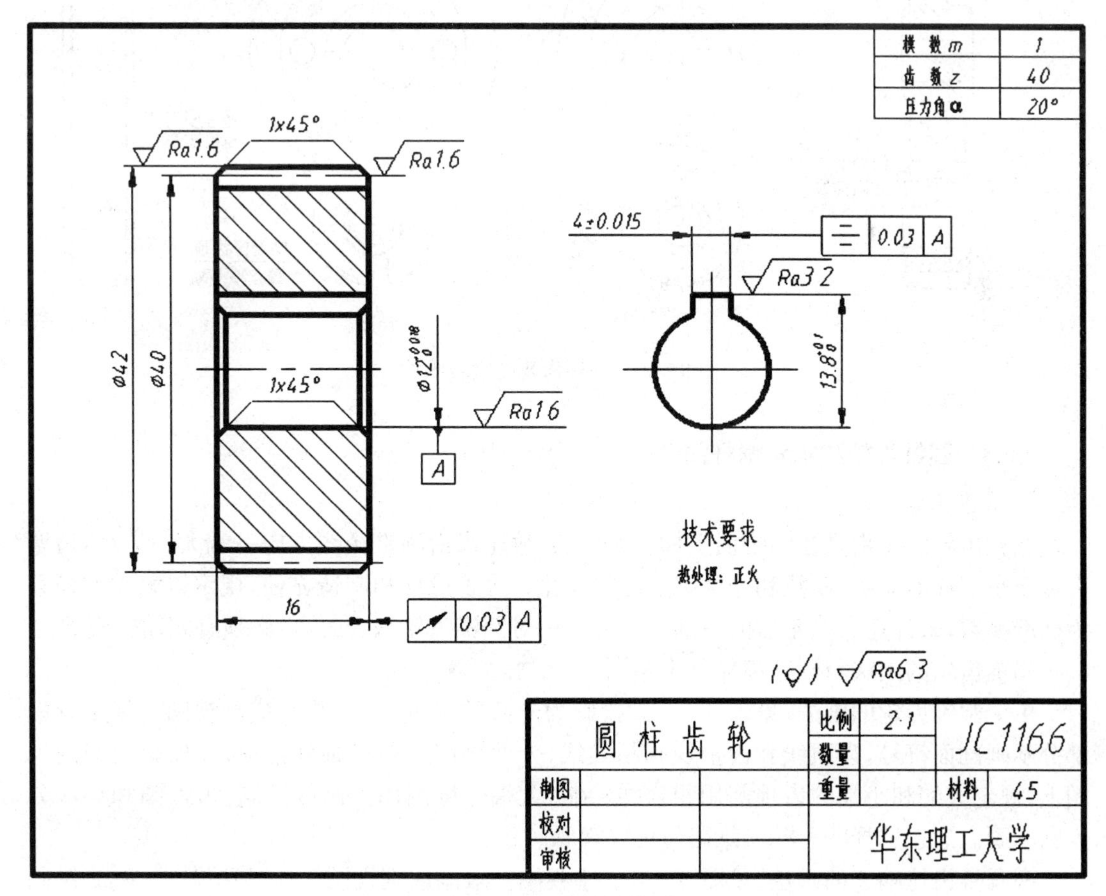

图 9-32 齿轮零件图

2. 圆柱齿轮啮合的画法

两标准齿轮啮合时，不论两齿廓在何种位置接触，过齿廓接触点所作的两齿廓的公法线都必须与两轮的连心线交于一定点 C。此定点称为节点，以两轮的轴心 O_1、O_2 为圆心，过节点 C 所作的两个相切的圆称为该对齿轮的节圆。对标准齿轮来说节圆和分度圆是一致的。啮合部分的规定画法如下：

(1) 在投影为圆的视图中，两齿轮的节圆应该相切。啮合区内的齿顶圆仍画粗实线[图 9-33(a)]，也可省略不画[图 9-33(b)]。

(2) 在投影为非圆的视图上，外形视图的节线重合，用粗实线绘制，啮合区内齿顶线不画[图 9-33(c)]。通过选择[9-8]二维码号可以观看。

(3) 在剖视图中，当剖切平面通过两啮合齿轮的轴线时，在啮合区内，节线重合，用点画线绘制；齿根线画粗实线；齿顶线一个齿轮画粗实线，另一个齿轮画虚线(也可省略不画)[图 9-33(a)]。非啮合区的画法与单个齿轮相同。

(4) 在剖视图中，当剖切平面不通过两啮合齿轮的轴线时，轮齿一律按不剖绘制。

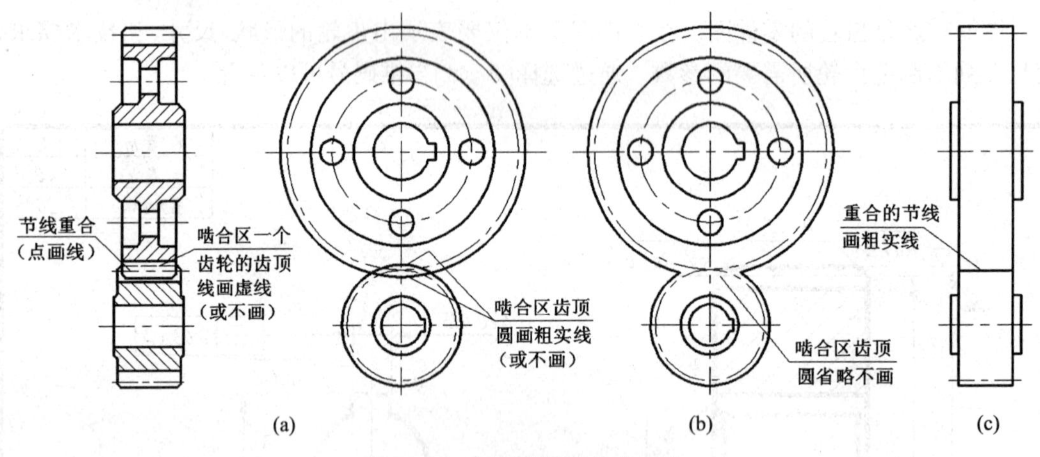

图 9-33　圆柱齿轮的啮合画法

9.6.3　圆锥齿轮和蜗轮蜗杆简介

1. 圆锥齿轮

圆锥齿轮的轮齿是在圆锥面上加工形成的，故轮齿沿圆锥径线方向一端大一端小，齿厚大端至小端逐渐变小；模数和分度圆也随之变化。为了设计和制造方便，规定以大端的模数为标准模数，来计算大端轮齿的各部分尺寸。一对圆锥齿轮啮合时，也必须有相同的模数。

圆锥齿轮的画法与圆柱齿轮基本相同。

单个圆锥齿轮的画法，见图 9-34。投影为非圆的主视图，一般画成剖视图。规定轮齿部分不画剖面符号，齿顶线和齿根线画粗实线，分度线用点画线画到锥顶；在投影为圆的视图上，规定大端和小端的齿顶圆用粗实线绘制，大端分度圆用点画线绘制，齿根圆和小端分度圆不画。通过选择[9-8]二维码号可以观看。

两圆锥齿轮啮合的画法，见图 9-35。主视图一般画成剖视图。通过选择[9-8]二维码号可以观看。

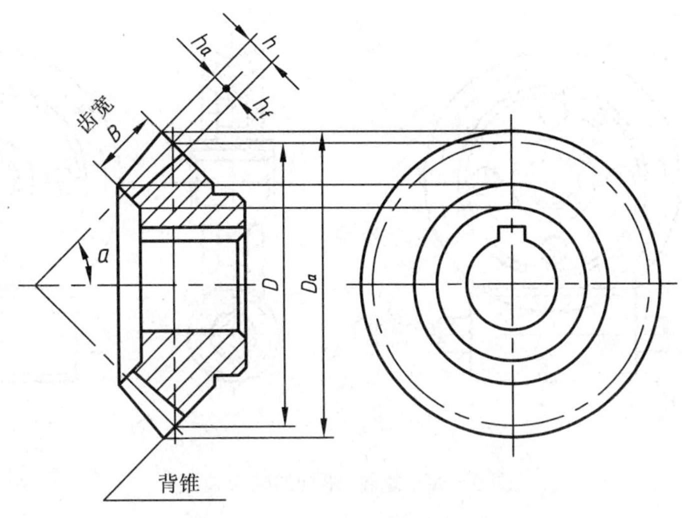

图 9-34 单个圆锥齿轮的画法

在剖视图的啮合区内,规定将一个齿轮的齿顶线和两个齿轮的齿根线画成粗实线,另一个齿轮的齿顶线画成虚线或省略不画;在投影为圆的视图上,大端的分度圆应相切。

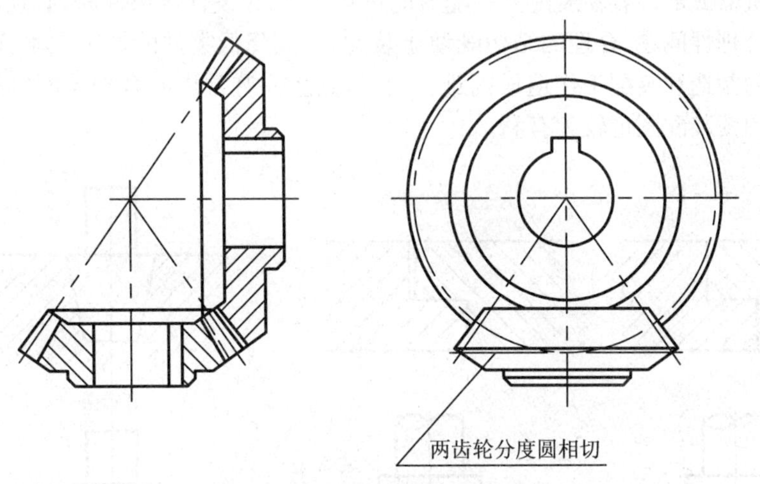

图 9-35 圆锥齿轮的啮合画法

2. 蜗轮蜗杆

蜗轮蜗杆传动可以得到很高的传动比,一般情况下蜗杆为主动件,蜗轮为从动件。蜗杆外形近似于梯形螺杆,蜗轮形似斜齿圆柱齿轮,其齿常加工成凹弧形,以增加它与蜗杆的接触面、提高使用寿命。当蜗杆转动一周时,蜗轮就转过一个轮齿。因此,可以得到较大的传动比。蜗轮蜗杆传动结构紧凑,广泛应用于传动比大的减速装置中。

蜗轮、蜗杆的画法与圆柱齿轮基本相同,需要时可参阅有关手册。蜗轮、蜗杆啮合的画法见图 9-36。通过选择[9-8]二维码号可以观看。

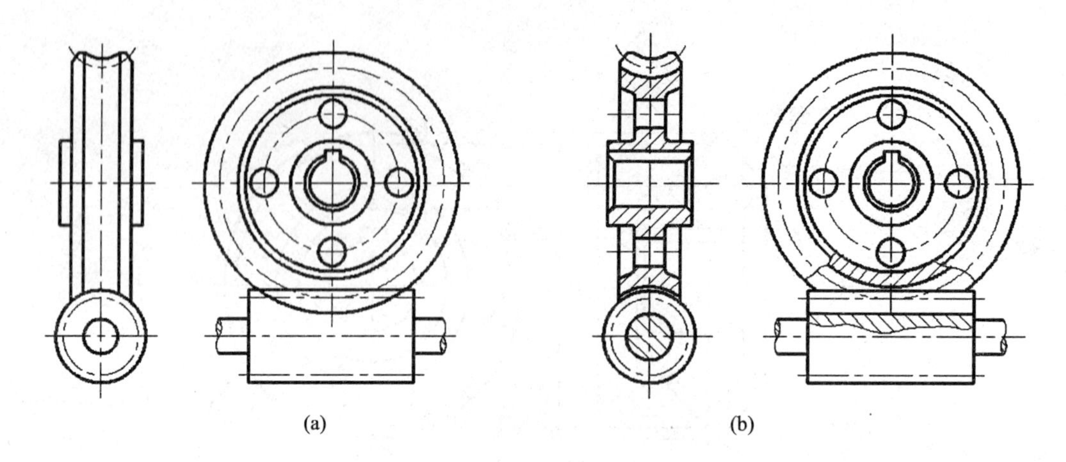

图 9－36　蜗轮、蜗杆的啮合画法

9.7　装配结构的合理性

为了使机器或部件容易装配且装配后能正常工作，在设计零部件时，必须考虑它们之间装配结构的合理性问题，合理的结构既便于装配，又能降低零件的加工成本；而不合理的结构将给零件的制造和装配工作造成困难。同时，熟悉一些常用的合理装配结构，对迅速、合理地绘制和阅读装配图也较为有利。

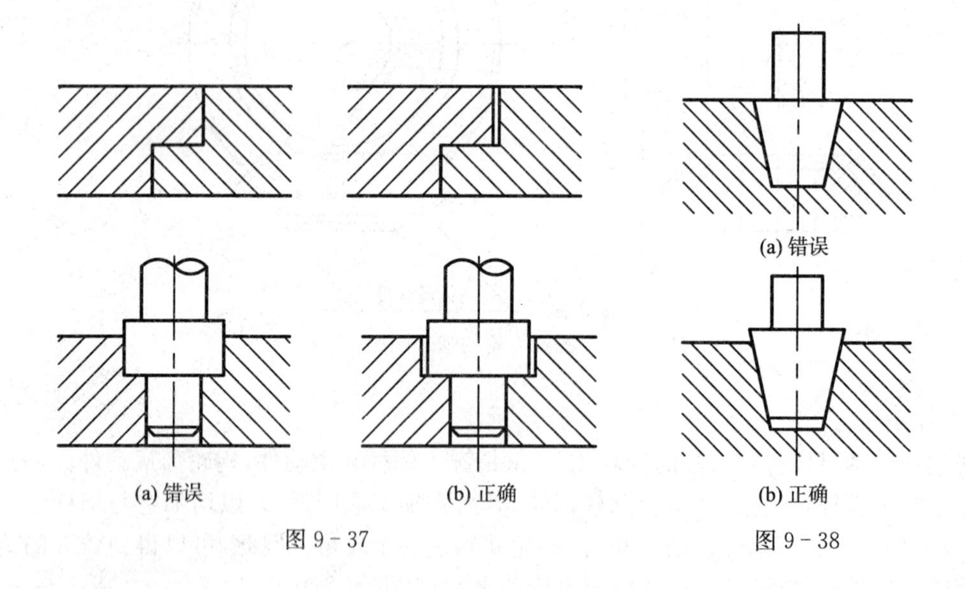

图 9－37　　图 9－38

这里简单介绍一些合理的装配工艺结构。

1. 合理的接触面

当两个零件接触时，在同一方向宜只有一对接触面。如图 9－37 所示，这样既保证了零件接触良好，又降低了加工要求。通过选择[9－9]二维码号可以观看。

当两锥面配合时，不允许同时再有任何端面接触，以保证锥面接触良好，如图 9－38 所示，当两锥面为接触面时，孔的底部就不能和轴的顶端相接触。通过选择[9－9]二维码号可以观看。

2. 转角处的结构

两零件有一对直角相交的表面接触时，见图 9－39(a)，在转角处不应都做成尖角或半径相等的圆角，见图 9－39(b)，以免在转角处发生干涉、接触不良，从而影响装配性能。可将直角相交改成倒角与圆角、半径不等的圆角或退刀槽等结构。如图 9－39(c)所示。通过选择[9－9]二维码号可以观看。

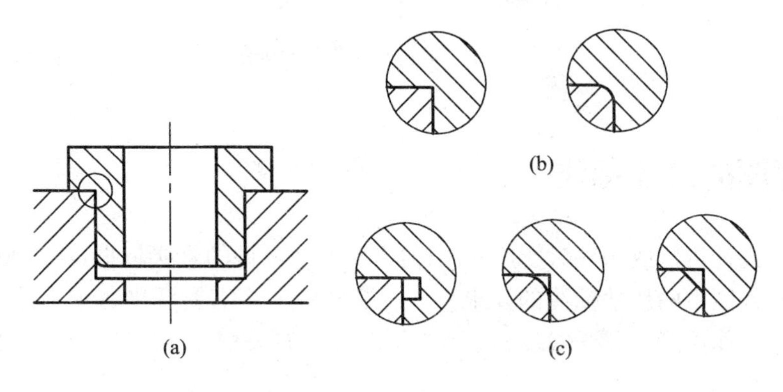

图 9－39 转角处的结构

当轴和孔配合并有端面接触时，应将孔的端面制成倒角或在轴的转折处切槽。以保证端面的接触，见图 9－40 所示。通过选择[9－9]二维码号可以观看。

3. 考虑装拆的可能性与方便性

4. 部件在结构上必须保证各零件按设计的装配顺序实现装拆，并且力求使装配的方法和装配时使用的工具最简单。在安放螺钉或螺栓处应留有装入螺钉或螺栓及旋动扳手所需的空间，如图 9－41 所示。通过选择[9－9]二维码号可以观看。

5. 填料密封装置的画法

当机器或部件中采用填料防漏装置时，在装配图中不能将填料画成压紧的位置，而应画在开始压紧的位置，表示填料充满的程度，如图 9－42 所示。通过选择[9－9]二维码号可以观看。

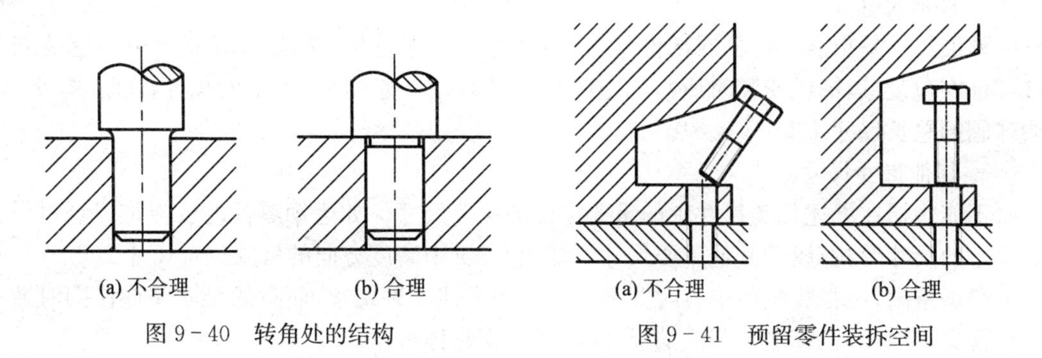

图 9－40 转角处的结构　　图 9－41 预留零件装拆空间

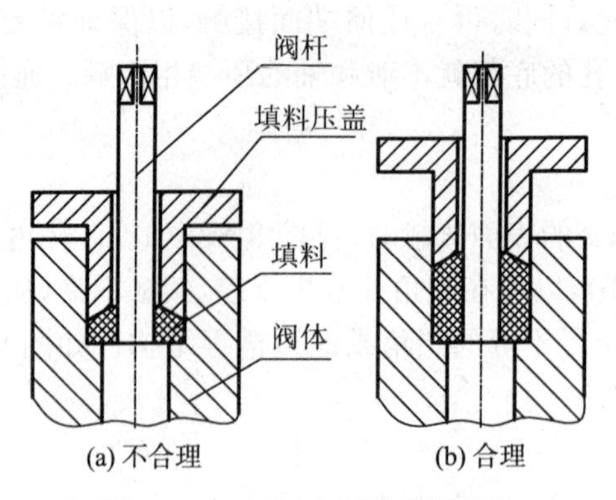

图 9－42　填料密封装置的画法

9.8　装配图的尺寸标注

装配图是设计机器或部件时所用的图样，不是制造零件的直接依据，所以装配图尺寸标注的要求与零件图中的尺寸标注的要求不同。装配图上不需要注出各个零件的全部尺寸，而只需注出与工作性能、装配、安装和整体外形等有关的尺寸，一般可归纳为如下几类：

1. 规格（性能）尺寸

规格尺寸是指表示机器或部件的性能、规格和特征的尺寸，它是设计该机器或部件的主要数据，也是用户选用的依据。如图 9－1 中螺杆的直径 ø50 和图 9－55 中球阀的通径 ø32。

2. 装配尺寸

装配尺寸有两种：一是有配合要求的零件之间的配合尺寸；配合尺寸除注出基本尺寸外，还需注出其公差配合的代号，以表明配合后应达到的配合性质和精度等级。如图 9－1 中，螺套与底座的配合尺寸“ø65H9/h8”，表明为基孔制的间隙配合，孔的公差等级为 9 级，轴的基本偏差为 h 级，8 级公差等级。二是装配时需要现场加工的尺寸（如定位销配钻等）；以及对机器工作精度有影响的相对位置尺寸。

3. 安装尺寸

安装尺寸是指机器或部件在总装或与其他部件组装时所需尺寸，图 9－55 中，球阀阀体与阀盖上螺栓孔的大小 ø18 和位置尺寸 ø105 是与管道安装时所需要的尺寸。

4. 外形尺寸

外形尺寸是指表示机器或部件整体轮廓的大小，即总长、总宽、总高的尺寸。它为机器或部件在包装、运输或安装时所占的空间提供了数据。如图 9－1 中的尺寸 171。图 9－55 中球阀的总长尺寸 165±1.6。

5. 其他重要尺寸

不能包括在上述几类尺寸中的重要零件的主要尺寸。如运动零件的极限位置经过设计而确定的尺寸等，都属于其他重要尺寸。如图 9－1 中高度方向的极限位置尺寸 206。

必须指出，一张装配图中有时并不全部具备上述 5 种尺寸，而有的尺寸又往往同时兼有多种含义。因此，在标注装配图的尺寸时，还应作具体分析。

9.9 装配图中的序号、明细栏和技术要求

为了便于看图和进行装配，并做好生产准备和图样管理工作，需在装配图上对每个不同的零件(或部件)进行编号，并在标题栏上方或在单独的纸上填写与图中编号一致的明细栏。

9.9.1 零、部件的序号及编写方法

序号即零、部件的编号。装配图中所有的零、部件都必须编写序号。形状、尺寸、材料完全相同的零、部件应编写同样的序号，且只编注一次，其数量写在明细栏中。编写序号时应遵守以下国标规定：

(1) 序号由指引线(细实线)、指引线末段端的圆点、和序号文字组成。

序号的编写方法可采用图 9-43 中的一种。指引线、水平短线及小圆的线型均为细实线。同一装配图中编写序号的形式应一致。序号文字其字号高比该装配图中所注尺寸数字大一号或大二号；指引线应自所指零件(或部件)的可见轮廓内引出，若所指部分(很薄的零件或涂黑的剖面)内不方便画圆点时，可用箭头，并指向该部分的轮廓。

(2) 指引线相互之间不能相交。不应与剖面线平行。指引线可以画成折线，但只可曲折一次，如图 9-43(a)所示。

(3) 装配图中序号应按顺时针或逆时针方向顺次排列在水平或垂直方向上。通过选择[9-10]二维码号可以观看。

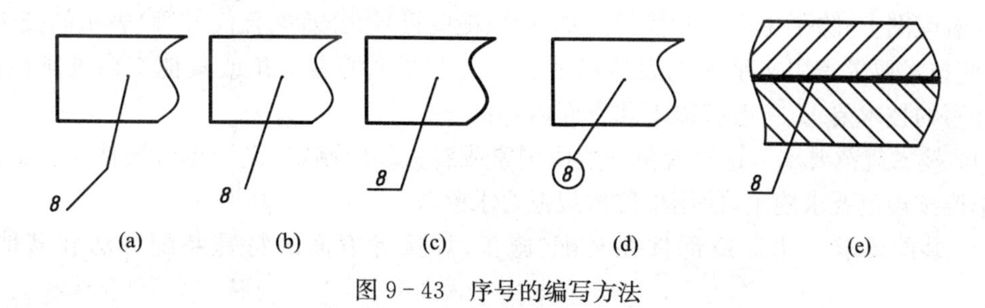

图 9-43 序号的编写方法

(4) 一组紧固件以及装配关系清楚的零件组，可采用公共指引线，如图 9-44 所示。通过选择[9-10]二维码号可以观看。

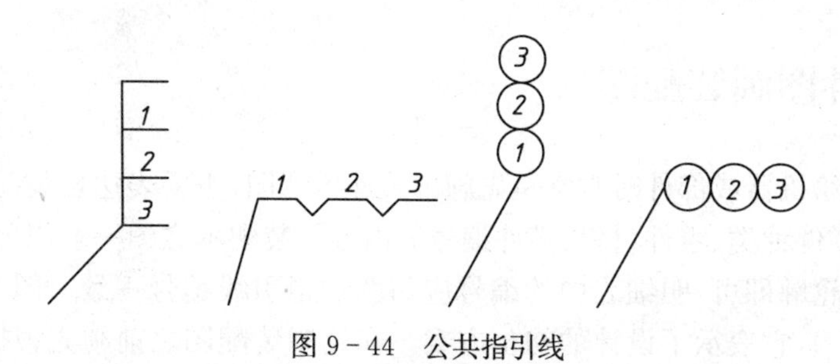

图 9-44 公共指引线

9.9.2　明细栏

明细栏是装配图中各组成部分(零件或组件)的详细目录,它表明了各组成部分的序号、名称、数量、规格、材料、重量及图号(或标准号)等内容。明细栏应紧接着标题栏的上方,由下而上按顺序填写。如位置不够时,可在标题栏左侧延续。明细栏的上方是开口的,即上端的框线应画成细实线(d/2),这样在漏编某零件的序号时,可以再予补编。国家标准附有明细表的参考样式较为复杂。学习中建议用图 9-45 所示的格式,该格式适用于装配图的标题栏和明细表。通过选择[9-10]二维码号可以观看。

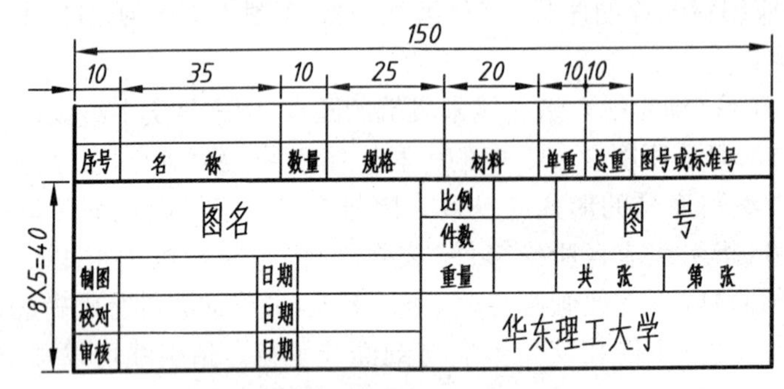

图 9-45　简单格式的标题栏和明细表

9.9.3　技术要求

在装配图上,除了用规定的代(符)号(如粗糙度符号、公差配合代号等)表示的技术要求外,有些技术要求需用文字才能表达清楚。故需在图纸的右上角或其他空白处予以注出。图上注写的技术要求,一般有以下几方面内容:

(1) 技术规范要求　这类规范一般由国家或有关部门制定,设计单位按使用要求选定,制造单位按规范要求施工,使用单位按规范要求验收。

(2) 装配要求　机器或部件在装配、施工、焊接等方面的特殊装配方法和其他注意事项。

(3) 使用要求　机器设备或部件在涂层、包装、运输、安装中以及使用操作上的注意事项。如图 9-1 中技术要求的第一项。

(4) 检验要求　机器设备或部件在试车、检验、验收等方面的条件和应达到的指标。

9.10　由零件图画装配图

在设计和测绘机器或部件时常常是先画出装配示意图,主要表达各装配体的工作原理、各零件的位置、零件种类、零件材料、零件编号等内容。装配示意图一般用单线条绘制,仅画出主要零件的外轮廓即可,明细表中的编号应与图中指引线编号一致。图 9-46 为一夹紧卡爪的装配示意图,它表示了设计的初步方案。在绘制装配图之前须先根据装配示意图了解装配体的工作原理、零件的种类、数量及其在装配体中的作用,还需确定各零件之间的装配连接关系,画出每个零件的草图,再依据这些零件草图按装配示意图拼画出装配图。现以夹紧卡爪为例介绍由零件图画装配图的步骤。

9.10.1　了解夹紧卡爪的装配关系和工作原理

1. 读装配示意图

通过阅读夹紧卡爪整套零件图、装配示意图(图 9－46)等有关技术资料,了解夹紧卡爪的工作原理、各零件的位置、零件种类、零件材料、零件编号等内容。通过选择[9－11]二维码号可以观看。

夹紧卡爪是组合夹具,在机床上用来夹紧工件。夹紧卡爪由 8 种零件组成。卡爪(件 1)底部与基体(件 8)以凹槽相配合。螺杆(件 5)的外螺纹与卡爪的内螺纹连接,螺杆的缩颈被垫铁(件 6)卡住,使它只能在垫铁中转动,垫铁由两个平头螺钉(件 2)固定在基体的弧形槽内。为了防止卡爪脱出基体,用前盖板(件 3)和后盖板(件 4)加 6 个内六角螺钉(件 7)连接基体。用扳手转动螺杆(件 5)时,靠梯形螺纹传动使卡爪在基体槽内水平移动,以便夹紧或松开工件。图 9－47～图 9－53 是夹紧卡爪各主要零件的零件图和三维装配图。画装配图前,应分析各零件的尺寸、表达方式,想象其结构形状。如能利用三维造型,造出各零件的三维图形,形成三维装配图形,如图 9－53 所示,则更有助于画好装配图。通过选择[9－14],[9－15]二维码号可以观看。

2. 阅读装配体的零件图

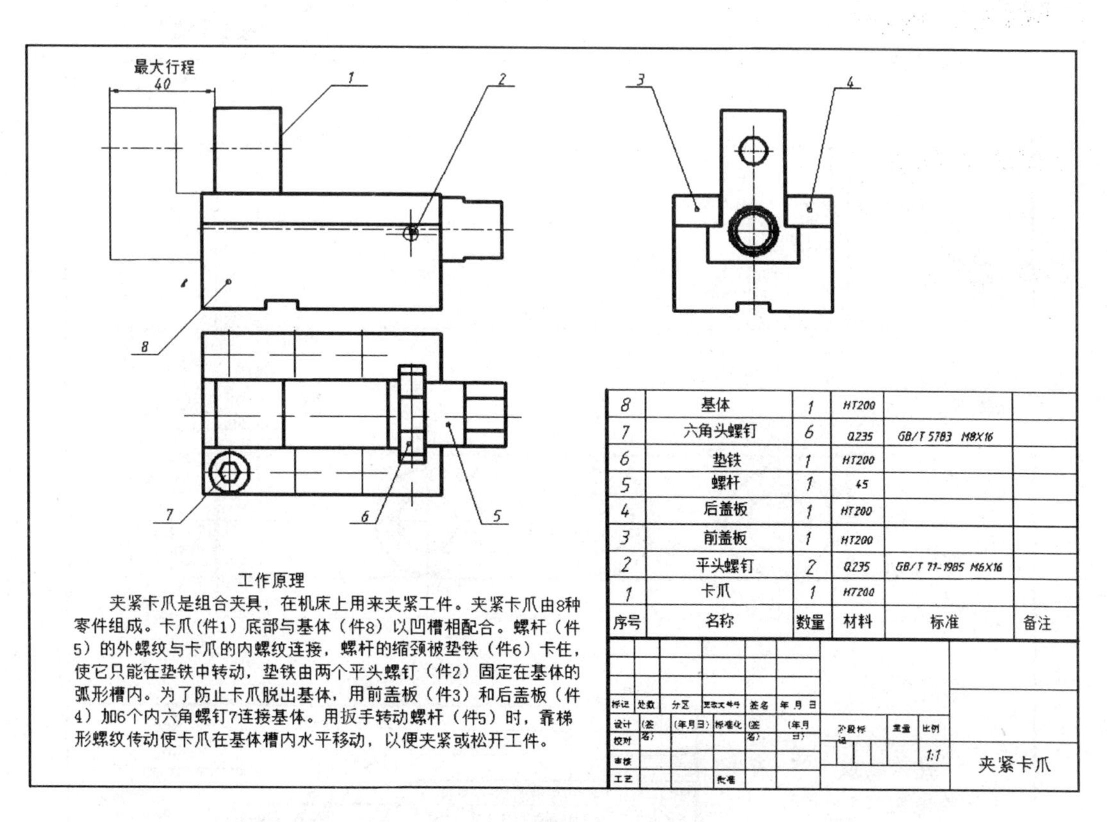

图 9－46　夹紧卡爪装配示意图

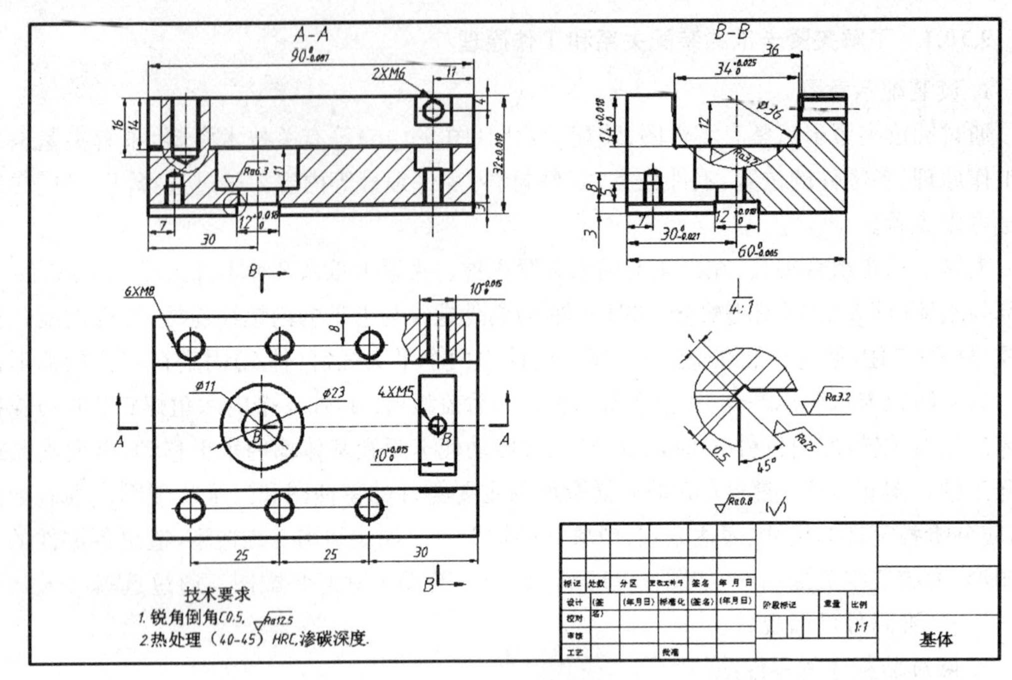

图 9-47　基体零件图

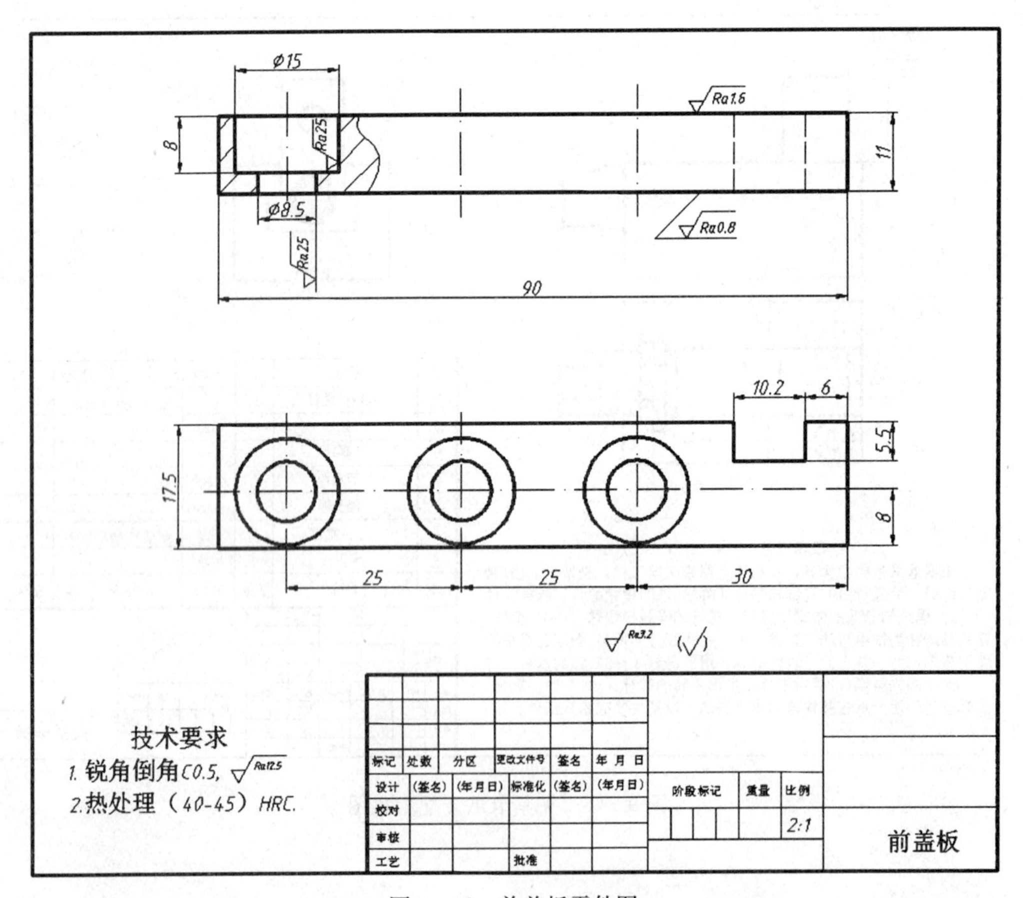

图 9-48　前盖板零件图

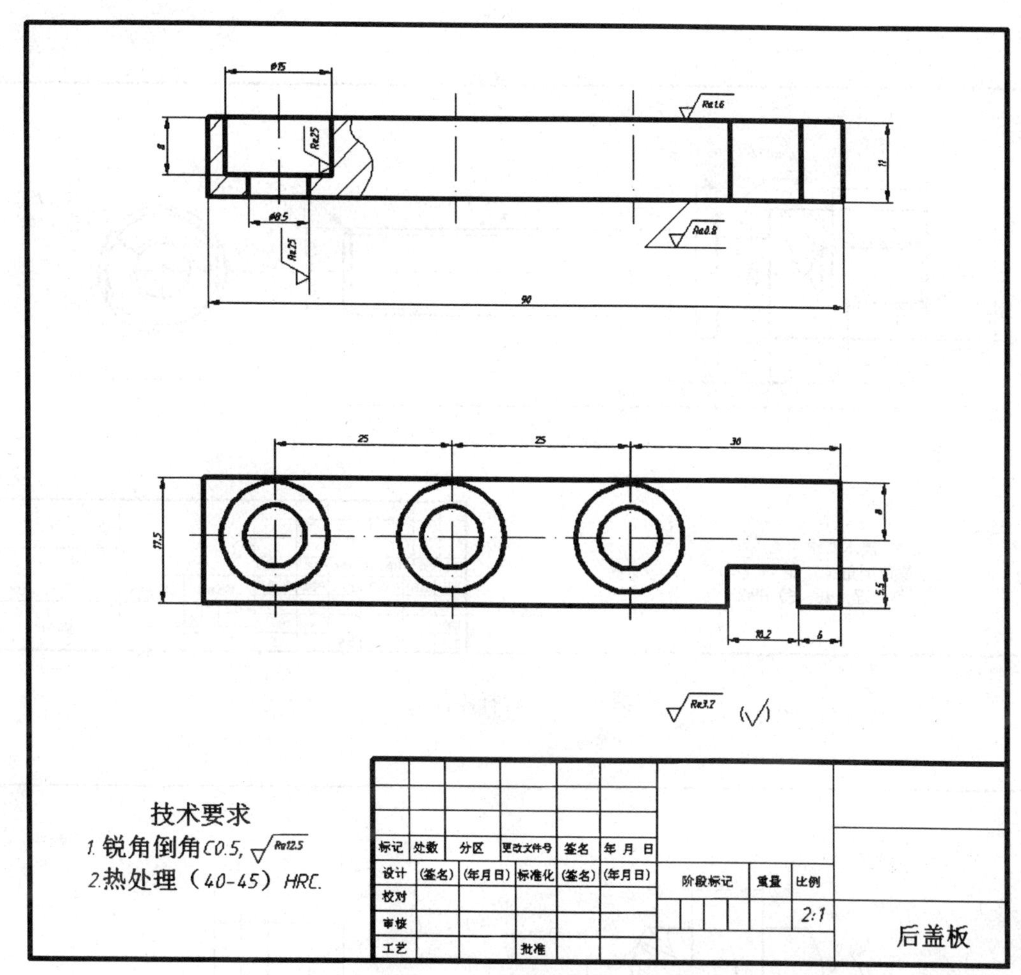

图 9-49 后盖板零件图

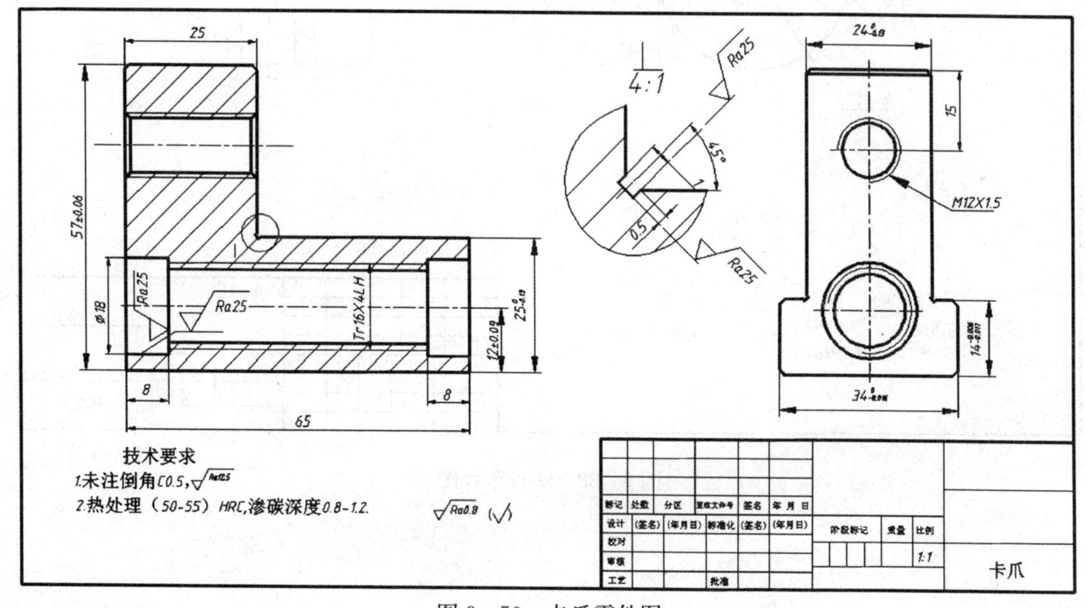

图 9-50 卡爪零件图

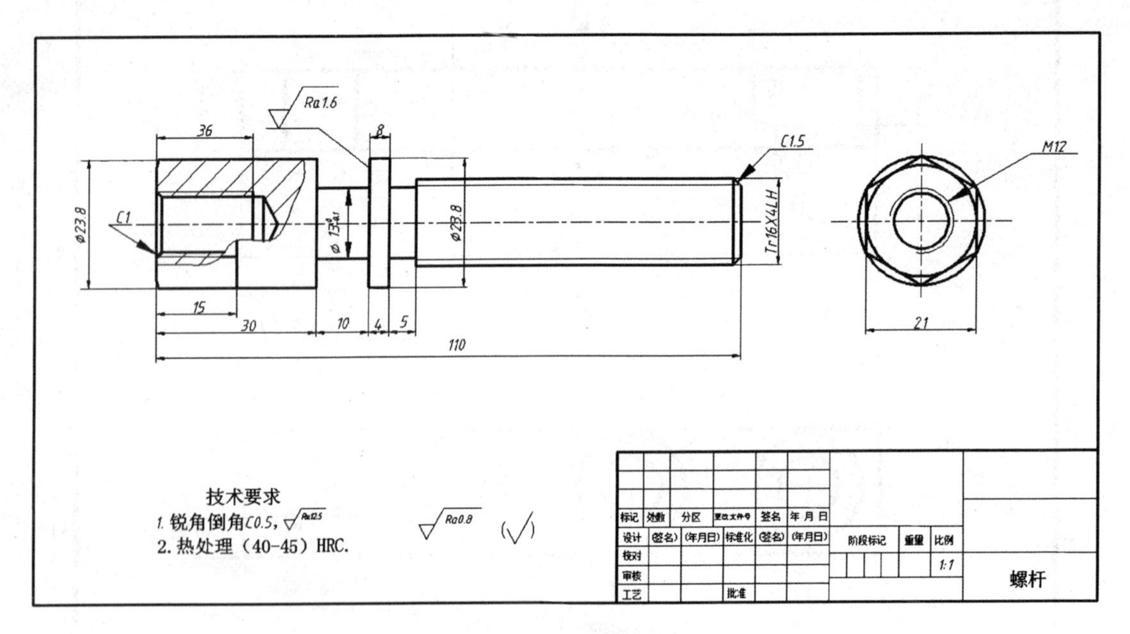

图 9-51　螺杆零件图

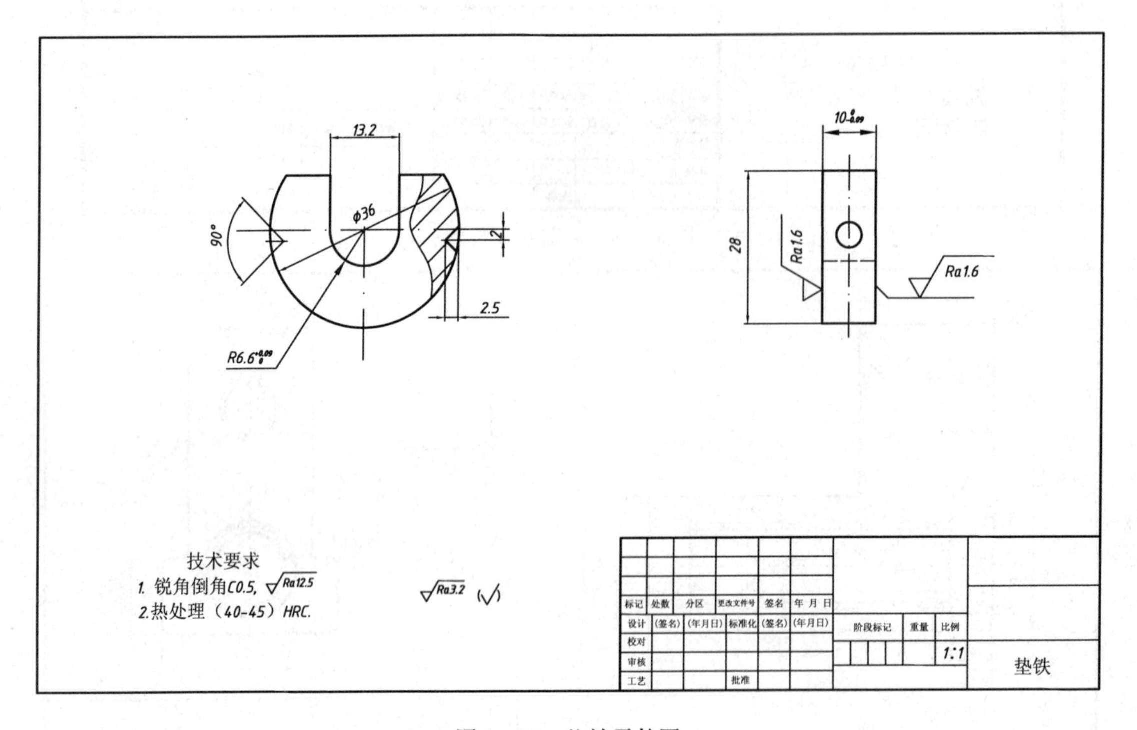

图 9-52　垫铁零件图

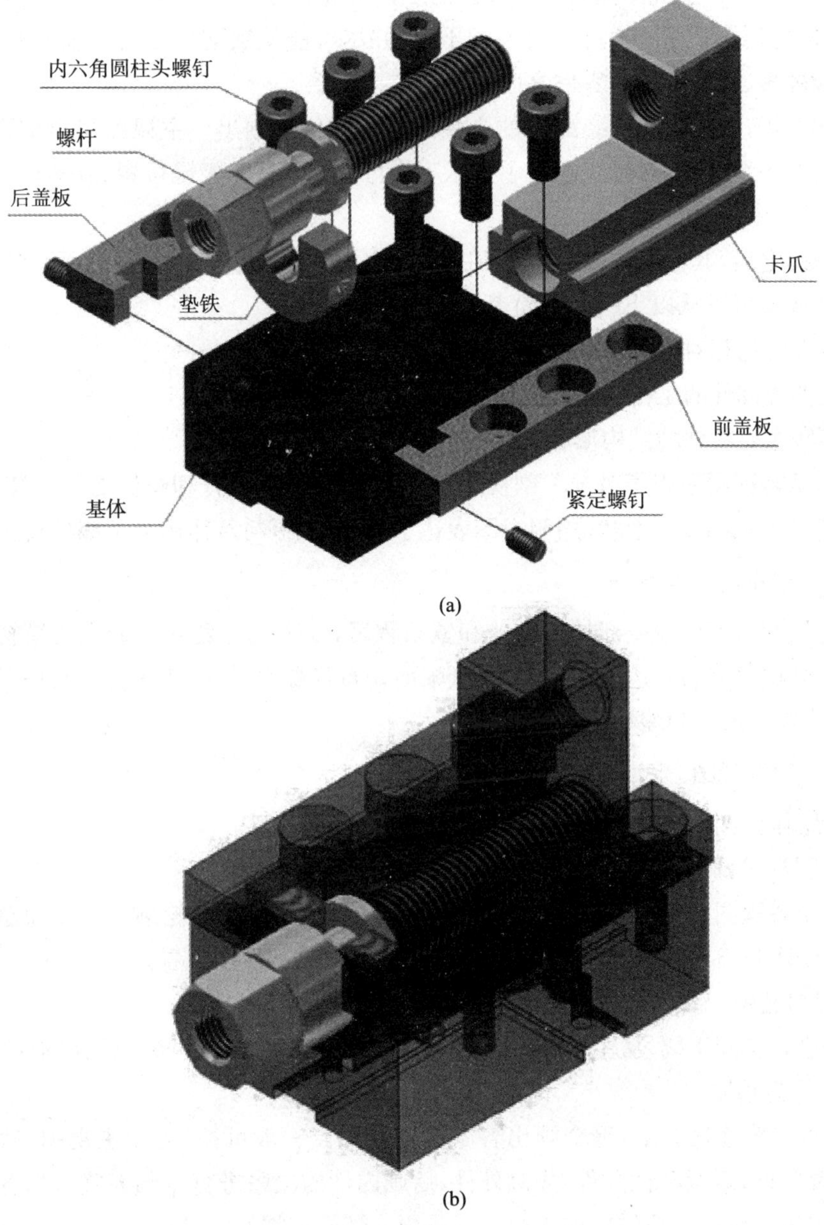

(a)

(b)

图 9 - 53　夹紧卡爪三维装配图

9.10.2　确定表达方案

画装配图与画零件图一样，应先确定表达方案，根据已学过的机件的各种表达方法（包括装配图的一些表达方法）考虑选用哪些表达方法能较好地反映出部件的装配关系、工作原理和主要零件的结构形状，实质上也就是视图选择。首先确定部件的安放位置和选择主视图，然后选择其他视图。

1. 主视图的选择

主视图应能比较清楚地反映机器或部件中各零件的相对位置、装配连接关系、工作状况和结构形状。一般将主视图按机器或部件的工作位置或习惯位置画出。主视图通常画成剖视图，所选取的剖切平面应通过主要装配干线，并尽可能使装配干线与正面平行，以使所作的剖视图能较多、较好地反映零件之间的装配连接关系。

由上述分析，将夹紧卡爪装配图的主视图按工作位置画出。主视图用全剖视图表达主要结构和装配关系，用双点画线表示了卡爪工作行程的另一个极限位置。

2. 其他视图的选择

主视图确定后，其他视图的选择主要是对在主视图中尚未表达或表达不清楚的内容，作补充表达。通常可以从以下三个方面考虑：

(1) 零件间的相对位置和装配连接关系；

(2) 机器或部件的工作状况及安装情况；

(3) 某些主要零件的结构形状。

夹紧卡爪装配图还用了 $A-A$ 剖视图补充表达了基体、螺杆和垫铁之间的装配关系，用左视图表达了卡爪的特征形状，用俯视图表达了前、后盖板与基体用多组螺栓连接。

9.10.3 选定比例和图幅

作图比例应按照机器或部件的尺寸和复杂程度，以表达清楚它们的主要结构为前提进行选定。然后按确定的表达方案，选定图纸幅面。布置视图时，应考虑在各视图间留有足够的空间，以便标注尺寸和编写序号等。

9.10.4 绘制视图

1. 布置图面大小

(1) 画图框线、标题栏框线和明细栏框线。

(2) 画出各视图的中心线、轴线或作图基准线，主要零件的外轮廓等。图面总体布置应力求匀称，如图 9-54(a)所示。通过选择[9-11]二维码号可以观看。

2. 画视图底稿

(1) 按主要装配干线，从主要零件的主视图开始画起，有投影联系的视图应同时画出，其中主要零件为基体。

(2) 根据装配连接关系，逐个画出各零件的视图。一般可按：先画主视图，后画其他视图；先画主要零件，后画其他零件；先画外件，后画内件的次序进行。画夹紧卡爪各零件的次序：基体—卡爪—螺杆—垫铁—前盖板—后盖板—螺栓—螺钉。

(3) 注意点：

① 画相邻零件时，应从两零件的装配结合面或零件的定位面开始绘制，以正确定出它们在装配图的装配位置。如画螺杆时，应从卡爪的右端面(与螺杆台阶端的接触面)开始画起。

② 画各零件的剖视时，应注意剖和不剖、可见和不可见的关系。一般可优先画出按不剖处理的实心杆、轴等，然后按剖切的层次，由外向内、由前向后、由上而下绘制，这样被挡住或被剖去部分的线条就可不必画出，以提高绘图效率。

3. 画剖面符号、标注尺寸、编写零件序号

视图底稿画完后，经仔细校对投影关系、装配连接关系、可见性问题后，按装配图上各相

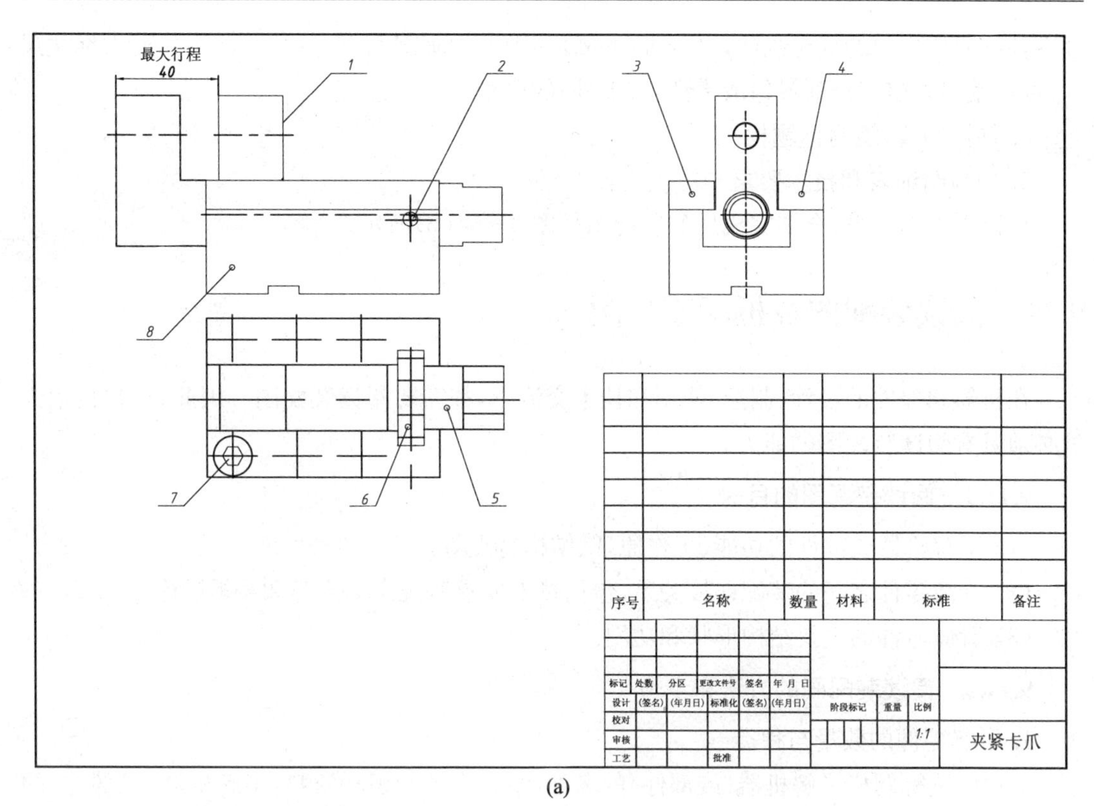

(a)

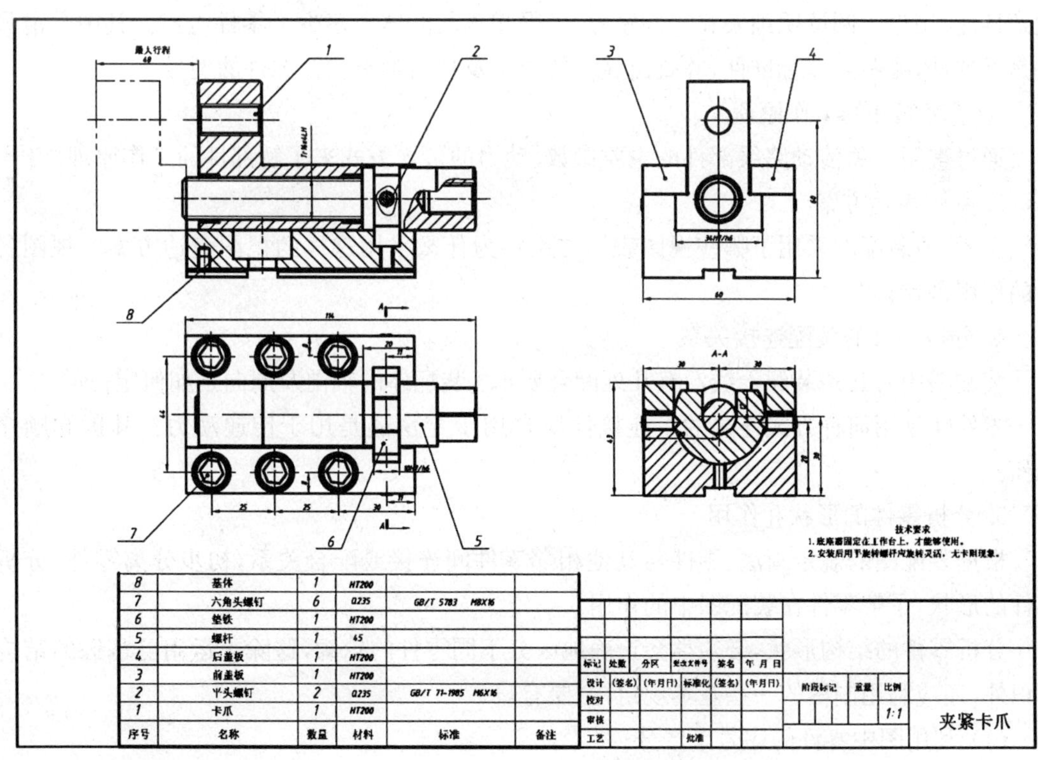

(b)

图 9-54 夹紧卡爪装配图

邻零件剖面线方向的规定画法，在剖视（和断面）图上加画剖面符号；按装配图的要求标注尺寸；逐一编写并整齐排列各组成零件（或部件）的序号。

4. 加深图线，填写标题栏

5. 填写明细表和技术要求

按以上作图步骤，全部完成后的装配图如图 9-54(b)所示。

9.11 阅读装配图及拆画零件图

在机器和部件的设计、制造、使用和技术交流中，都需要阅读装配图。因此，工程技术人员必须具有阅读装配图的能力。

9.11.1 阅读装配图的目的

(1) 了解机器或部件的功能、工作原理、结构特点等。

(2) 弄清零件之间的装配连接关系，包括技术要求所规定的内容和装拆顺序。

(3) 看懂零件的主要结构形状和功用。

9.11.2 阅读装配画的方法和步骤

1. 了解零件的数量与种类

通过阅读标题栏了解机器（或部件）的名称，结合有关知识和资料，了解机器（或部件）的大致性能、用途。阅读明细表和零件序号，可得知该装配体由多少个零件组成。其中分清哪些是标准件，哪些是非标准件，并查出零件的数量及材料种类和标准件的型号。

2. 了解部件的工作原理

通过查阅有关传动路线部件的主要参数、动力的传入方式来了解部件的工作原理。

3. 视图表达方案

思考：该装配图采用了哪些视图表达方案？为什么采用这样的视图表达方案？视图各自的作用是什么？

4. 分析零件的装配连接关系

装配图中有几条装配干线？有几处配合要求？装配体的轴向及周向是如何定位的？

零件间是用何种方式连接的？连接性质是用于定位还是用于传递动力？其拆卸顺序如何？

5. 分析零件的形状和作用

根据装配图的规定画法、零件与其他相邻零件间连接或配合关系，初步分离零件，分析零件的形状，了解零件在装配图中的作用。

分析零件的结构形状，必须学会正确地区分不同零件的轮廓，这除了运用已掌握的结构知识外，还应利用制图的一些基本规定，主要有：

(1) 利用图中零件的序号来区分。

(2) 利用剖面线的方向和间隔来区分。例如，同一零件的剖面线的方向和间隔，在各个零件图上必须一致；相邻两不同零件的剖面线方向应相反，或间隔不等。按照这个规定，再根据视图间投影的对应关系，可以确定零件在装配图中的投影位置和范围，分离出零件的投影轮廓。

(3) 利用装配图的规定画法来区分。例如，可以利用实心件不剖的规定，区分出阀杆；利用标准件不剖的规定，区分出螺钉、螺母、螺柱等。再根据装配图提供的有关尺寸、技术要求等，逐步分离和判别出相应零件在视图中的投影轮廓。

6. 分析尺寸

查看装配图各部分尺寸，了解机器或部件的规格尺寸和外形大小、零件间的配合性质及公差值的大小、装配时要求保证的尺寸、安装时所需要的尺寸等。

9.11.3　阅读装配图举例

图 9－55 所示的是球阀的装配图，现介绍具体阅读步骤。通过选择[9－12]二维码号可以观看。

1. 了解零件的数量与种类

由标题栏可知该装配体是球阀，它是一种用于管道上控制流体的流动和流量的装置，从明细栏可以了解该阀门共有 17 种零件，其中有 5 个标准件。

2. 了解工作原理

一般从装配图上直接分析，当对象比较复杂时，需要参考有关的资料。对机器或部件通常由电机(电动)或手柄(手动)等传动部分入手了解。

球阀是手动部件，由手柄入手开始分析：沿顺时针扳动手柄(件 10)，通过阀杆带动阀芯转动，以控制 ø32 通道的开启和关闭，图中所示为全部开启状态。当手柄转至用双点画线表示的另一个极限位置时，阀芯转动 90°，通道完全关闭。定位块(件 11)用来控制手柄只能在 0°～90°内操纵，以保证迅速而准确地启闭球阀的通路。

通过阅读必须分析清楚零件之间的装配连接方式；零件的定位表面和配合面的配合要求；零件的装拆顺序。图 9－55 中阀芯(件 5)是由左、右两个阀座(件 6)调整定位的，装配后应使阀芯(件 5)的通孔与阀体(件 1)和阀盖(件 4)的通孔 ø32 在同一条轴心线上。

3. 了解视图表达方案

图 9－55 所示的球阀装配图采用了主视图、俯视图、左视图三个基本视图，以及一个 *A* 向视图。主视图采用通过轴线剖切的全剖视图，表示了阀体(件 1)、阀座(件 6)、阀芯(件 5)、阀杆(件 8)、填料(件 14、件 15、件 16)、填料压盖(件 9)、定位块(件 11)、手柄(件 10)等零件的装配关系。左视图采用半剖，主要表达阀杆下端部和阀芯上部凹槽的结构和连接情况。同时还表达了阀体的内腔结构与阀体和阀盖法兰盘的形状以及螺柱孔的分布情况。俯视图主要是补充表达整个球阀的外形和手柄运动的极限位置。*A* 向视图表示了定位块的形状和位置。

4. 分析零件的装配连接关系

阀盖用四组螺柱(件 2)、螺母(件 3)与阀体连接，结合面处用四氟乙烯垫片(件 7)密封，以防泄漏。填料压盖(件 9)用两个内六角螺钉(件 12)与阀体连接以压紧填料(件 14、件 15、件 16)，并用螺母(件 13)锁紧。

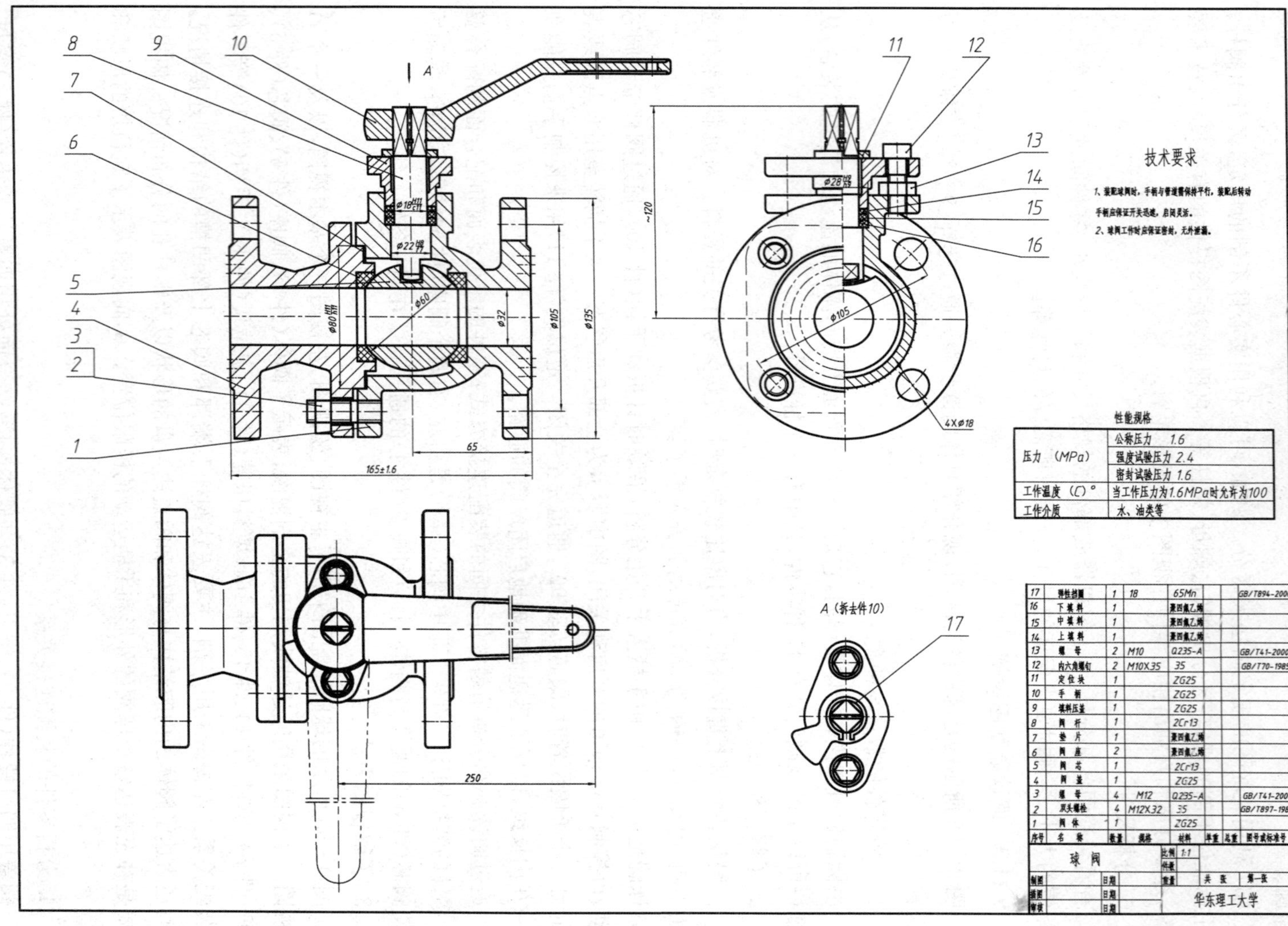
技术要求
1、装配球阀时，手柄与管道需保持平行，装配后转动手柄应保证开关迅速，启闭灵活。
2、球阀工作时应保证密封，无外泄漏。
性能规格
压力（MPa）
公称压力 1.6
强度试验压力 2.4
密封试验压力 1.6
工作温度（℃）°
当工作压力为1.6MPa时允许为100
工作介质
水、油类等
A（拆去件10）
17 弹性挡圈 1 18 65Mn GB/T894-2000
16 下填料 1 聚四氟乙烯
15 中填料 1 聚四氟乙烯
14 上填料 1 聚四氟乙烯
13 螺母 2 M10 Q235-A GB/T41-2000
12 内六角螺钉 2 M10X35 35 GB/T70-1985
11 定位块 1 ZG25
10 手柄 1 ZG25
9 填料压盖 1 ZG25
8 阀杆 1 2Cr13
7 垫片 1 聚四氟乙烯
6 阀座 2 聚四氟乙烯
5 阀芯 1 2Cr13
4 阀盖 1 ZG25
3 螺母 4 M12 Q235-A GB/T41-2000
2 双头螺栓 4 M12X32 35 GB/T897-1988
1 阀体 1 ZG25
序号 名称 数量 规格 材料 单重 总重 图号或标准号
球阀
比例 1:1
件数
制图 日期
描图 日期
审核 日期
重量 共 张 第一张
华东理工大学

图9-55 球阀装配图

图中注出了四处配合面的要求。如阀杆(件 8)与阀体配合面的配合要求“ø22H8/f7”，即表明该孔和轴的基本尺寸均为 ø22，采用基孔制、间隙配合，孔的公差等级为 IT8 级，轴的基本偏差为 f，公差等级为 IT7。

从图上可以分析出球阀阀芯的拆卸顺序是：先拆去手柄(件 10)，取出弹簧挡圈(件 7)、定位块(件 11)，拧出内六角螺钉及螺母(件 12，13)，取下填料压盖(件 9)，将阀杆(件 8)抽出，并取出填料(件 14，15，16)。然后松开螺母、螺柱(件 2，3)，取下阀盖(件 4)，拿走垫片(件 7)，取出阀座、阀芯(件 6，5)。

5. 分析零件的形状和作用

(1) 阀体(件 1)

从主视图可以看出，阀体中的通道水平贯通，阀体右端为一直径为 ø135 的圆形法兰。从左视图可看出法兰上在直径 ø105 的圆周上均布四个直径 ø18 的圆孔。阀体左端法兰与阀盖(件 4)的法兰用四个螺柱(M12)连接。从左视图的虚线以及主、俯视图可看出左端法兰为方形。由于阀芯为球形，根据包容零件内外匹配原则，及铸件壁厚要求均匀的工艺要求，可知阀体空腔应为球形。阀体上部直径 ø22 处与阀杆(件 8)为间隙配合(H8/f7)，另一部分与阀杆直径 ø18 处为装填料的空腔。由此可见阀体上部为阶梯圆孔。从俯视图和 A 向视图可知阀体上部的法兰形状。阀体立体形状如图 9-56 所示。通过选择[9-12]二维码号可以观看。

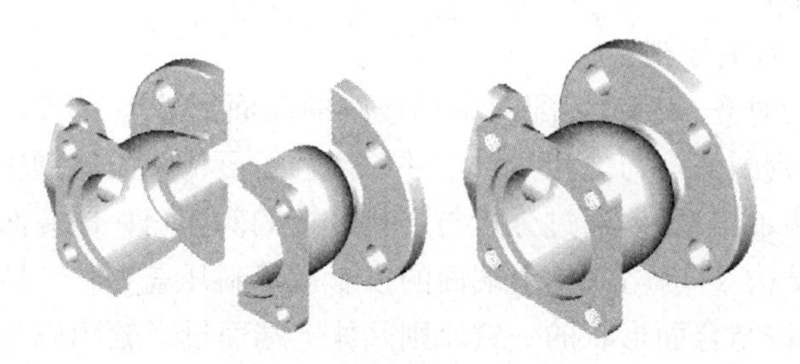

图 9-56 阀体三维图形

(2) 阀杆(件 8)

阀杆是球阀的传递运动的主要零件。阀杆为一阶梯轴，上部与手柄相接，加工出与手柄方孔相匹配的方形头部。有嵌入弹性挡圈的凹槽。从俯视图和 A 向视图可看出阀杆的顶部开有一横槽。从主视图还可看出阀杆下端伸入阀芯(件 5)的凹槽。将阀芯的凹槽主、左视图上的投影联系起来看可知其为球形表面。按照包容原则，阀杆底部形状与阀芯的凹槽形状应一致，是与阀芯凹槽相匹配的凸榫结构，也为球形表面。当扳动手柄时，阀杆同步转动并带动阀芯转动。阀杆立体形状如图 9-57 所示。通过选择[9-12]二维码号可以观看。

(3) 阀芯(件 5)

阀芯是控制阀体通道开、闭的零件。其基本形状为球形。阀芯中部开一直径为 32 的通孔。阀芯的上部有一凹槽与阀杆相连接。阀芯立体形状如图 9-58 所示。通过选择[9-12]二维码号可以观看。

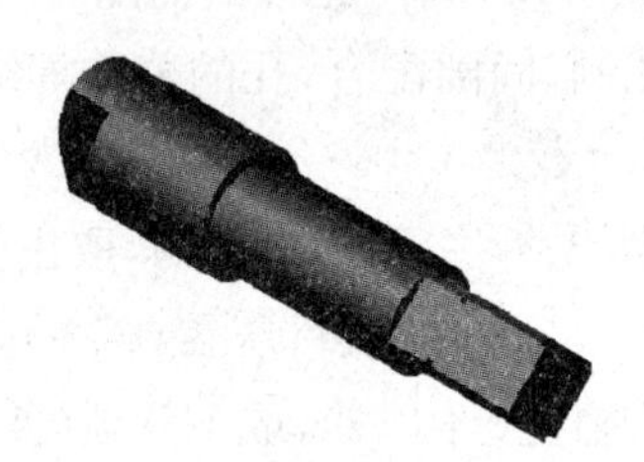

图 9－57　阀杆立体形状

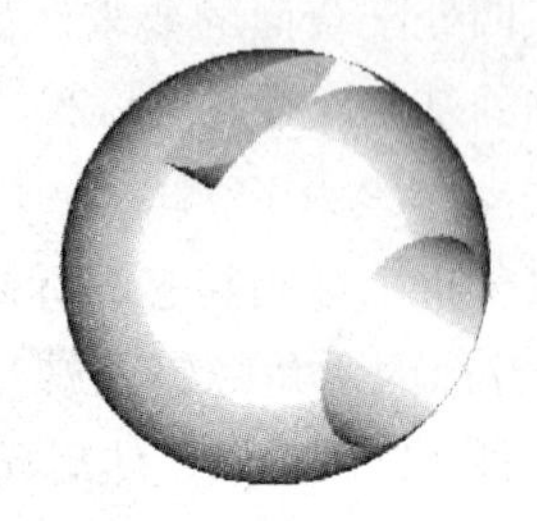

图 9－58　阀芯立体形状

9.11.4　由装配图拆画零件图

在设计机器时，一般是根据使用要求，先画出装配示意图或装配图，以确定主要的装配结构和尺寸；然后再根据装配图逐一设计并绘出零件图。最后经修改绘制制造、装配用的装配图。因此由装配图拆画零件图是必须掌握的基础知识。

1. 从装配图中分离零件的投影

如以图 9－56 中的阀体为例，按照前述介绍的分离方法，从装配图的三个视图中分离出阀体的投影轮廓，如图 9－59 所示。通过选择[9－12]二维码号可以观看。

2. 想象零件的完整形状

分离出的零件的轮廓，往往是不完整的图形，必须进一步想象出完整的形状，补全投影。一般需遵循以下原则：

(1) 端面形状一致的原则

为便于零件间的对齐、安装，装配图中相接触的端面形状应一致。依据该原则，可根据一零件的可见形状，判断另一与之相接触零件的接触面形状。如球阀中的阀体，其左端面形状在投影中未直接表示出来，但通过分析与之相连接的阀盖(件 4)端面形状，可以确定其左端面为方形带圆角结构。同样，阀体上端面的投影被填料压盖(件 9)挡住，但由于阀体和填料压盖有装配关系，按结合面形状的一致原则阀体上端面投影轮廓应与填料压盖一致。

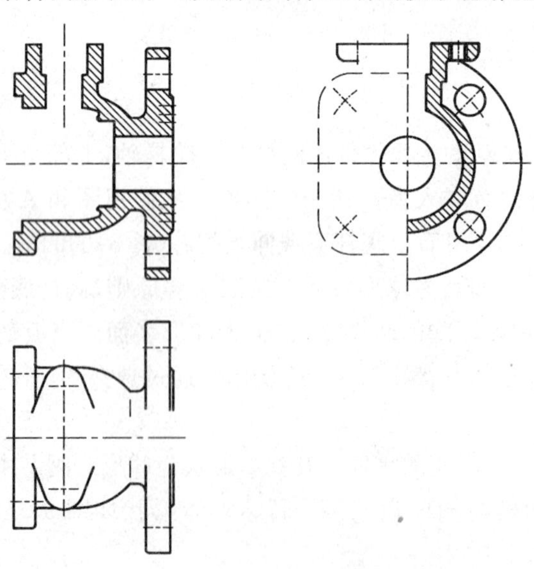

图 9－59　阀体投影轮廓

（2）包容零件内外形状匹配原则

装配图中包容体的内腔形状取决于被包容体的外部形状，为被包容体外部轮廓的相似形。在装配图的读图中常依据该原则从空腔内零件的形状判断空腔的形状。在图 9－55 装配图中鉴于阀芯（件 5）是球形，故阀体容纳阀芯的空腔中带圆弧的部分就应理解为球面。同时由于阀体是铸件，根据铸件壁厚应均匀的原则，阀体内外形状应一致。

（3）各零件配合面相同原则

诸如有配合关系的孔与轴，螺纹连接件间、键与键槽等配合面的结构和形状公称尺寸应相同。如图 9－55 中，螺杆（件 2）下端为矩形螺纹则与之连接的螺套（件 3）内壁也应是同样的矩形螺纹结构。

此外应补全被不同层次遮盖掉的形状和线条，得到零件的完整视图，如图 9－60 所示。通过选择[9－12]二维码号可以观看。

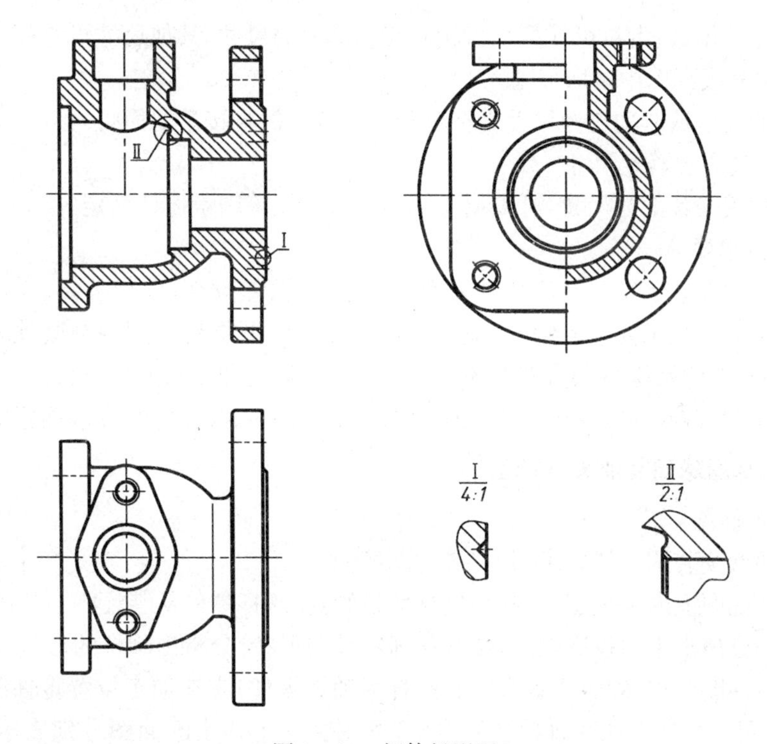

图 9－60　阀体投影图

9.11.5　由装配图拆画零件图应考虑的问题

1. 零件视图表达方案选择

装配图视图表达方案选择主要从表达装配关系和整体情况来考虑，所以在拆画零件图时，零件的视图选择不能简单地照抄装配图，而应从零件的结构形状出发重新考虑。例如球阀中的填料压盖（件 9），在拆画其零件图时，主视图应取其在装配图中的左视图上的位置，选用主、俯两个基本视图来表达。

2. 零件的细部结构、工艺结构应设计画出。

在装配图上，零件的一些细部结构和工艺结构往往省略不画，如密封槽、倒角、退刀槽、圆角等，在拆画零件图时必须考虑制造工艺和装配工艺的要求而设计画全。

3. 零件的尺寸

装配图上对零件的尺寸是不完全标注的，但是在拆画零件图时，各部分的尺寸必须确定并完整清晰地标注出来，零件图的尺寸一般由以下方法得到：

(1) 从装配图中抄下标注的尺寸

装配图上已标注的如规格尺寸、配合尺寸等，必须遵循不变。并注意零件之间相互关联的尺寸必须一致。

(2) 根据明细栏或相关标准查出尺寸

与标准件相连或配合的有关尺寸，如螺纹尺寸。装螺钉的孔径、键槽、销孔等，或是标准结构的尺寸，如皮带轮的有关尺寸等，均应从有关标准中查取确定。有些尺寸按公式计算得出。如由齿轮的模数、齿数可计算出齿轮的齿廓部分的尺寸，其他尺寸可查相关结构图。

(3) 直接从装配图中量取尺寸

零件上的大多数非功能性尺寸是在装配图上按比例直接量取而得。

(4) 按功能需要确定尺寸

对零件的其余各部分尺寸，可根据材料、强度、功能等因素设计而定。

4. 标注技术要求

拆画的零件图要确定并标注零件表面的粗糙度、公差配合、几何公差、表面热处理等技术要求。零件图上技术要求的制定，应由该零件在装配图中的作用及与其他零件的连接关系来判断，同时考虑结构和工艺方面的需要。首先可从配合面和非配合面、是否与其他表面接触、是否有相对运动等因素来决定相应表面的配合性质、公差等级和表面粗糙度。

9.11.6 拆画球阀其他零件视图

1. 阀杆零件图

(1) 按照阅读装配图的要求，先将装配图读懂。

(2) 在装配图上的各视图上，找出阀杆的投影，将阀杆零件从装配图中分离开来。

(3) 根据分离出来的投影轮廓，结合相邻零件的形状，分析出阀杆的形状。

(4) 按零件图要求，确定表达方案。阀杆为轴类零件，应按加工位置将轴线放成水平位置，只需主视图一个基本视图，再用一个局部视图和一个移出断面图分别表示方形端 A 向形状和凸榫的端面形状。

(5) 根据所选方案，画出零件图，确定并标注全部尺寸、形位公差，代(符)号或其他技术要求。为了保证阀杆的工作，还需确定并标注表面粗糙度。阀杆是阀体中的一个重要零件，并在工作中转动。因此对其表面粗糙度要求较高。与填料压盖有配合的直径为 $\phi 18$ 处轴线对 $\phi 22$ 圆柱轴线(基准 A)同轴度的允许变动量为 $\phi 0.1$mm；凸榫的对称面对 $\phi 22$ 圆柱中心平面(基准 A)对称度的允许变动量为 0.12mm。

通过上述步骤，可得到阀杆的零件图，如图 9－61 所示。通过选择[9－12]二维码号可以观看。

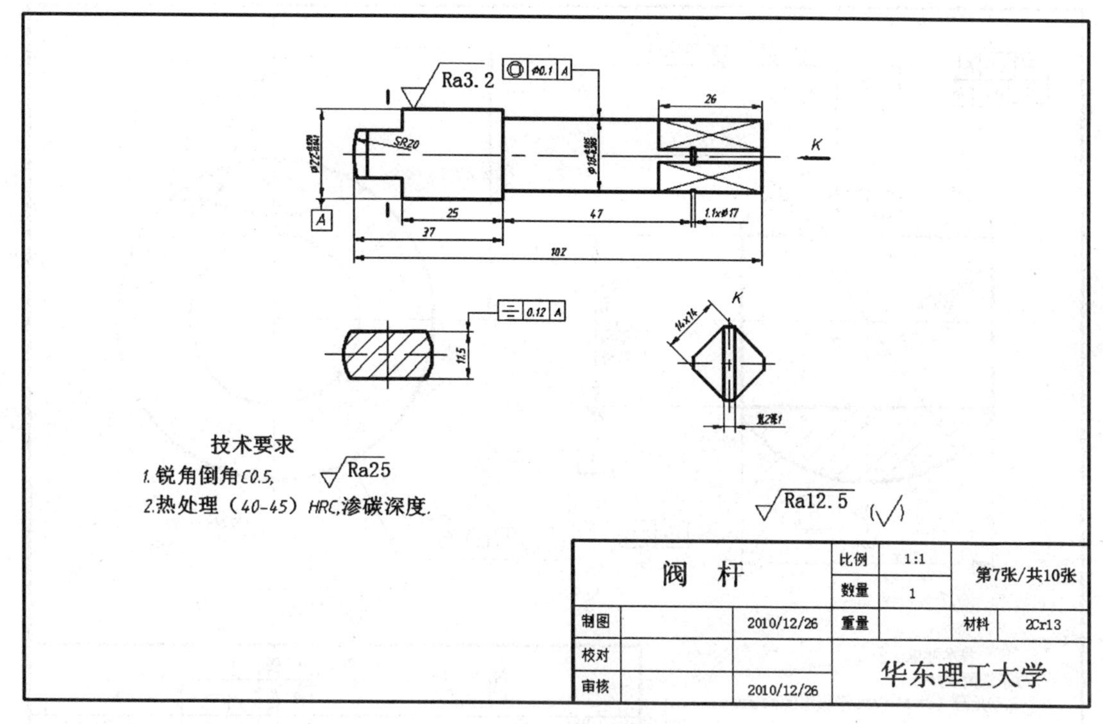

图 9－61 阀杆零件图

2. 阀芯的零件图

按照从装配图中拆画零件图的步骤，先将装配图读懂，再将阀芯零件从装配图中分离开来并分析出的形状后按零件图要求，确定表达方案。阀芯的基本形状为球体，其上开有一通道，和与阀杆配合的凹槽。主视图全剖表达通道形状、尺寸及凹槽的宽度。左视图局部剖表达凹槽的形状及尺寸。为了保证阀芯在工作转动顺畅。要求凹槽对 ø18 圆柱轴线对 ø22 圆柱轴线(基准 A)垂直度的允许变动量为 0.15mm；凹槽两侧面基准 B 对称度的允许变动量为0.12mm。同阀杆一样，阀芯是在工作中转动的一个重要零件，因此对其表面粗糙度要求较高。与阀座有相对运动的阀芯球面，为 1.6μm，凹槽的对称面 3.2μm 其余为 6.3μm。阀芯的零件图，如图 9－62 所示。通过选择[9－12]二维码号可以观看。

9.12 部件装配图计算机绘制实验

计算机绘制装配图一般有两种方法：一种是直接绘制二维装配图；另一种是由三维实体模型转换成二维装配图。就直接绘制二维装配图来说，又可分为直接绘制法、图块插入法、插入图形文件法以及用设计中心插入图块等方法。

9.12.1 直接绘制二维装配图

图 9－64～图 9－67 是图 9－63 旋塞装配图中几个零件的零件图。通过选择[9－13]二维码号可以观看。

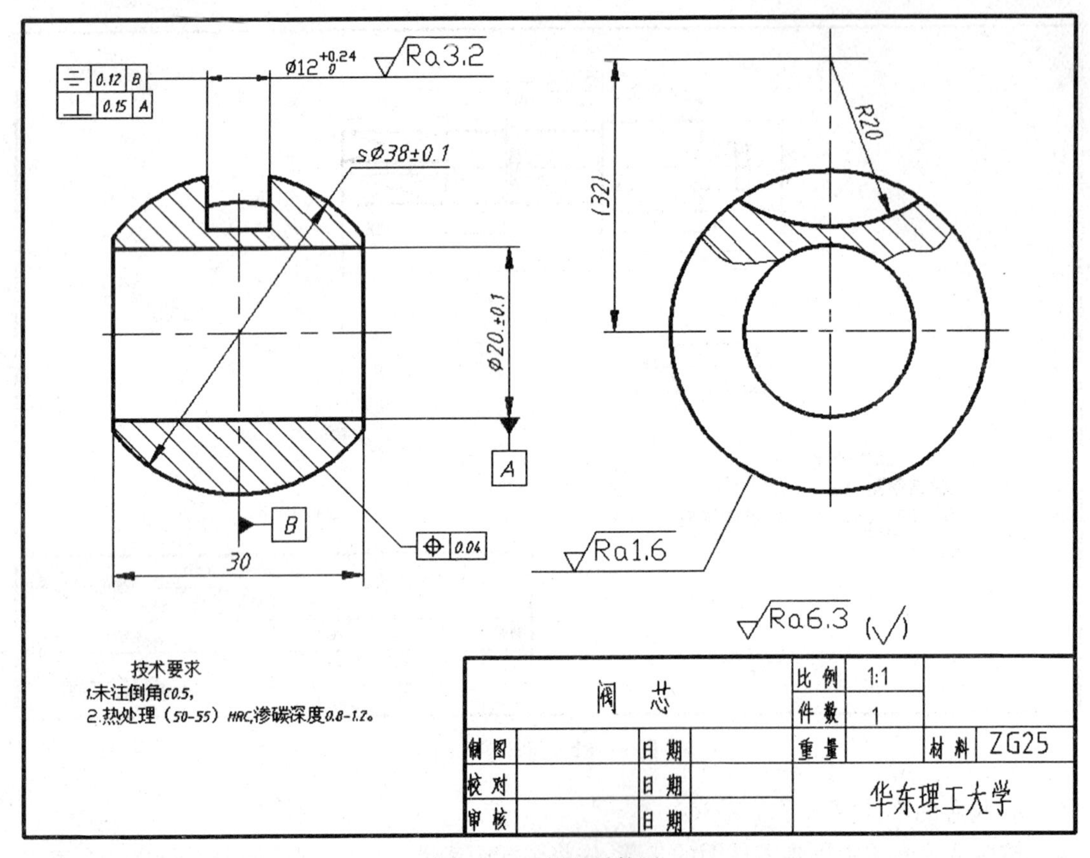

图 9-62　阀芯零件图

这种方法最为简单，主要运用二维绘制、编辑、设置和图层控制等各种功能，按照装配图的画图步骤将装配图绘制出来，该方法要求绘图人员能够对二维绘图功能的熟练运用。

例如绘制图 9-66 旋塞的装配图，首先设图幅 A3 和绘图环境，从主要件阀体开始由外向里画主视图，即按阀体→阀杆→垫圈→填料→压盖→螺栓的顺序逐个画出。在不影响定位的情况下，也可以由主要装配干线入手，由里向外画主视图，即按阀杆→垫圈→填料→压盖→阀体→螺栓的顺序逐个画出。然后绘制俯视图。绘图时一定要使用捕捉、追踪和正交等绘图工具，保证主、俯视图符合投影关系。图形画完后，依次标注尺寸、编序号、填写明细栏。

9.12.2　图块插入法

图块插入法是将组成机器或部件的各个零件的图形先做成图块，再按零件间的相对位置将图块逐个插入，拼画成装配图的一种方法。

由零件图拼画装配图需注意以下几点：

(1) 统一各零件图的绘图比例。

(2) 删除零件图中标注的尺寸。

装配图中的尺寸标注要求与零件图不同，零件图上的定形和定位尺寸在装配图上一般不需要标注，因此，在做零件图块之前，应把零件图上的尺寸层关闭(这就是一般为什么将尺寸单独设层的原因)，作出的图块就不带尺寸。待装配图画完之后，再按照装配图上标注尺寸的要求标注尺寸。

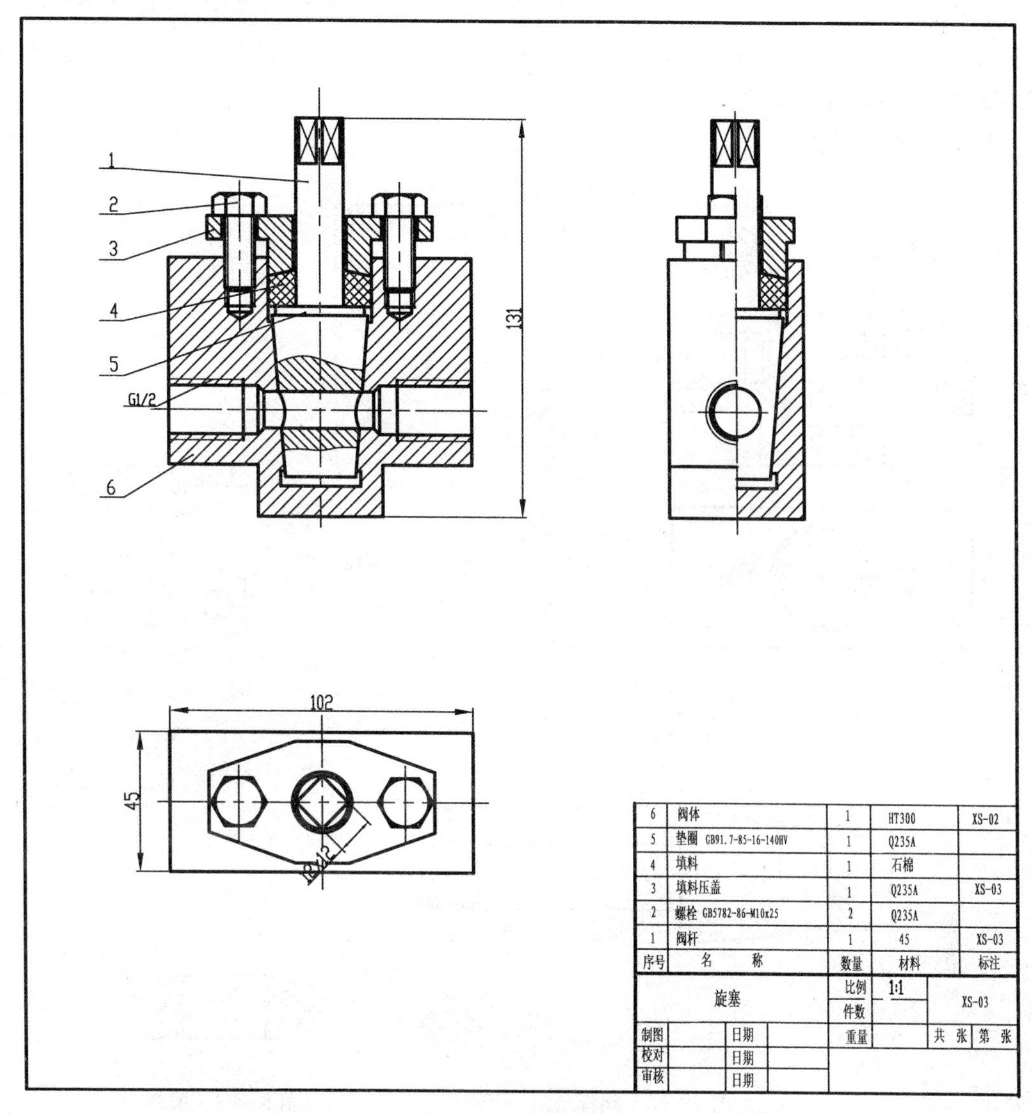

6	阀体	1	HT300	XS-02
5	垫圈 GB91.7-85-16-140HV	1	Q235A	
4	填料	1	石棉	
3	填料压盖	1	Q235A	XS-03
2	螺栓 GB5782-86-M10x25	2	Q235A	
1	阀杆	1	45	XS-03
序号	名　称	数量	材料	标注

图 9-63　旋塞装配图

(3) 删除或修改零件图中的剖面线。《机械制图》国家标准规定:在装配图中,两个相邻金属零件的剖面线倾斜方向要相反或方向相同间隔不等。在做图块时要充分考虑到这一点,零件图块上剖面线的方向在拼画成装配图之后,必须符合《机械制图》国标规定,如果有的零件剖面线方向一时难以确定,做块时可以先不画剖面线,待拼画完装配图再按要求补画。如果零件图上有螺纹孔,拼画装配图时还要装入螺纹连接件(如阀体上的螺纹孔装配时要装入螺栓),那么螺纹连接部分的画法与螺纹孔不同,螺纹大、小径的粗、细线要有变化、剖面线也要重画。在这种情况下,为了使绘图简便,零件图上的剖面线先不画,甚至螺纹孔也可以先不画。待装配图上拼画完螺栓之后,再按螺纹连接规定画法将其补画全。

(4) 修改零件图的表达方法。由于零件图与装配图的表达侧重点不同,所以在建立图块之前,要选择绘制装配图所需的图形,并进行修改,使其视图表达方法符合装配图表达方案的要求。

首先运用二维绘图功能，绘制图 9 - 64～图 9 - 67 所示零件图。各零件图的绘图比例统一为 1∶1，每一零件图设置 5 个图层：粗实线层、细实线层、点画线层、尺寸层和剖面线层。现以旋塞阀为例，说明图块插入法的步骤。

1. 建立零件图块

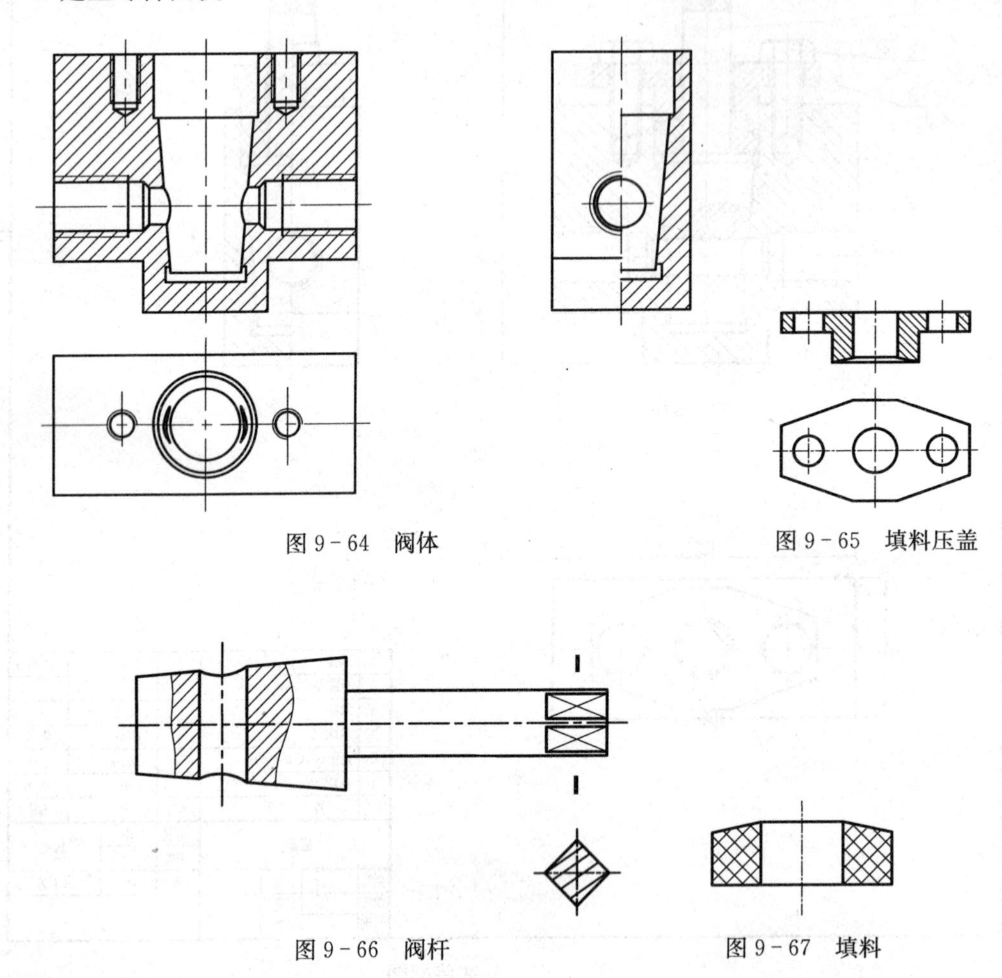

图 9 - 64 阀体

图 9 - 65 填料压盖

图 9 - 66 阀杆

图 9 - 67 填料

以阀体为例，建立图块的步骤如下：

首先把阀体零件图打开，用层控制对话框将尺寸层和剖面线层关闭，将俯视图中的圆柱槽和槽内所有的可见图线与螺纹投影擦去，然后做块，操作如下：

command：Wblock ↙

此时屏幕显示写块对话框，如图 9 - 68 所示。通过选择[9 - 13]二维码号可以观看。如果已建块，则在块格输入块名，如未建块，则选择对象，点选拾取点按钮，选择插入基点，如图 9 - 68 所示打×处，然后点选选择按钮，选择阀体，在目标的文件名和路径格中给出阀体块存放的路径与文件名，设好之后，单击确定按钮，完成阀体块文件的建立。

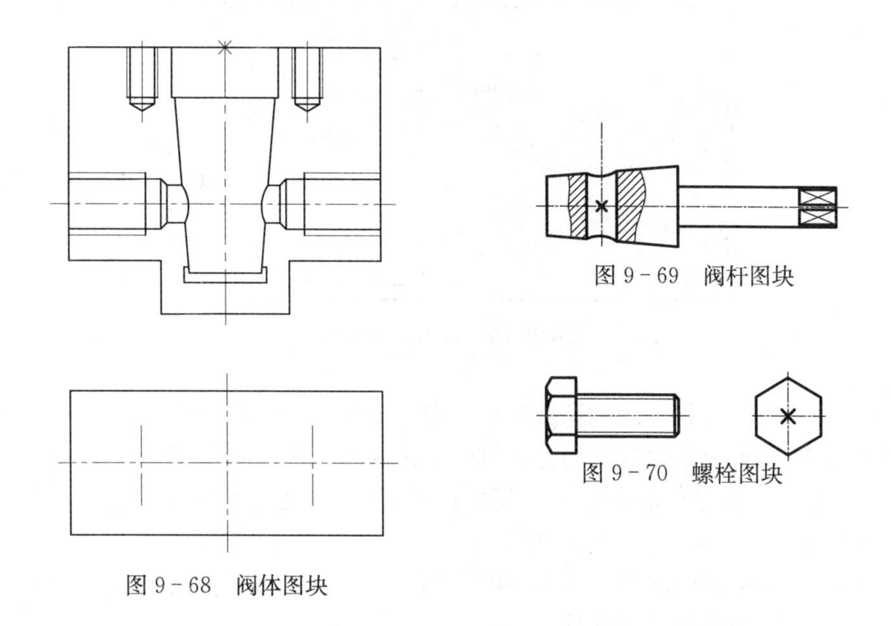

图 9 - 69　阀杆图块

图 9 - 70　螺栓图块

图 9 - 68　阀体图块

用同样的操作方法可将图 9 - 66 中阀杆的主视图做成图块，如图 9 - 69 所示。移出断面可以单独做块，在拼画装配图时，再插入到俯视图中擦去剖面线。通过选择[9 - 13]二维码号可以观看。

压盖、填料和螺栓的图块作法与前面类同。

压盖和填料的图块与图 9 - 65 和图 9 - 67 相同，只是没有尺寸。压盖的主、俯视图做成两个图块，拼画装配图时分别拼插在装配图的主、俯视图中。若做成一个图块，拼画装配图时不能保证主、俯视图的准确位置，且不便修改。

螺栓的主、左视图也分别做块，如图 9 - 70 所示。通过选择[9 - 13]二维码号可以观看。

为了保证零件图块拼画成装配图后各零件之间的相对位置和装配关系，一定要选择好插入基点，图中打×处为插入基点。

垫圈图形简单，并且在旋塞的装配图中只有一个，可以直接画出；若多处使用，可以做成块后插入，本例采用直接画出。

2. 由零件图块拼画成装配图

(1) 定图幅。根据选好的视图方案，计算图形尺寸，定绘图比例，同时考虑标注尺寸、编排序号、画明细栏、标题栏、填写技术要求的位置和所占的面积，设定图幅。此旋塞的装配图设定 A3 图幅。

(2) 插入图块，拼画装配图。插入阀体，操作如下：

command：insert ↙（或 DDINsert，或点选图标）

此时屏幕显示插入对话框，如图 9 - 71 所示。通过选择[9 - 13]二维码号可以观看。

单击浏览按钮，选择块文件。此时，名称(N)格显示块文件，路径项显示块文件所在路径。这个块文件名为 fatik。在插入对话框中，通过设置插入点，插入点项选择屏幕确定，缩放比例项确定为 1∶1∶1，旋转项中的角度设为 0°。另外，比例与旋转项也可通过选择屏幕

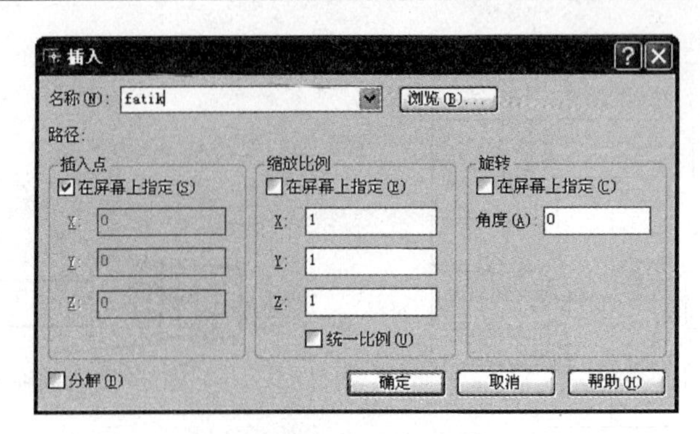

图 9－71　插入块对话框

确定，在命令行逐项输入插入比例及旋转角。阀体块插入完成后，如图 9－68 所示。

同样的步骤可插入阀杆图块，但需注意的是在插入阀杆时，插入点应为阀体上的 A 点，比例仍为 1∶1∶1，而旋转角应为 90°（阀杆在装配图上的摆放位置与零件图不同，相差为 90°）。插入后如图 9－72 所示。通过选择[9－13]二维码号可以观看。

用与前面类同的操作将填料、压盖、螺栓等图块依次插入，画上垫圈，如图 9－73 所示。通过选择[9－13]二维码号可以观看。

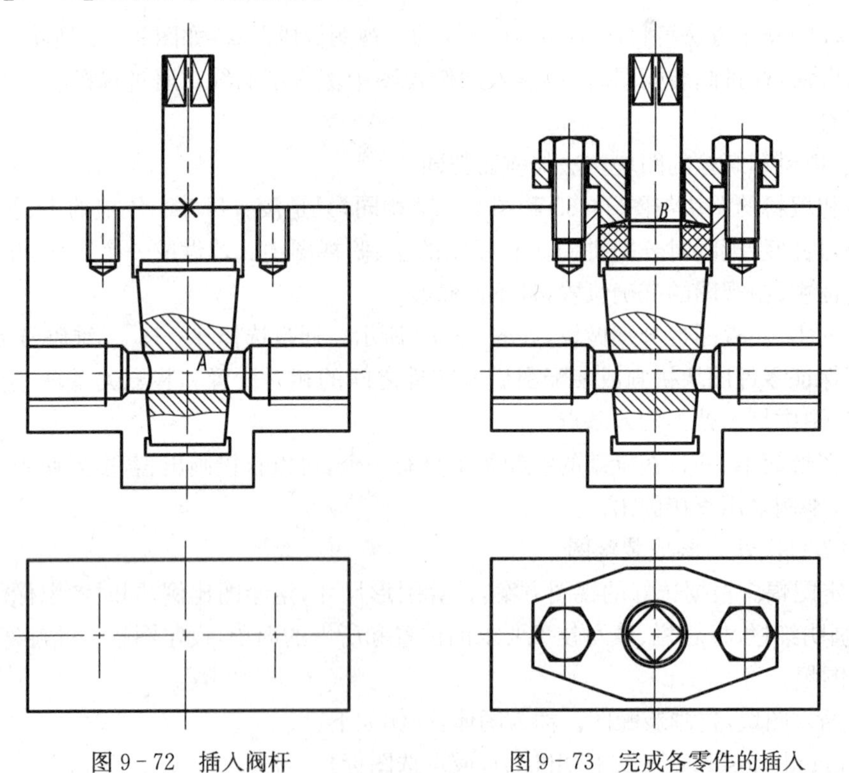

图 9－72　插入阀杆　　　　图 9－73　完成各零件的插入

(3) 检查、修改，并画全剖面线。插入完成后要仔细检查，将被遮挡的多余图线删去，把螺纹连接件按《机械制图》国家标准规定画全，并补全所缺的剖面线。要灵活运用 trim，break，erase 和 change 等命令编辑修改图形。

(4) 完成全图:按照装配图注尺寸的要求,调出尺寸层,设好尺寸参数,进行尺寸标注,然后编排序号,在编写序号时,用 line 命令画出指引线,用 text 命令写序号;最后用 line 命令画出边框线、标题栏和明细表(也可以把图框和标题栏做成模板,将明细表的单元格做成图块,用时插入),用 text 命令填写标题栏、明细表和技术要求,完成全图,如图 9-63 所示。

用图块插入法绘制装配图时应注意:

(1) 为了保证图块插入后正确地表达各零件间的相对位置,做块时要选择好插入基点,插入块时要选择好插入点。比如阀杆块的插入基点选在图 9-69 中的打×处,块插入时,插入点选阀体上的 A 点,这样就保证了阀体上的孔与阀杆上的孔轴线重合。压盖插入点选在填料的顶面与轴线的交点 B 处(图 9-73),是为了保证两个零件的锥面接触良好。

(2) 为使零件图块拼画装配图时又快又准,一个零件的一组视图可根据需要做成多个图块,比如压盖主、俯视图做成两个图块。

(3) 图块插入后是一个整体,要修改必须用 explode 命令将其打散。

(4) 绘制各零件图时,图层设置应遵守有关计算机绘图的国家标准,或者自行规定保持各零件图的图层一致,以便于拼画装配图时图形的管理。注意不要在零层绘图。

9.12.3 插入图形文件法

在 AutoCAD2000 以后,图形文件可以在不同的图形中直接插入。因此可以直接插入零件的图形拼画装配图,注意此时插入基点是图形的左下角(0,0),在拼画装配图时无法准确地确定零件图形在装配图中的位置。为了使图形插入后准确地放到需要的位置,在画完图形以后,首先用“base”命令设好插入基点,然后再存盘,这样拼画装配图时能够准确地将图形放在需要的位置。

下面以球阀的装配图绘制为例:

command: base↙

enter base point⟨0,0⟩: INT↙ (捕捉交点)

of:(用鼠标点选图 11-71 中的“×”处,然后存盘即可)

图 9-74、图 9-75 是用“base”设好插入基点的球阀的零件图的图形,打“×”处是设好的基点。通过选择[9-13]二维码号可以观看。

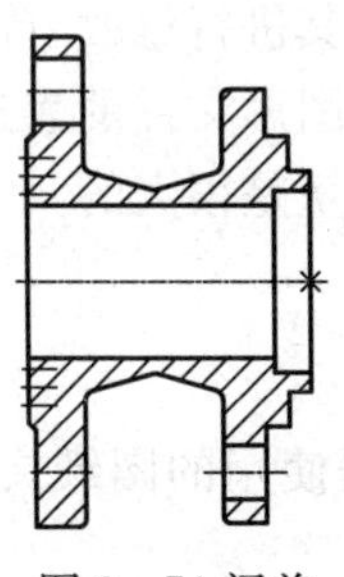

图 9-74 阀盖

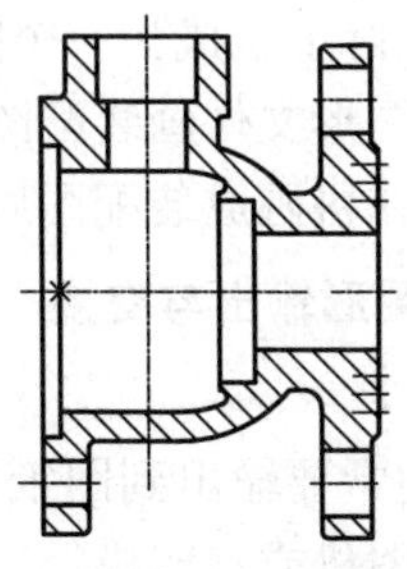

图 9-75 阀体

直接插入图形文件的方法与图块插入法的第二步基本相同,只是后者插入的是图块文件,而前者插入的是图形文件。

command:insert↙(或点块插入图标)

显示插入对话框,点选对话框中的浏览项,打开如图 9-71 所示对话框,根据路径找到要插入的文件 fagai.dwg,点选打开按钮确定,此时又显示插入对话框,再点 ok 确定。阀盖图形插入完毕,得到的图形与图 9-74 相同。

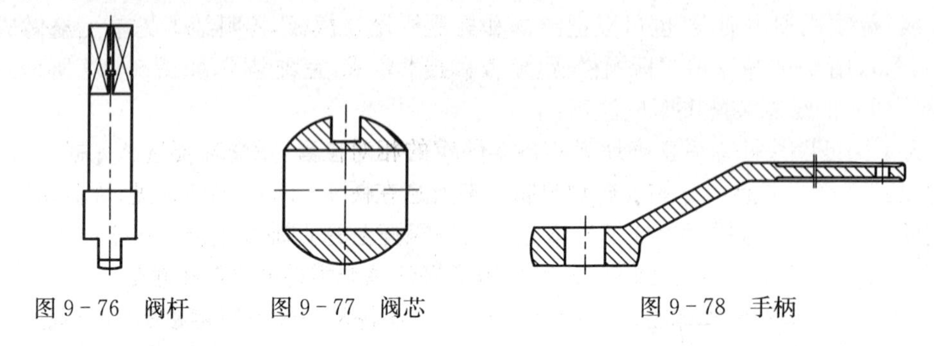

图 9-76 阀杆　　图 9-77 阀芯　　图 9-78 手柄

用同样的操作方法逐次将阀体(图 9-75)、阀杆(图 9-76)、阀芯(图 9-77)、手柄(图 9-78)插入,然后修改完成球阀的装配图图形,如图 9-79 和图 9-80 所示。通过选择[9-13]二维码号可以观看。

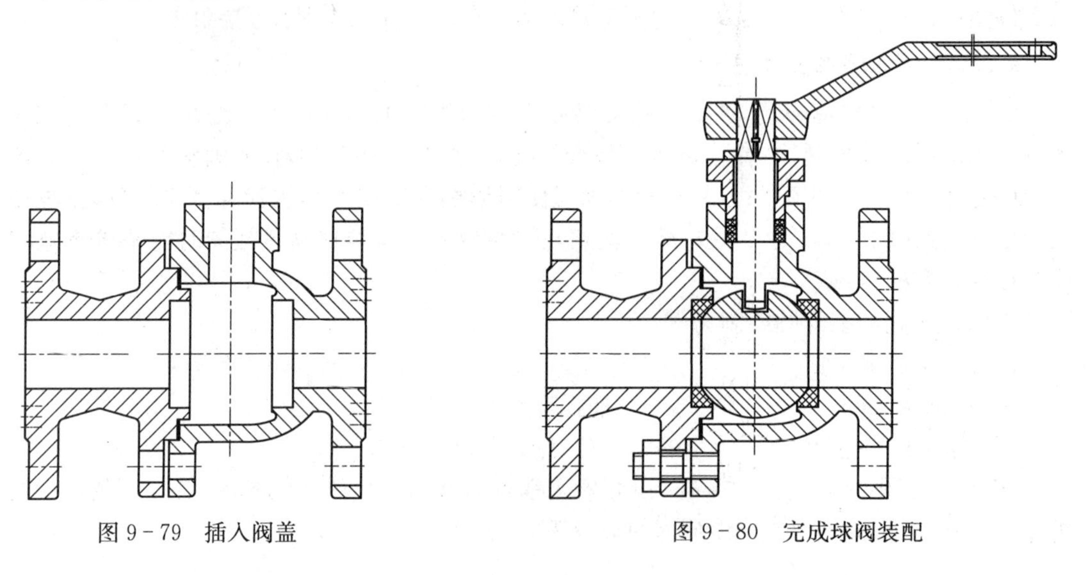

图 9-79 插入阀盖　　图 9-80 完成球阀装配

图形文件插入后,实际上也成为一个图块,要想对其进行修改,首先需对其用 explode 命令进行打散。直接插入图形文件画装配图的方法要求图形文件的表达方案接近于装配图中所需的表达方案,否则,在拼画成装配图后的修改工作量是很大的。

9.12.4 AutoCAD 图形输出与交换

1. 图形输出

图形绘制完成后,通常要输出到图纸上,形成工程使用的图纸文件。AutoCAD 支持的图形输出设备可以是绘图机或打印机。

进行图形输出前,须设置有关打印的一些参数,如打印设备配置、打印样式、打印范围等。

(1) 打印设备参数设置:在“文件”下拉菜单中选择“打印”命令,将打开“打印”对话框,系统默认打开“打印设备”选项卡:在配置“名称”下拉列表中选择设备后,单击“特性”按钮,打开“打印机配置编辑器”对话框,选择“自定义特性”选项后,单击“自定义特性”钮,打开属性对话框设置打印机的有关属性。

(2) 打印样式设置:打印样式决定图形输出时图线的线宽、颜色、图线清晰程度等。在上述“打印设备”选项卡中的“打印样式表”栏中,可选择“名称”下拉列表中已配置的打印样式,也可单击“新建”按钮,打开“打印样式表编辑器”对话框,对相关参数进行修改设置。

(3) 打印设置:其参数的设置决定着图形打印输出的格式,包括纸张大小、打印区域、打印比例、图形方向、打印偏移等选项。在“打印”对话框中单击“打印设置”选卡,即可对有关参数进行设置。

为保证打印输出图纸达到预期效果,可在正式出图前对将输出图形进行预览,单击“预览”按钮,屏幕上显示出设置输出格式的图形,效果为“所见即所得”。选“部分预览”时,屏幕上用两矩形区域显示图纸和图形区域范围,用于概略预览。

2. 图形数据交换

AutoCAD 以 dwg 格式保存自身的图形文件,但这种格式不适用于别的软件平台或应用程序。要将 AutoCAD 图形在其他应用程序中使用,必须将其转换为特定的格式。AutoCAD可以输出多种格式的文件,以便于在不同软件间的交换。

(1) 输出 DXF 文件:DXF 文件是一种能被众多 CAD 软件支持的格式,常用于 CAD 软件间的数据交换。键入命令:DXFOUT,按回车键打开“图形另存为”对话框,在“存为类型”下拉列表框中,选择输出文件类型“AutoCAD2012dxf”,单击“保存”钮,系统输出一个 DXF 格式文件。

(2) 输出 ACIS 文件:ACIS 是一种实体造型系统,AutoCAD 可将某个 NURBS 曲面、区域和实体输出为 ACIS 文件。将当前 DWG 文件输出为 ACLS 格式,键入命令:ACLSOUT,按回车键,系统将打开“创建 ACLS 文件”对话框,输入文件名保存。

(3) 输出 3DS 文件:3DS 能够保存图形的 3D 几何体,视图、光源和材质等属性,AutoCAD 只能输出带有表面特性的对象。键入命令:3DSOUT,按回车后框选对象,按回车键,将打开“3DSTUDIO 文件输出选项”对话框,进行设置后单击“确定”,将选择的对象输出为 3DS 文件。

AutoCAD 不仅能输出其他格式的图形文件,也可以使用其他软件的图形文件。AutoCAD 能够输入的文件类型有 DXF,DXB、SAT 和 WMF 等。

9.12.5 由三维实体装配转换成二维装配图

由三维实体装配转换二维装配图的步骤如下:

(1) 三维造型旋塞的阀体、阀杆、调料压盖、螺栓、垫圈、填料各零件,如图 9-81 所示。通过选择[9-13]二维码号可以观看。

(2) 将零件组装成旋塞的三维装配图,如图 9-82 所示。通过选择[9-13]二维码号可以观看。

(3) 由截面法获得各零件的轮廓边界,如图 9-83 所示。通过选择[9-13]二维码号可以观看。

(4) 根据提取的轮廓,应用二维图形编辑方法即可得到装配图中的图形,再加上明细栏、标题栏、零件编号、尺寸标注、技术要求等内容最后完成如图 9-63 所示的旋塞装配图。

分析上述的几种方法,从三维造型转换成二维装配图的优点为:

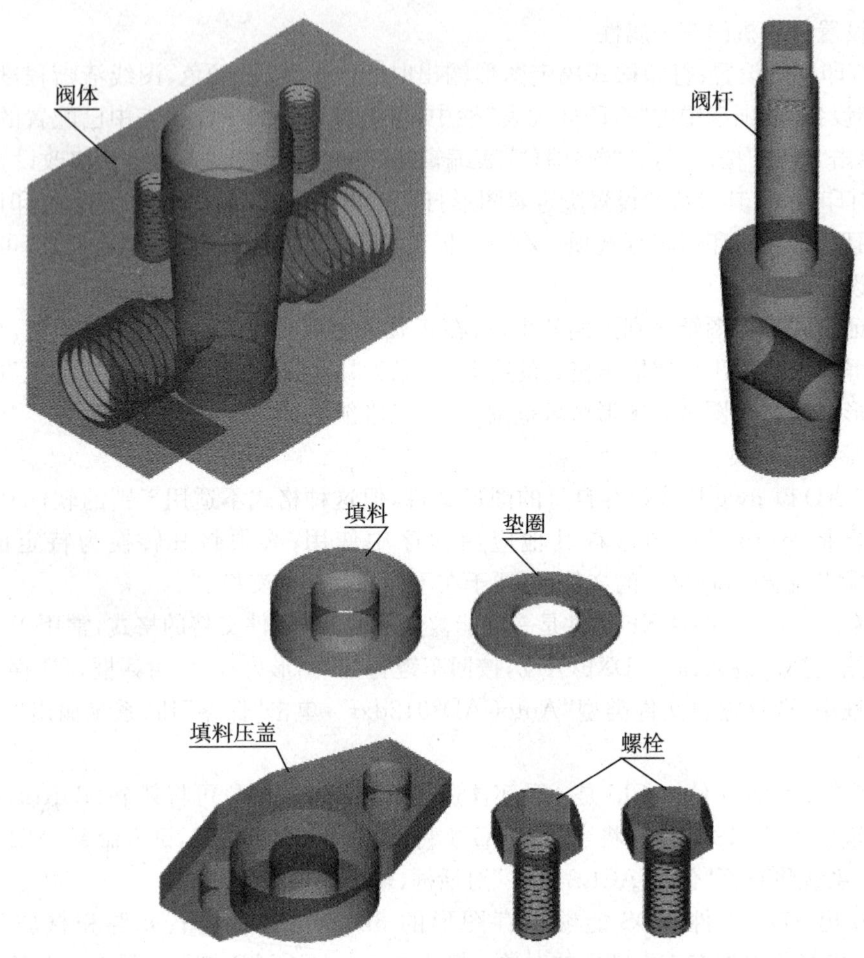

图 9-81　旋塞各零件的三维造型

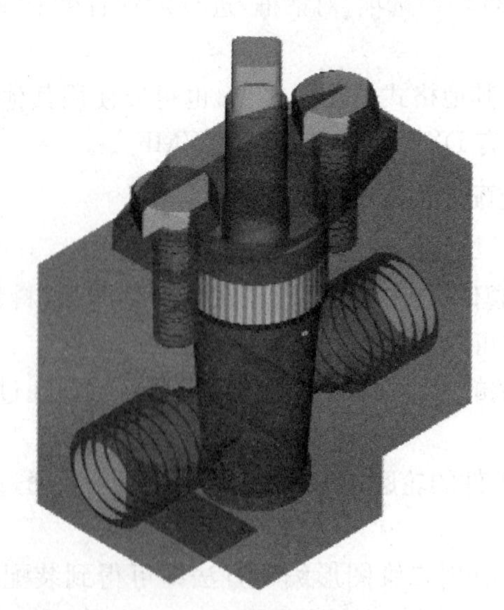

图 9-82　旋塞三维装配图

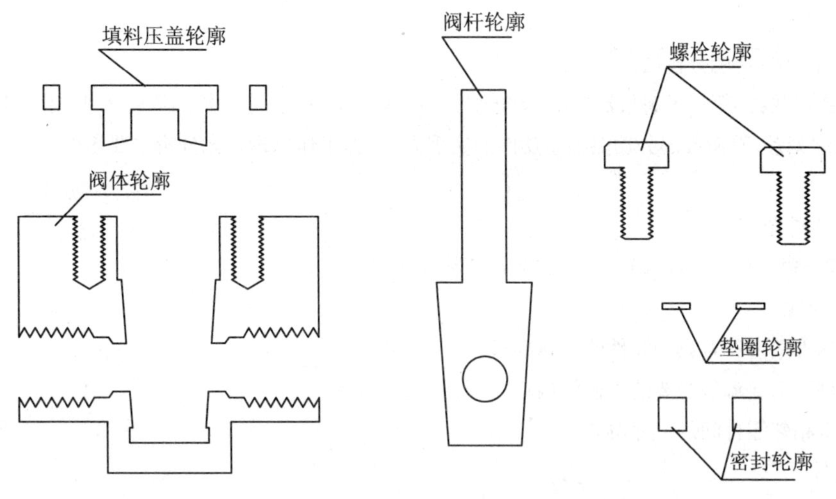

图 9-83 从三维装配图上提取的旋塞各零件的轮廓

(1) 通过对每一个零件的三维造型，可以加深对零件的形状、作用的理解，如果装配图需要修改，也总是从零件图的修改做起。

(2) 三维装配图能很好地表达零件之间的连接关系、反映工作原理，如将零件沿装配线分离，可以清楚地表达装拆顺序和各零件的形状。

(3) 从装配图提取各零件的轮廓是非常方便的操作，根据得到的轮廓，不但装配图容易编辑，也可方便地画出各个零件的零件图。

本章小结

本章主要由装配图的内容、装配图的表达、识读装配图、拆画零件图、连接件、常用件等内容组成。

1. 装配图的内容

一组视图(主要表达机器或部件的工作原理和装配关系)、必要的尺寸、技术要求、零部件序号、明细栏和标题栏。

2. 装配图的表达

1) 图样画法

(1) 规定画法：①接触面和配合面画一条线；②相邻件剖面线方向相反或间距不一致；③当剖切面经过紧固件及一些实心件轴线剖切时，这些零件按不剖绘制。

(2) 特殊表达方法：

① 沿结合面剖切及拆卸画法；

② 假想、夸大、简化画法。

2) 尺寸标注　主要有规格(性能)、装配、安装和总体四类尺寸。

3) 零部件序号、明细栏、标题栏和技术要求。

4) 视图选择　主视图按工作位置安放，并尽量反映主要装配关系和(或)工作原理；其他视图反映其他装配线、装配结构以及主要零件的有关结构。

5) 画图方法　一般采用由内向外、由主体到细节的画图方法，注意装配结构的合理性。

3. 识读装配图

(1) 看图方法：功能分析法。

(2) 看图步骤：①概括了解机器功能、图样配置和主要零件情况；②从传动零件入手，沿各装配线，掌握零件间的装配关系，看懂各部分功能和总功能的实现方法(即工作原理)；③分析主要零件结构形状，并作归纳总结。

4. 拆画零件图

1) 拆画步骤　分离零件、确定表达方案并绘制零件图。

2) 注意事项

(1) 表达方案要符合典型零件的表达要求；

(2) 零件图上要添加必要的工艺结构；

(3) 注意相邻零件间的尺寸协调。

5. 连接件

1) 螺纹

(1) 螺纹的形成：圆柱轴剖面上一个平面图形绕圆柱轴线做螺旋运动，在圆柱表面形成的螺旋体。

(2) 螺纹要素：

① 牙型　过螺纹轴线剖切得到的断面形状；

② 直径　分大径、中径、小径，大径一般为公称直径；

③ 线数　螺纹的条数有单线和多线之分；

④ 螺距　螺距 P 和导程 P_h：单线时 $P=P_h$。n 线时 $P=P_h/n$；

⑤ 旋向　螺纹分左旋和右旋两种，常用的是右旋螺纹。

(3) 螺纹画法：

① 外螺纹画法；

② 内螺纹画法；

③ 螺纹连接的画法。

2) 螺纹连接

(1) 螺栓连接：

① 应用条件　两个被连接件不太厚，可以加工成通孔；

② 所用连接件　螺栓、螺母、垫圈；

③ 连接方式　被连接件加工成直径为 $1.1d$ 的通孔，螺栓穿过通孔，然后垫上垫圈，用螺母拧紧。

(2) 双头螺柱连接：注意与螺栓连接的区别。

(3) 螺钉连接。

3) 键连接

(1) 键类型　普通平键、半圆键、钩头楔键。

(2) 画法　平键两侧是工作表面，画图时画为接触面；底面也是接触面，键的顶面与键槽有间隙。

(3) 选型　根据键所在的轴段的直径先确定键的断面尺寸，根据所传递的载荷选取键的长度，再查表确定键槽的尺寸。

4) 销连接

(1) 销类型　圆柱销、圆锥销、开口销；

(2) 圆柱销、圆锥销用于零件的连接或定位；

(3) 开口销用于螺纹连接中的防松动。

学习中注重建立标准件的概念，内容着重画法的掌握，并注意加强工程技术意识。

6. 常用件

1）齿轮

(1) 圆柱齿轮

① 直齿圆柱齿轮：

(a) 了解圆柱齿轮的功能、作用和齿轮各部分的名称、术语；包括齿顶圆、齿根圆、分度圆、齿距、齿顶高、齿根高、齿高、节圆、中心距、传动比、齿数 z、模数 m、压力角 α。

(b) 了解几何尺寸计算公式，掌握圆柱齿轮的画法。圆柱齿轮的规定画法：齿顶圆、齿根圆、分度圆（包括齿顶线、齿根线、分度线）的线型，几何尺寸关系；剖视和不剖的画法。

(c) 圆柱齿轮啮合的画法：注意啮合区内齿顶圆、齿根圆、分度圆的线型和几何尺寸及啮合区内画法。

② 斜圆柱齿轮：了解法向模数、端面模数和螺旋角概念。

(2) 锥齿轮

① 了解锥齿轮的功能，作用和锥齿轮各部分的名称、术语包括分度圆锥角、齿顶角、齿根角锥距等。

② 了解单个锥齿轮的画法和锥齿轮啮合画法。

(3) 蜗杆蜗轮

① 了解单个蜗杆蜗轮的画法；

② 了解蜗杆蜗轮的啮合画法。

2）滚动轴承

(1) 滚动轴承的组成

滚动轴承由外圈、内圈、滚动体和保持架组成，是标准部件。按承受载荷方向可分为：

① 主要承受径向载荷的向心轴承；②仅能承受轴向载荷的推力轴承；③能同时承受径向和轴向载荷的向心推力轴承。

(2) 滚动轴承代号

① 前置代号，基本代号，后置代号；

② 轴承类型代号，尺寸系列代号，内径代号。

(3) 滚动轴承的画法　通用画法、规定画法和特征画法。

3）弹簧

(1) 弹簧的作用与种类：弹簧是一种弹性机械零件，主要用在储能、测力、夹紧、缓冲等。类型有平面涡卷弹簧、板弹簧等。

(2) 弹簧各部分名称和作用、计算公式。

(3) 弹簧的规定画法：单个弹簧的画法，各圈的轮廓线画成直线，螺旋弹簧可采用过轴线的剖视图表示。弹簧在装配图中的画法（包括在装配图中的简化画法）。

自 测 题

1. 试画出图示各连接零件的连接装配图（导管与管接头的锥面相接触，并旋上螺帽以压紧导管。

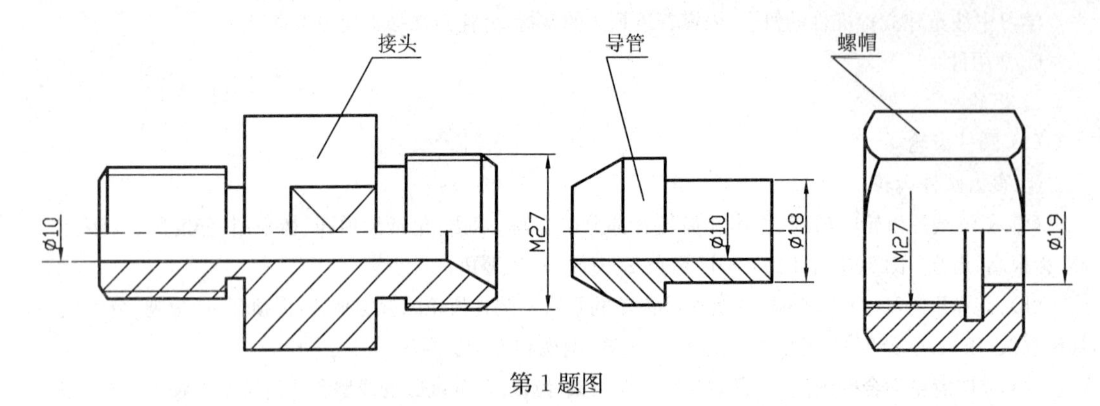

第 1 题图

2. 已知 V 带轮和轴用圆头普通平键连接(平键标记为 GB/T1096 键 12×8×32×100,试分别查表注出键、轮毂和轴上键槽的有关尺寸,并在右下角按 1∶2 的比例画出它们的装配图。

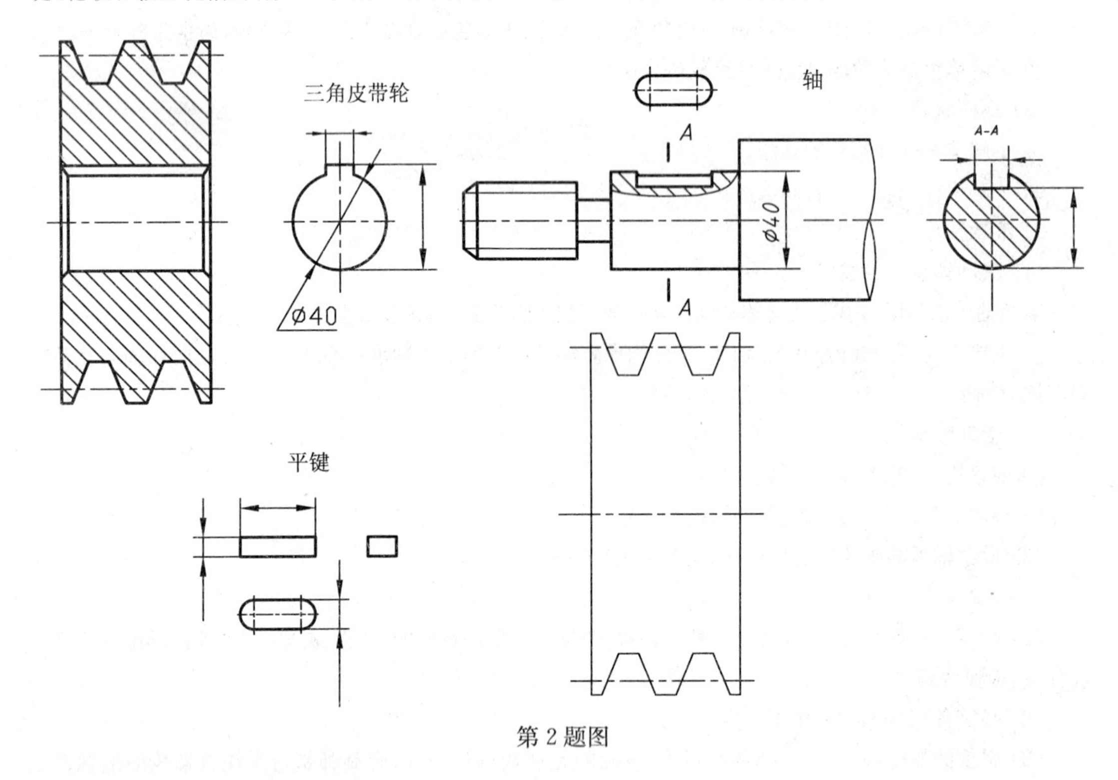

第 2 题图

3. 读阀门的装配图,并回答问题:

(1) 分析零件的装配关系,说明活门(件 2)的拆卸顺序;

(2) 图中 $\varnothing 42\dfrac{H11}{c11}$ 表示什么含义?

(3) 读懂各零件的形状,并分别画出壳体(件 1)、活门(件 2)、轴(件 4)和压盖螺母(件 8)的视图。

阀门工作状况:阀门是控制流体流量和流动方向的部件。旋转手柄(件 9)时,轴(件 4)通过圆柱销(件 3)带动活门(件 2)上升或下降,以开启或关闭壳体(件 1)内部通路,并以活门的开启大小控制流量。为防止流体外泄,轴与壳体间用填料(件 6)密封。

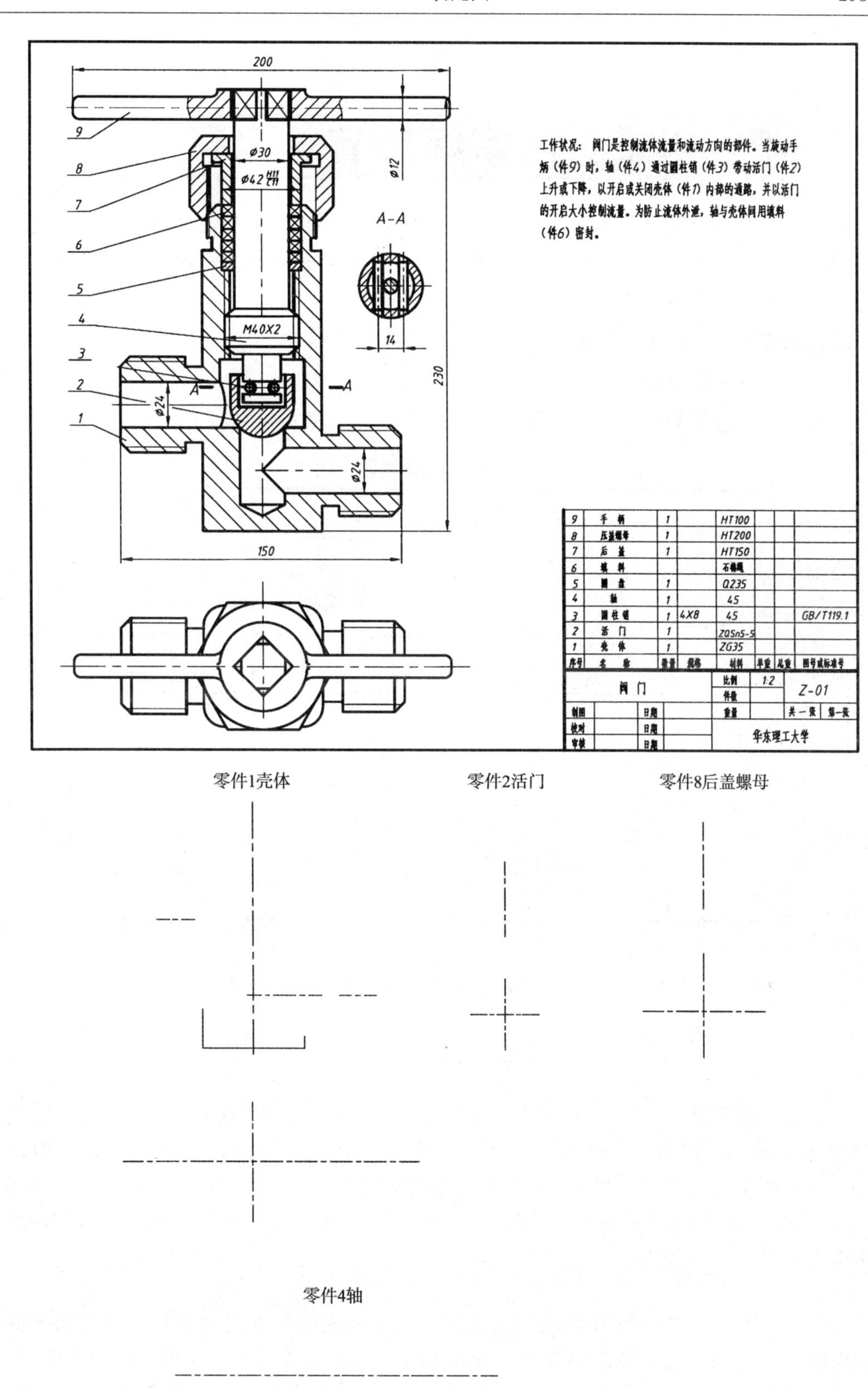

序号	名称	数量	规格	材料	单重	总重	图号或标准号
9	手柄	1		HT100			
8	压盖螺母	1		HT200			
7	后盖	1		HT150			
6	填料			石棉绳			
5	圆盘	1		Q235			
4	轴	1		45			
3	圆柱销	1	4X8	45			GB/T119.1
2	活门	1		ZQSn5-5			
1	壳体	1		ZG35			

第3题图

附录　国家标准有关内容

国家标准《技术制图与机械制图》规定了机械图中使用的图纸幅面及格式、绘图比例、字体、图线等内容，要正确地绘制机械图样，必须遵守国家标准中的各项规定。附录中摘录了有关标准，以便读者学习。

1. 图纸幅面、比例、字体和图线

1）图纸幅面和格式

绘制图样时应优先采用附表1所规定的幅面尺寸，其格式如附图1所示。

附表1　图纸幅面　(mm)

幅面代号	A0	A1	A2	A3	A4
B×L	841×1189	594×841	420×594	297×420	210×297
e	20		10		
a	25				
c	10			5	

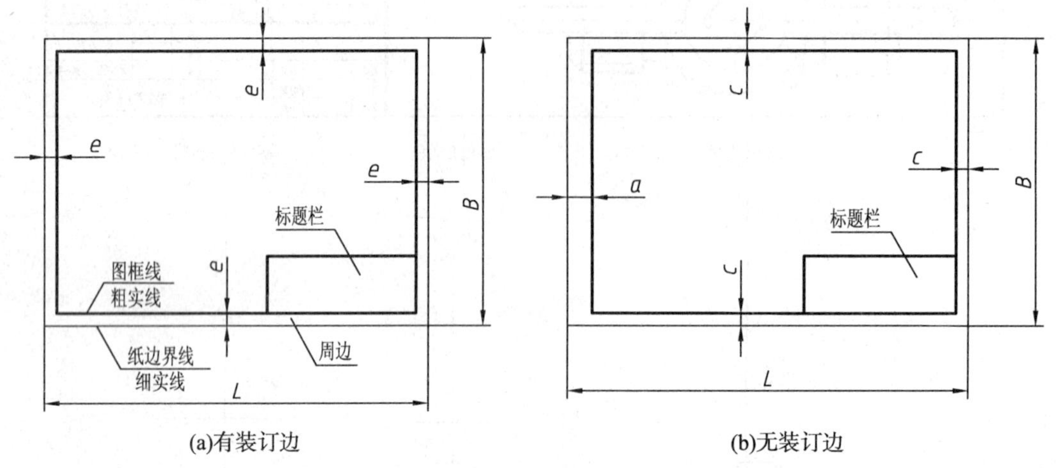

(a)有装订边　　(b)无装订边

附图1　图纸图框格式

在图纸上必须用粗实线画出图框，其格式分为不留装订边[附图1(a)]和留装订边[附图1(b)]两种。在图框的右下角必须画出标题栏，标题栏中的文字方向一般为看图的方向。

国家标准规定的生产上用的标题栏内容较多，如附图2(a)一般均印在图纸上，不必自己绘制。在学校的制图作业中可以简化，建议采用附图2(b)所示的简化标题栏及带标题栏的明细表格式。

2）比例

绘图时采用的比例，为图中图形与实际机件相应要素的线性尺寸之比。比值为1的比例称为原值比例，即1∶1，见附图3(a)。比值小于1的比例称为缩小比例，如1∶2等，见附图3(b)。比值大于1的比例称为放大比例，如2∶1等，见附图3(c)。但在标注尺寸时，仍应按机件的实际尺寸标注，与绘的比例无关(附图3)。

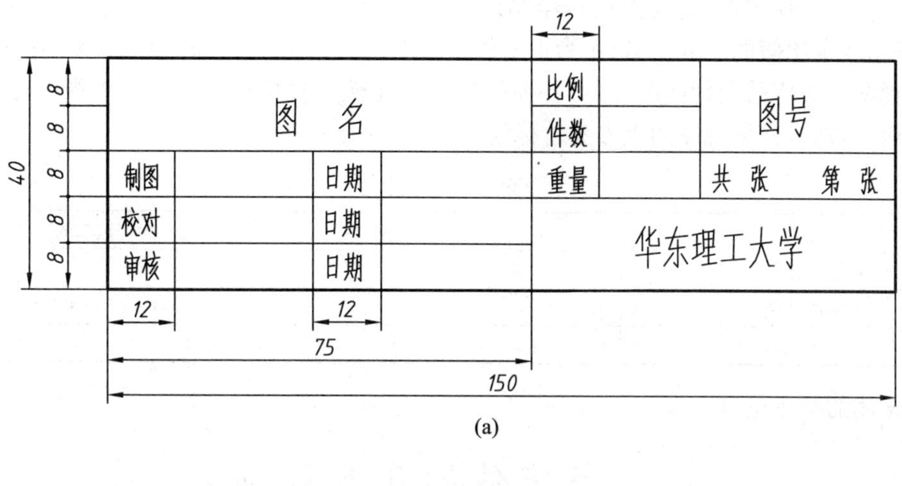

(a)

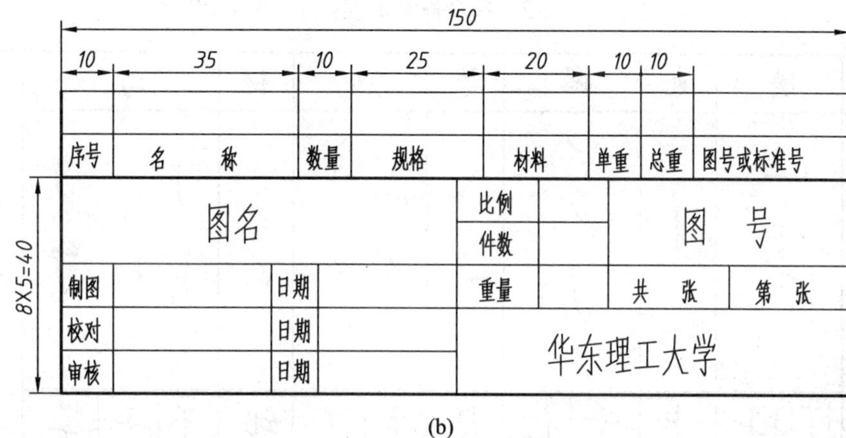

(b)

附图 2　标题栏

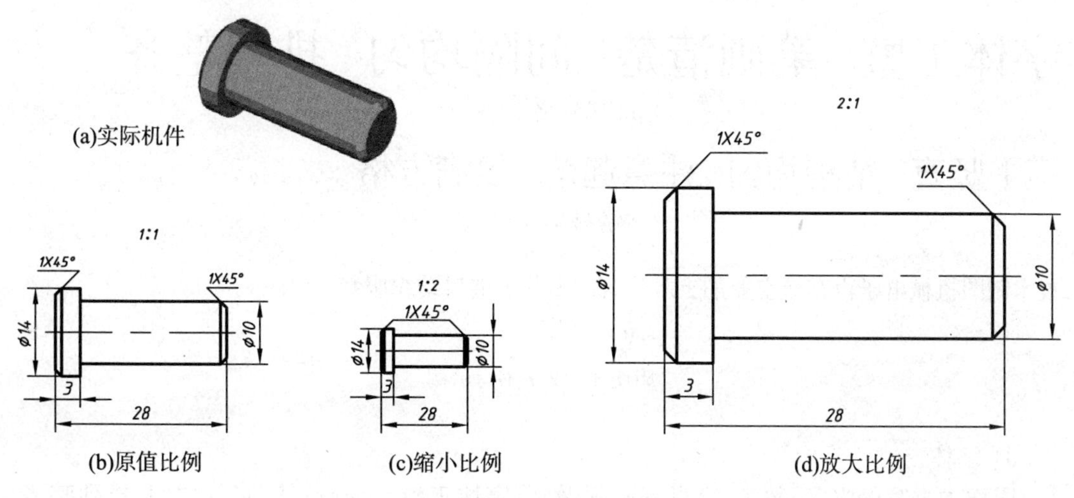

附图 3　比例

国家标准中规定，当需要按比例绘制图样时，应由附表 2 规定的系列中选取适当的比例，或采用表中比值的 10n 倍数（n 为正整数），如 1∶2×10n、5×10n∶1 等。绘制同一机件的各个视图一般应采用相同的比例，并在标题栏的比例一栏中填写。若某个视图需采用不同的比例时，则应在该视图的上方另行标注。

附表 2　比例

种类	应选取的比例	允许选取的比例
原值比例	1∶1	
缩小比例	1∶2,1∶5,1∶10	1∶1.5,1∶2.5,1∶3,1∶4,1∶6
放大比例	5∶1,2∶1	4∶1,2.5∶1

仿宋体的基本笔画

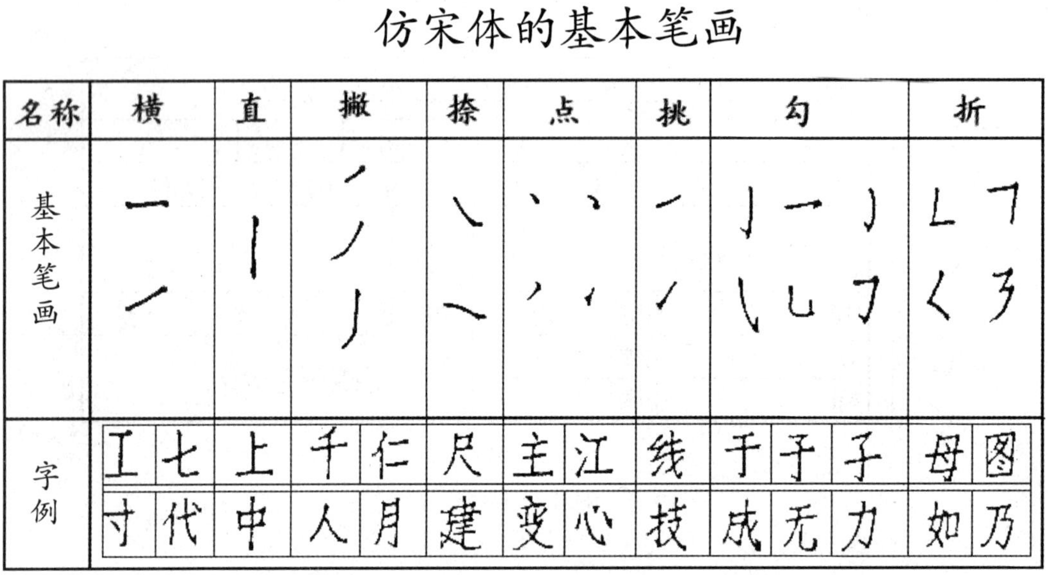

仿宋体的基本笔画

名称	横	直	撇	捺	点	挑	勾	折
基本笔画								
字例	工 七 寸 代	上 中	千 仁 人 月	尺 建	主 江 变 心	线 技	于 子 子 成 无 力	母 图 如 乃

字体工整　笔画清楚　间隔均匀　排列整齐

(a)10号字

横平竖直　结构均匀　注意起落　填满方格

(b)7号字

技术制图机械电子汽车航空船舶土木建筑矿山井坑港口纺织服装

(c) 5号字

附图 4　汉字书写示例

3）字体

图样中书写的汉字、数字、字母都必须做到：字体工整、笔画清楚、间隔均匀、排列整齐。字体高度（用 h 表示）的公称尺寸系列为 1.8mm，2.5mm，3.5mm，5mm，7mm，10mm，

14mm,20mm。字体高度代表字体的号数。汉字应写成长仿宋体字,并应采用国家正式公布推行的简化字。汉字的高度 h 不应小于 3.5,其字宽为 $h/\sqrt{2}$。附图 4 为 10 号与 7 号长仿宋体汉字书写示例。字母和数字分 A 型和 B 型。A 型字体的笔画宽度(d)为字高(h)的 1/14,B 型字体的笔画宽度(d)为字高(h)的 1/10。在同一图样上,只允许选用一种形式的字体。字母和数字可写成斜体和直体。斜体字的字头向右倾斜,与水平成 75°,用作指数、分数、极限偏差、注脚等的数字及字母,一般应采用小一号的字体。附图 5 为 B 型斜体字母、数字及字体的应用示例。

附图 B 型斜体字母、数字及字体的应用示例

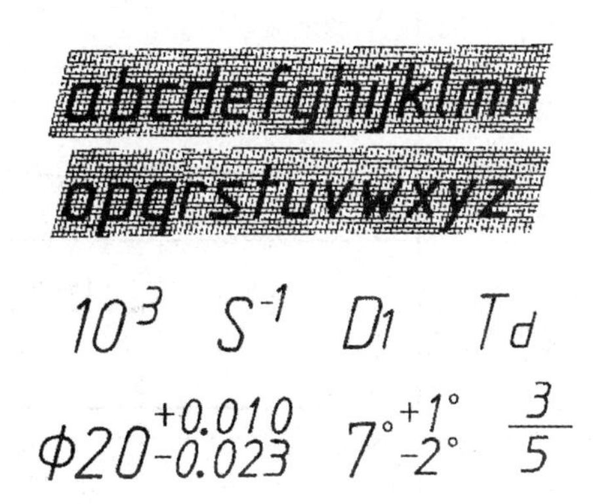

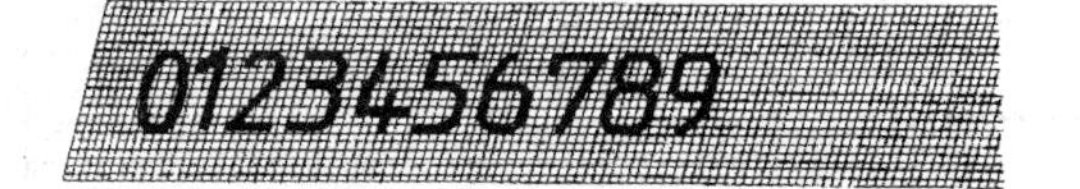

附图 5　字母、数字书写示例

4) 图线

(1) 图线的形式及应用

(GB/T17450—1998,GB/T457.4—2002)规定了图线的名称、形式、结构、标记及画法规则,适用于各种技术图样,如机械、电气、建筑和土木工程图样等。鉴于涉及各行业的具体标准尚未公布,在此不作进一步介绍,读者需要使用时,可自行参阅有关资料。附表 3 为各种图线名称、形式、宽度及其一般应用,供绘图时选用。图线分为粗、细两种,粗线的宽度 d 应按图的大小和复杂程度,在 0.5～2mm 之间选择,细线的宽度为 $d/2$。图线宽度的推荐系列为:0.13mm,0.18mm,0.25mm,0.35mm,0.5mm,0.7mm,1mm,1.4mm,2mm。制图中一般常用粗实线宽度 d 为 0.7mm 和 1mm。

(2) 图线的画法

① 同一图样中,同类图线的宽度应基本一致。虚线、点画线的线段长度和间隔应各自大致相等,建议按附表 3 中所标注的线段长度及间隔进行作图。②绘制圆的对称中心线时,圆心应为线段的交点。点画线的首末两端应是线段而不是短画线,且应超出图形外的 2～5mm。在较小的图形上绘制点画线或双点画线有困难时,可用细实线代替(附图 6)。

附表 3　图线的形式及应用

图线名称	图线形式	一般应用
粗实线	——————	(1) 可见轮廓线; (2) 可见过渡线

续表

图线名称	图线形式	一般应用
虚线	≈1　4~5	(1) 不可见轮廓线； (2) 不可见过渡线
细实线		(1) 尺寸线及尺寸界线； (2) 剖面线； (3) 重合剖面的轮廓线； (4) 螺纹的牙底线及齿轮的牙根线； (5) 引出线
波浪线		(1) 断裂处的边界线； (2) 视图和剖视的分界线； (3) 局部放大部位的范围线
细点画线	15~20　≈3	(1) 轴线； (2) 对称中心线； (3) 轨迹线
双点画线	15~20　≈5	(1) 相邻辅助零件的轮廓线； (2) 运动机件极限位置轮廓线
双折线		断裂处的边界线
粗点画线		有特殊要求的线或表面的表示线

(3) 虚线的画法

如附图 6 所示。当虚线与虚线或虚线与粗实线相交时，应该是线段相交。当虚线是粗实线的延长线时，在连接处应断开。

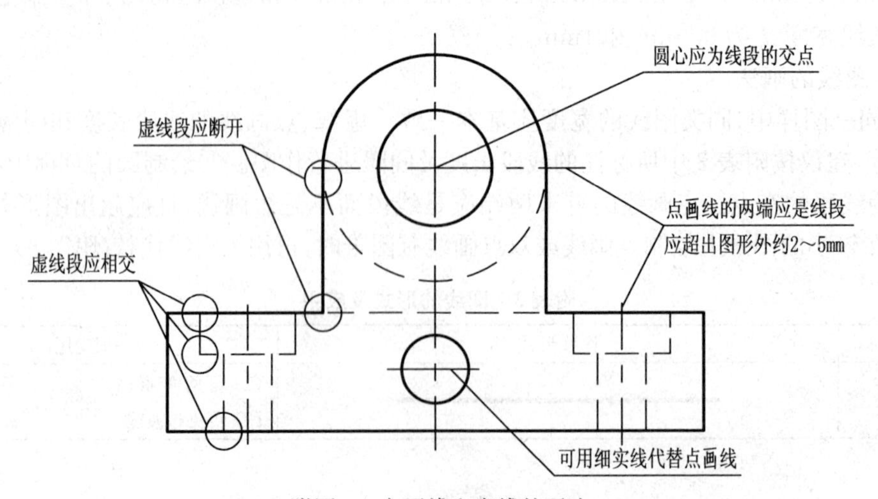

附图 6　点画线和虚线的画法

2. 剖面符号

国家标准规定了各种材料的剖面符号，附表 4 为各种剖面符号及其画法。

附表 4　各种剖面符号及其画法

材料	符号	材料		符号
金属材料(已有规定剖面符号者除外)	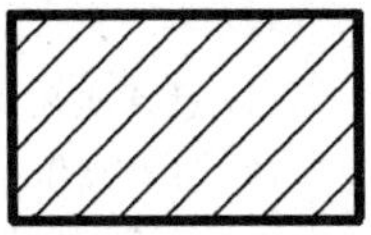	转子、电枢、变压器和阻流器等的叠钢片		
塑料、橡胶、油毡等非金属材料(已有规定剖面符号者除外)	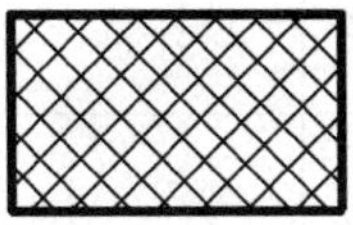	木材	纵剖面	
			横剖面	
玻璃及其他透明材料	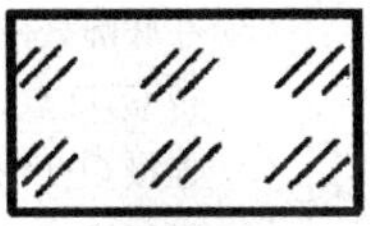	胶合板(不分层)		
格网(筛网、过滤网等)	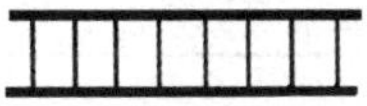	砖		
液体	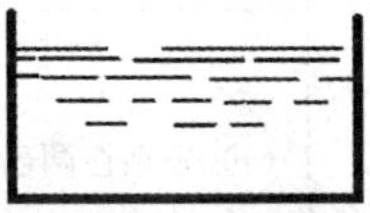	混凝土		
型沙、填沙、砂轮、陶瓷、硬质合金及粉末冶金	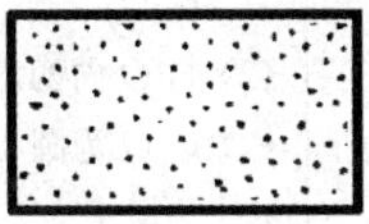	钢筋混凝土		
线圈绕组元件	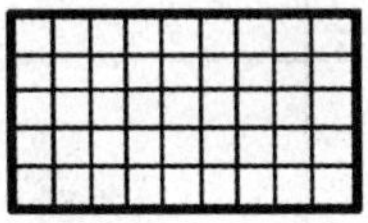	基础周围泥土		
在剖视或断面图中，剖面厚度在 2mm 以下的，可以将剖面涂黑代替剖面符号。当两相邻的剖面均需涂黑时，则两剖面之间应留出空隙。如为玻璃或其他透明材料不宜涂黑时，允许不画剖面符号				

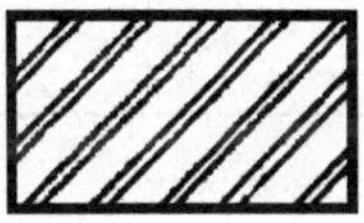

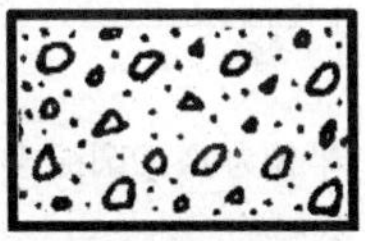

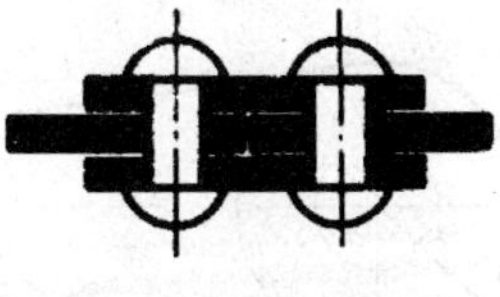

3. 几何作图

在绘制机械图样中经常遇到的画斜度和锥度、圆弧连接及椭圆等的几何作图参见附表 5。

附表 5　几何作图方法与步骤

斜度和锥度

题目和作图过程	作图步骤说明
1. 过 A 作对 AB 成 1∶4 斜度的直线 AC 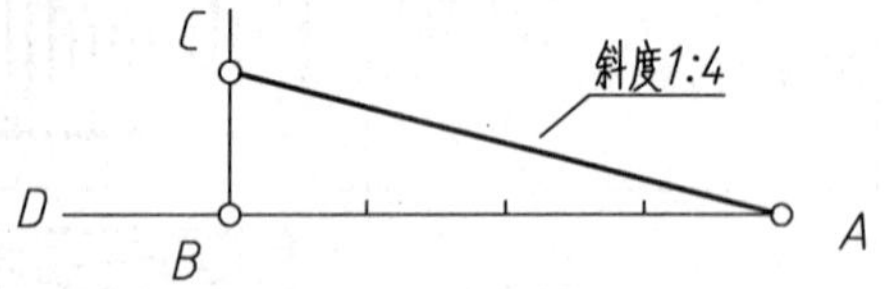	(1) 过 A 点在 AD 上量四个单位长度，得 B 点； (2) 过 B 点作 AD 的垂直线上量一个单位长度得 C 点； (3) 作 AC 线，即为所求
2. 过底圆 O 作锥度 1∶3 的圆锥 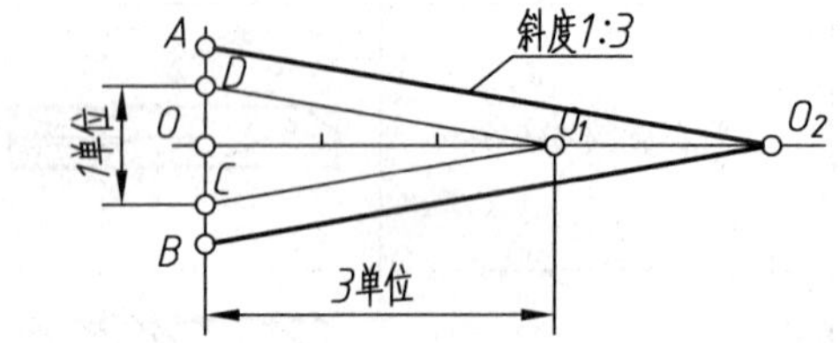	(1) 过 O 点在轴上取三个单位长度，得 O_1 点； (2) 在底圆直径 AB 上从 O 点向两边量半个单位长度，得 C，D 点； (3) 连接 O_1D 和 O_1C，过 A，B 分别作 O_1D 和 O_1C 的平行线，即为所求

圆弧连接

题目和作图过程	作图步骤说明
1. 半径为 R 的圆弧连接两直线 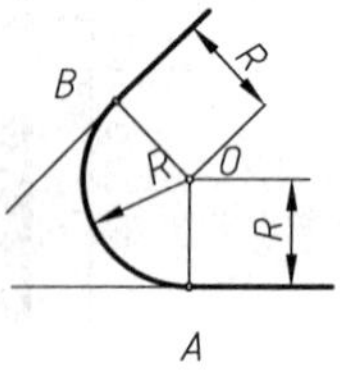	(1) 分别在两已知直线的内侧作平行线，使与已知直线的距离均为 R，则它们的交点 O 即为连接圆弧的圆心； (2) 自 O 向两已知直线作垂直线，得切点 A 和 B； (3) 以 O 为圆心，OA 为半径画弧连接 A 点和 B 点，即为所求
2. 以直线连接半径为 R_1，R_2 的两圆弧 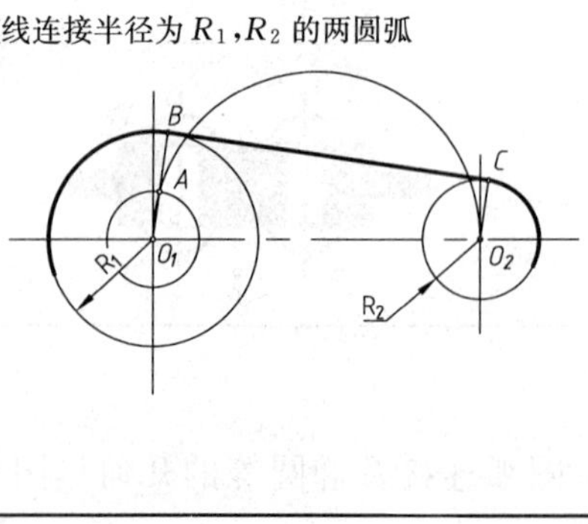	(1) 以 O_1 为圆心，R_1-R_2 为半径作辅助圆；再以 $\frac{1}{2}O_1O_2$ 为半径作圆，交辅助圆周得 A； (2) 延长 O_1A 交已知圆得切点 B； (3) 自 O_2 点作直线平行于 O_1B 交已知圆于切点 C，连接 BC，即为所求

续表

题目和作图过程	作图步骤说明
3. 以半径为 R 的圆弧顺接半径为 R_1，R_2 的两圆弧 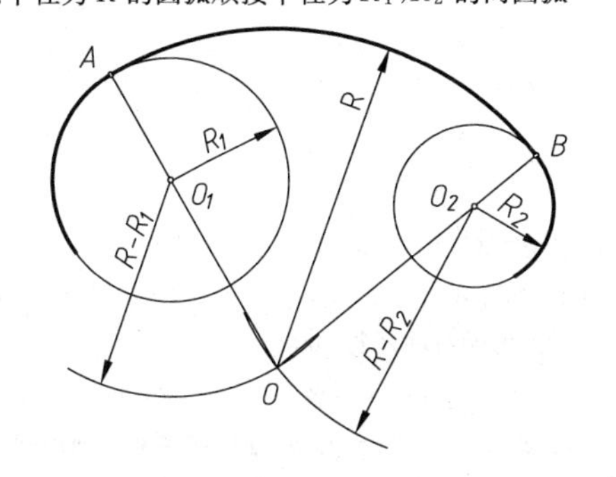 	(1) 以 $R-R_1$ 和 $R-R_2$ 为半径，分别作两已知圆弧的同心辅助圆弧，两辅助圆弧的交点 O 即为连接圆弧的圆心； (2) 连接 O、O_1 和 O、O_2，并延长与已知圆弧交得切点 A 和 B； (3) 以 O 为圆心，R 为半径画弧连接 A 点和 B 点，即为所求
4. 以半径为 R 的圆弧反接半径为 R_1，R_2 的两圆弧 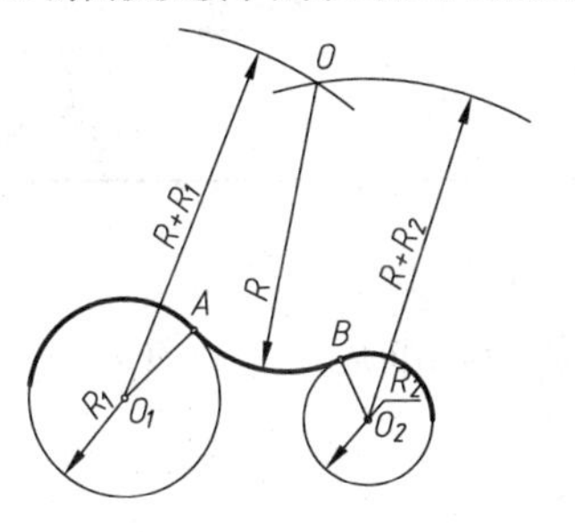 	(1) 以 $R+R_1$ 和 $R+R_2$ 为半径，分别作两已知圆弧的同心辅助圆弧，两辅助圆弧的交点 O 即为连接圆弧的圆心； (2) 连接 O、O_1 和 O、O_2，与已知圆弧交得切点 A 和 B； (3) 以 O 为圆心，R 为半径画弧连接 A 点和 B 点，即为所求

椭圆

题目和作图过程	作图步骤说明
1. 已知长，短轴 AB 和 CD，作椭圆(同心圆法)	(1) 以 O 为圆心，OA 和 OC 为半径，分别画两辅助圆； (2) 过圆心 O 作若干直线与两辅助圆相交； (3) 过各直线与大圆的交点引平行于 CD 的直线，又过各直线与小圆的交点引平行于 AB 的直线，则它们的交点即为椭圆上的点； (4) 用曲线板光滑地连接所得各点，即为所求

续表

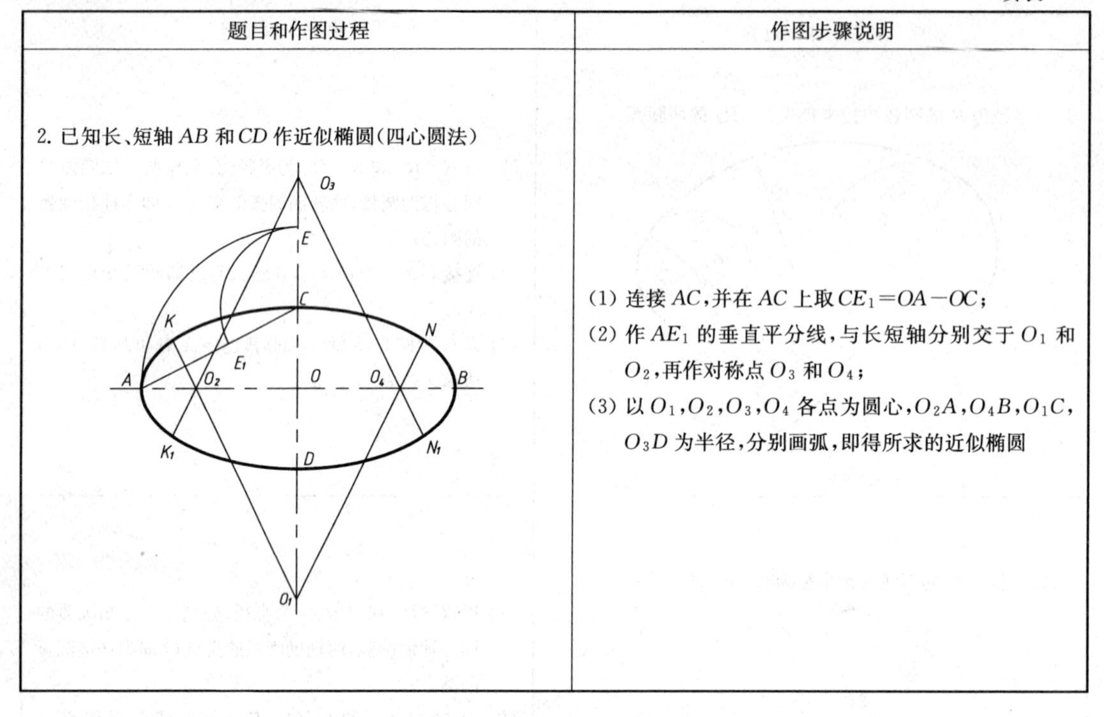

题目和作图过程	作图步骤说明
2. 已知长、短轴 AB 和 CD 作近似椭圆(四心圆法)	(1) 连接 AC,并在 AC 上取 $CE_1=OA-OC$; (2) 作 AE_1 的垂直平分线,与长短轴分别交于 O_1 和 O_2,再作对称点 O_3 和 O_4; (3) 以 O_1,O_2,O_3,O_4 各点为圆心,O_2A,O_4B,O_1C,O_3D 为半径,分别画弧,即得所求的近似椭圆

4. 尺寸注法

图样上必须标注尺寸以表达零件的各部分大小。国家标准规定了标注尺寸的一系列规则和方法,绘图时必须遵守。参见附表 6。

附表 6　尺寸注法

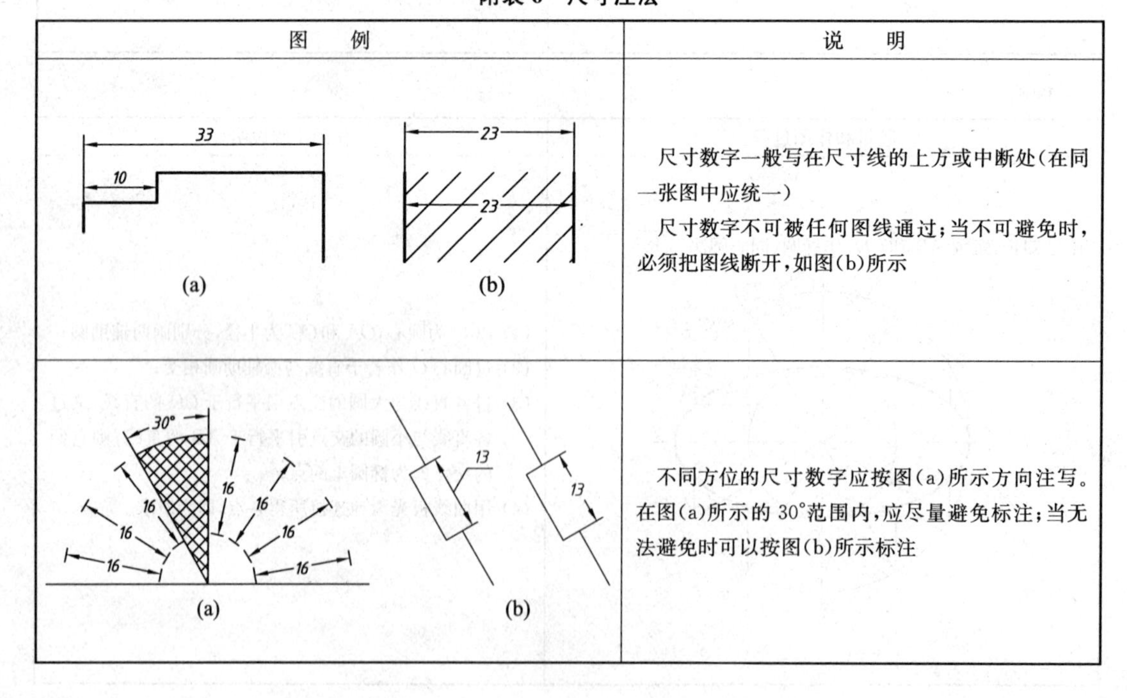

图　　例	说　　明
(a)　(b)	尺寸数字一般写在尺寸线的上方或中断处(在同一张图中应统一) 尺寸数字不可被任何图线通过;当不可避免时,必须把图线断开,如图(b)所示
(a)　(b)	不同方位的尺寸数字应按图(a)所示方向注写。在图(a)所示的 30°范围内,应尽量避免标注;当无法避免时可以按图(b)所示标注

续表

图　　例	说　　明
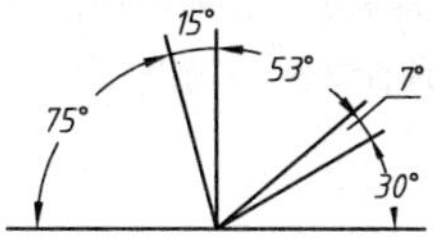 15° 53° 7° 75° 30°	角度尺寸数字应水平注写在尺寸线的中断处；如角度小，为清楚起见，允许注写在尺寸线的外面
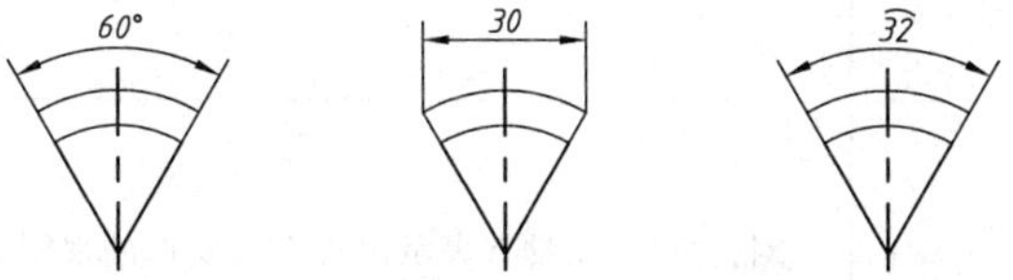 60° 30 $\overset{\frown}{32}$ (a)　(b)　(c)	角度尺寸界线应沿径向引出，如图(a)弦长及弧长尺寸界线应平行于该弦或弧的垂直平分线，如图(b)(c)，弧长尺寸应在尺寸数字上方加注符号“⌒”
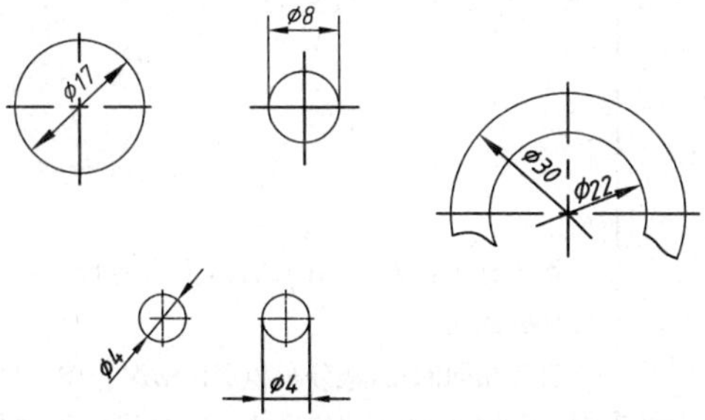 ϕ17 ϕ8 ϕ30 ϕ22 ϕ4 ϕ4	圆的直径尺寸应加直径符号“ϕ”。如图的直径过大未能全部画出时，尺寸线也可部分断去
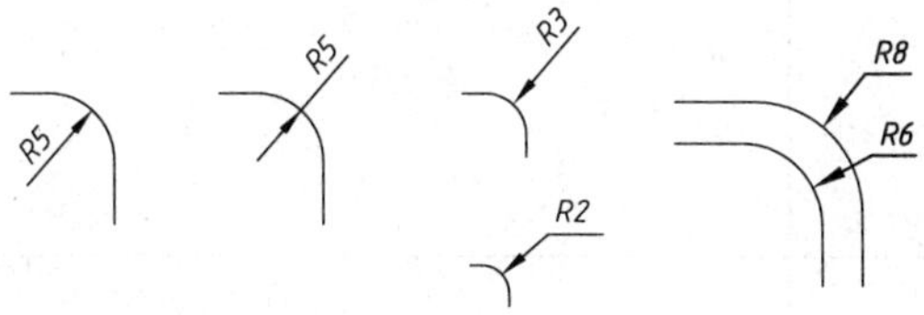 R5 R5 R3 R2 R8 R6	圆角半径尺寸应加注半径符号“*R*”
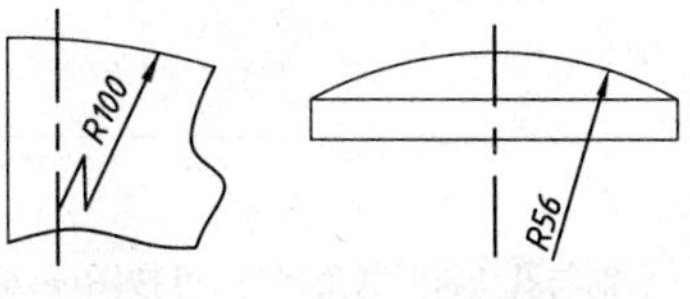 R100 R56 (a)　(b)	当圆弧的半径过大时，可以采取图(a)所示的标注方法；若中心位置不需要表明时，半径尺寸线可以中断，如图(b)所示

续表

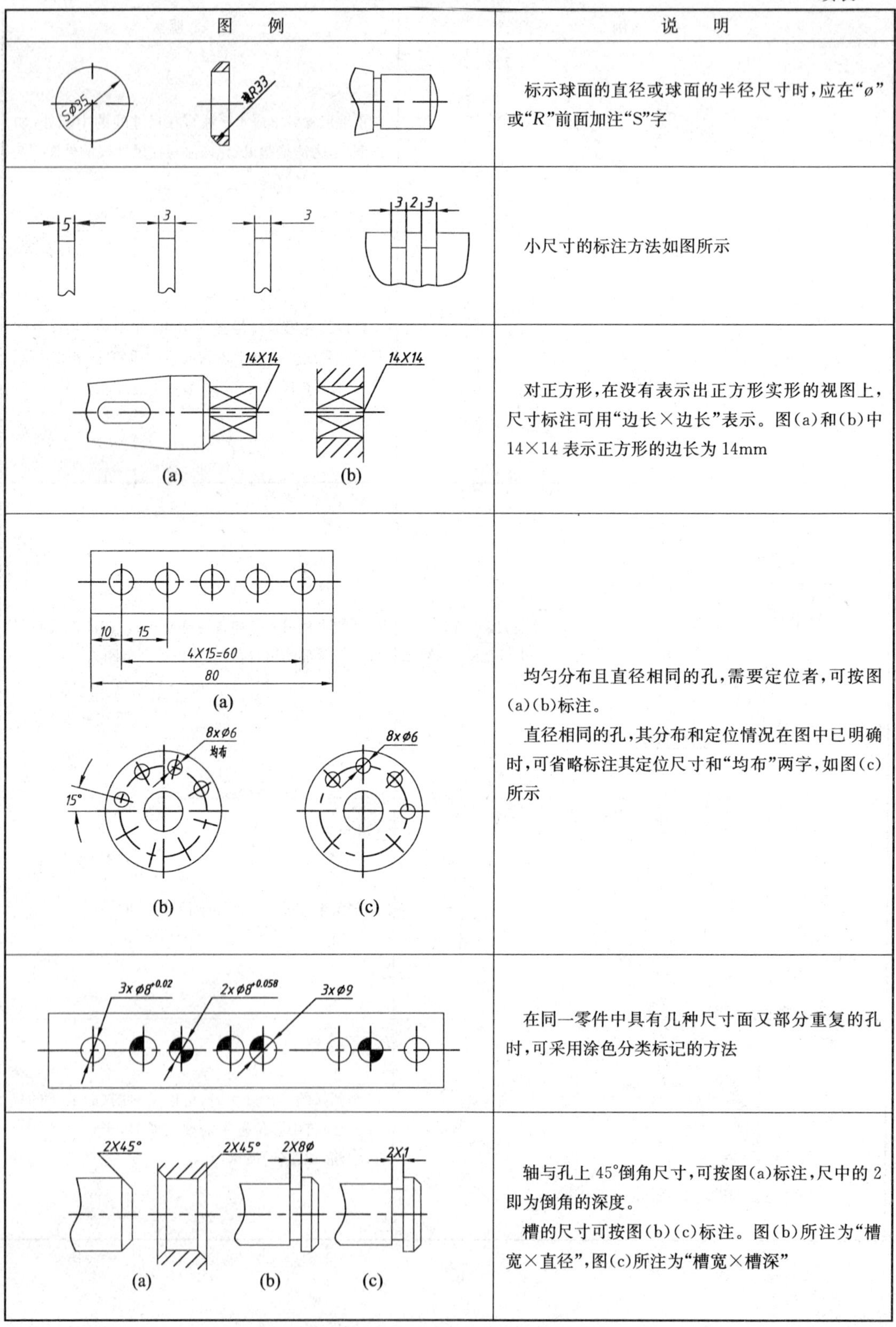

图　　例	说　　明
	标示球面的直径或球面的半径尺寸时，应在“ø”或“*R*”前面加注“S”字
	小尺寸的标注方法如图所示
(a)　(b)	对正方形，在没有表示出正方形实形的视图上，尺寸标注可用“边长×边长”表示。图(a)和(b)中14×14 表示正方形的边长为 14mm
(a) (b)　(c)	均匀分布且直径相同的孔，需要定位者，可按图(a)(b)标注。 直径相同的孔，其分布和定位情况在图中已明确时，可省略标注其定位尺寸和“均布”两字，如图(c)所示
	在同一零件中具有几种尺寸而又部分重复的孔时，可采用涂色分类标记的方法
(a)　(b)　(c)	轴与孔上 45°倒角尺寸，可按图(a)标注，尺中的 2 即为倒角的深度。 槽的尺寸可按图(b)(c)标注。图(b)所注为“槽宽×直径”，图(c)所注为“槽宽×槽深”

续表

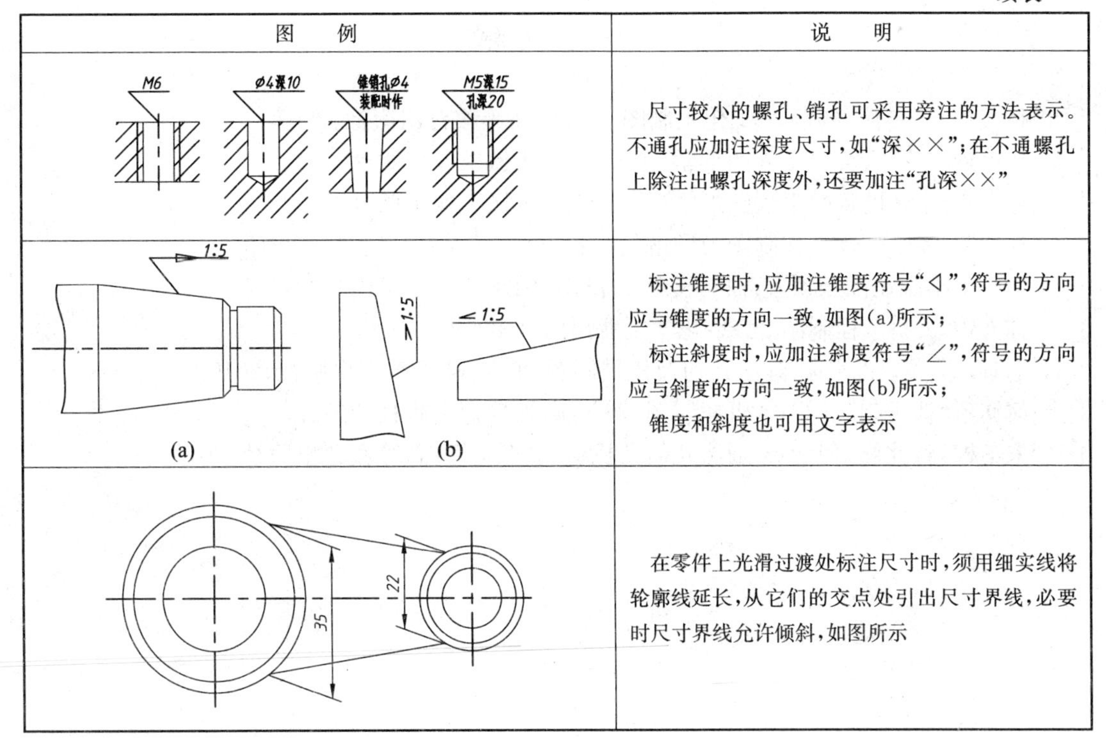

图　例	说　明
	尺寸较小的螺孔、销孔可采用旁注的方法表示。不通孔应加注深度尺寸，如“深××”；在不通螺孔上除注出螺孔深度外，还要加注“孔深××”
	标注锥度时，应加注锥度符号“◁”，符号的方向应与锥度的方向一致，如图(a)所示； 标注斜度时，应加注斜度符号“∠”，符号的方向应与斜度的方向一致，如图(b)所示； 锥度和斜度也可用文字表示
	在零件上光滑过渡处标注尺寸时，须用细实线将轮廓线延长，从它们的交点处引出尺寸界线，必要时尺寸界线允许倾斜，如图所示

参考文献

[1]林大钧，于传浩，杨静，等. 化工制图. 北京：高等教育出版社，2007.

[2]林大钧.计算机实验工程图形学(上).北京：机械工业出版社，2014.

[3]林大钧.计算机实验工程图形学(下).北京：机械工业出版社，2014.

[4]林大钧.多校联合工程制图习题解析与指导.北京：科学出版社，2013.

[5]山东工学院制图教研室.轴测投影学.济南：山东科学技术出版社，1983.

[6]林大钧.实验工程制图.北京：化学工业出版社.2009.

[7]毛昕，黄英，肖平阳.画法几何及机械制图.北京：高等教育出版社，2010.

[8]何铭新，钱可强，徐祖茂.机械制图.北京：高等教育出版社，2011.

[9]朱冬梅，胥北澜，何建英.画法几何及机械制图.北京：高等教育出版社，2010.